"十四五"职业教育国家规划教材

职业院校机电类"十三五"微课版规划教材

全国优秀教材二等奖

变频及伺服应用技术 附微课视频

郭艳萍 陈冰 / 主编

陶慧 李晓波 / 副主编

人民邮电出版社

北京

图书在版编目（CIP）数据

变频及伺服应用技术 : 附微课视频 / 郭艳萍，陈冰主编. -- 北京 : 人民邮电出版社，2018.1（2024.2 重印）
职业院校机电类“十三五”微课版规划教材
ISBN 978-7-115-47007-2

Ⅰ. ①变… Ⅱ. ①郭… ②陈… Ⅲ. ①变频器－高等职业教育－教材②伺服系统－高等职业教育－教材 Ⅳ. ①TN773②TP275

中国版本图书馆CIP数据核字(2017)第297289号

内 容 提 要

本书以三菱和西门子变频器以及三菱伺服驱动器为例，系统介绍了变频器、步进驱动器和伺服驱动器的结构、工作原理、基本使用方法和实训操作，并介绍了 PLC 与变频器、步进驱动器以及伺服驱动器相结合的实际工程应用案例。本书分为 6 个项目，包括三菱变频器的运行与功能解析、西门子变频器的运行与操作、变频器常用控制电路、变频器与 PLC 在工程中的典型应用、步进电机的应用、伺服电机的应用。本书共设计 24 个任务，每个任务都有相关知识介绍和详细的硬件接线图、参数设置以及程序设计，并配有 48 个微课视频，详细展示变频器、步进驱动器以及伺服驱动器在实际工程设备上的任务实施过程。

本书可作为高职高专电气自动化、机电一体化、数控技术、轨道交通技术等专业的教学用书，也可作为各类工程技术人员、在职人员的培训、自学教材以及各类企业设备管理人员的参考读物。

◆ 主　　编　郭艳萍　陈　冰
副 主 编　陶　慧　李晓波
责任编辑　李育民
责任印制　马振武

◆ 人民邮电出版社出版发行　　北京市丰台区成寿寺路 11 号
邮编　100164　　电子邮件　315@ptpress.com.cn
网址　http://www.ptpress.com.cn
人卫印务（北京）有限公司印刷

◆ 开本：787×1092　1/16
印张：17　　　　2018 年 1 月第 1 版
字数：405 千字　　　　2024 年 2 月北京第 20 次印刷

定价：49.80 元

读者服务热线：(010) 81055256　印装质量热线：(010) 81055316
反盗版热线：(010) 81055315
广告经营许可证：京东工商广登字 20170147 号

前　言

变频技术与伺服技术是电力电子技术、计算机控制技术和自动控制技术等多学科融合的技术，随着工业自动化技术的迅猛发展，在实际生产中变频技术和伺服技术得到了越来越广泛的应用。近年来，高职电气自动化技术、机电一体化技术、智能控制技术及工业机器人技术专业均开设了“变频及伺服应用技术”课程，该课程也是培养学生运动控制技术核心能力的专业课。本书根据国内即将从事或已从事变频及伺服工程应用的一线工程技术人员的实际需求，将变频和伺服的理论基础、变频和伺服控制系统的参数设置、运行操作、系统调试、维护与实训有机地结合于一体，系统介绍变频和伺服的工程应用技术。

三菱的变频器和伺服驱动器是日系代表产品，其产品技术性能居世界领先水平，也是较早进入我国市场的产品，性价比较高，在我国也有一定的市场份额，因此本书主要以三菱的新产品 FR-D700 系列变频器以及三菱 MR-JE-A 系列伺服驱动器为例进行介绍。由于西门子的变频器是欧系产品的杰出代表，其功能强大，虽然价格高，但也有一定的市场占有率，因此本书专门在项目 2 中介绍其结构、功能及运行操作。

本书以“我们要坚持教育优先发展、科技自立自强、人才引领驱动，加快建设教育强国、科技强国、人才强国”的党的二十大精神为指引，针对先进智能制造业对运动控制技术的岗位需求，将《智能制造工程技术人员》1+X 职业资格证书标准及相关技能大赛项目等与课程的知识点及技能点进行解构和重构，同时“广泛践行社会主义核心价值观”“必须坚持自信自立”“必须坚持守正创新”“推动绿色发展”等二十大精神作为主线贯穿于学习任务中，设计 8 个学海领航案例（二维码），构建“岗、课、赛、证”融通的教材内容，实现“坚持为党育人、为国育才，全面提高人才自主培养质量”的教学目标。

本书分为 6 个项目，即三菱变频器的运行与功能解析、西门子变频器的运行与操作、变频器常用控制电路、变频器与 PLC 在工程中的典型应用、步进电机的应用、伺服电机的应用。这 6 个项目之间是循序渐进、步步深入的关系，任务部分精选工程的实际案例，每个案例都包含软硬件的配置方案、接线图、参数设置和程序设计，供学生模仿学习，提高学生解决实际问题的能力。

为使本书更贴近工程实际，我们联合重庆西门雷森精密装备制造研究院有限公司的技术人员参与本书的编写指导工作，由企业提供真实项目案例，由长年从事一线教学的教师对项目案例进行提炼加工。本书采用任务驱动方式编写，共设计了 24 个主任务、24 个拓展任务，每个任务按照任务导入→相关知识→任务实施→思考与练习的方式进行编排，由浅入深。任务实施步骤详细，除文字和图片描述，还配有任务实施过程的微课视频，通过“可视化”学习，使学习者尽快掌握变频及伺服应用技术。在每个任务的思考与练习中，针对重要知识点都设计了相应的练习内容，通过练习，加深学生对知识的理解与掌握。

本书配套有 48 个微课视频，针对重点、难点以及变频器的实训示范案例配以 5～20 分钟的小视频，进一步帮助学生理解和掌握知识点和操作技能。此外，本书还配套适合教学用的课件，习题答案，西门子变频器、三菱变频器、步进驱动器以及伺服驱动器手册，变频器学习软件、编程软件，教材源程序等，任课教师可到人邮教育社区（www.ryjiaoyu.com）免费下载使用。依托本书丰富的数字化教学资源，编写人员还在智慧职教 MOOC 学院搭建了与教材配套的“变频及伺服应用技术”在线开放课程，供职业院校开展“线上线下混合式”翻转课堂教学使用。

本书由重庆工业职业技术学院郭艳萍和漯河职业技术学院陈冰任主编，并进行全书的选例、设计和统稿工作。襄阳汽车职业技术学院陶慧和漯河职业技术学院李晓波任副主编，重庆工业职业技术学院的郑益参加了本书的编写工作。具体编写任务如下：郭艳萍编写项目 1、陈冰编写项目 2 和项目 3，郑益编写项目 4，李晓波编写项目 5，陶慧编写项目 6。

本书在编写过程中参阅了大量同类书籍以及西门子和三菱变频器、伺服驱动器的使用手册，在项目和任务的选取及数字化资源制作过程中均得到了重庆西门雷森精密装备制造研究院有限公司的大力支持，在此对提供帮助的相关人员一并表示衷心的感谢！

限于编者的水平，书中难免有不妥之处，恳请读者批评指正，可通过 E-mail 与我们联系：785978419@qq.com。

编者

2023 年 5 月

目　录

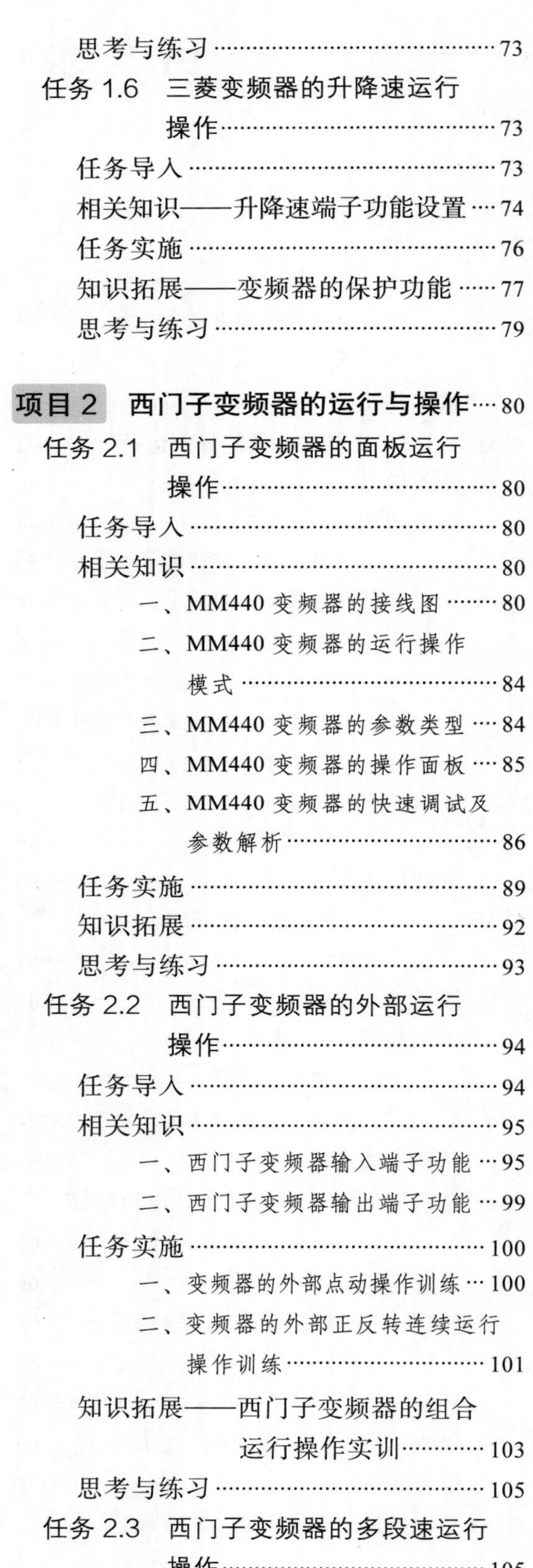

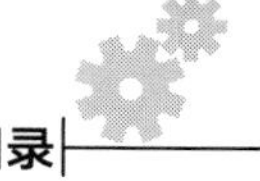

项目 1 三菱变频器的运行与功能解析

学习目标

1. 了解交流电动机调速的 3 种基本方法。
2. 掌握通用变频器的基本结构及变频原理。
3. 认识三菱 FR-700 系列变频器的接线图、操作面板及其主要参数。
4. 掌握三菱变频器的运行操作方式与常用功能。
5. 厚植爱国精神和民族自豪感，树立“强国有我”的责任感和使命感。

任务 1.1 认识变频器

任务导入

三菱变频器是世界知名的变频器之一，由三菱电机株式会社生产，在世界各地占有率比较高。三菱变频器来到中国有 20 多年的历史，在国内市场上，三菱变频器因为其稳定的质量，强大的品牌影响，有着相当广阔的市场，并已广泛应用于各个领域。

认识和了解变频器的结构与端子接线图是技术人员最基本的工作和要求。

相关知识

一、交流异步电动机的调速方法

众所周知，直流调速系统具有较为优良的静、动态性能指标，在很长的一个历史时期内，调速传动领域基本上被直流电动机调速系统垄断。但直流电动机由于受换向器限制，维修工作量大，事故率高，使用环境受限，很难向高电压、高转速、大容量发展。与直流电动机相比，交流电动机具有结构简单、制造容易、维护工作量小等优点，但交流电动机的控制却比直流电动

扩展视频：交流异步电动机的调速方法

机复杂得多。早期的交流传动均用于不可调速传动，而可调速传动则用直流传动。随着电力电子技术、控制技术和计算机技术的发展，交流调速技术日益成熟，在许多方面已经可以取代直流调速系统；特别是各类通用变频器的出现，使交流调速已逐渐成为电气传动中的主流。

异步电动机的转速公式

$$n = n_1(1-s) = \frac{60f_1}{p}(1-s) \tag{1-1}$$

式中，f_1 为异步电动机定子绕组上交流电源的频率（Hz）；

p 为异步电动机的磁极对数；

s 为异步电动机的转差率；

n 为异步电动机的转速（r/min）；

n_1 为异步电动机的同步转速（r/min）。

根据式（1-1）可知，交流异步电动机有下列 3 种基本调速方法。

（1）改变定子绕组的磁极对数 p，称为变极调速。

（2）改变转差率 s，其方法有改变电压调速、绕线式异步电动机转子串电阻调速和串级调速。

（3）改变电源频率 f_1，称为变频调速。

1．变极调速

在电源频率 f_1 不变的条件下，改变电动机的极对数 p，电动机的同步转速 n_1 就会变化，从而改变电动机的转速 n。若极对数减少一半，同步转速就升高一倍，电动机的转速也几乎升高一倍。这种调速方法通常用改变电动机定子绕组的接法来改变极对数。这种电动机称为多速电动机。其转子均采用笼型转子，转子感应的极对数能自动与定子相适应。这种电动机在制造时，从定子绕组中抽出一些线头，以便使用时调换。下面以一相绕组来说明变极原理。先将 U 相绕组中的 2 个半相绕组 a_1x_1 与 a_2x_2 采用顺向串联，如图 1-1 所示，产生 2 对磁极。若将 U 相绕组中的 1 个半相绕组 a_2x_2 反向并联，如图 1-2 所示，则产生 1 对磁极。

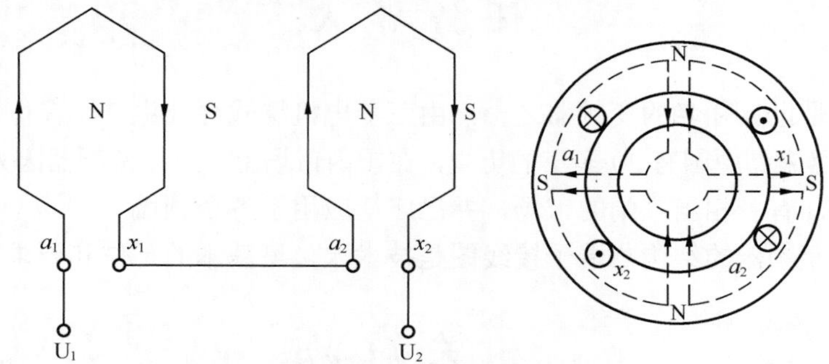

图 1-1　绕组变极原理图（$2p=4$）

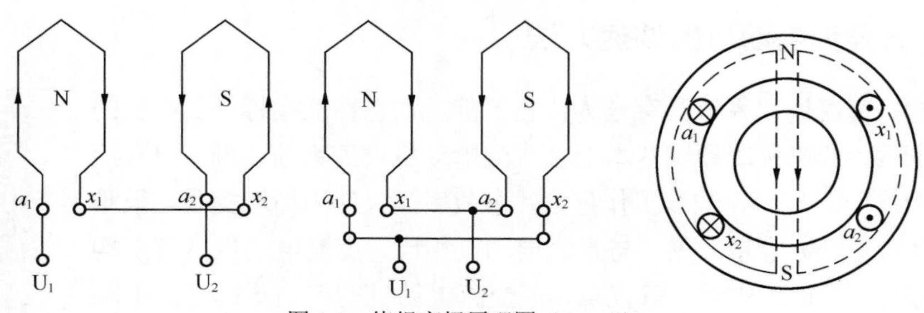

图 1-2　绕组变极原理图（$2p=2$）

目前，我国多极电动机定子绕组连接方式常用的有两种：一种是从星形改成双星形，写为 Y/YY，如图 1-3 所示；另一种是从三角形改成双星形，写为△/YY，如图 1-4 所示，这两种接法可使电动机极对数减少一半。在改接绕组时，为了使电动机转向不变，应把绕组的相序改接。

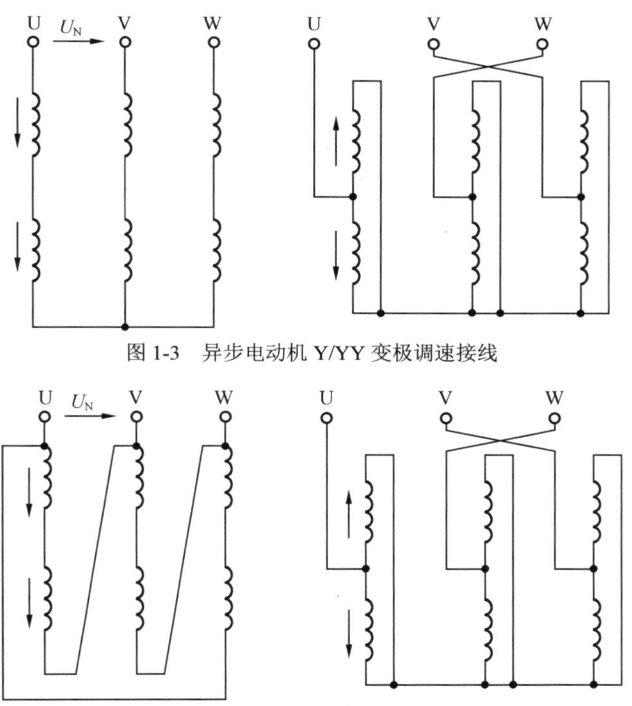

图 1-3　异步电动机 Y/YY 变极调速接线

图 1-4　异步电动机△/YY 变极调速接线

变极调速主要用于各种机床及其他设备上。其优点是设备简单，操作方便，具有较硬的机械特性，稳定性好；其缺点是电动机绕组引出头较多，调速级数少，级差大，不能实现无级调速，电动机体积大，制造成本高。

2. 变转差率调速

改变定子电压调速、转子串电阻调速和串级调速都属于改变转差率调速。这些调速方法的共同特点是在调速过程中都产生大量的转差功率。前两种调速方法都是把转差功率消耗在转子电路里，很不经济；而串级调速则能将转差功率加以吸收或大部分反馈给电网，提高了经济性能。

（1）改变定子电压调速。由异步电动机电磁转矩和机械特性方程可知，在一定转速下，异步电动机的电磁转矩与定子电压的平方成正比。因此改变定子外加电压就可以改变其机械特性的函数关系，从而改变电动机在一定输出转矩下的转速。

当改变电动机的定子电压时，可以得到一组不同的机械特性曲线，从而获得不同转速。如图 1-5 所示，曲线 1 为电动机的固有机械特性，曲线 2 为定子电压

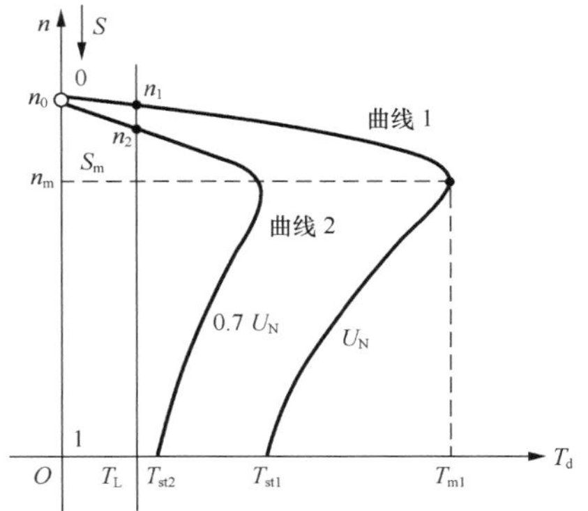

图 1-5　调压调速的机械特性

是额定电压的 0.7 倍时的机械特性。从图中可以看出：同步转速 n_0 不变，最大转差或临界转差率 S_m 不变。当负载为恒转矩负载 T_L 时，随着电压从 U_N 减小到 $0.7U_N$，转速相应地从 n_1 减小到 n_2，转差率增大，显然可以认为调压调速属于改变转差率的调速方法。

该调速方法的调速范围较小，低压时机械特性太软，转速变化大。为改善调速特性，可采用带速度负反馈的闭环控制系统来解决该问题。

目前广泛采用晶闸管交流调压电路来实现定子调压调速。

（2）转子串电阻调速。绕线式异步电动机转子串电阻调速的机械特性如图 1-6 所示。转子串电阻时最大转矩 T_m 不变，临界转差率增大。所串电阻越大，运行段机械特性斜率越大。若带恒转矩负载，原来运行在固有特性曲线 1 的 a 点上，在转子串电阻 R_1 后，就运行在 b 点上，转速由 n_a 变为 n_b，以此类推。

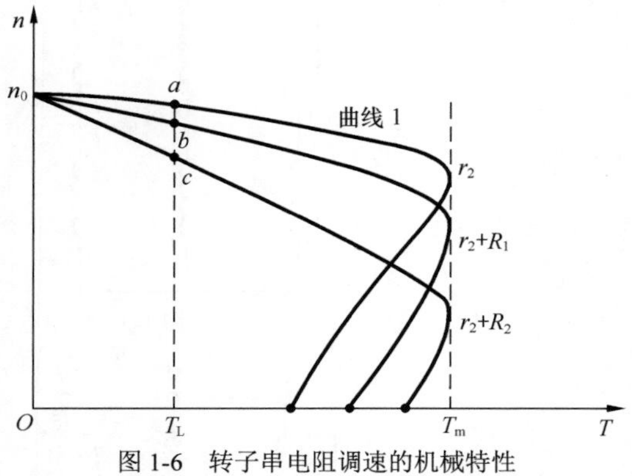

图 1-6　转子串电阻调速的机械特性

转子串电阻调速的优点是设备简单，主要用于中、小容量的绕线式异步电动机，如桥式起重机等。缺点是转子绕组需经过电刷引出，属于有级调速，平滑性差；由于转子中电流很大，在串接电阻上产生很大损耗，所以电动机的效率很低，机械特性较软，调速精度差。

（3）串级调速。串级调速方式是指绕线式异步电动机转子回路中串入可调节的附加电势来改变电动机的转差，从而达到调速的目的。其优点是可以通过某种控制方式，使转子回路的能量回馈到电网，从而提高效率；在适当的控制方式下，可以实现低同步或高同步的连续调速。缺点是只能适应于绕线式异步电动机，且控制系统相对复杂。

3．变频调速

交流变频调速技术的原理是把工频 50Hz 的交流电转换成频率和电压可调的交流电，通过改变交流异步电动机定子绕组的供电频率，在改变频率的同时也改变电压，从而达到调节电动机转速的目的（即 VVVF 技术）。

交流变频调速系统一般由三相交流异步电动机、变频器及控制器组成。它与直流调速系统相比具有以下显著优点。

（1）变频调速装置的大容量化。直流电动机由于受换向器限制，单机容量、最高转速及使用环境都受到限制。其电枢电压最高只能做到一千多伏，而交流电动机可做到 6～10kV。直流电动机的转速一般仅为每分钟数百转到一千多转，而交流电动机的速度可以达到每分钟数千转，以满足高速机械的运行要求。

（2）变频调速系统调速范围宽，能平滑调速，其调速静态精度及动态品质好。

（3）变频调速系统可以直接在线启动，启动转矩大，启动电流小，减小了对电网和设备的冲击，并具有转矩提升功能，节省软启动装置。

（4）变频器内置功能多，可满足不同工艺要求；保护功能完善，能自诊断显示故障所在，维护简便；具有通用的外部接口端子，可同计算机、PLC 联机，便于实现自动控制。

（5）变频调速系统在节约能源方面有很大的优势，是目前世界公认的交流电动机最理想、最有前途的调速技术。其中以风机、泵类负载的节能效果最为显著，节电率可达到 20%～60%。

由于风机、水泵等负载的功率消耗与电动机转速的3次方成正比，因此当负载的转速小于电动机额定转速时，其节能潜力比较大。

二、变频调速原理

1．变频调速的条件

扩展视频：变频调速的原理

从式（1-1）可知，只要改变定子绕组的电源频率 f_1，就可以调节转速大小，但是事实上只改变 f_1 并不能正常调速，而且可能导致电动机运行性能恶化。其原因分析如下。

由电动机学原理知，三相异步电动机定子绕组的反电动势 E_1 的表达式为

$$E_1 = 4.44 f_1 N_1 K_{N1} \Phi_m \qquad (1\text{-}2)$$

式中，E_1 为气隙磁通在定子每相中感应电动势的有效值（V）；

N_1 为每相定子绕组的匝数；

K_{N1} 为与绕组结构有关的常数；

Φ_m 为电动机每极气隙磁通。

由于式（1-2）中的4.44、N_1、K_{N1} 均为常数，所以定子绕组的反电动势可用式（1-3）表示，即

$$E_1 \propto f_1 \Phi_m \qquad (1\text{-}3)$$

根据三相异步电动机的等效电路可知，$E_1 = U_1 + \Delta U$，当 E_1 和 f_1 的值较大时，定子的漏阻抗相对比较小，漏阻抗压降 ΔU 可以忽略不计，即可认为电动机的定子电压 $U_1 \approx E_1$，因此可将式（1-3）写成

$$U_1 \approx E_1 \propto f_1 \Phi_m \qquad (1\text{-}4)$$

若电动机的定子电压 U_1 保持不变，则 E_1 也基本保持不变，由式（1-4）可知，当定子绕组的交流电源频率 f_1 由基频 f_{1N} 向下调节时，会引起主磁通 Φ_m 增加。由于额定工作时电动机的磁通已经接近饱和，Φ_m 继续增大，将会使电动机磁路过分饱和，从而导致过大的励磁电流，严重时会因绕组过热而损坏电动机。而由基频 f_{1N} 向上调节时，主磁通 Φ_m 将减少，铁芯利用不充分，同样的转子电流下，电磁转矩 T 下降，电动机的负载能力下降，电动机的容量也得不到充分利用。因此为维持电动机输出转矩不变，我们希望在调节频率 f_1 的同时能够维持主磁通 Φ_m 不变（即恒磁通控制方式）。

以电动机的额定频率 f_{1N} 为基准频率，称为基频。变频调速时，可以从基频向上调，也可以从基频向下调。

2．基频以下恒磁通（恒转矩）变频调速

当在额定频率以下调频，即 $f_1 < f_{1N}$ 时，为了保证 Φ_m 不变，根据式（1-3）得

$$\frac{E_1}{f_1} = 常数$$

也就是说，在频率 f_1 下调时也同步下调反电动势 E_1，但是由于异步电动机定子绕组中的感应电动势 E_1 无法直接检测和控制，根据 $U_1 \approx E_1$，可以通过控制 U_1 达到控制 E_1 的目的，即

$$\frac{U_1}{f_1} = 常数 \qquad (1\text{-}5)$$

通过以上分析可知：在额定频率以下调频时（$f_1<f_{1N}$），调频的同时也要调压。将这种调速方法称为变压变频（Variable Voltage Variable Frequency，VVVF）调速控制，也称为恒压频比控制方式。

当定子电源频率 f_1 很低时，U_1 也很低。此时定子绕组上的电压降ΔU 在电压 U_1 中所占的比例增加，将使定子电流减小，从而使 Φ_m 减小，这将引起低速时的最大输出转矩减小。可用提高 U_1 来补偿ΔU 的影响，使 E_1/f_1 不变，即 Φ_m 不变，这种控制方法称为电压补偿，也称为转矩提升。定子电源频率 f_1 越低，定子绕组电压补偿得越大，带定子压降补偿控制的恒压频比控制特性如图 1-7 所示。

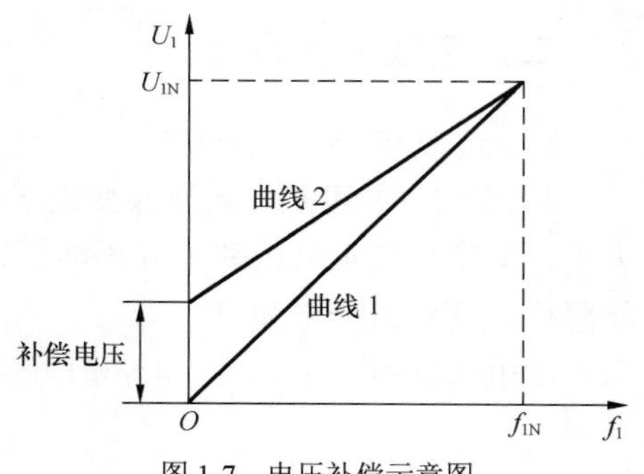

图 1-7　电压补偿示意图

如图 1-7 所示，曲线 1 为 U_1/f_1=常数时的电压与频率关系曲线；曲线 2 为有电压补偿时，即近似的 E_1/f_1 为常数时的电压与频率关系曲线。实际上变频器装置中相电压 U_1 和频率 f_1 的函数关系并不简单地如曲线 2 一样，通用变频器有几十种电压与频率函数关系曲线，可以根据负载性质和运行状况加以选择。

在基频以下调速时，采用 U/f 控制方式以保持主磁通 Φ_m 恒定，电动机的机械特性曲线如图 1-8 中 f_{1N} 曲线以下的曲线（f_1、f_2、f_3 和 f_4 曲线）所示。在此过程中，电磁转矩 T 恒定，电动机带负载的能力不变，属于恒转矩调速。如图 1-8 所示，曲线 f_4 中的虚线是进行电压补偿后的机械特性曲线。

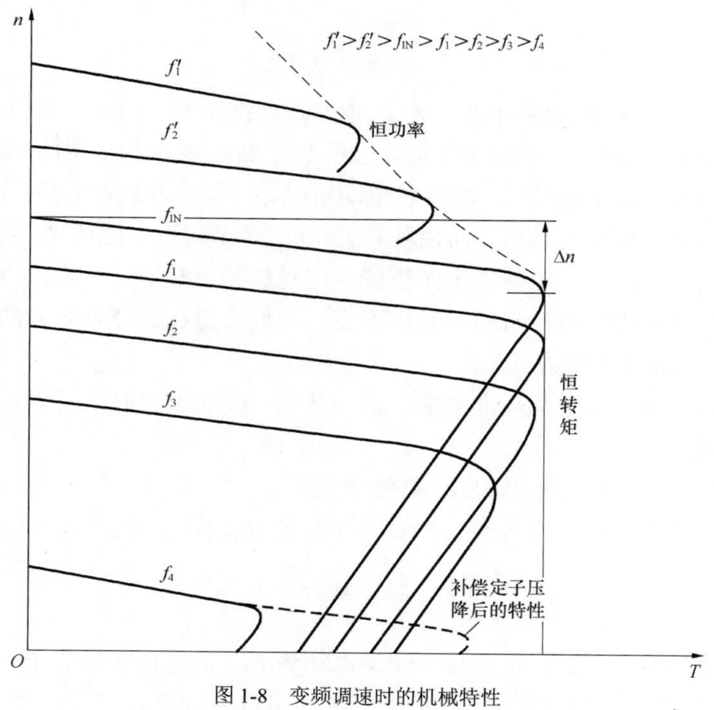

图 1-8　变频调速时的机械特性

观察各条机械特性曲线，它们的特征如下。

（1）从额定频率向下调频时，理想空载转速减小，最大转矩逐渐减小。

（2）频率在额定频率附近下调时，最大转矩减少，可以近似认为不变；频率调得很低时，最大转矩减小很快。

（3）因为频率不同时，最大转矩点对应的转差Δn变化不是很大，所以稳定工作区的机械特性基本是平行的。

3．基频以上恒功率（恒电压）变频调速

当定子绕组的交流电源频率f_1由基频f_{1N}向上调节时，若按照U_1/f_1=常数的规律控制，电压也必须由额定值U_{1N}向上增大。由于电动机不能超过额定电压运行，所以频率f_1由额定值向上升高时，由式（1-4）可知，定子电压不可能随之升高，只能保持$U_1=U_{1N}$不变。这样必然会使Φ_m随着f_1的升高而下降，类似于直流电动机的弱磁调速。由电动机学原理知，Φ_m下降将引起电磁转矩T下降。频率越高，主磁通Φ_m下降得越多，由于Φ_m与电流或转矩成正比，因此电磁转矩T也变小。需要注意的是，这时的电磁转矩T仍应比负载转矩大，否则会出现电动机的堵转。在这种控制方式下，转速越高，转矩越低，但是转速与转矩的乘积（输出功率）基本不变，所以基频以上调速属于弱磁恒功率调速。其机械特性曲线如图 1-8 中f_{1N}曲线以上 2 条曲线（f_1'和f_2''曲线）所示。其特征如下。

（1）额定频率以上调频时，理想空载转速增大，最大转矩大幅减小。

（2）最大转矩点对应的转差Δn几乎不变，但由于最大转矩减小很多，所以机械特性斜度加大，曲线特性变软。

4．变频调速特性的特点

把基频以下和基频以上两种情况结合起来，可得图 1-9 所示的异步电动机变频调速的控制特性。按照电力拖动原理，在基频以下，属于恒转矩调速的性质；而在基频以上，属于恒功率调速性质。

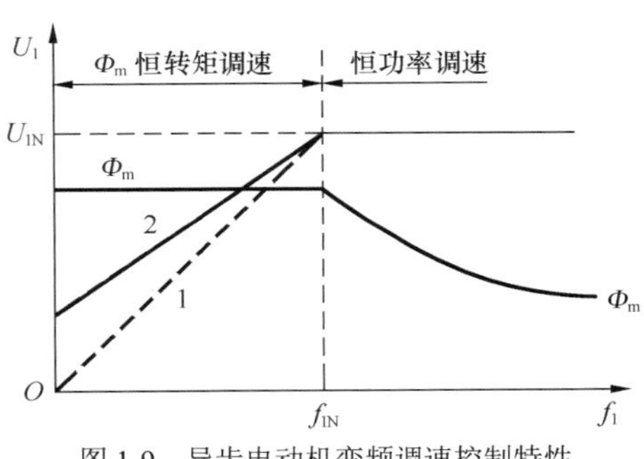

图 1-9　异步电动机变频调速控制特性

（1）恒转矩的调速特性。这里的恒转矩是指在转速的变化过程中，电动机具有输出恒定转矩的能力。在$f_1<f_{1N}$的范围内变频调速时，经过补偿后，各条机械特性的临界转矩基本为一定值，因此该区域基本为恒转矩调速区域，适合带恒转矩负载。从另一方面来看，经补偿以后的$f_1<f_{1N}$调速，可基本认为E/f= 常数，即Φ_m不变，根据电动机的转矩公式知，在负载不变的情况下，电动机输出的电磁转矩基本为一定值。

（2）恒功率的调速特性。这里的恒功率是指在转速的变化过程中，电动机具有输出恒定功率的能力，在$f_1>f_{1N}$下，频率越高，主磁通Φ_m必然相应下降，电磁转矩T也越小，而电动机的功率$P=T(\downarrow)\,\omega(\uparrow)$=常数，因此$f_1>f_{1N}$时，电动机具有恒功率的调速特性，适合带恒功率负载。

三、通用变频器的基本结构

扩展视频：通用变频器的基本结构

变频器是把电压、频率固定的交流电变成电压、频率可调的交流电的变换器。它与外界的联系基本上分为主电路、控制电路 2 个部分，如图 1-10 所示。

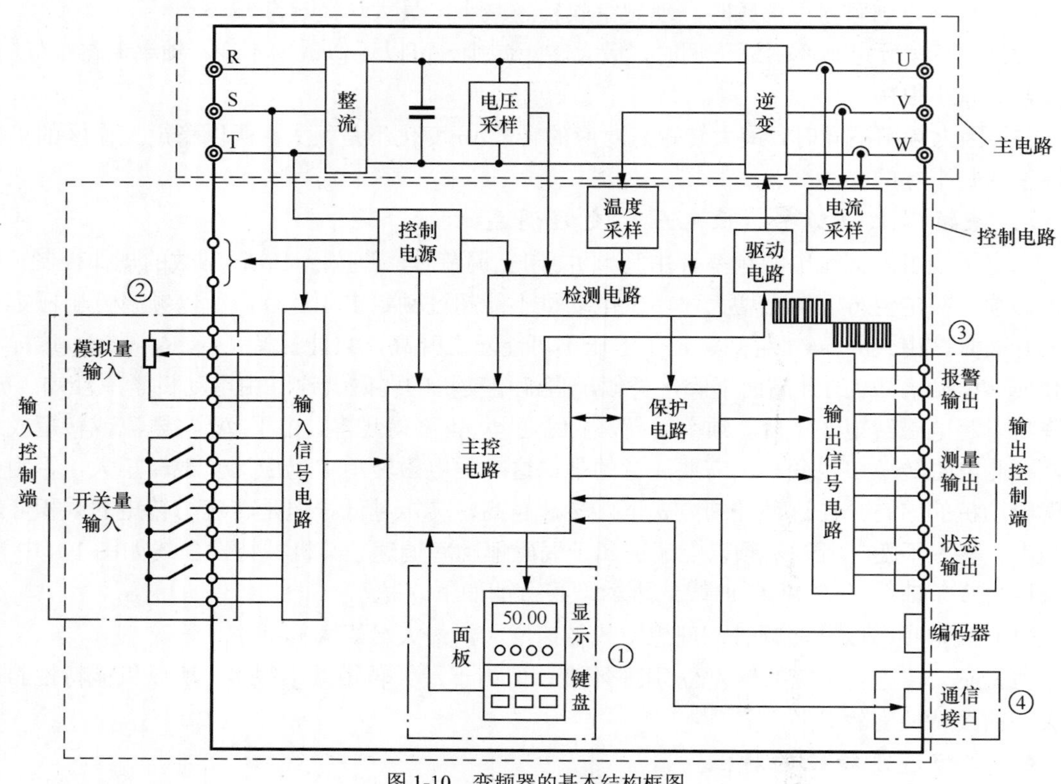

图 1-10　变频器的基本结构框图

1．主电路

交—直—交变频器的主电路如图 1-11 所示，由整流电路、能耗电路和逆变电路组成。

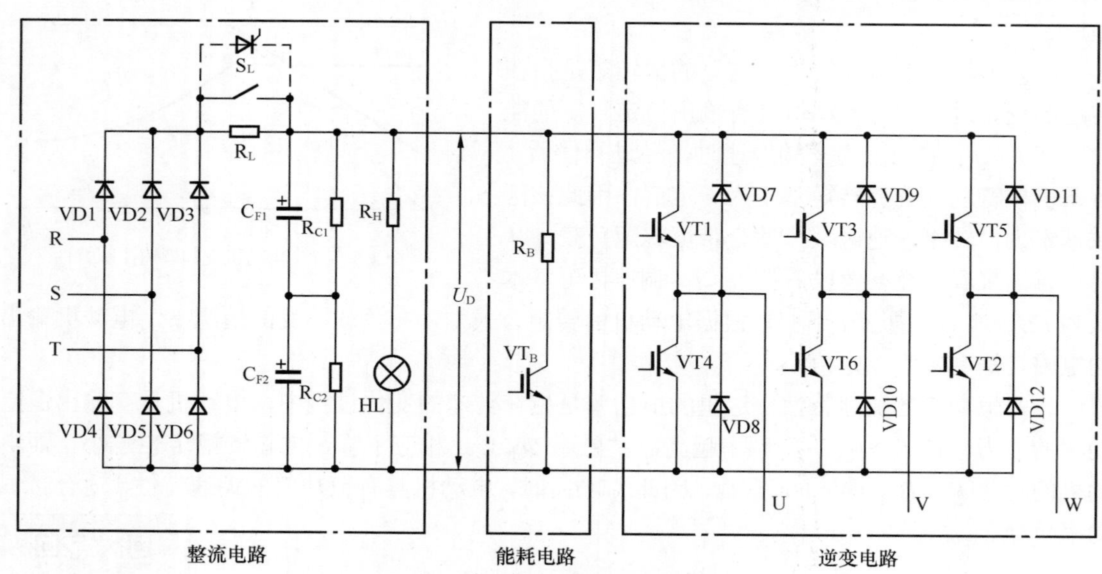

图 1-11　交—直—交变频器的主电路

（1）整流电路。

① 整流管 VD1～VD6。在图 1-11 中，二极管 VD1～VD6 组成三相整流桥，将电源的三

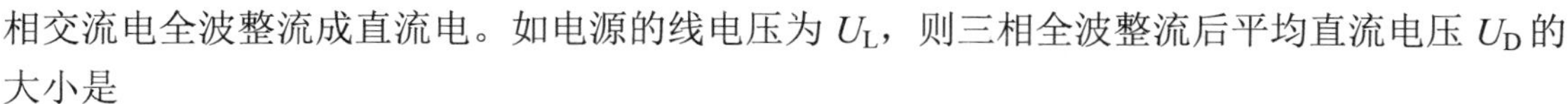

相交流电全波整流成直流电。如电源的线电压为 U_L，则三相全波整流后平均直流电压 U_D 的大小是

$$U_D = 1.35U_L \tag{1-6}$$

我国三相电源的线电压为 380V，故全波整流后的平均电压是

$$U_D = 1.35 \times 380 = 513(V)$$

变频器的三相桥式整流电路常采用集成电路模块，其整流桥集成电路模块如图 1-12 所示。

② 滤波电容器 C_F。图 1-11 所示电路中的滤波电容器 C_F 有两个功能：一是滤平全波整流后的电压纹波；二是当负载变化时，使直流电压保持平稳。

图 1-12　三相整流桥模块

③ 电源指示 HL。HL 除了表示电源是否接通以外，还有一个十分重要的功能，即在变频器切断电源后，表示滤波电容器 C_F 上的电荷是否已经释放完毕。

（2）能耗电路。电动机在工作频率下降过程中，将处于再生制动状态，拖动系统的动能将转变成电能反馈到直流电路中，使直流电压 U_D 不断上升，甚至可能达到危险的地步。因此必须将再生到直流电路的能量消耗掉，使 U_D 保持在允许范围内。图 1-11 所示的制动电阻 R_B 就是用来消耗这部分能量的。

知识链接

泵 生 电 压

当电动机处于再生发电制动状态时，会导致电压源型变频器直流侧电压 U_D 升高而产生过电压，这种过电压称为泵升电压。为了限制泵升电压，如图 1-11 所示，可给直流侧电容并联一个由电力晶体管 VT_B 和能耗电阻 R_B 组成的泵升电压限制电路。因为当泵升电压超过一定数值时，使 VT_B 导通，再生回馈制动能量消耗在 R_B 上，所以又将该电路称为制动电路。

（3）逆变电路。逆变管 VT1～VT6 组成逆变桥，把 VD1～VD6 整流所得的直流电再“逆变”成频率、电压都可调的交流电，这是变频器实现变频的核心部分，当前常用的逆变管有绝缘栅双极型晶体管（IGBT）、门极关断（GTO）晶闸管及电力场效应晶体管（MOSFET）等。在中、小型变频器中最常采用的是 IGBT 管。

因为逆变电路每个逆变管两端都并联一个二极管，并联二极管为再生电流及能量返回直流电路提供通路，所以把这样的二极管称为续流二极管。

变频器的逆变电路常采用模块化结构，以 IGBT 模块为例，就是将多个 IGBT 管和续流二极管集成封装在一起，一般模块化结构有 2 单元（又称为单桥）、4 单元（又称为 H 桥）、6 单元（又称为三相全桥）。目前市场上 15kW 以上变频器使用的是 150A/200A/300A/400A/450A 的单桥 IGBT 模块或 100A/150A 的全桥 IGBT 模块。

IGBT 模块的外形及接线图如图 1-13 所示。

图 1-13（c）的接线说明。单桥封装的 IGBT 模块是双管的 IGBT 模块，一般用在全桥或者半桥电路中作为一个桥臂。假定是用在全桥上，等效电路图中的端子 3 接母线电压 V_C，端子 2 接 GND，端子 1 引出线接负载，端子 6、端子 7 接驱动板出来的下桥臂门极驱动信号；

端子 4、端子 5 接驱动板出来的上桥臂门极驱动信号。

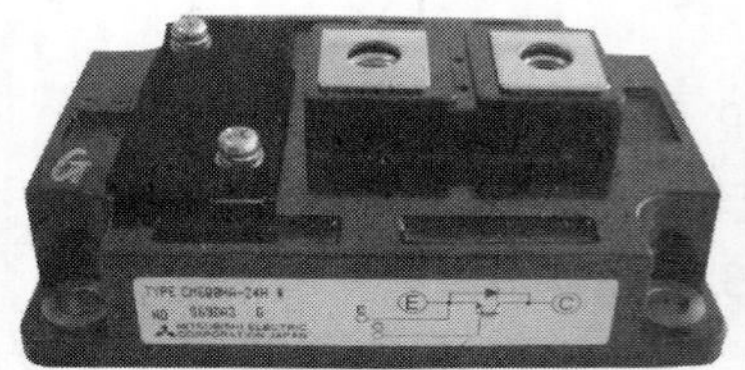

(a) IGBT 单管封装

(b) IGBT 单桥封装

学海领航

攻克 IGBT，中国高铁跃动"中国芯"

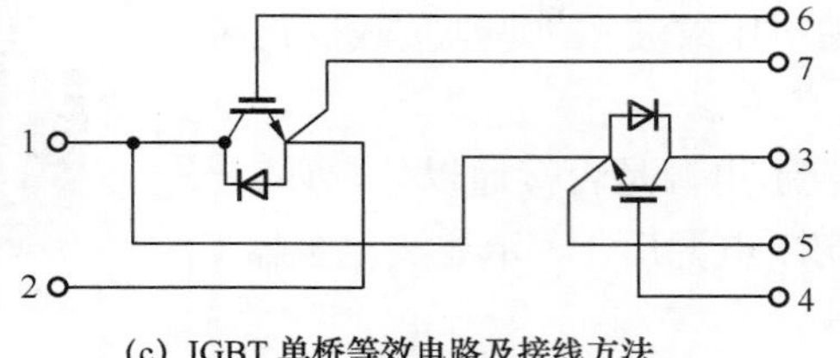

(c) IGBT 单桥等效电路及接线方法

(d) IGBT 全桥封装

图 1-13　IGBT 模块外形及接线方法

知识链接

功率集成模块（PIM）

中小功率变频器多采用 25A、50A、75A、100A、150A 的 PIM 模块。PIM 结构包括三相全波整流和 6～7 个 IGBT 单元，即变频器的主电路全部封装在一个模块内，在中小功率变频器上均使用 PIM 模块以降低成本，减少变频器的尺寸。

PIM 功率集成模块的外形如图 1-14 所示。

图 1-14　PIM 功率集成模块的外形

知识链接

智能功率模块（IPM）

智能功率模块（IPM）是将大功率开关器件和驱动电路、保护电路、检测电路等集成在同一个模块内，而且具有过电流、过电压和过热等故障检测电路。目前，IPM 一般以 IGBT 为基本功率开关元件，构成单相或三相逆变器的专用功率模块。IPM 模块有 4 种封装形式：单管封装、双管封装、六管封装和七管封装。由于 IPM 通态损耗和开关损耗都比较低，可使散热器减小，因而整机尺寸亦可减小，又有自保护能力，国内外 55kW 以下的变频器多数采用 IPM 模块。

IPM 功率集成模块的内部结构图如图 1-15 所示。

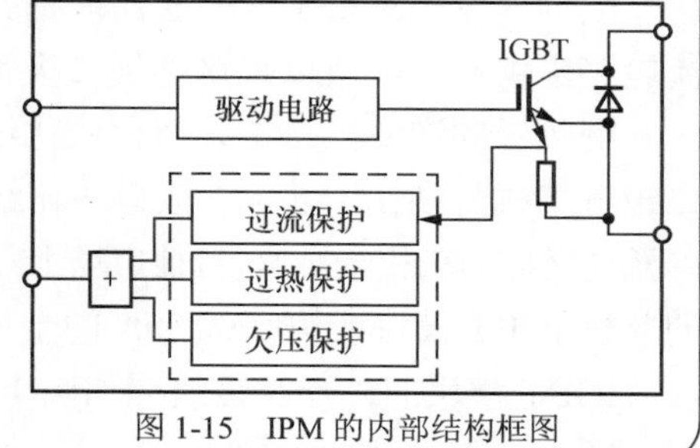

图 1-15　IPM 的内部结构框图

2．控制电路

变频器的控制电路主要以 16 位、32 位单片机或 DSP 为控制核心，从而实现全数字化控制。它具有设定和显示运行参数、信号检测、系统保护、计算与控制、驱动逆变管等作用。

3. 外部端子

外部端子包括主电路端子（R、S、T，U、V、W）和控制电路端子。其中控制电路端子又分为输入控制端（见图 1-10 中的②）及输出控制端（见图 1-10 中的③）。输入控制端既可以接收模拟量输入信号，又可以接收开关量输入信号。输出端子有用于报警输出的端子、指示变频器运行状态的端子及用于指示各种输出数据的测量端子。

通信接口（见图 1-10 中的④）用于变频器和其他控制设备的通信。变频器通常采用 RS485 接口。

扩展视频：变频器的分类

四、变频器的分类

1. 按变换环节分类

按交流变频调速的变换环节分类，变频器可以分为交—交直接变频器和交—直—交间接变频器。

（1）交—交变频器。它是一种把频率固定的交流电源直接变换成频率连续可调的交流电源的装置。常用的交—交变频器的结构如图 1-16 所示。改变正反组切换频率可以调节输出交流电的频率，而改变 α 的大小即可调节矩形波的幅值。

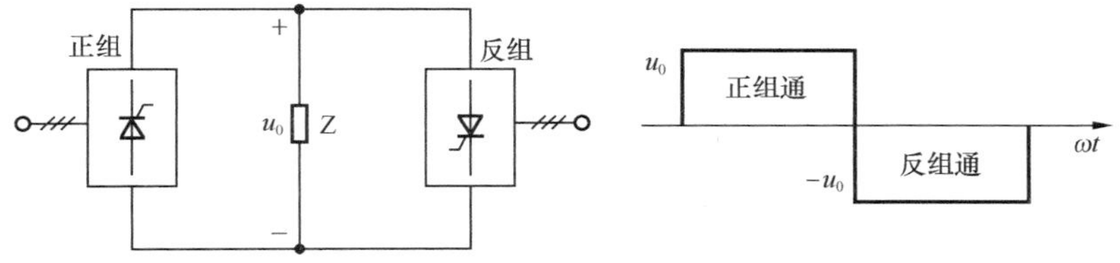

图 1-16　交—交变频器结构图

优点：没有中间环节，变换效率高。

缺点：交—交变频器连续可调的频率范围较窄，其最大输出频率为额定频率的 1/2 以下，因此主要用于低速大容量的拖动系统中。

（2）交—直—交变频器。目前已被广泛应用在交流电动机变频调速中的变频器是交—直—交变频器，它是先将恒压恒频（Constant Voltage Constant Frequecy，CVCF）的交流电通过整流器变成直流电，再经过逆变器将直流电变换成频率连续可调的三相交流电。

交—直—交变频器常采用不可控整流器整流，脉宽调制（PWM）逆变器同时调压调频的控制方式，如图 1-17 所示。在这种控制方法中，由于采用不可控整流器整流，故输入功率因数高；采用 PWM 型逆变器则输出谐波可以减少。PWM 逆变器采用绝缘栅双极型晶体管（IGBT）时，开关频率可达 10kHz 以上，输出波形已经非常逼近正弦波，因而又称为 SPWM 逆变器，成为当前最有发展前途的一种调压调频控制方法。

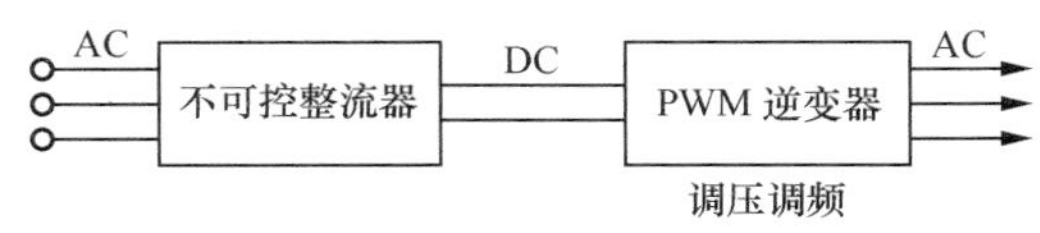

图 1-17　交—直—交变流器的结构

2. 按直流电路的滤波方式分类

交—直—交变频器中间直流环节的滤波元件可以是电容或是电感，据此，变频器分成电流型变频器和电压型变频器两大类。

（1）电流型。当交—直—交变频器的中间直流环节采用大电感滤波时，直流电流波形比较平直，因而电源内阻抗很大，对负载来说基本上是一个电流源，输出交流电流是矩形波或阶梯波，电压波形接近于正弦波，这类变频器叫作电流源型变频器，如图 1-18 所示。

（2）电压型。当交—直—交变频器的中间直流环节采用大电容滤波时，直流电压波形比较平直，在理想情况下是一个内阻抗为零的恒压源，输出交流电压是矩形波或阶梯波，电流波形为近似正弦波，这类变频器叫作电压源型变频器，如图 1-19 所示。现在变频器大多都属于电压型变频器。

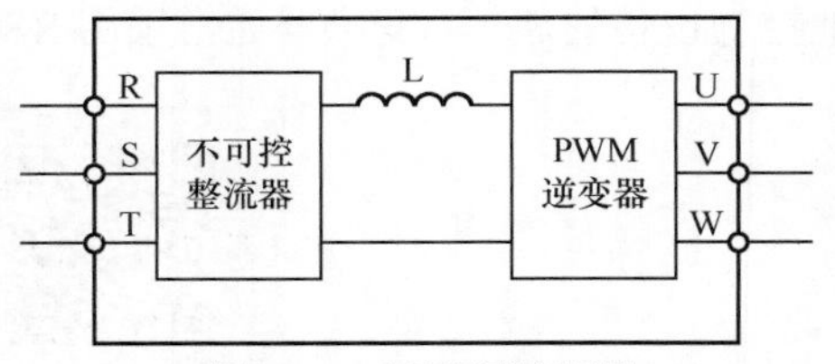

图 1-18　电流源型变频器

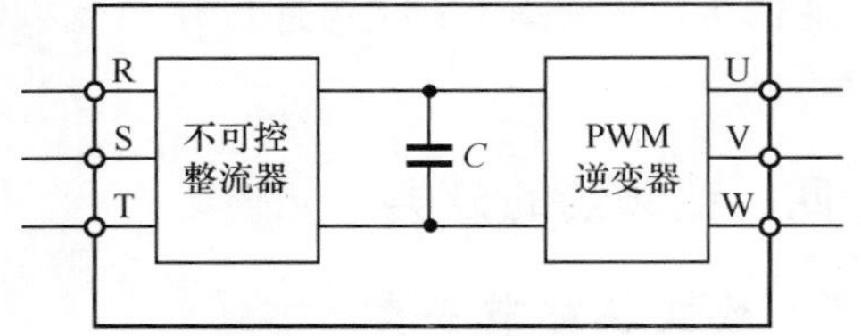

图 1-19　电压源型变频器

3．按输出电压的调制方式分类

按输出电压的调制方式分为脉幅调制（PAM）方式变频器和脉宽调制（PWM）方式变频器。

（1）脉幅调制。脉幅调制（Pulse Amplitude Modulation，PAM）方式是调频时通过改变整流后直流电压的幅值，达到改变变频器输出电压的目的。一般通过可控整流器来调压，通过逆变器来调频，变压与变频分别在两个不同环节上进行，控制复杂，现已很少采用。采用 PAM 调压时，变频器的输出电压波形如图 1-20 所示。

（2）脉宽调节。脉宽调节（Pulse Width Modulation，PWM）方式指变频器输出电压的大小是通过改变输出脉冲的占空比来实现的。在调节过程中，逆变器负责调频调压。目前使用最多的是占空比按正弦规律变化的正弦波脉宽调制方式，即 SPWM 方式。中、小容量的通用变频器几乎全部采用此类型的变频器。

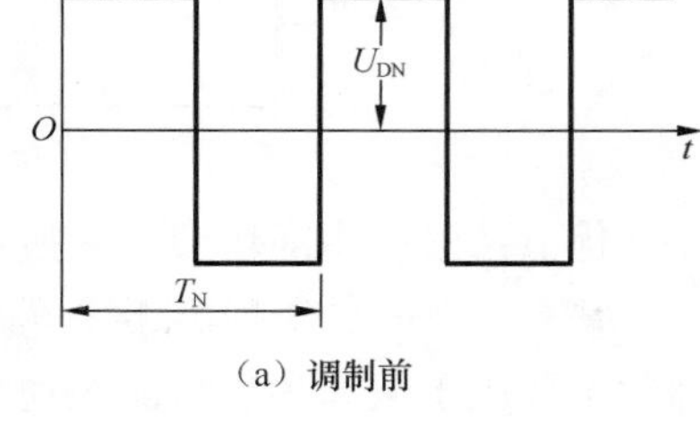

（a）调制前

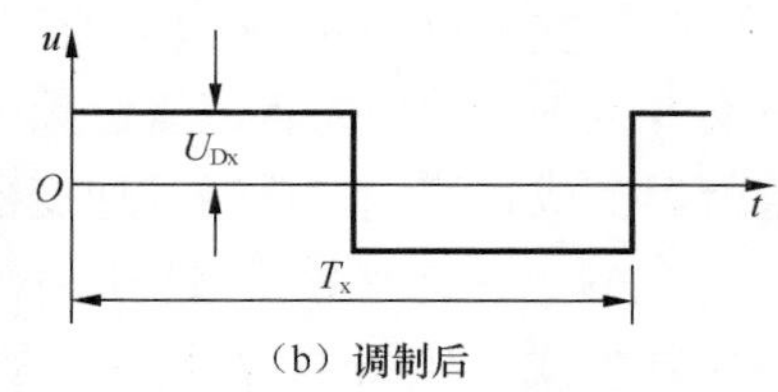

（b）调制后

图 1-20　PAM 调制的输出电压

4．按变频控制方式分类

根据变频控制方式的不同，变频器大致可以分 4 类：U/f 控制变频器、转差频率控制变频器、矢量控制变频器和直接转矩控制变频器。

5．按用途分类

根据用途的不同，变频器可以有以下分类。

（1）通用变频器。通用变频器的特点就是其通用性，它适用于对调速性能没有严格要求的场合。随着变频技术的进一步发展，通用变频器发展为以节能运行为主要目的的风机、泵类等平方转矩负载使用的平方转矩变频器和以普通恒转矩机械为主要控制对象的恒转矩变频器。

（2）专用变频器。专用变频器是指应用于某些特殊场合的具有某种特殊性能的变频器，其特点是某个方面的性能指标极高，因而可以实现高控制要求，但相对价格较高。

此外，变频器按电压等级可分低压变频器和高压变频器。低压变频器分为单相 220V、三相380V、三相660V、三相1 140V。高压（国际上称作中压）变频器分为3kV、6kV和10kV 3种。如果变频器采用公共直流母线逆变器，则要选择直流电压，其等级有24V、48V、110V、200V、500V、1 000V等。

五、变频器的控制方式

扩展视频：变频器的控制方式

1. U/f控制方式

U/f控制即恒压频比控制。它的基本特点是同时控制变频器输出的电压和频率，通过保持U/f恒定使电动机获得所需的转矩特性。它是变频调速系统最经典的控制方式，广泛应用于以节能为目的的风机、泵类等负载的调速系统中。

U/f控制是转速开环控制，无需速度传感器，控制电路简单，通用性强，经济性好；但由于控制是基于电动机稳态数学模型基础上的，因此动态调速性能不佳，电动机低速运行时，定子电阻压降的影响，使得电动机的带载能力下降，需要实行转矩补偿。

2. 转差频率控制方式

转差频率控制方式是对U/f控制的一种改进。其实现思想是通过检测电动机的实际转速，根据设定频率与实际频率的差连续调节输出频率，从在控制调速的同时，控制电动机输出转矩。

转差频率控制是利用了速度传感器的速度闭环控制，并可以在一定程度上控制输出转矩，所以和U/f控制方式相比，在负载发生较大变化时，仍能达到较高的速度精度和具有较好的转矩特性。但是采用这种控制方式时，需要在电动机上安装速度传感器，并需要根据电动机的特性调节转差，通常多用于厂家指定的专用电动机，通用性较差。

3. 矢量控制方式

上述的U/f控制方式和转差频率控制方式的控制思想都是建立在异步电动机的静态数学模型上，因此动态性能指标不高。20世纪70年代初，前联邦德国的F.Blasschke等人首先提出了矢量控制，它是一种高性能异步电动机控制方式，其基于交流电动机的动态数学模型，利用坐标变换的手段，将交流电动机的定子电流分解成励磁电流分量和转矩电流分量，并加以控制，具有直流电动机相类似的控制性能。采用矢量控制方式的目的主要是提高变频器调速方式的动态性能。各种高端变频器普遍采用矢量控制方式。

4. 直接转矩控制方式

1985年，德国鲁尔大学的M.Depenbrock教授首次提出了直接转矩控制理论。直接转矩控制是利用空间矢量坐标的概念，在定子坐标系下分析交流电动机的数学模型，控制电动机的磁链和转矩，通过检测定子电阻来观测定子磁链，因此省去了矢量控制等复杂的变换计算，系统直观、简洁，计算速度和精度都比矢量控制方式有所提高，即使在开环的状态下，也能输出100%的额定转矩，对于多拖动具有负荷平衡功能。

任务实施

【训练工具、材料和设备】

三菱FR-D740变频器1台、《三菱通用变频器FR-D700使用手册》、通用电工工具1套。

一、三菱变频器认识

三菱变频器的产品目前有 FR-700 系列和 FR-800 系列两大类。其中 FR-700 系列变频器在市场上用量较多，它又分为 FR-A700、FR-D700、FR-E700、FR-F700 和 FR-L700 5 个子系列，其外形如图 1-21 所示。

（1）FR-A700 系列高性能矢量变频器适用于各类对负载要求较高的设备，如起重、电梯、印包、印染、材料卷取及其他通用场合。

- 功率范围：0.4～500kW。
- 具有独特的无传感器矢量控制模式，在不需要采用编码器的情况下，可以使各式各样的机械设备在超低速区域高精度运转。
- 带转矩控制模式，并且在速度控制模式下可以使用转矩限制功能。
- 具有矢量控制功能（带编码器），闭环时可以实现位置控制和快速响应、高精度的速度控制（零速控制、伺服锁定等）及转矩控制。
- 内置 PLC 功能（特殊型号 FR-A740-0.4K-C9）。
- 使用长寿命元器件，内置 EMC 滤波器。
- 强大的网络通信功能，支持 DeviceNet、Pr.ofibus-DP、Modbus 等协议。

FR-A700

FR-D700

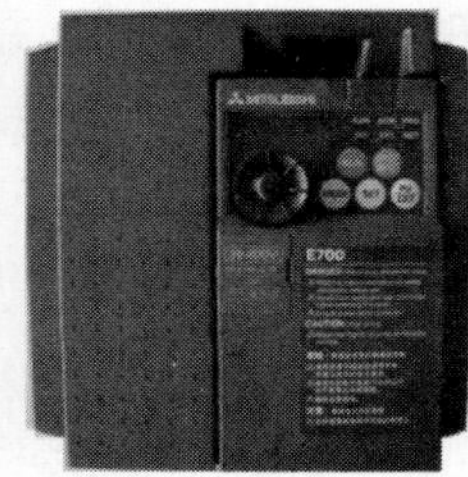
FR-E700

FR-F700

FR-L700

图 1-21　三菱 FR-700 系列变频器的外形

（2）FR-D700 系列多功能、紧凑型变频器适用于负载不太重，启动性能要求不高的场合。集成 LED 显示器和数字式旋钮使用户可以直接访问重要的参数，从而加快并简化设置过程。

- 功率范围：0.1～7.5kW。
- 通用磁通矢量控制，1Hz 时 150%转矩输出。
- 15 段可变速选择。
- 独立 RS-485 通信口。
- 内置 PID 控制功能。
- 带安全停止功能。

（3）FR-E700 系列经济型变频器，采用磁通矢量控制方式，内置 RS485 通信口，具有 15 段速和 PID 等多种功能。

- 功率范围：0.4～15kW。
- 先进磁通矢量控制，0.5Hz 时 200%转矩输出。
- 内置 PID，柔性 PWM。
- 内置 Modbus-RTU 协议。
- 停止精度提高。

（4）FR-F700 系列变频器采用最佳励磁控制方式，实现更高节能运行，适用于风机和泵类负载。

- 功率范围：0.75kW～630kW。
- 简易磁通矢量控制方式，实现 3Hz 时输出转矩达 120%。
- 内置 PID，工频/变频切换和可以实现多泵循环运行功能。
- 内置独立的 RS485 通信口。
- 内置噪声滤波器（75k 以上）。
- 带有节能监控功能，节能效果一目了然。

（5）FR-L700 系列专用化多用途矢量变频器，它是三菱电机公司的第一台完全根据中国市场情况研发的专用型变频器，内置专用功能，体现较强的行业特性。该系列变频器广泛应用于印刷包装、线缆材料、纺织印染、橡胶轮胎、物流机械等行业。

- 功率范围：0.75kW～55kW。
- 先进磁通矢量控制方式。
- 加入了收放卷的张力控制功能。
- 内置独立的 RS485 通信口，通过 CC-Link 总线可与三菱 PLC 连接。
- 内置 PLC 编程功能，节约使用成本。

变频器的铭牌数据一般包括变频器的型号、适用的电源、适用的电动机的最大容量、输出频率、有关额定值和制造编号等，是变频器最重要的参数。认识和理解铭牌数据，是技术人员最基本的工作和要求。

三菱 FR-A740 变频器的铭牌数据如图 1-22（a）所示，型号含义如图 1-22（b）所示。

（a）铭牌

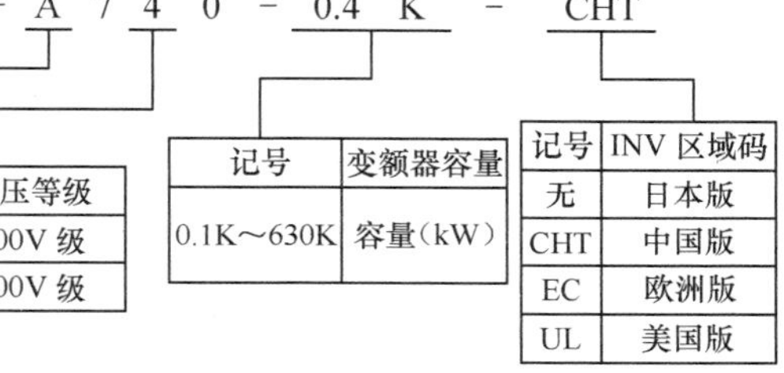

（b）型号含义

图 1-22 三菱变频器铭牌及型号含义

二、三菱 FR-700 系列变频器的接线图

三菱 FR-A700 系列变频器是采用先进的磁通矢量控制方式、PWM 原理和智能功率模块（IPM）的高性能矢量变频器，其功率范围为 0.4～500kW。具有简易 PLC 功能（特殊型号 FR-A740-0.4K-C9）、工频/变频切换和 PID 等多种功能。内置 RS485 通信口，可支持各种常用的通信方式。三菱 FR-A740 变频器的端子接线图如图 1-23 所示，其中◎表示主电路接线端子，○表示控制电路端子。

视频 1. 三菱变频器的端子介绍

三菱公司 FR-D700 系列变频器是多功能、紧凑型变频器，采用通用磁通矢量控制方式，功率范围为 0.4～7.5kW，具有 15 段速、PID 和漏—源型转换等功能。三菱 FR-D700 变频器的端子接线图如图 1-24 所示。从图 1-23 和图 1-24 可以看出，FR-A740 变频器的端子比

FR-D740 变频器的端子多。

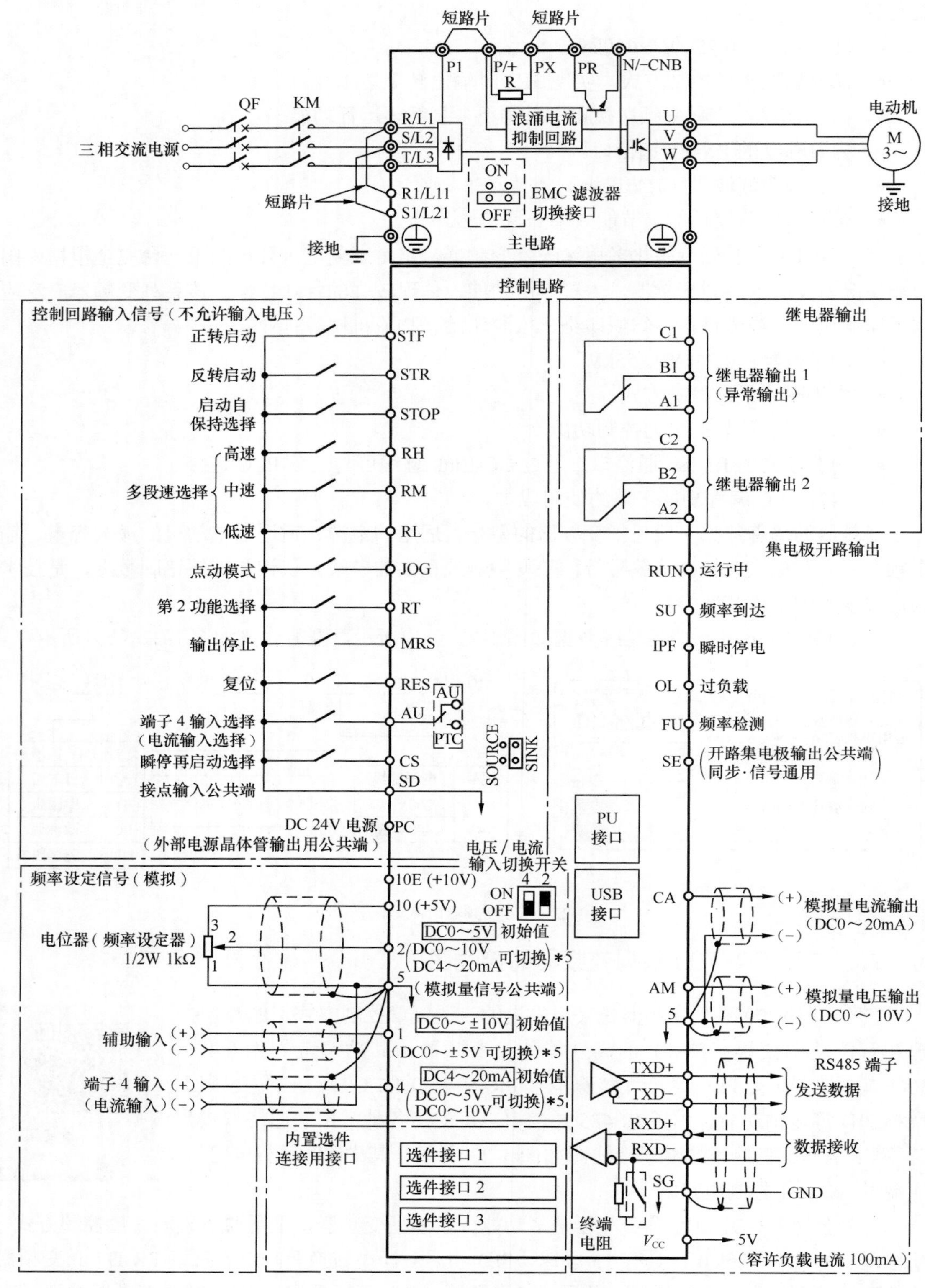

图 1-23　三菱 FR-A740 变频器的端子接线图

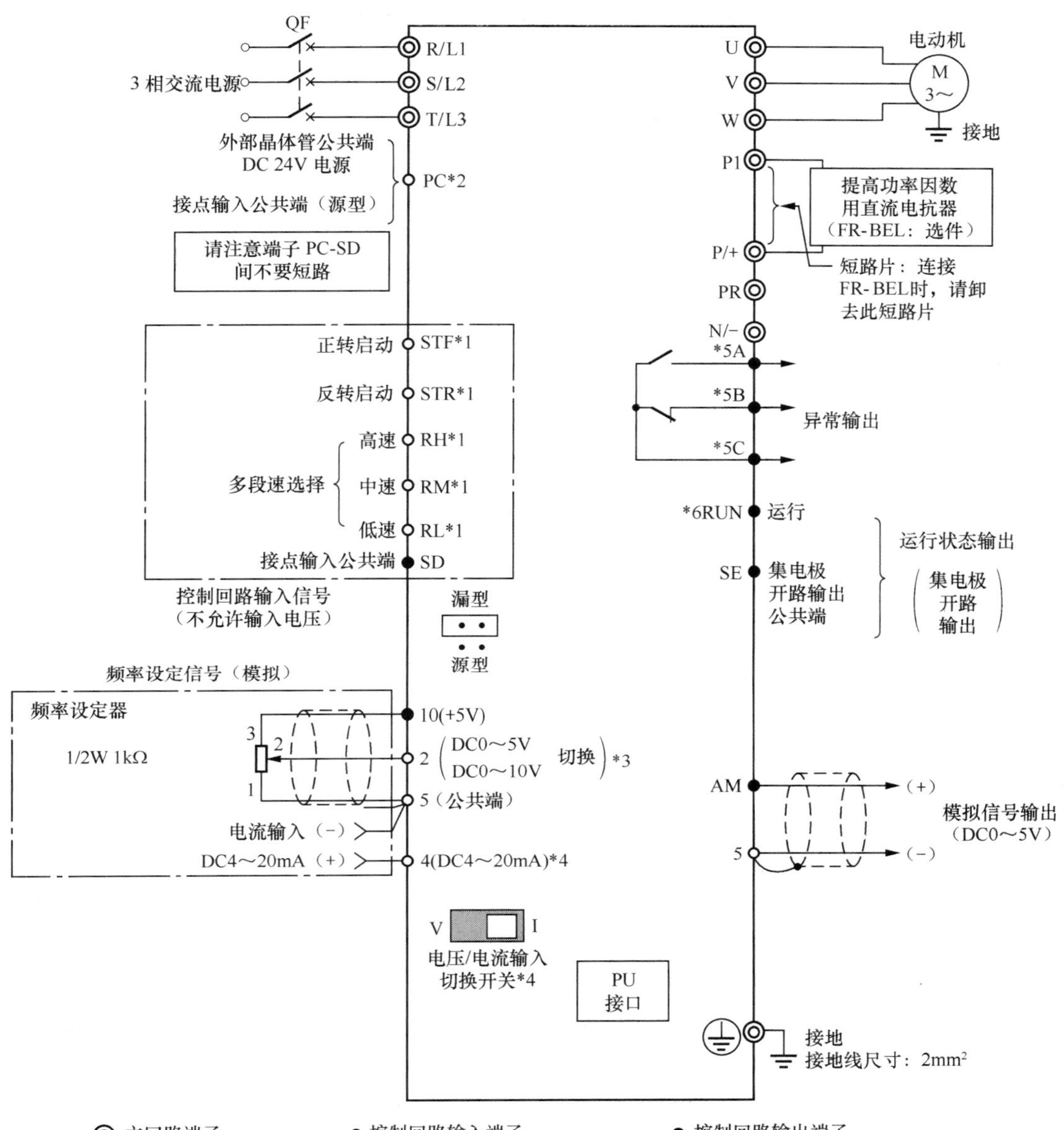

注：*1 可通过输入端子功能分配（Pr.178～ Pr.182）变更端子的功能。

*2 端子 PC-SD 间作为 DC 24V 电源端子使用时，注意两端子间不要短路。

*3 可通过模拟量输入选择 Pr.73 进行变更。

*4 可通过模拟量输入规格切换 Pr.267 进行变更。设为电压输入（0 ～ 5V/0 ～ 10V）时，将电压 / 电流输入切换开关置为 V，电流输入（4 ～ 20mA）时，置为 I（初始值）。

*5 可通过 Pr.192A、B、C 端子功能选择变更端子的功能。

*6 可通过 Pr.190RUN 端子功能选择变更端子功能。

图 1-24　三菱 FR-D700 变频器的端子接线图

1. 主电路端子

主电路端子用来连接电源和电机，其功能如表 1-1 所示。

表 1-1　　　　三菱变频器主电路端子功能

端子符号	端子名称	说明
R、S、T	交流电源输入端子	连接工频电源，当使用功率因数变流器及公共直流母线变流器时，不要连接任何东西
U、V、W	变频器输出端子	接三相笼型异步电动机
R1、S1	控制回路用电源	与交流电源端子 R、S 连接。在保持异常显示和异常输出时或使用高功率因数变流器时，必须拆下 R、R1 和 S、S1 之间的短路片，从外部对该端子输入电源
P/+、PR.	连接制动电阻	拆开端子 PR.、PX 之间的短路片（7.5kW 以下），在 P/+、PR.之间连接选件制动电阻器
P/+、N−	连接制动单元	连接制动单元或电源再生转换器单元及高功率因数变流器
P/+、P1	连接改善功率因数 DC 电抗器	对 55kW 以下产品请拆开端子 P/+、P1 间的短路片，连接直流电抗器
PR.、PX	连接内部制动回路	用短路片将 PX、PR.间短路时（出厂设定），内部制动回路有效（7.5kW 以下装有）
⏚	接地	变频器外壳接地用，必须接大地

主电路接线说明。

（1）电源必须接 R、S、T，绝对不能接 U、V、W，否则会损坏变频器。

（2）变频器和电动机间的布线距离最长为 500m。

（3）变频器运行后，若需要改变接线的操作，必须在电源切断 10min 以上，用万用表检查电压后进行。断电后一段时间内，电容上仍然有危险的高压电。

（4）由于变频器内有漏电流，为了防止触电，变频器和电动机必须分别接地。

2．控制电路端子

控制电路端子用来连接外部输入设备（启动指令开关、频率给定器等）、外部输出设备（故障输出、输出频率监视），其功能如表 1-2 所示。

表 1-2　　　　变频器控制电路接线端子的符号及功能说明

类型		端子记号	端子名称	说明	
输入信号	启动及功能设定	STF	正转启动	STF 信号处于 ON 为正转，处于 OFF 为停止	当 STF 和 STR 信号同时处于 ON 时，相当于给出停止指令
		STR	反转启动	STR 信号处于 ON 为反转，处于 OFF 为停止	
		STOP	启动自保持选择	使 STOP 信号处于 ON，可以选择启动信号自保持	
输入信号	启动及功能设定	RH、RM、RL	多段速度选择	用 RH、RM 和 RL 信号的组合可以选择多段速度	
		JOG	点动模式选择	JOG 信号 ON 时选择点动运行，用启动信号（STF 和 STR）可以点动运行	
		RT	第 2 功能选择	RT 信号 ON 时，第 2 功能选择。设定了第 2 转矩提升（第 2V/F，基底频率）时，也可以用 RT 信号处于 ON 时选择这些功能	
		MRS	输出停止	MRS 信号为 ON（20ms）时，变频器停止输出。用电磁制动停止电动机时，用于断开变频器的输出	
		RES	复位	使端子 RES 信号处于 ON（0.1s 以上），然后断开，可用于解除保护回路动作的保持状态	
		AU	电流输入选择	只在端子 AU 信号处于 ON 时，变频器 4 端子才可用 AC4～20mA 作为频率设定信号	
		CS	瞬时停电再启动选择	CS 信号预先处于 ON，瞬时停电再恢复使变频器可自动启动。但用这种运行方式时必须设定有关参数，因为出厂时设定为不能再启动	
		SD	公共输入端（漏型）	接点输入端子的公共端，AC24V，0.1A（PC）端子电源的输出公共端	
		PC	AC24V 电源和外部晶体管公共端接点输入公共端（源型）	当连接晶体管输出（集电极开路输出），例如，可编程控制器时，将晶体管输出用的外部电源公共端接到这个端子、可以防止因漏电引起的误动作，该端子可用于 24V、0.1A 电源输出，当选择源型时，该端子作为接点输入的公共端	

续表

<table>
<tr><th colspan="2">类　型</th><th>端子记号</th><th>端子名称</th><th colspan="2">说　明</th></tr>
<tr><td rowspan="6">模拟信号</td><td rowspan="6">频率设定</td><td>10E</td><td rowspan="2">频率设定用电源</td><td>DC10V，容许负荷电流 10mA</td><td rowspan="2">按出厂设定状态连接频率设定电位器时，与端子 10 连接。当连接到端子 10E 时，改变端子 2 的输入规格</td></tr>
<tr><td>10</td><td>DC5V，容许负荷电流 10mA</td></tr>
<tr><td>2</td><td>频率设定（电压）</td><td colspan="2">输入 DC0～5V（DC0～10V）时，5V（10V）对应为最大输出频率，输出输入成正比，DC0～5V（出厂设定）和 DC0～10V 的切换由 Pr.73 控制</td></tr>
<tr><td>4</td><td>频率设定（电流）</td><td colspan="2">如果输入 DC4～20mA（或 0～5V、0～10V），在 20mA 时为最大输出频率，输入输出成正比。只有 AU 信号为 ON 时，端子 4 的输入信号才会有效（端子 2 的输入将无效）。通过 Pr.267 进行 4～20mA（初始设定）和 DC0～5V、DC0～10V 输入的切换操作。电压输入（0～5V/0～10V）时，将电压/电流输入切换开关切换至“V”</td></tr>
<tr><td>1</td><td>辅助频率设定</td><td colspan="2">输入 DC0～±5V 或 DC0～±10V 时，端子 2 或 4 的频率设定信号与这个信号相加，用 Pr.73 切换输入 DC0～±5V 或 DC0～±10V（出厂设定）</td></tr>
<tr><td>5</td><td>频率设定公共端</td><td colspan="2">频率信号设定端（2，1 和 4）和模拟输出端 CA、AM 的公共端子，不要接大地</td></tr>
<tr><td rowspan="10">输出信号</td><td rowspan="2">接点</td><td>A1、B1、C1</td><td>继电器输出 1（异常输出）</td><td colspan="2">指示变频器因保护功能动作而输出停止的转换接点。AC230V、0.3A，DC30V、0.3A 异常时，B、C 间不导通（A、C 间导通），正常时，B、C 间导通（A、C 间不导通）</td></tr>
<tr><td>A2、B2、C2</td><td>继电器输出 1</td><td colspan="2">1 个继电器输出（常开/常闭）</td></tr>
<tr><td rowspan="6">集电极开路</td><td>RUN</td><td>变频器正在运行</td><td colspan="2">变频器输出频率为启动频率（出厂时为 0.5Hz，可变更）以上时为低电平，正在停止或正在直流制动时为高电平*1。容许负荷为 DC24V、0.1A</td></tr>
<tr><td>SU</td><td>频率到达</td><td colspan="2">输出频率达到设定频率的±10%（出厂设定，可变更）时为低电平，正在加/减速或停止时为高电平*1。容许负荷为 DC24V、0.1A</td></tr>
<tr><td>OL</td><td>过负荷报警</td><td colspan="2">当失速保护功能动作时为低电平，失速保护解除时为高电平*1。容许负荷为 DC24V、0.1A</td></tr>
<tr><td>IPF</td><td>瞬时停电</td><td colspan="2">瞬时停电、电压不足保护动作时为低电平*1，容许负荷为 DC24V、0.1A</td></tr>
<tr><td>FU</td><td>频率检测</td><td colspan="2">输出频率为任意设定的检测频率以上时为低电平，以下时为高电平*1，容许负荷为 DC 24V、0.1A</td></tr>
<tr><td>SE</td><td>集电极开路输出公共端</td><td colspan="2">端子 RUN、SU、OL、IPF、FU 的公共端子</td></tr>
<tr><td>模拟电流输出</td><td>CA</td><td rowspan="2">可以从多种监示项目中选一种作为输出*2，如输出频率，输出信号与监示项目的大小成正比</td><td colspan="2">容许负载阻抗 200～450Ω。
输出信号 DC0～20mA</td></tr>
<tr><td>模拟电压输出</td><td>AM</td><td colspan="2">输出信号 DC0～10V。
容许负载电流 1mA，分辨率 8 位</td></tr>
<tr><td rowspan="6">通信</td><td>RS485</td><td>PU 端口</td><td colspan="3">通过 PU 端口，进行 RS485 通信</td></tr>
<tr><td>TXD+</td><td rowspan="2">变频器传输端子</td><td rowspan="5" colspan="3">通过 RS485 端子，进行 RS485 通信</td></tr>
<tr><td>TXD−</td></tr>
<tr><td>RXD+</td><td rowspan="2">变频器接收端子</td></tr>
<tr><td>RXD−</td></tr>
<tr><td>SG</td><td>接地</td></tr>
</table>

注：*1　低电平表示集电极开路输出用的晶体管处于 ON（导通状态），高电平为 OFF（不导通状态）。

*2　变频器复位中不被输出。

在图 1-23 和图 1-24 中，有一个控制逻辑切换跳线开关，变频器出厂设定为漏型逻辑（SINK）。为了切换控制逻辑，需要切换控制端子上方的跨接器。如图 1-25 所示。使用镊子或尖嘴钳将漏型逻辑（SINK）上的跨接器转换至源型逻辑（SOURCE）上。跨接器的转换请在未通电的情况下进行。

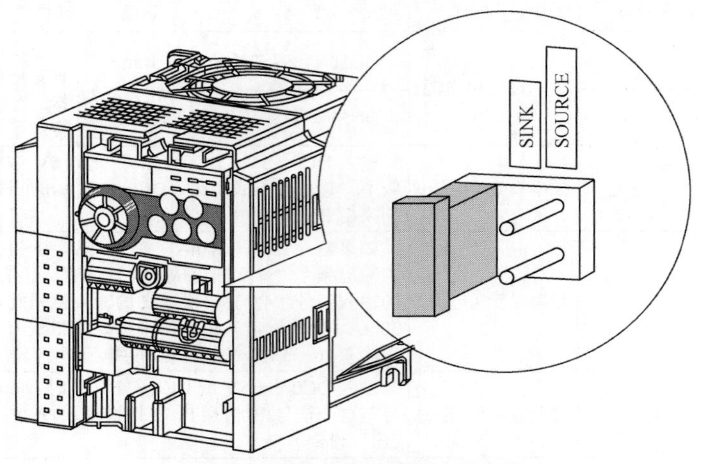

图 1-25　漏型逻辑和源型逻辑的切换

控制电路输入信号出厂设定为漏型逻辑。在这种逻辑中，信号端子接通时，电流是从相应的输入端子流出，如图 1-26 所示。端子 SD 是接点输入信号的公共端端子。端子 SE 是集电极开路输出信号的公共端端子。

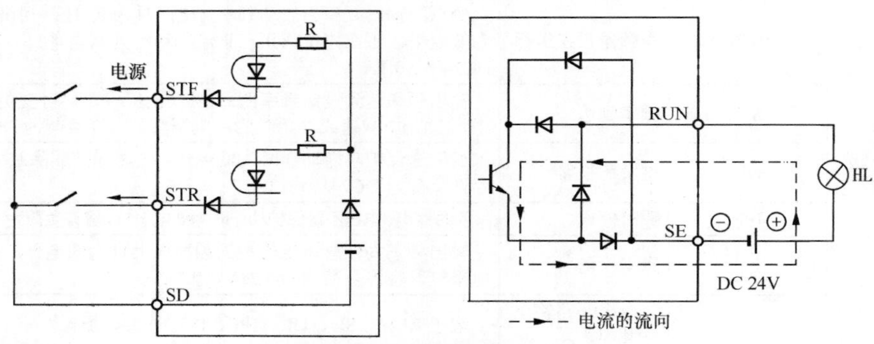

图 1-26　漏型逻辑控制电路结构图

在控制电路端子板的背面，把跳线从漏型逻辑位置移到源型逻辑位置，如图 1-25 所示，可以改变变频器的控制逻辑。在源型逻辑中，信号接通时，电流是流入相应的输入端子，其结构如图 1-27 所示。端子 PC 是接点输入信号的公共端端子。端子 SE 是集电极开路输出信号的公共端端子。

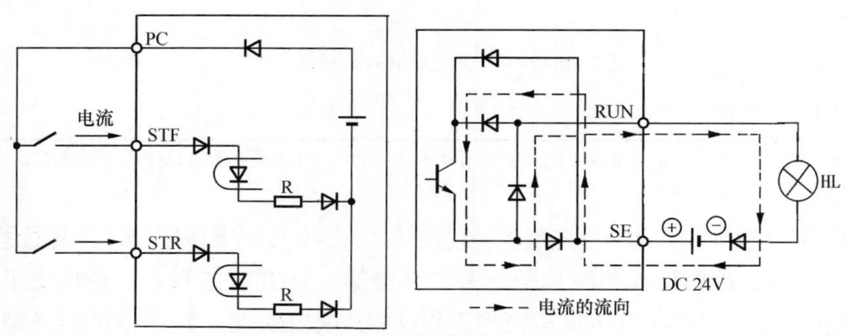

图 1-27　源型逻辑控制电路结构图

知识拓展

一、变频器的安装

1. 变频器对安装环境的要求

（1）环境温度。温度是影响变频器寿命及可靠性的重要因素。变频器的工作环境温度范围一般为-10℃～＋40℃。当环境温度大于变频器规定的温度时，变频器要降额使用或采取相应的通风冷却措施。

（2）环境湿度。变频器工作环境的相对湿度为20%～90%（无结露现象）。湿度太高且湿度变化较大时，变频器内部易出现结露现象，其绝缘性能就会大大降低，甚至可能引发短路事故。必要时，必须在箱中增加干燥剂和加热器。

（3）海拔高度。变频器应用的海拔高度应低于1 000 m。在海拔高度大于1 000 m的场合，变频器要降额使用。

（4）周围空气。变频器的安装要求无水滴、蒸汽、酸、碱、腐蚀性气体及导电粉尘；对导电性粉尘场所，采用封闭结构。在可能产生腐蚀性气体的场所，如果腐蚀性气体浓度大，不仅会腐蚀元器件的引线、印制电路板等，还会加速塑料器件的老化，降低绝缘性能，因此要对控制板进行防腐处理。

（5）电磁辐射。变频器在工作中由于整流和变频，产生了很多的干扰电磁波。这些高频电磁波对附近的仪表、仪器有一定的干扰。因此，变频器柜内的仪表和电子系统，应该选用金属外壳，屏蔽变频器对仪表的干扰。所有的元器件均应可靠接地，除此之外，各电器元件、仪器及仪表之间的连线应选用屏蔽控制电缆，且屏蔽层应接地。如果处理不好电磁干扰，就会使整个系统无法工作，导致控制单元失灵或损坏。

（6）振动。变频器在运行的过程中，要注意避免受到振动和冲击。当装有变频器的控制柜受到机械振动和冲击时，会引起电气接触不良甚至造成短路等严重故障。这时除了提高控制柜的机械强度、远离振动源和冲击源外，还应使用抗振橡皮垫固定控制柜外和内电磁开关之类易产生振动的元器件。设备运行一段时间后，应对其进行检查和维护。

2. 变频器的安装方式

（1）墙挂式安装。由于变频器本身具有较好的外壳，故一般情况下，允许直接靠墙安装，称为墙挂式，如图1-28所示。正面是变频器文字键盘，请勿上下颠倒或平放安装。周围要留有一定空间，上下间距150mm以上，左右间距100mm以上。因变频器在运行过程中会产生热量，必须保持冷风畅通。

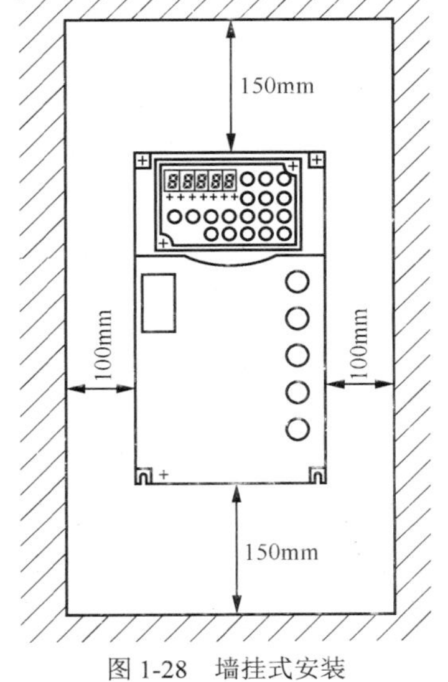

图1-28　墙挂式安装

（2）柜式安装。当周围的尘埃较多时，或和变频器配用的其他控制电器较多而需要和变频器安装在一起时，采用柜式安装。在配电柜内安装变频器时，要注意它和排风扇的位置。控制柜中安装多台要横向安装。两个以上的变频器安放位置不正确时，会使通风效果变差，从而导致周围温度升高。图1-29为配电柜中安装两个变频器时注意要点的例子；排风扇的正确安装位置如图1-30所示。

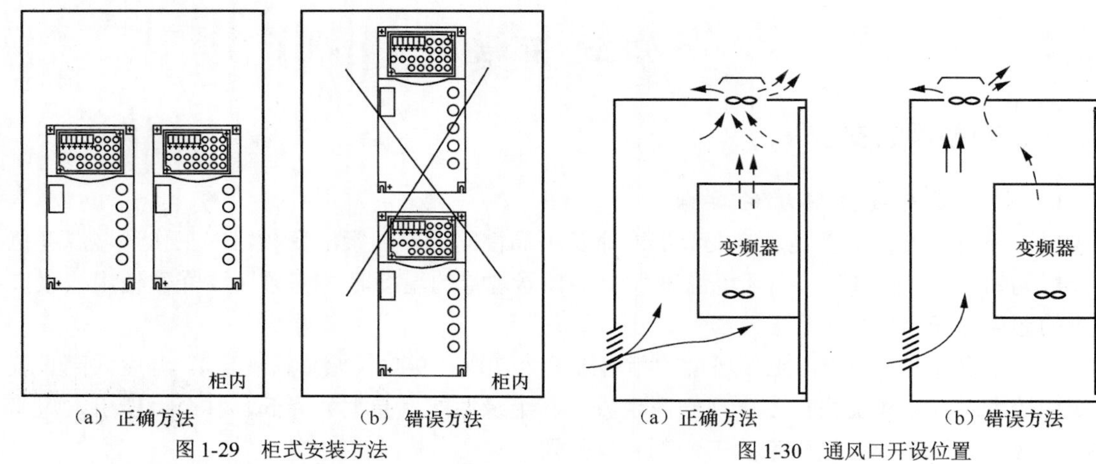

（a）正确方法　（b）错误方法

图 1-29　柜式安装方法

（a）正确方法　（b）错误方法

图 1-30　通风口开设位置

二、变频器的应用及主流变频器

1．变频器的应用

随着工业自动化程度的不断提高，变频器的应用领域越来越广泛，目前产品已被广泛应用于冶金、矿山、造纸、化工、建材、机械、电力及建筑等所有工业传动领域之中，可以有效达到调速节能、过流、过压、过载保护等多种功能。

（1）变频器在节能方面的应用。变频器的产生主要是实现对交流电动机的无级调速，但由于全球能源供求矛盾日益突出，其节能效果越来越受到重视。变频器在风机和水泵的应用中，节能效果尤其明显，有关资料显示，风机、泵类负载使用变频调速后节能率可达 20%～60%。这类负载的应用场合是恒压供水，风机、中央空调、液压泵变频调速等。

（2）变频器在精确自动控制中的应用。算术运算和智能控制是变频器的另一特色，输出精度可达 0.1%～0.01%。这类负载的应用场合是印刷、电梯、纺织、机床、生产流水线等行业的速度控制。

（3）变频器在提高工艺方面的应用。可以改善工艺和提高产品质量，减少设备冲击和噪声，延长设备使用寿命，使操作和控制更具人性化，从而提高整个设备的功能。

2．主流变频器介绍

（1）日本品牌。在我国变频器发展初期，日资企业凭借地域优势最早进入中国，对我国的变频器市场也较为熟悉，曾一度针对性地推出了适合我国国情的变频产品，把变频器定位于节能、小功率、专业化方向，所以其产品在节能领域或原始设备制造商（OEM）市场表现较为突出。在发展初期，中国中、低压变频器市场也出现过日本品牌一统天下的局面。随着近几年欧美等品牌的冲击，其市场占有率正趋于下降趋势。目前其在我国较为知名的几大品牌有：富士（Fuji）、三菱（Mitsubishi）、安川（Yaskawa）、三肯等。

（2）欧美品牌。欧美品牌进入我国的脚步虽没日本等企业那么快，但凭借其自身的先进控制技术及过硬的产品稳定性，很快就打入中国市场。目前欧美知名品牌基本都已入住中国，市场占有率也曾一度攀升，占有举足轻重的地位。代表性的品牌有：德国 SIEMENS（西门子）、瑞士 ABB（阿西亚布朗勃法瑞）、法国 Schneider（施耐德）、美国艾默生、丹麦 Danfoss（丹佛斯）、美国罗克韦尔等，其中 ABB 和西门子两大外资顶级品牌，市场份额远超其他品牌，具有大部分外资品牌难以企及的综合实力。

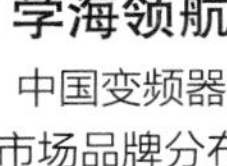

（3）中国品牌。我国的变频器市场从20世纪80年代的起始阶段开始就被外资品牌占据，在欧美、日本等诸多强势品牌林立的市场环境中，内资品牌不断学习、吸收和积累经验，逐步发展壮大。从整体看，虽然目前在综合实力方面尚与国际知名品牌存在差距，但个别生产企业已开始在竞争中发展壮大、脱颖而出，表现出突出的竞争实力。代表性的品牌有：汇川、英威腾、普传、森兰、阿尔法、安邦信、欧瑞和台湾台达等。

思考与练习

一、填空题

1．三相异步电动机的转速除了与电源频率、转差率有关外，还与________有关系。

2．目前，在中、小型变频器中普遍采用的电力电子器件是________。

3．变频器是把电压、频率固定的工频交流电变为________和________都可以变化的交流电的变换器。

4．变频器具有多种不同的类型：按变换环节可分为交—交变频器和________变频器；按改变变频器输出电压的调制方法可分为________型和________型；按用途可分为专用型变频器和________型变频器。

5．变频调速时，基频以下的调速属于________调速，基频以上的调速属于________调速。

6．在 U/f 控制方式下，当输出频率比较低时，会出现输出转矩不足的情况，要求变频器具有________功能。

7．变频器输入控制回路的信号分为________逻辑和________逻辑。

8．变频器通信接口是________。

9．变频器的主电路中，R、S、T端子接________，U、V、W端子接________。

10．三菱变频器输入控制端子中，STF代表________，STR代表________，JOG代表________，STOP代表________。

11．三菱FR-D740变频器的多功能输入控制端子有________个；多功能输出控制端子有________个。

二、简答题

1．交流异步电动机有哪些调速方式？并比较其优缺点。

2．从交流电动机调速的各种方法及效果，说明变频调速的优点。

3．目前变频器应用于哪类负载节能效果最明显？

4．交—直—交变频器的主电路由哪三大部分组成？试述各部分的作用。

5．变频器是怎样分类的？

6．变频器的控制方式有哪些？

7．变频器的安装方式有哪些？

三、分析题

1．为什么对异步电动机进行变频调速时，希望电动机的主磁通保持不变？

2．什么叫作 U/f 控制方式？为什么变频时需要相应的改变电压？

3. 在何种情况下变频也需变压，在何种情况下变频不能变压？为什么？在上述两种情况下，电动机的调速特性有何特征？三相异步电动机的机械特性曲线有何特点？

4. 为什么在基本 *U*/*f* 控制基础上还要进行转矩补偿？

任务 1.2　三菱变频器的面板运行操作

任务导入

利用变频器操作面板上的RUN键控制变频器启动、停止及正反转，利用变频器面板上的旋钮控制电动机以 30Hz 正、反转运行，10Hz 点动运行，并能通过变频器操作面板上的旋钮在 0～50Hz 之间调速。

相关知识

一、三菱变频器的运行模式

变频器的运行必须有“启动指令”和“频率指令”。将启动指令设为 ON 后，电机便开始运转，同时根据频率指令（给定频率）来决定电机的转速。所谓运行模式，是指指定输入变频器的“启动指令”和“频率指令”的输入场所。变频器的常见运行操作模式有面板（PU）运行操作模式、外部运行操作模式、组合运行操作模式和通信模式（又叫网络运行模式）等。运行模式的选择应根据生产过程的控制要求和生产作业的现场条件等因素来确定，达到既满足控制要求，又能够以人为本的目的。

三菱变频器运行操作模式用“运行模式选择”参数 Pr.79 设定，其运行操作模式通常有 7 种，选取常用的 5 种加以介绍，如表 1-3 所示。

表 1-3　　变频器的运行模式

参数编号	名称	初始值	设定范围	内容			LED 显示（灭灯 / 亮灯）
Pr.79	运行模式选择	0	0	外部/PU 切换模式，电源接通时，为外部运行操作模式，EXT 指示灯点亮；通过 PU/EXT 键可切换 PU 或外部运行操作模式			外部运行模式 EXT PU 运行模式 PU
				运行模式	频率指令	启动指令	
			1	面板（PU）运行模式	操作面板（M 旋钮）	操作面板（RUN 键）	PU
			2	外部运行模式	外部输入信号（端子 2、5 输入电压信号、端子 4、5 输入电流信号、多段速设定、点动）	外部输入信号（STF、STR 端子）	EXT
			3	外部/PU 组合操作模式 1	操作面板 M 旋钮设定或外部输入信号［多段速度设定、端子 4、5 间（AU 信号 ON 时有效）］	外部输入信号（STF、STR 端子）	PU EXT
			4	外部/PU 组合操作模式 2	外部输入信号（端子 2、5 输入电压信号、端子 4、5 输入电流信号、JOG 点动、多段速度选择等）	操作面板（RUN 键）	PU EXT

出产设定为 Pr.79=0（PU/外部切换模式），因此按操作面板上的(PU/EXT)键，运行模式即在 PU 运行模式/外部运行模式之间切换。

1. 面板（PU）运行模式

从变频器本体的操作面板上输入变频器的启动指令和频率指令，称为“PU 运行模式”，又叫面板运行模式。这种模式不需要外接其他的操作控制信号，可直接在变频器的面板上进行操作。操作面板也可以从变频器上取下来进行远距离操作。

可设定“运行操作模式选择”参数 Pr.79 = 1 或 0 来实现 PU 运行模式。

2. 外部运行模式

外部运行模式通常为出厂设定。这种模式通过外接的启动开关、频率设定电位器等输入变频器的启动指令和频率指令，控制变频器的运行。外部频率设定信号为 0～5V、0～10V 或 4～20mA 的直流信号。启动开关与变频器的正转启动 STF 端/反转启动 STR 端连接，频率设定电位器与变频器的端子 10、端子 2、端子 5 相连接，外部控制操作的基本电路如图 1-31 所示。

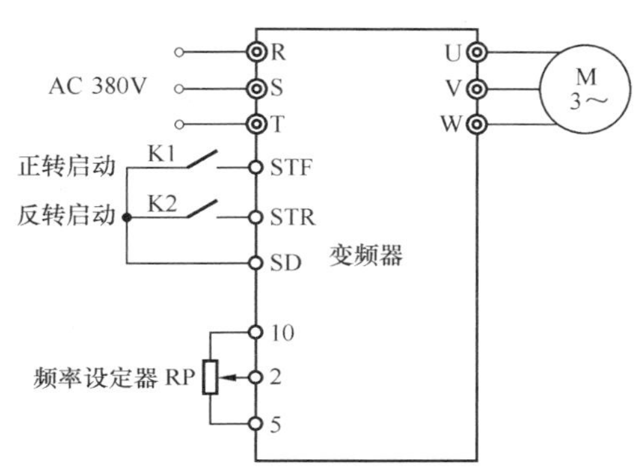

图 1-31 外部操作模式的接线图

可设定“运行操作模式选择”参数 Pr.79 = 2 或 0 来实现外部运行模式。

3. 组合运行操作模式

PU 和外部操作模式可以进行组合操作，此时 Pr.79 = 3 或 4，采用下列两种方法中的一种。

（1）启动信号用外部信号设定（通过 STF 或 STR 端子设定），频率信号用 PU 模式操作设定或通过多段速端子 RH、RM、RL 设定。

（2）启动信号用 PU 键盘设定，频率信号用外部频率设定电位器或多段速选择端子 RH、RM、RL 设定。

4. 计算机通信模式

通过 RS485 接口和通信电缆可以将变频器的 PU 接口与 PLC 和工业用计算机（PC）等数字化控制器连接，实现先进的数字化控制、现场总线系统等。这个领域有着广阔的应用和开发前景。

计算机通信模式可以设定参数 Pr.79 = 6 来实现，这时不仅可以进行数字化控制器与变频器的通信操作，还可以进行计算机通信操作与其他操作模式的相互切换。

二、三菱 FR-D700 系列变频器的操作面板

变频器的操作面板上装有 LED 显示、按键、M 旋钮，它可以对变频器的启动和停止、频率指令、参数设定以及各种监控进行操作。变频器的型号不同，其操作面板也不相同。这里选用三菱 FR-D700 变频器所配操作面板 FR-PU07，其外形如图 1-32 所示。各显示和按键的功能如表 1-4 所示。

视频 2. 三菱变频器的操作面板

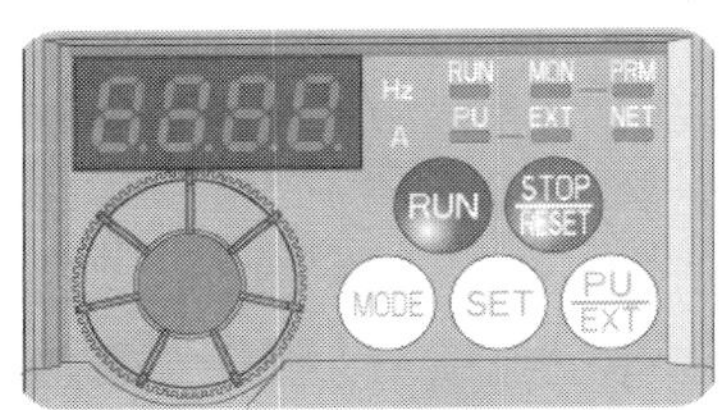

图 1-32 FR-PU07 操作面板

表 1-4　　显示和按键功能

<table>
<tr><th>显示/按键</th><th>功　能</th><th colspan="2">说　明</th></tr>
<tr><td>监视器（4 位 LED）</td><td>显示频率、参数编号等</td><td colspan="2">显示频率、参数编号、故障代码等</td></tr>
<tr><td>Hz 指示灯</td><td>单位显示</td><td colspan="2">显示频率时亮灯</td></tr>
<tr><td>A 指示灯</td><td>单位显示</td><td colspan="2">显示电流时亮灯（显示电压时熄灭，显示设定频率监控时闪烁）</td></tr>
<tr><td>RUN 指示灯</td><td>运行状态显示</td><td colspan="2">变频器动作中亮灯/闪烁。
亮灯：正转运行中；
慢闪烁（1.4s/次）：反转运行中；
快闪烁（0.2s/次）：
• 按 RUN 键或虽已输入启动指令，但变频器不运行时；
• 有启动指令，频率指令在启动频率以下时；
• 输入了 MRS 信号时</td></tr>
<tr><td>MON 指示灯</td><td>监视器显示</td><td colspan="2">监视模式时亮灯</td></tr>
<tr><td>PRM 指示灯</td><td>参数设定模式显示</td><td colspan="2">参数设定模式时亮灯</td></tr>
<tr><td>PU 指示灯</td><td>PU 运行模式显示</td><td>PU 运行模式时亮灯</td><td rowspan="2">外部/PU 组合运行模式 1、2 时，PU、EXT 同时亮灯</td></tr>
<tr><td>EXT 指示灯</td><td>外部运行模式显示</td><td>外部运行模式时亮灯</td></tr>
<tr><td>NET 指示灯</td><td>网络运行模式显示</td><td colspan="2">网络运行模式时亮灯</td></tr>
<tr><td>M 旋钮</td><td>变更频率设定、参数的设定值</td><td colspan="2">按该旋钮可显示以下内容：
• 显示监视模式时的设定频率
• 显示校正时的当前设定值
• 报警履历模式时的序号顺序</td></tr>
<tr><td>PU/EXT 键</td><td>切换 PU/外部操作模式</td><td colspan="2">PU：PU 运行模式
EXT：外部运行模式
使用外部运行模式（用另外连接的频率设定旋钮和启动信号运行）时，请按下此键，使运行模式显示 EXT 亮灯状态。
要进入组合模式，必须与 MODE 键同时按下（0.5s）或变更 Pr.79 的设定值。
也可解除 PU 停止</td></tr>
<tr><td>RUN 键</td><td>启动指令</td><td colspan="2">通过设定 Pr.40，可以选择旋转方向</td></tr>
<tr><td>STOP/RESET 键</td><td>停止、复位</td><td colspan="2">STOP：用于停止运行
RESET：用于保护功能（重故障）动作输出停止时复位变频器</td></tr>
<tr><td>SET 键</td><td>各设定的确定</td><td colspan="2">用于确定频率和参数的设定。运行中按此键则监视器依次显示：
运行频率 → 输出电流 → 输出电压（→ 运行频率）</td></tr>
<tr><td>MODE 键</td><td>模式切换</td><td colspan="2">用于切换各设定模式。与 PU/EXT 同时按下也可以用来切换运行模式。长按此键（2s）可以锁定操作</td></tr>
</table>

任务实施

【训练工具、材料和设备】

三菱 FR-D740-0.75K-CHT 变频器 1 台、三相异步电动机 1 台、《三菱 FR-D700 系列通用变频器使用手册》、通用电工工具一套。

视频 3. 三菱变频器的基本操作流程

一、FR-D700 变频器的基本操作流程

FR-D700 变频器的基本操作包括设定频率、设定参数、显示报警履历等，如图 1-33 所示。此时变频器运行模式选择参数设定为 Pr.79 = 0 或 1。

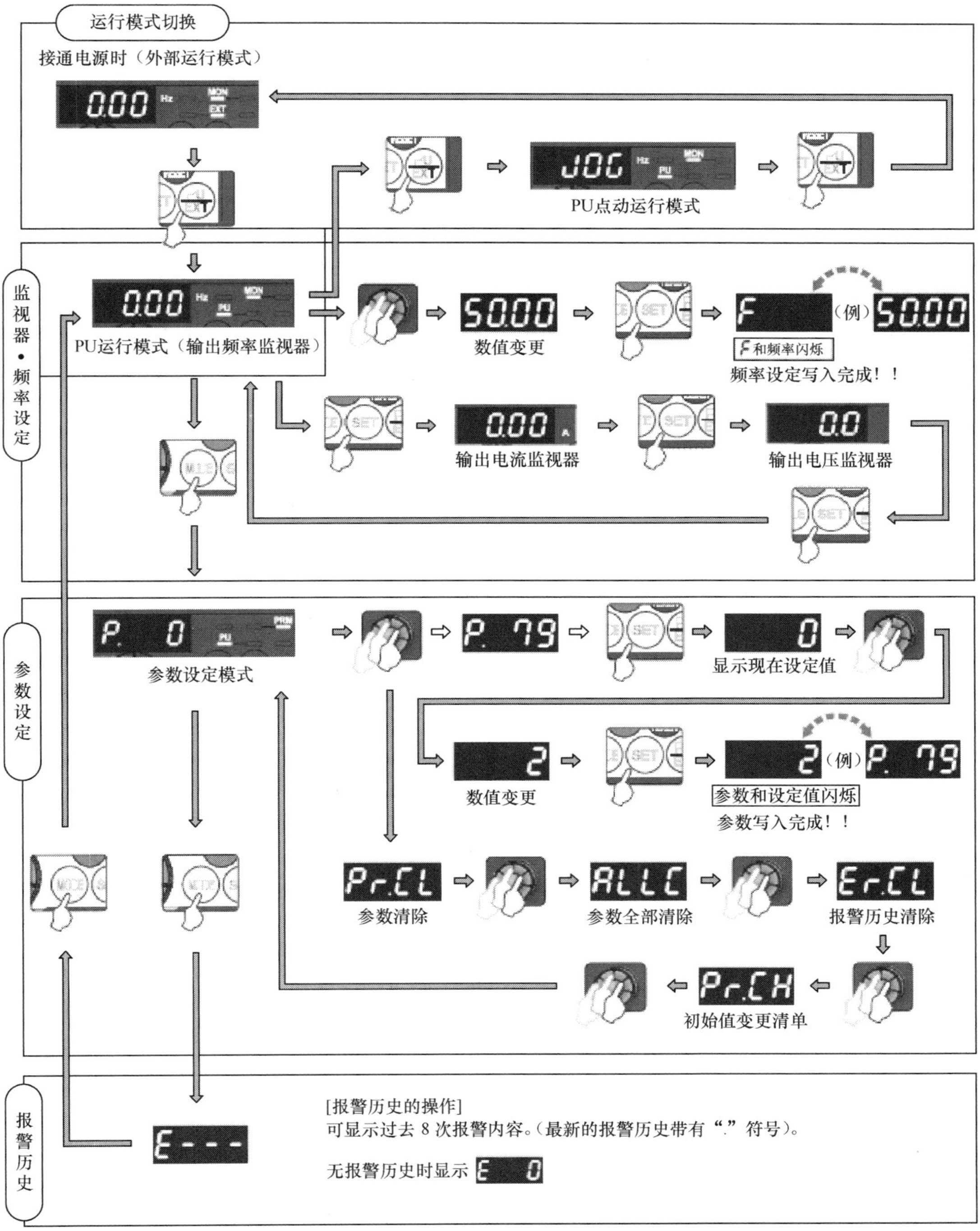

运行模式切换
接通电源时（外部运行模式）
0.00
PU点动运行模式
JOG

监视器·频率设定
PU运行模式（输出频率监视器）
0.00
50.00
数值变更
F（例）50.00
F和频率闪烁
频率设定写入完成！！
0.00
输出电流监视器
0.0
输出电压监视器

参数设定
P. 0
参数设定模式
P. 79
0
显示现在设定值
2
数值变更
2（例）P. 79
参数和设定值闪烁
参数写入完成！！
Pr.CL
参数清除
ALLC
参数全部清除
Er.CL
报警历史清除
Pr.CH
初始值变更清单

报警历史
E - - -
[报警历史的操作]
可显示过去 8 次报警内容。（最新的报警历史带有“.”符号）。
无报警历史时显示 E 0

图 1-33　FR-D700 变频器的基本操作流程

Pr.79=0 时，变频器可以在外部运行、PU 运行和 PU 点动（PU JOG）运行三种模式之间进行切换控制。当变频器上电时，首先进入外部运行模式，以后每按一次(PU/EXT)键，变频器都将以外部运行→PU 运行→PU JOG 运行的顺序切换。

二、参数设定

视频 4. 三菱变频器的参数设置

使用变频器操作面板上的各种按键和旋钮，可以设定参数（必须在 Pr.79=0 或 1 时）。

（1）将上限频率参数 Pr.1 的设定值从 120 变为 50，其操作步骤如表 1-5 所示。

表 1-5　改变参数值的操作步骤

操作步骤		显示结果
1	电源接通时显示的监视器画面	0.00 Hz MON EXT
2	按(PU/EXT)键，进入 PU 运行模式	PU显示灯亮 0.00 PU
3	按(MODE)键，进入参数设定模式	PRM 显示灯亮 P. 0 PRM
4	旋转旋钮，将参数编号设定为 P.　1（Pr. 1）	P.　1
5	按(SET)键，读出当前的设定值。显示 120.0［120.0Hz（初始值）］	120.0 Hz
6	旋转旋钮，将值设定为 50.00（50.00Hz）	50.00 Hz
7	按(SET)键，完成设定	50.00 Hz ↔ P.　1 闪烁

- 旋转旋钮可读取其他参数。
- 按(SET)键可再次显示设定值。
- 按两次(SET)键可显示下一个参数。
- 按两次(MODE)键可返回频率监视画面。

注　意

在变频器运行时不能设定参数，否则变频器会出现错误信息 Er2（运行中写入错误）。在参数写入选择 Pr.77=1 时，不可设定参数，否则会出现错误信息 Er1（禁止写入错误）。

（2）变频器在出厂时，所有参数都会显示。但用户可以限制参数的显示，使部分参数隐藏，如不使用的参数以及不希望被随便更改的参数。“扩展参数的显示”参数 Pr.160 可以限制通过操作面板或参数单元读取的参数。其值可设定为：

Pr.160=9999，只显示基本参数。

Pr.160=0，可以显示基本参数和扩展参数。

把 Pr.160 的设定值从 9999 变为 0，可以显示变频器的所有参数，其操作步骤参考表 1-5。

三、参数清除、全部清除

在对变频器进行操作之前，必须清除变频器的参数，使其恢复出厂设置。遇到无法解决的问题时，也可以将参数返回出厂设置。修改三菱变频器的“参数清除”Pr.CL 和“参数全部清除”ALLC 的设定值，可以让不同的参数返回出厂设置。设定 Pr.CL=1、ALLC＝1，可使参数恢复为初始值（参数清除是将除了校正参数 C1（Pr.901）～C7（Pr.905）之外的参数全部恢复为初始值）。如果设定参数写入选择 Pr.77 =1，则无法清除。参数清除的操作步骤如表 1-6 所示。

视频 5. 三菱变频器的参数清除

表 1-6　　参数清除的步骤

操作步骤		显示结果
1	电源接通时显示的监视器画面	0.00 Hz MON EXT
2	按(PU/EXT)键，进入 PU 运行模式	PU 显示灯亮 0.00 PU
3	按(MODE)键，进入参数设定模式	PRM 显示灯亮 P. 0 PRM 显示以前读取的参数编号
4	旋转旋钮，将参数编号设定为 Pr.CL（ALLC）	参数清除 Pr.CL 参数全部清除 ALLC
5	按(SET)键，读出当前的设定值。 显示 0（初始值）	0
6	旋转旋钮，把设定值变为 1	1
7	按(SET)键，完成设定	1 参数清除 Pr.CL 参数全部清除 ALLC 闪烁 闪烁…参数设定完成!!

注　意

参数清除 Pr.CL、参数全部清除 ALLC 是扩展参数，无法显示 Pr.CL 和 ALLC 时，把 Pr.160 设为 0，旋转旋钮则显示出来。无法清除时，将 Pr.79 改为 1。

四、简单设定运行模式

可通过简单的操作来利用启动指令和速度指令的组合设定 Pr.79 运行模式。其步骤如表 1-7 所示。

视频 6. 简单设定运行模式的操作

表 1-7　　简单设定运行模式的步骤

操作步骤		显示结果
1	电源接通时显示的监视器画面	0.00 Hz MON EXT

续表

	操作步骤	显示结果
2	运行模式的变更 同时按住(PU/EXT)和(MODE)按键 0.5 秒	闪烁 79--
3	旋转◎，将值设定为 79-1	闪烁 79-1 闪烁
4	按(SET)键，完成设定	79-1　79-- 闪烁…参数设定完成！！ 三秒后显示监视器画面。 0.00

如果需要设定 Pr.79 为 2、3 或 4，按照表 1-7 的步骤设定即可。

视频 7. 三菱变频器的面板运行操作

五、三菱变频器的面板操作训练

1．接线

PU 运行模式的接线图如图 1-34（a）所示，图 1-34（b）所示为变频器的主电路端子分布图，将变频器的 R/L1、S/L2、T/L3 端子接三相交流电压，U、V、W 端子接三相电动机，然后合上电源开关，给变频器通电。注意千万不要将三相电源接到 U、V、W 端子上。

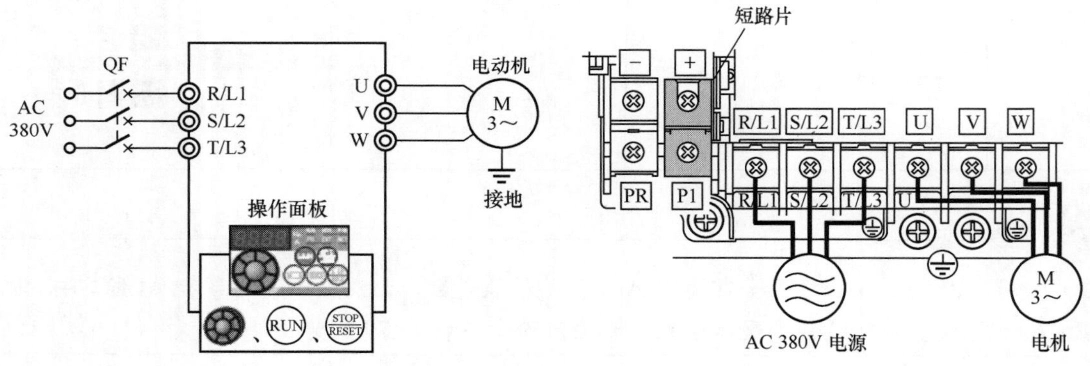

（a）接线图　　（b）主电路端子分布图

图 1-34　FR-D740-0.75K-CHT 变频器面板运行接线图

2．参数设置

在 PU 操作模式下运行时，需要设置 Pr.79=0 或 1，也可通过表 1-7 中的简单操作来完成 Pr.79 运行模式选择设定。设置 Pr.1=50Hz（上限频率）、Pr.2=0Hz（下限频率）、Pr.7=5s（加速时间）、Pr.8=5s（减速时间）。

3．采用 PU 运行操作模式

使变频器在 f= 30Hz 下运行，其操作步骤如表 1-8 所示。

表 1-8　　用操作面板设定频率运行的步骤

	操作步骤	显示结果
1	**运行模式的变更** 按 PU/EXT 键，进入 PU 运行模式	PU显示灯亮。 0.00 PU
2	**频率的设定** 旋转 设定用旋钮，显示想要设定的频率 30.00，闪烁约 5 秒。 在数值闪烁期间，按 SET 键设定频率值，F 和 30.00 交替闪烁（若不按 SET 键，数值闪烁约 5 秒后显示将变为 0.00（监视显示）。这种情况下请再次旋转 重新设定频率）	30.00 ↔ F
3	**启动→加速→恒速** 按 RUN 键，运行。显示器的频率值随 Pr.7 加速时间而增大，显示为 30.00（30.00Hz）	30.00
4	要变更设定频率，例如，将运行频率改为 46Hz，请执行第 2、3 项操作（从之前设定的频率开始）	
5	**减速→停止** 按 STOP/RESET 键，停止。显示器的频率值随 Pr.8 减速时间而减小，显示为 0.00（0.00Hz），电机停止运行	0.00 Hz MON PU

将“RUN 键旋转方向选择”参数 Pr.40=1，变频器就可以反转运行。

想一想

为什么不能进行 50Hz 以上的设定？

4. 用 M 旋钮作为电位器设定频率

在变频器运行中或停止中都可以通过 M 旋转来设定频率。此时设置“扩展功能显示选择”参数 Pr.160=0，“频率设定/键盘锁定操作选择”参数 Pr.161=1，为“M 旋钮电位器模式”，即旋转 M 旋钮可以调节变频器的输出频率大小，其操作步骤如表 1-9 所示。如果 Pr.161=0，则为 M 旋钮频率设定模式，如表 1-8 所示。

视频 8. 用 M 旋钮作为电位器设定频率

表 1-9　　用 M 旋钮作为电位器设定频率运行的步骤

	操作步骤	显示结果
1	电源接通时显示的监视器画面	0.00 Hz MON EXT
2	按 PU/EXT 键，进入 PU 运行模式	PU显示灯亮 0.00 PU
3	将 Pr.160 设定为 0，Pr.161 变更为 1（关于设定值的变更请参照表 1-5）	参照表 1-5
4	按 RUN 键运行变频器	0.00 Hz RUN MON PU

续表

	操作步骤	显示结果
5	旋转，将值设定为5000（50.00Hz）。闪烁的数值即为设定频率，没有必要按SET键	0 → 5000 闪烁约5秒。

注 意

● 如果 50.00 闪烁后回到 0.00，说明“频率设定/键盘锁定操作选择”参数 Pr.161 的设定值可能不是 1。

● 变频器运行中或停止中都可以通过旋转来设定频率（在 Pr.295 频率变化量设定中旋转可以改变变化量）。

5．用操作面板进行点动控制

用操作面板可以对变频器进行点动控制，其操作步骤如表 1-10 所示。

视频 9．用面板进行点动控制

表 1-10　变频器面板点动操作步骤

	操作步骤	显示结果
1	确认运行显示和运行模式显示。 * 应为监视模式 * 应为停止中状态	0.00 Hz MON EXT
2	按PU/EXT键，进入 PU 点动运行模式	JOG Hz MON PU
3	按RUN键。 * 按下RUN键的期间电机旋转。 * 以 5Hz 旋转（Pr.15 的初始值）	5.00 Hz MON PU
4	松开RUN键	停止
5	（变更 PU 点动运行的频率时） 按MODE键，进入参数设定模式	PRM 显示灯亮 P. 0 PRM （显示以前读取的参数编号）
6	旋转，将参数编号设定为 Pr.15 点动频率	P. 15
7	按SET键，显示当前设定值	5.00 Hz MON PU
8	旋转，将数值设定为 10Hz	10.00 Hz MON PU
9	按SET键确定	10.00 P. 15 闪烁 … 参数设定完成 !!
10	执行 1～4 步的操作。 电机以 10Hz 旋转	

注 意

若电动机不转，请确认启动频率 Pr.13。在点动频率设定比启动频率的值低时，电动机不转。变频器切断电源后，在显示屏熄灭前变频器是带电的，不要用身体触及变频器各端子。

6．监视输出电流和输出电压

在监视模式中按(SET)键可以切换输出频率、输出电流、输出电压的监视器显示，其操作步骤如表 1-11 所示。

表 1-11 监视输出电流、输出电压的步骤

操作步骤		显示结果
1	在运行中按(SET)键，使监视器显示输出频率	50.00 Hz亮灯
2	无论在哪种运行模式下，运行、停止中按住(SET)键，监视器上都显示输出电流	1.00 A亮灯
3	按(SET)键，监视器上将显示输出电压	448.0 Hz、A熄灭

注：显示结果根据设定频率的不同会与表 1-11 中显示的数据不同。

知识拓展

一、与工作频率有关的功能

1．给定频率

给定频率是指用户根据生产工艺的需要希望变频器输出的频率。给定频率是与给定信号相对应的频率。例如，给定频率 30Hz，其调节方法有两种：一种是通过变频器的面板来输入频率的数字量 30；另一种是从外接控制接线端上以外部给定信号（电压或电流）进行调节（参见 1.5.4 小节）。

2．输出频率

输出频率即变频器实际输出的频率。当电动机所带的负载变化时，为使拖动系统稳定，此时变频器的输出频率会根据系统情况不断地被调整。因此输出频率经常在给定频率附近变化。变频器的输出频率就是整个拖动系统的运行频率。

3．最大频率 f_{max}

在数字量给定（包括面板给定、外接升速/降速给定、外接多段速给定等）时，f_{max} 是变频器允许输出的最高频率；在模拟量给定时，f_{max} 是与最大给定信号对应的频率。

4．基本频率 f_b

当变频器的输出电压等于额定电压时的最小输出频率，称为基本频率 f_b，又称基准频率或基底频率，用参数 Pr.3 表示，用来作为调节频率的基准。当需要电机在工频电源和变频器间切换运行时，将 Pr.3 基准频率设定为与电源频率相同。

f_{max}、f_b与电压 U 的关系如图 1-35 所示。

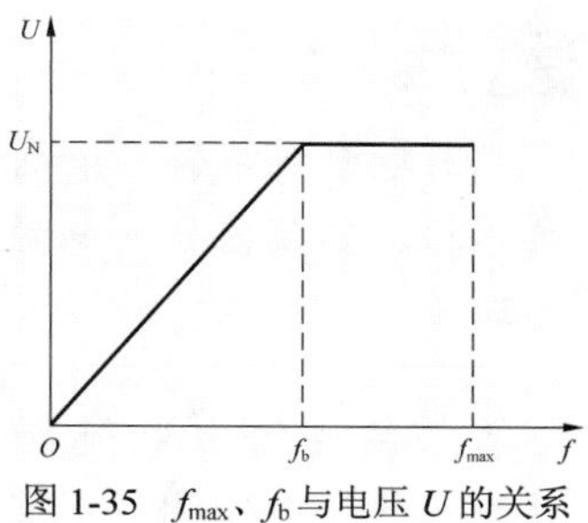

图 1-35　f_{max}、f_b与电压 U 的关系

5．启动频率 Pr.13

启动频率是指电动机开始启动时的频率，常用 f_s表示。通常变频器都可以预先设定启动频率，需要注意的是，启动频率预置好后，小于该启动频率的运行频率将不能工作。三菱变频器的启动频率参数为 Pr.13。

有些负载在静止状态下的静摩擦力较大，难以从 0Hz 开始启动，设置了启动频率后，可以在启动瞬间有一点机械冲击力，使拖动系统较易启动起来。

6．上限频率 Pr.1、下限频率 Pr.2 和高速上限频率 Pr.18

（1）上限频率 Pr.1。允许变频器输出的最高频率。在 Pr.1 上限频率中设定输出频率的上限。即使输入的频率指令在设定频率以上，输出频率也将固定为上限频率。

（2）高速上限频率 Pr.18。在 120Hz 或以上运行时设定。希望超过 120Hz 运行时，可在 Pr.18 高速上限频率中设定输出频率的上限。

若设定了 Pr.18，则 Pr.1 自动切换成 Pr.18 的频率。另外，若设定了 Pr.1，则 Pr.18 自动切换成 Pr.1 的频率。

（3）下限频率 Pr.2。允许变频器输出的最低频率。在 Pr.2 下限频率中设定输出频率的下限。即使设定频率在 Pr.2 以下，输出频率也将固定在 Pr.2 的设定值上（不会低于 Pr.2 的设定）。

（4）设置 Pr.1、Pr.2 的目的。限制变频器的输出频率范围，从而限制电动机的转速范围，防止由于误操作造成事故。

设置 Pr.1、Pr.2 后变频器的输入信号与输出频率之间的关系如图 1-36 所示。X 指输入模拟量信号电压或电流。

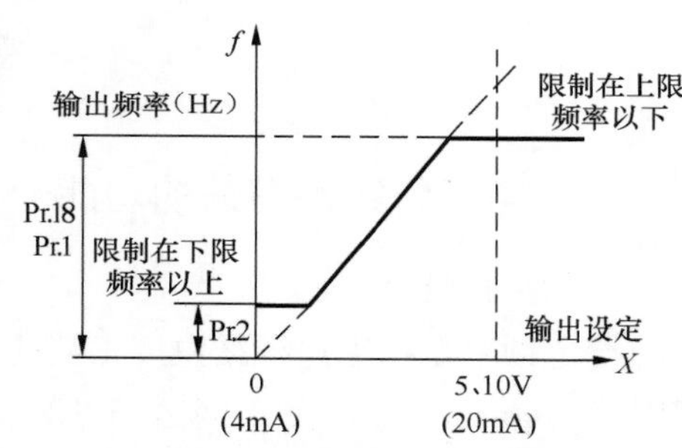

图 1-36　输出频率和设定频率的关系

变频器在运行前必须设定其上限频率和下限频率，用 Pr.1 设定输出频率的上限，如果频率设定值高于此设定值，则输出频率被钳位在上限频率；用 Pr.2 设定输出频率的下限频率，若频率设定值低于此设定值，则输出频率被钳位在下限频率，如图 1-36 所示。

【自我训练 1-1】

训练任务：启动频率 Pr.13、上限频率 Pr.1 和下限频率 Pr.2 设定及运行。

训练步骤如下。

视频 10．启动频率、上限频率及下限频率的功能

（1）在 PU 运行操作模式下，按(MODE)键进入参数设定模式，分别设定启动频率 Pr.13=20Hz、上限频率 Pr.1= 60Hz、下限频率 Pr.2=10Hz。

（2）通过面板设定运行频率分别为 10Hz、40Hz、70Hz（参考表 1-8）。

（3）按(RUN)键运行变频器，并观察频率和电流值。

（4）当设定频率为 10Hz 时，变频器不启动。说明只有当设定频率大于启动频率 Pr.13 时，电动机才启动。

当设定频率为 40Hz 时，变频器正常运行，此时面板显示运行频率为 40Hz，按(SET)键，交替显示频率、电流值。

当设定频率为 70Hz 时，变频器只能设定在 60Hz 运行。因为当设定频率不在上、下限频率设定值范围之内时，输出频率将被钳位在上限频率或下限频率上。

想一想

（1）如果给定频率小于启动频率，变频器如何输出？

（2）如果给定频率大于上限频率，变频器的输出频率为多少？

7．频率跳变

频率跳变也称回避频率，是指变频器跳过而不运行的频率。频率跳变功能是为了防止与机械系统的固有频率产生谐振，可以使其跳过谐振发生的频率点。三菱变频器最多可设定 3 个区域，分别为频率跳变 1A 和 1B、频率跳变 2A 和 2B、频率跳变 3A 和 3B。跳变频率可以设定为各区域的上点或下点。频率跳变 1A、2A 或 3A 的设定值为跳变点，跳变区间以该变频运行。频率跳变各参数的意义及设定范围如表 1-12 所示，其运行示意图如图 1-37 所示。当设定值为 9 999 时，该功能无效。

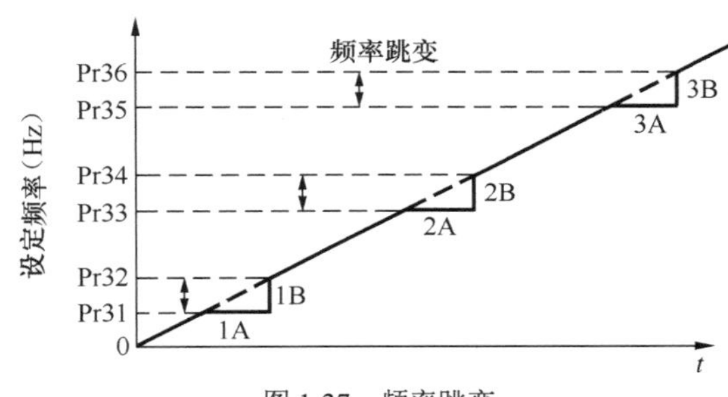

图 1-37　频率跳变

表 1-12　**频率跳变各参数意义及设定范围**

参　数　号	出厂设定（Hz）	设定范围（Hz）	功　　能
Pr.31	9 999	0～400，9 999	频率跳变 1A
Pr.32	9 999	0～400，9 999	频率跳变 1B
Pr.33	9 999	0～400，9 999	频率跳变 2A
Pr.34	9 999	0～400，9 999	频率跳变 2B
Pr.35	9 999	0～400，9 999	频率跳变 3A
Pr.36	9 999	0～400，9 999	频率跳变 3B

例如，如果希望变频器在 Pr.33 和 Pr.34 之间（30Hz 和 35Hz）固定在 30Hz 运行，回避 30～35Hz 之间的频率，设定 Pr.34 = 35Hz，Pr.33 = 30Hz。

如果希望变频器在 Pr.33 和 Pr.34 之间（30Hz 和 35Hz）固定在 35Hz 运行，回避 30～35Hz 之间的频率，设定 Pr.34 = 30Hz，Pr.33 = 35Hz。

【自我训练 1-2】

训练任务：某系统的电动机在 18～22Hz 和 25～30Hz 之间易发生震荡，要求用变频器的跳变频率功能避免震荡区间。设置变频器的参数，用 PU 运行模式实现此功能。

训练步骤如下。

（1）按MODE键进入参数设定模式，先设 Pr.79 = 1（PU 操作模式），然后设 Pr.31 = 18Hz，Pr.32 = 22Hz，Pr.33 = 25Hz，Pr.34 = 30Hz。

注意，每段频率差不能大于 10Hz。

视频 11. 跳变频率

（2）按MODE键至频率设定模式，设定给定频率为 20Hz。

（3）设定完毕后，按MODE键至监示模式。

（4）按RUN键，使电动机运行。此时，面板显示运行频率为 18Hz，将其值填入表 1-13 中。

（5）在 25～30Hz 之间改变给定频率，观察频率的变化规律，并将显示结果填入表 1-13 中。

表 1-13 跳变频率 单位：Hz

参 数 号	频率设定值	给 定 频 率	运 行 频 率
Pr.31	18	20	
Pr.32	22		
Pr.33	25	28	
Pr.34	30		
Pr.31	22	20	
Pr.32	18		

（6）重复上述步骤，设定 Pr.31 = 22Hz，Pr.32 = 18Hz，使电动机在 18～22Hz 之间时固定在 22Hz 运行。

注 意

在加减速时，会通过整个设定范围内的运行频率区域；启动后，变频器只能在跳变频率的设定频率上运行。

想一想

Pr.31=18Hz，Pr.32=22Hz 和 Pr.31=22Hz，Pr.32=18Hz 这两种预置跳变频率的方法，在运行结果上有何不同？

8. 点动频率

生产机械在调试时常常需要点动，以便观察各部位的运转状况。点动频率可以事先预置，运行前只要选择点动运行模式即可，这样就不需要修改给定频率了。

点动频率和加/减速时间参数意义及设定范围如表 1-14 所示，其输出频率如图 1-38 所示。三菱变频器的面板运行模式和外部运行模式都可以进行点动操作。面板运行模式时，用面板可实行点动操作，如表 1-10 所示。图 1-39 所示为外部点动运行接线图，用输入端子 RH（JOG）选择点动操作功能，当 RH（JOG）端子为 ON 时，用启动信号（STF 或 STR）启动、停止点动。

表 1-14 点动频率设定范围

参 数 号	出 厂 设 定	设 定 范 围	功 能	备 注
Pr.15	5Hz	0～400Hz	点动频率	
Pr.16	0.5s	0～3 600s	点动加/减速时间	Pr.21=0
		0～360s		Pr.21=1
Pr.20	50Hz	0～400Hz	加/减基准频率	

注　意

选择点动运行使用的 JOG 端子，必须将 Pr.178～Pr.182（输入端子功能选择）设定为 5 来分配功能。

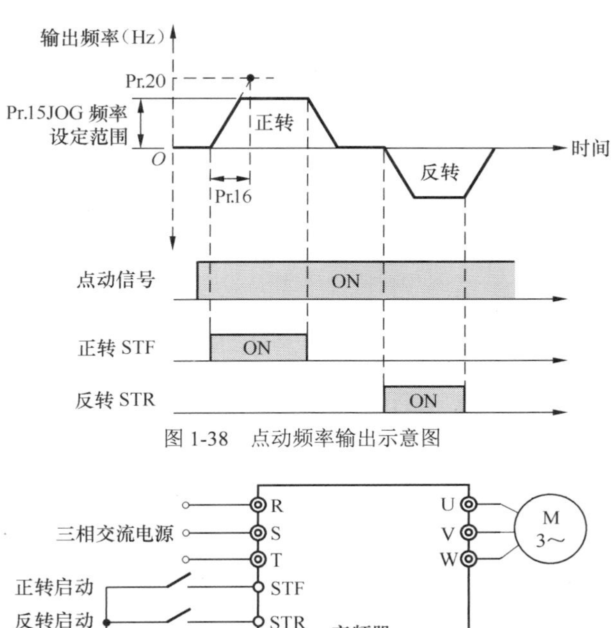

图 1-38　点动频率输出示意图

图 1-39　外部点动运行接线图

二、变频器的启动和制动功能

1. 变频器的启动功能

变频启动时，启动频率与加速时间都可以设置，有效解决了启动电流大与机械冲击问题。

（1）加速时间

① 定义。变频器的工作频率从 0Hz 上升至加减速基准频率 Pr.20 所需的时间称为加速时间，如图 1-40 所示。加速时间越长，启动电流就越小，启动也越平缓。加速时间过短则容易导致过电流。

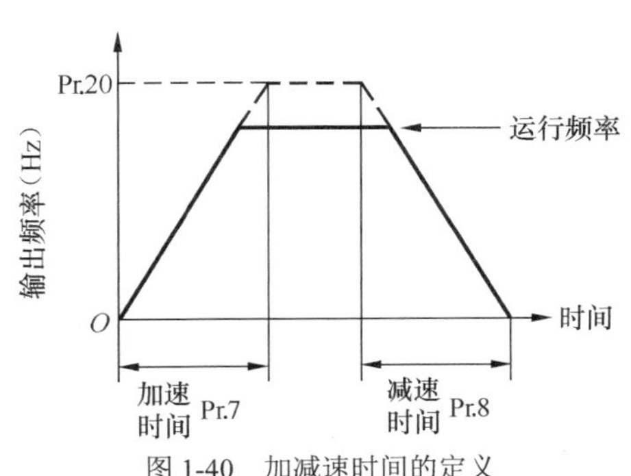

图 1-40　加减速时间的定义

各种变频器都提供了可在一定范围内任意设定加速时间的功能。加减速时间的参数意义及设定范围如表 1-15 所示。

表 1-15　　　　加速时间和减速时间的参数意义及设定范围

参数号		出厂设定	设定范围	功能
Pr.7	3.7kW 或以下	5s	0～3 600s	加速时间
	5.5kW、7.5kW	10s		
Pr.8	3.7kW 或以下	5s	0～3 600s	减速时间
	5.5kW、7.5kW	10s		
Pr.20		50Hz	1～400Hz	加减速基准频率
Pr.21		0	0，1	加减速时间单位

② 设定加速时间的基本原则和方法。设定原则就是在不过流的前提下，越短越好。兼顾启动电流和启动时间，一般情况下，负载重时加速时间长，负载轻时加速时间短。

设置方法：用试验的方法，使加速时间由长而短，一般使启动过程中的电流不超过额定电流的 1.1 倍为宜。有些变频器还有自动选择最佳加速时间的功能。

（2）加速方式

各种变频器提供的加速方式不尽相同，主要有以下 3 种。

① 直线加减速。在启动或加速过程中，频率随时间呈正比的上升，如图 1-41（a）所示，适用于一般要求的场合。此时“加减速曲线”参数 Pr.29=0。

② S 曲线加减速 A。其用于工作机械主轴等需要在短时间内加减速到基准频率以上的高速领域，如图 1-41（b）所示。在此加减速曲线中，Pr.3 基准频率（f_b）为 S 曲线的拐点，可以设定在基准频率（f_b）或以上额定输出运行范围内。此时“加减速曲线”参数 Pr.29=1。

③ S 曲线加减速 B。其适用于传送带、电梯等对启动有特殊要求的场合。用于防止传送带上的货物翻倒。如图 1-41（c），因为从当前频率（f_2）到目标频率（f_1）始终为 S 形加减速，因此具有缓和加减速时的振动效果，能有效防止货物翻倒等情况。此时“加减速曲线”参数 Pr.29=2。

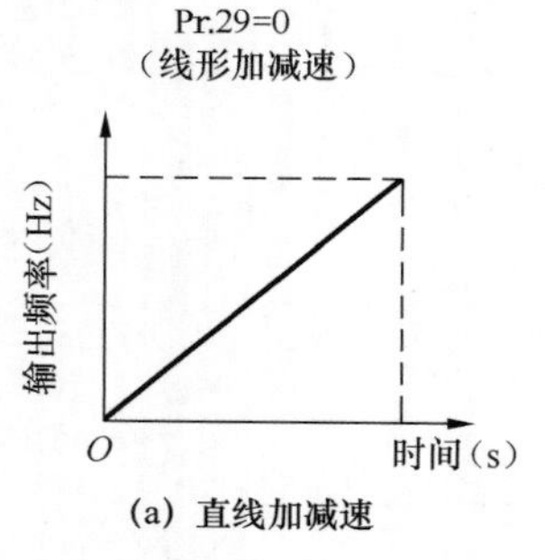

(a) 直线加减速

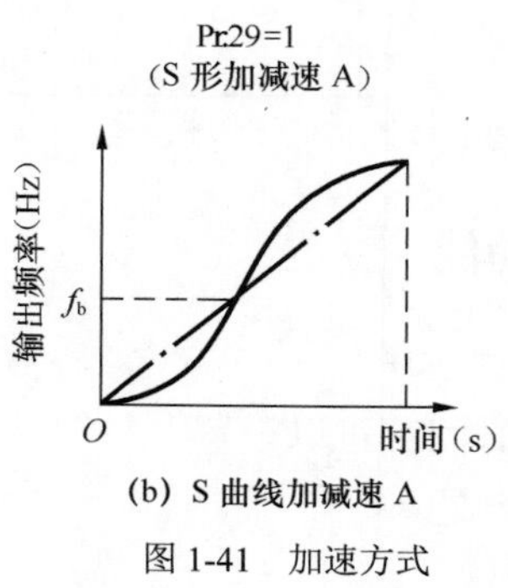

(b) S 曲线加减速 A

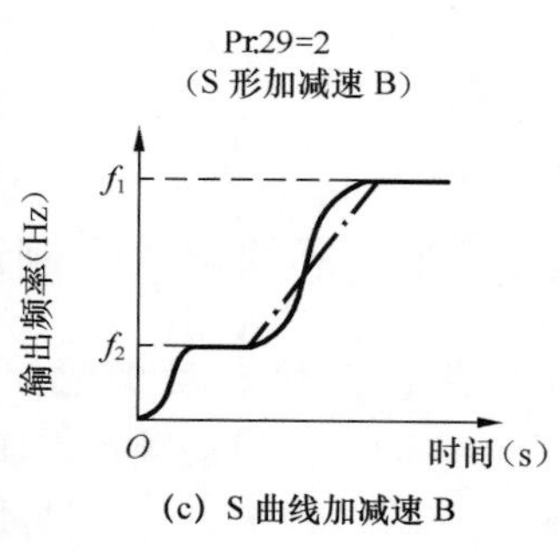

(c) S 曲线加减速 B

图 1-41　加速方式

【自我训练 1-3】

训练内容：加/减速时间及加/减速曲线的设定及运行。

训练步骤如下。

1. 加/减速时间设定及运行

（1）恢复出厂设定值。

（2）相关功能参数设定如下。

Pr.1 = 60Hz，上限频率设定值。

Pr.2＝0Hz，下限频率设定值。

Pr.7＝8.0s，加速时间设定值。

Pr.8＝8.0s，减速时间设定值。

Pr.20＝50Hz，加减速基准频率。

Pr.79＝1，PU运行操作模式。

通过PU面板将运行频率设定为45Hz。

（3）设置完成后，按MODE键显示频率，按RUN键给出运行指令，注意观察变频器的运行情况，并记下加速时间填入表1-16中。运行几秒钟后，再按STOP/RESET键给出停机指令，记下变频器的减速时间填入表1-16中。在加减速过程中，按SET键观察不同加减速时间的电流值。

表1-16 加减速时间表

参数号	Pr.1（Hz）	Pr.2（Hz）	Pr.7（s）	Pr.8（s）	设定频率（Hz）	实际加速时间（s）	实际减速时间（s）	电流（A）
参数值	50	0	20.0	20.0	40			
	50	0	5.0	5.0	40			

（4）按表1-16要求改变加减速时间的设定值，再重复第（3）步，将结果填入表1-16中。

2. 加/减速曲线的预置

Pr.29——加减速曲线选择，Pr.29＝0时，加/减速曲线采用直线加减速方式；Pr.29＝1时，为S形加减速A方式；Pr.29＝2时，为S形加减速B。不同的加减速曲线使变频器的加减速时间的计算方式不同，请参看变频器使用手册。

（1）设定相关参数如表1-17所示。

表1-17 加减速曲线对加减速时间的影响

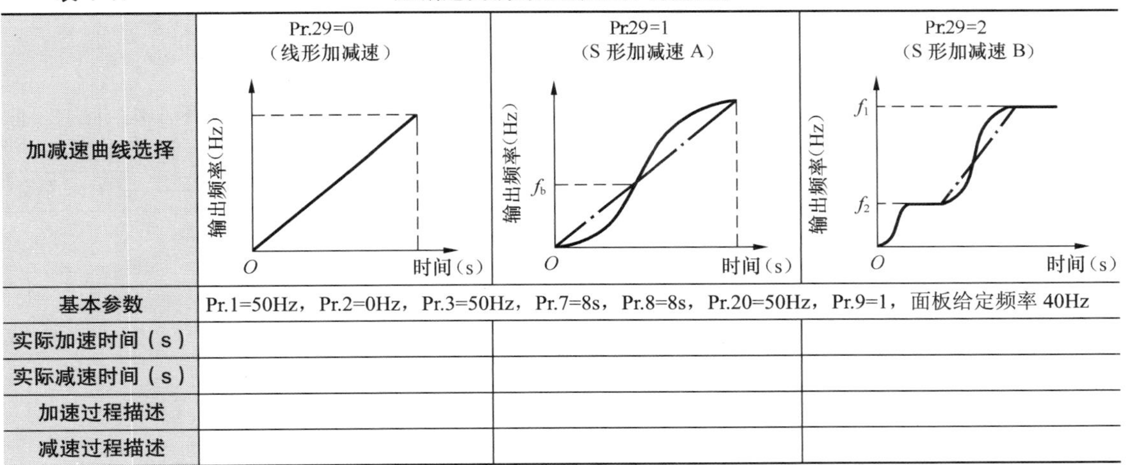

加减速曲线选择	Pr.29=0（线形加减速）	Pr.29=1（S形加减速A）	Pr.29=2（S形加减速B）
基本参数	Pr.1=50Hz，Pr.2=0Hz，Pr.3=50Hz，Pr.7=8s，Pr.8=8s，Pr.20=50Hz，Pr.9=1，面板给定频率40Hz		
实际加速时间（s）			
实际减速时间（s）			
加速过程描述			
减速过程描述			

（2）按MODE键显示频率，给出运行指令，注意变频器的启动加速过程，记下加速时间，填入表1-17中。

（3）稳定运行几秒后，给出停机指令，仔细观察变频器的减速停机过程，记下减速时间，填入表1-17中。

2．变频器的制动功能

变频器的工作频率从加减速基准频率Pr.20下降至0Hz所需的时间称为减速时间，如图1-40所示，其参数的意义及设定范围如表1-15所示。

电动机从较高转速降至较低转速的过程称为减速过程。变频调速系统是通过降低变频器的输出频率来实现减速的。电动机通过变频器实行减速时，电动机易处于再生发电制动状态，减速时间设置不当，不但容易导致过电流，还容易导致过电压，因此应根据运行情况合理设置减速时间。设定减速时间的主要考虑因素是拖动系统的惯性。惯性越大，设定的减速时间也越长。

变频器的减速方式与加速方式一样，有直线加减速、S 曲线加减速 A、S 曲线加减速 B 3 种。

1. 变频器的再生发电制动状态

图 1-42 所示为电动机四象限运行示意图。由图可见，电动机在第一象限运行时，转速 $n>0$，输出转矩 $T>0$，电动机处于正向电动状态，能量从变频器传递至电动机，即 $P>0$。在第二象限运行时，$n>0$，但 $T<0$，电动机处于正向制动状态，因此能量从电动机传递到变频器，即 $P<0$。第三、第四象限运行与第一、第二象限运行相似，只是电动机的转速方向相反，分别为反向电动和反向制动状态。

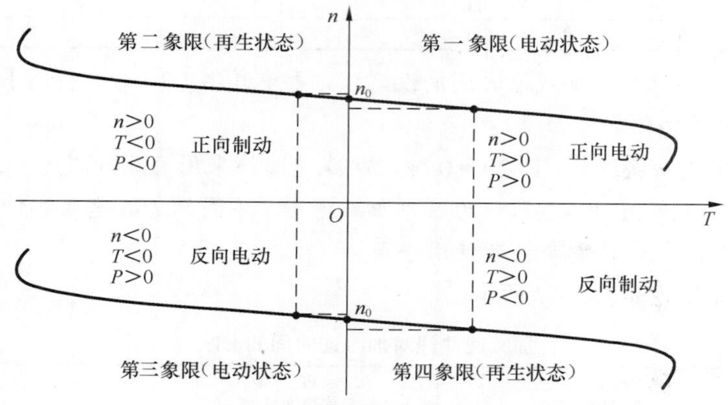

图 1-42　电动机四象限运行示意图

电梯属于位能性负载，其传动电动机的运行就是典型的四象限运行，如图 1-43 所示。假设轿厢向上运行时电动机正转，轿厢向下运行时电动机反转。电梯向上或向下启动和正常运行时，电动机运行在第一象限或第三象限，属于电动状态。电梯向上或向下停止过程中，电动机运行在第二象限或第四象限，属于制动状态，这时电能从电动机传递到变频器。在电动机第二象限、第四象限运行时，变频器处于制动状态，称为再生发电制动状态，又称回馈制动。

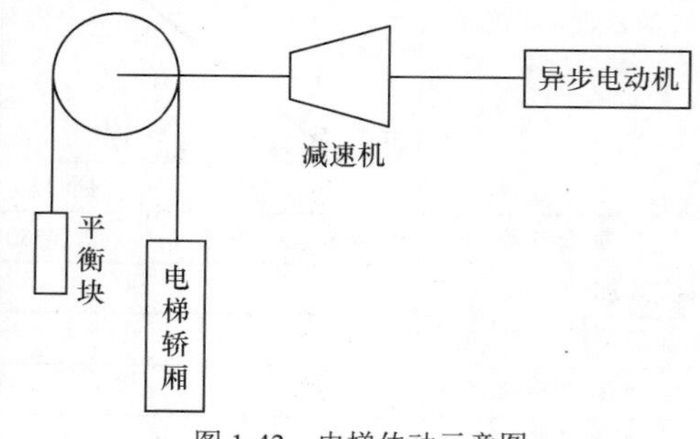

图 1-43　电梯传动示意图

在变频调速系统中，减速及停车（非自由停车）是通过降低变频器的输出频率来实现的。在变频器频率降低的瞬间，电动机的同步转速 n_0 小于电动机的转子速度，此时电动机的电流反向，电动机从电动状态变为发电状态。与此同时，电磁转矩反向，电磁转矩变为制动转矩，使电动机的转速迅速下降，电动机处于再生发电制动状态。对于变频器来说，电动机的再生电能通过逆变器的反并联二极管全波整流后反馈到直流回路。由于通用变频器整流单元采用不可控整流电路，这部分电能无法经过整流回路回馈到交流电网，因此会使直流电路电压升高，形成泵升电压，损坏变频器的整流和逆变模块。所以当制动过快或机械负载为位能性负载时，必须处理这部分再生能量，以保护变频装置的安全。

2．能耗制动

利用设置在直流回路中的制动电阻吸收电动机的再生电能的方式称为能耗制动，又称动力制动，如图1-44所示。这种方法就是通过与直流回路滤波电容C并联的放电电阻R_B，将这部分电能消耗掉。图1-44所示虚线框内为制动单元（PW），它包括制动用的晶体管VT_B或IGBT管、二极管VD_B和内部制动电阻R_B。当电动机制动，能量经逆变器回馈到直流侧时，直流回路中的电容器的电压将升高，当该电压值超过设定值时，给VT_B施加基极信号使之导通，存储在电容中的回馈能量经R_B（或R_{EB}）消耗掉。此单元实际上只起消耗电能防止直流侧过电压的作用。它并不起制动作用，但人们习惯称此单元为制动单元。如果制动单元中的回馈能量较大或要求强制动，还可以选用接于P/+、PR.两点上的外接制动电阻R_{EB}，R_{EB}的阻值与功率应符合产品样本要求。

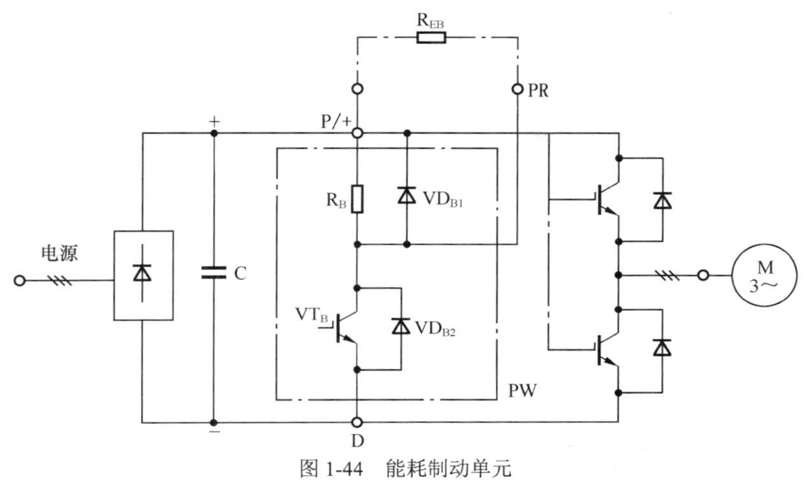

图1-44　能耗制动单元

对于大多数的通用变频器，图1-44所示的VT_B、VD_B都设置在变频装置的内部，甚至也将制动IGBT集成在IPM组件中。制动电阻器R_B绝大多数放在变频器的外部，只有功率较小的变频器才将R_B置于装置的内部。

3．直流制动

有的负载在停机后，常常因为惯性较大而停不住，有"爬行"现象。对于某些机械来说，这是不允许的。为此，变频器设置了直流制动功能，主要用于准确停车与防止启动前电动机由于外因引起的不规则自由旋转（如风机类负载）。

直流制动是通过向电机定子绕组施加直流电压，进而产生很强烈的制动转矩，使电机快速停住。电机停止时施加直流制动，可以调整停止时间和制动转矩。

通用变频器中对直流制动功能的控制，主要通过设定直流制动动作频率f_{DB}、直流制动动作电压U_{DB}和直流制动动作时间t_{DB}来实现；f_{DB}、U_{DB}和t_{DB}的意义如图1-45所示。

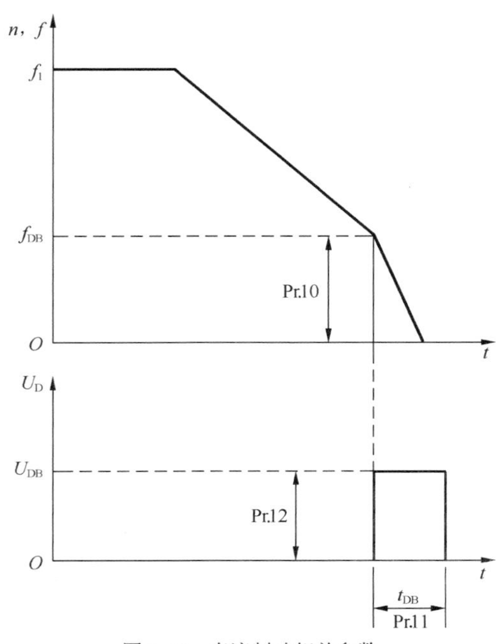

图1-45　直流制动相关参数

（1）直流制动动作频率f_{DB}。通过Pr.10设定直流制动动作的频率后，若减速时达到这个频率，就向电机施加直流电压。

预置起始频率 f_{DB} 的主要依据是负载对制动时间的要求，要求制动时间越短，起始频率 f_{DB} 应越高。

（2）直流制动动作时间 t_{DB}。施加直流制动的动作时间通过 Pr.11 设定。

- 负载转动惯量（J）较大、电机不停止时，可以增大设定值以达到制动效果。
- 若设置 Pr.11＝ “0 秒”，将不会启动直流制动动作（停止时，电机为自由运行）。

（3）直流制动动作电压 U_{DB}。在定子绕组上施加直流电压的大小，决定了直流制动的强度。预置直流制动动作电压 U_{DB} 的主要依据是负载惯性的大小，惯性越大，U_{DB} 也应越大。三菱变频器的 U_{DB} 由参数 Pr.12 设定。

- Pr.12 设定的是相对于电源电压的百分比。
- 若设置 Pr.12 = “0%”，将不会启动直流制动动作。停止时，电机为自由运行。

【自我训练 1-4】

训练内容：测定直流制动功能。

视频 12. 直流制动

训练步骤如下。

（1）恢复出厂设定。

（2）在 PU 运行模式下，设定下列参数。

直流制动动作频率 Pr.10 =10Hz，直流制动动作时间 Pr.11=5s，制动开始电压 Pr.12=10%，面板设定运行频率 40Hz，面板(RUN)键控制运行。

（3）按(RUN)启动变频器，达到运行频率后给出停止指令，停止变频器的运行，注意观察制动过程中变频器输出频率和输出电流的最小值。

思考与练习

一、填空题

1．三菱变频器的运行操作模式有________、________、________、________ 4 种。

2．三菱系列变频器设置加速时间的参数是________；设置上限频率的参数是________；设置运行模式选择的参数是________。

3．为了避免机械系统发生谐振，变频器采用设置________的方法。

4．变频器的加减速曲线有 3 种：________、________、________。

5．若需要将变频器的所有参数都显示出来，需要将________设置为________。

6．若需要对参数进行清零，需要将________设置为________。

7．在变频器运行过程中显示电流值，需要按________键。

8．FR-D740 变频器的操作面板上，RUN 指示灯点亮表示________，PU 指示灯点亮表示________，EXT 指示灯点亮表示________。

9．三菱变频器的操作面板中，(RUN)键表示________，(MODE)键表示________，(PU/EXT)键表示________。

10．某变频器需要跳转的频率范围为 18～22Hz，可设置跳变频率值 Pr.33 为________Hz，跳变频率值 Pr.34 为________ Hz。

二、简答题

1．三菱变频器如何将变频器的参数复位为初始值？

2．简述三菱变频器的运行操作模式。

3．三菱变频器的加减速方式有几种？需要设置哪些相关参数？

4．什么叫跳变频率？为什么设置跳变频率？

5．什么是直流制动？在变频器中起什么作用？

三、分析题

1．变频器工作在面板操作模式，试分析在设置下列参数的情况下，变频器的实际运行频率。

① 预置上限频率 Pr.1= 60Hz，下限频率 Pr.2=10Hz，面板给定频率分别为 5Hz、40Hz、70Hz。

② 预置 Pr.1= 60Hz，Pr.2=10Hz，Pr.31=28Hz，Pr.32=32Hz，面板给定频率如表 1-18 所示，将变频器的实际输出频率填入表 1-18。

表 1-18　变频器的实际运行频率

给定频率（Hz）	5	20	29	30	32	35	50	70
输出频率（Hz）								

2．在 PU 模式下，运行点动，点动频率为 20Hz，点动加减速时间是 1s。如何设置参数？变频器如何运行？

3．如果让变频器①跳过 10～15Hz，在 10Hz 运行；②跳过 20～25Hz，在 25Hz 运行；③跳过 40～50Hz，在 50Hz 运行。如何设置参数？

4．利用变频器操作面板控制电动机以 30Hz 正转、反转，电动机加减速时间为 4s，点动频率为 15Hz，上下限频率为 60Hz 和 5Hz。频率由面板给定。

（1）写出将参数复位出厂值的步骤。

（2）画出变频器的接线图。

（3）写出变频器的参数设置。

任务 1.3　三菱变频器的外部运行操作

任务导入

变频器在实际使用中经常用于控制各类机械点动、正反转。例如，机床的前进后退、上升下降、进刀回刀等，都需要电动机的正反转运行。

现有一台功率为 1.1kW 的三相异步电动机拖动传送带运行，变频器通过电动机调节传动带的速度，如图 1-46 所示。用外部开关控制变频器启停，通过外部电位器给定 0～5V 的电压，让变频器在 0～50Hz 之间进行正、反转调速运行，加减速时间为 5s。利用变频器外部端子控制正反转点动，点动频率为 10Hz，点动加减速时间为 1s。

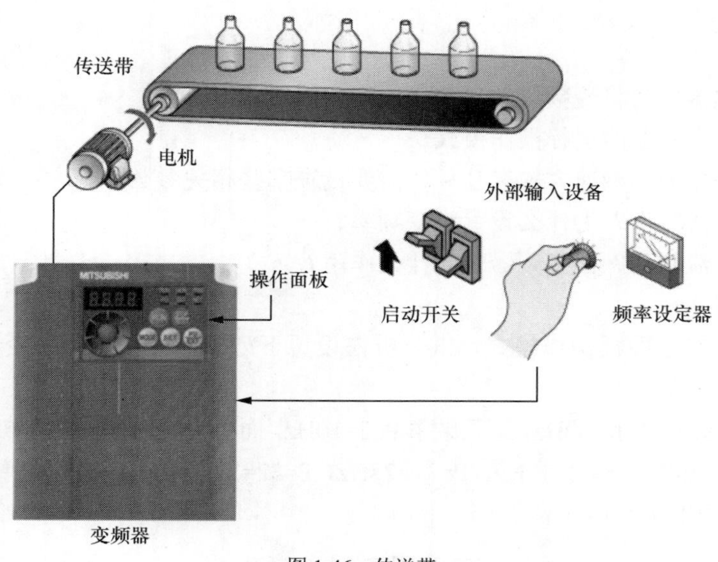

图 1-46　传送带

相 关 知 识

一、变频器输入控制端子的功能

变频器外部端子控制是变频器的启动指令和频率指令通过其外接输入端子从外部输入开关信号和模拟量信号来进行控制的方式。这时这些按钮、选择开关、传感器、PLC 的输出就替代了变频器面板上的运行键、停止键、点动键和复位键，可以远距离控制变频器的运转。

1．外接输入控制端子的分类

变频器外接输入控制端子分为数字量控制端和模拟量控制端两类。变频器常见的数字量输入控制端子都采用光电耦合隔离方式，接收的都是数字量信号，所有端子大体上可以分为两大类。

（1）基本控制输入端。如有些变频器的正转、复位等。这些端子的功能是变频器在出厂时已经标定的，一般不能再更改。

（2）可编程控制输入端。由于变频器可能接收的控制信号多达数十种，但每个拖动系统同时使用的输入控制端子并不多。为了节省接线端子和减小体积，变频器只提供一定数量的“可编程控制输入端”，也称为“多功能输入端子”。其具体功能虽然在出厂时也进行了设置，但并不固定，用户可以根据需要通过参数预置。常见的可编程功能端子如启停控制、多段转速控制、升速/降速控制等。

模拟量输入端一般可接受 0～5V（或 0～10V）电压信号和 0～20mA（或 4～20mA）电流信号，从而调节变频器的输出频率。

2．外接输入开关与数字量输入端子的接口方式

外接输入开关与数字量输入端子的接口方式非常灵活，主要有以下几种。

（1）干接点方式。它可以使用变频器内部电源，也可以使用外部电源 DC9～30V。这种方式能接收如继电器、按钮、行程开关等无源输入数字量信号，如图 1-47（a）所示。

（2）漏型逻辑方式。当外部输入信号为NPN型的有源信号时，变频器输入端子必须采用漏型逻辑方式，如图1-47（b）所示。这种方式能接收接近开关、PLC或旋转脉冲编码器等输出电路提供的信号。

（3）源型逻辑方式。当外部输入信号为PNP型的有源信号时，变频器输入端子必须采用源型逻辑方式，如图1-47（c）所示。这种方式的信号源与漏型相同。

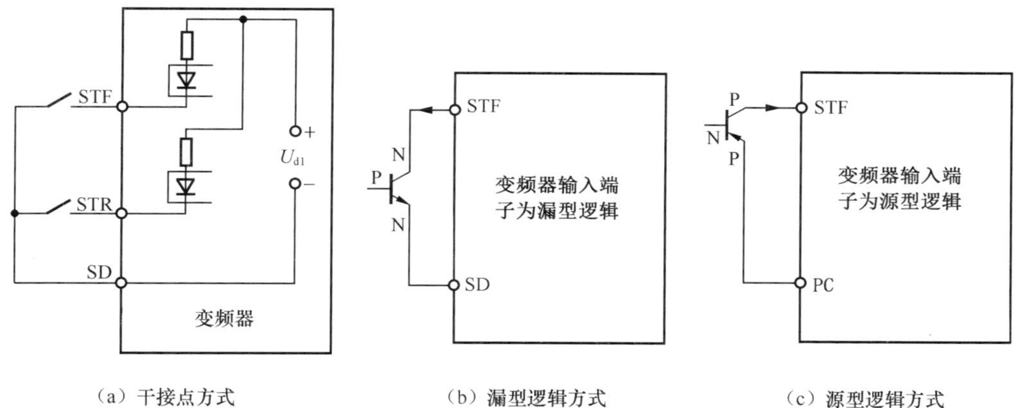

（a）干接点方式　（b）漏型逻辑方式　（c）源型逻辑方式

图1-47　变频器在不同输入信号时的接线方式

不同的变频器在出厂时默认的输入逻辑是不同的，三菱变频器默认的是漏型逻辑输入方式。在它们和传感器及晶体管输出的PLC连接时，特别要注意其逻辑是否相同，否则输入信号采集不到变频器中。其漏型逻辑和源型逻辑可以通过图1-25所示的跳线开关控制逻辑切换。

 **注 意**

三菱变频器的漏型输入和源型输入的定义和西门子刚好相反。

3．外接输入端的配置和工作特点

各种变频器对外接输入端子的安排是各不相同的，名称也各异。三菱FR-D740变频器的控制端子配置情况如图1-48所示，图1-48中各端子的功能可以参考表1-2，其中SO、S1、S2、SC端子是生产厂家设定用端子，请勿连接任何设备，否则可能导致变频器故障。另外，不要拆下连接在端子S1-SC、S2-SC间的短路用电线。任何一个短路用电线被拆下后，变频器都将无法运行。

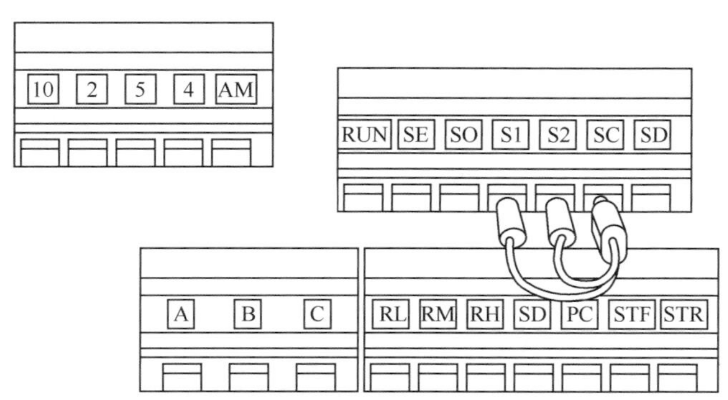

图1-48　FR-D740变频器的控制端子配置图

变频器的基本运行控制端子包括正转运行（STF）、反转运行（STR）、高中低速选择（RH、

RM、RL）等。控制方式有以下两种。

（1）开关信号控制方式。当 STF 或 STR 处于闭合状态时，电动机正转或反转运行；当它们处于断开状态时，电动机即停止，如图 1-49 所示。

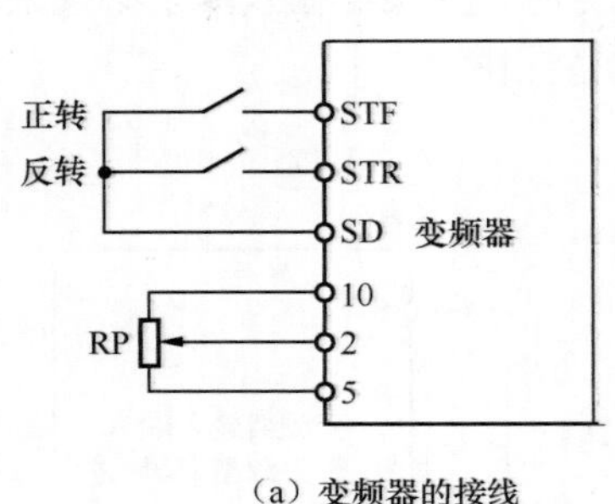

（a）变频器的接线

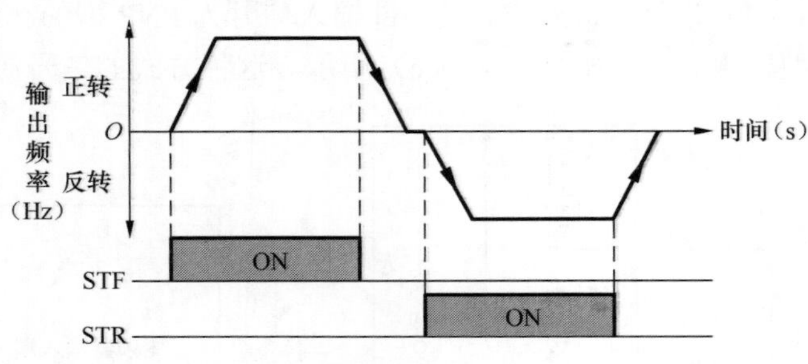

（b）控制信号的状态

图 1-49　开关信号控制方式

（2）脉冲信号控制方式。在 STF 或 STR 端只需输入一个脉冲信号，电动机即可维持正转或反转状态，犹如具有自锁功能一样。此时需要用一个常闭按钮连接变频器的 STOP 端子。如要停机，必须断开停止按钮，如图 1-50 所示。

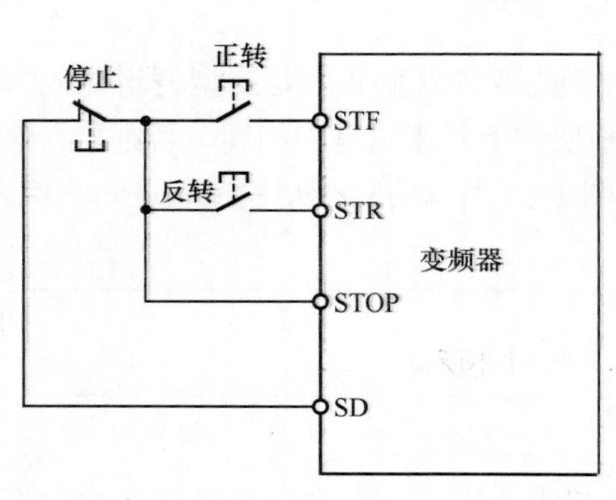

（a）变频器的接线

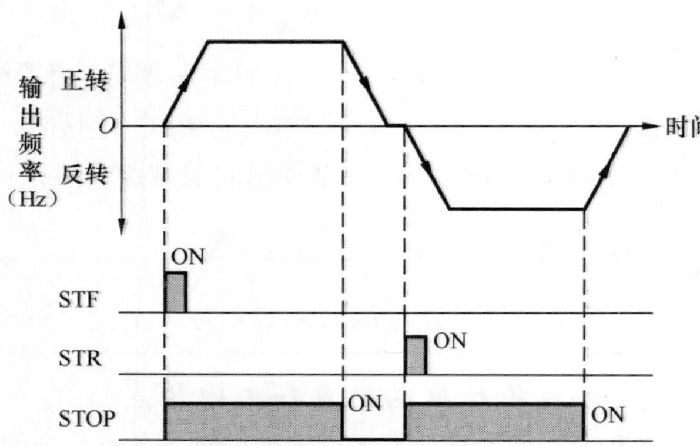

（b）控制信号的状态

图 1-50　脉冲信号控制方式

4．数字量输入端子功能的设定

三菱 FR-D740 变频器的输入信号中 STF、STR、RL、RM、RH 等端子是多功能端子，这些端子功能可以通过参数 Pr.178～Pr.182 设定的方法来选择，以节省变频器控制端子的数量。

输入端子功能选择的参数号、端子符号、出厂设定及端子功能如表 1-19 所示。

表 1-19　FR-D740 变频器的多功能端子参数设置一览表

端子	参数	名　称	初始值	初始信号	设定范围
输入端子	Pr.178	STF 端子功能选择	60	STF（正转指令）	0～5，7，8，10，12，14，16，18，24，25，37，60，62，65～67，9999
	Pr.179	STR 端子功能选择	61	STR（反转指令）	0～5，7，8，10，12，14，16，18，24，25，37，61，62，65～67，9999
	Pr.180	RL 端子功能选择	0	RL（低速运行指令）	0～5，7，8，10，12，14，16，18，24，25，37，62，65～67，9999
	Pr.181	RM 端子功能选择	1	RM（中速运行指令）	
	Pr.182	RH 端子功能选择	2	RH（高速运行指令）	

参数设定与功能选择的部分设定如表 1-20 所示，详细设定参看 FR-D740 变频器手册。

表 1-20　输入端子参数设定与功能选择

设定值	端子名称	功能	
		Pr.59 = 0	Pr.59 = 1,2
0	RL	低速运行指令	遥控设定清除
1	RM	中速运行指令	遥控设定减速
2	RH	高速运行指令	遥控设定加速
3	RT	第 2 功能选择	
4	AU	端子 4 输入选择	
5	JOG	点动运行选择	
7	OH	外部热继电器输入	
8	REX	15 段速选择（同 RL、RM、RH 组合使用）	
14	X14	PID 控制有效端子	
24	MRS	输出停止	
25	STOP	启动自保持选择	
60	STF	正转指令（仅 STF 端子，即 Pr.178 可分配）	
61	STR	反转指令（仅 STR 端子，即 Pr.179 可分配）	
62	RES	变频器复位	
9 999	—	无功能	

注 意

如果通过 Pr.178～Pr.182（输入端子功能选择）变更端子分配，有可能会对其他的功能产生影响。请在确认各端子的功能后，再设定。

（1）1 个功能能够分配给 2 个以上的多个端子。此时，各端子的输入取逻辑和。

（2）速度指令的优先顺序为点动 > 多段速设定（RH、RM、RL、REX）> PID（X14）。

（3）当没有选择 HC 连接（变频器运行允许信号）时，MRS 端子分担此功能。

（4）当 Pr.59 = 1 或 2 时，RH、RM、RL 信号的功能变更如表 1-20 所示。

（5）AU 信号 ON 时端子 2（电压输入）无效。

【自我训练 1-5】

训练内容：MRS（输出停止）输入端子功能验证。如果变频器运行中输出停止信号（MRS）变为 ON，变频器将在瞬间切断输出。

训练步骤如下。

视频 13. MRS 输入端子功能实训

（1）按图 1-51（a）的接线，将变频器设定为外部运行模式，即 Pr.79=2。设定 Pr.182=24，即将 RH 端子功能变更为 MRS 功能。MRS 输入选择参数 Pr.17=0，常开输入。电位器选用 1kΩ/2W 绕线可变电阻，其接法如图 1-51（b）所示。

（2）将图 1-51 中的 K1 或 K2 闭合，缓慢旋转电位器 RP，当变频器显示 40Hz 时，停止旋转，让变频器继续在 40Hz 上运行。

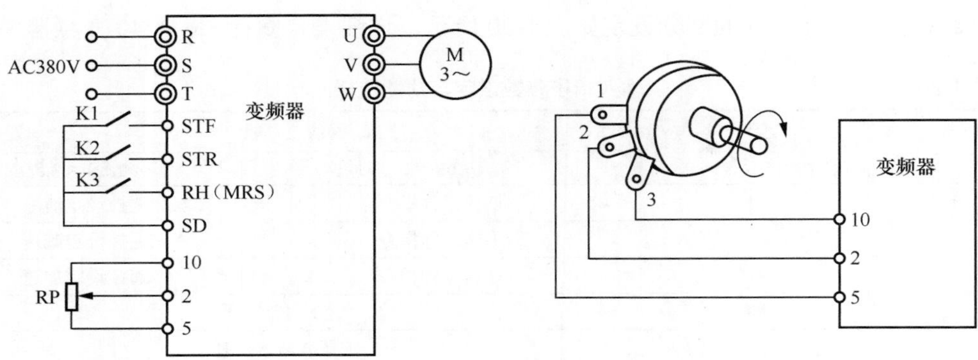

（a）MRS 输入功能验证接线图　　（b）电位器的接线图

图 1-51　MRS 输入端子功能验证接线图

（3）将 RH（MRS）端子上的开关 K3 闭合，变频器会瞬间停止输出，切断 K3 开关约 10ms 后，变频器可以继续运行。

5．模拟量输入端子功能的设定

三菱变频器可以通过外部给定电压信号或电流信号调节变频器的输出频率，这些电压信号和电流信号在变频器内部通过模数转换器转换成数字信号作为频率给定信号，控制变频器的速度。

视频 14．变频器模拟量输入端子的功能

三菱变频器的模拟量输入端有 2、5 和 4、5 两路输入，这两路模拟量输入的功能由"模拟量输入选择"参数 Pr.73 和"端子 4 输入选择"参数 Pr.267 设定，其参数意义及设定范围如表 1-21 所示。

表 1-21　模拟量输入端设置的相关参数意义及设定范围

参数编号	名称	初始值	设定范围	内容	
Pr.73	模拟量输入选择	1	0	端子 2 输入 0～10V	无可逆运行
			1	端子 2 输入 0～5V	
			10	端子 2 输入 0～10V	可逆运行
			11	端子 2 输入 0～5V	
Pr.267	端子 4 输入选择	0		电压/电流输入切换开关	内容
			0	V I	端子 4 输入 4～20mA
			1	V I	端子 4 输入 0～5V
			2		端子 4 输入 0～10V

（1）模拟量输入规格的选择

模拟量电压输入使用的端子 2 可以选择 0～5V（初始值）或 0～10V 的电压信号，选择 0～5V 或 0～10V 输入，由"模拟量输入选择"参数 Pr.73 设定，如表 1-21 所示。

模拟量输入使用的端子 4 可以选择电压输入（0～5V、0～10V）或电流输入（4～20mA 初始值），其输入规格由"端子 4 输入选择"参数 Pr.267 设定，如表 1-21 所示，同时需要将电压/电流输入切换开关置于如图 1-52 所示的位置。

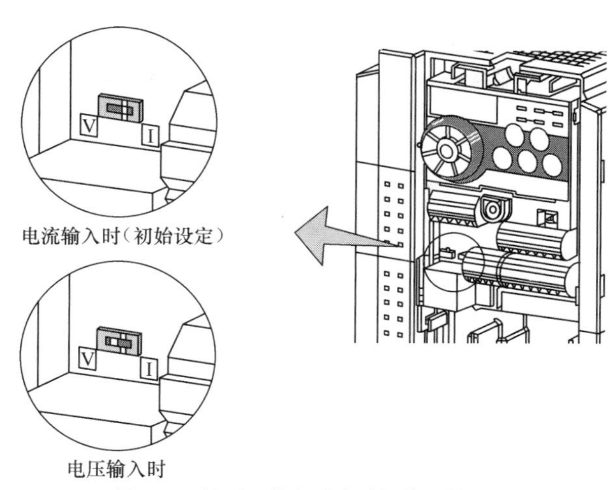

图 1-52　端子 4 的电压/电流切换开关设定

注　意

必须正确设定 Pr.267 和电压/电流输入切换开关，并输入与设定相符的模拟量信号，否则发生错误设定时，会导致变频器故障。请参照表 1-22 来设定 Pr.73、Pr.267。在表 1-22 中，■表示主速度设定，—表示无效。

表 1-22　　Pr.73 和 Pr.267 参数设置

<table>
<tr><th rowspan="2">Pr.73</th><th rowspan="2">端子 2 输入</th><th>端子 4 输入</th><th rowspan="2">端子 4 输入</th><th rowspan="2">可 逆 运 行</th></tr>
<tr><th>AU 信号</th></tr>
<tr><td>0</td><td>0～10V</td><td rowspan="4">OFF</td><td rowspan="4">—</td><td rowspan="2">不运行</td></tr>
<tr><td>1（初始值）</td><td>0～5V</td></tr>
<tr><td>10</td><td>0～10V</td><td rowspan="2">运行</td></tr>
<tr><td>11</td><td>0～5V</td></tr>
<tr><td>0</td><td rowspan="2">—</td><td rowspan="4">ON</td><td rowspan="4">根据 Pr.267 的设定值
0: 4～20mA（初始值）
1: 0～5V
2: 0～10V</td><td rowspan="2">不运行</td></tr>
<tr><td>1（初始值）</td></tr>
<tr><td>10</td><td rowspan="2">—</td><td rowspan="2">运行</td></tr>
<tr><td>11</td></tr>
</table>

注　意

① AU 信号输入使用的端子通过将 Pr.178～Pr.182 设定为 4 来分配功能。

② 当 AU 为 ON 时，端子 4 有效；当 AU 为 OFF 时，端子 2 有效。

③ 输入最大输出频率指令电压（电流）时，如要变更最大输出频率，则通过 Pr.125（Pr.126）（频率设定增益）来设定。此时无需输入指令电压（电流）。

（2）以模拟量输入电压给定频率

端子 2、端子 5 之间输入 DC0～5V 的电压信号时按照图 1-53（a）接线，此时设置 Pr.73=1 或 11，输入 5V 时为最大输出频率（由 Pr.125 设定）。5V 的电源既可以使用内部电源（内部电源在端子 10～端子 5 间输出 DC5V），也可以使用外部电源输入。

端子 2、端子 5 之间输入 DC0～10V 的电压信号时，按照图 1-53（b）接线，此时设置 Pr.73=0

或 10，输入 10V 时为最大输出频率（由 Pr.125 设定）。10V 的电源，必须使用外部电源输入。

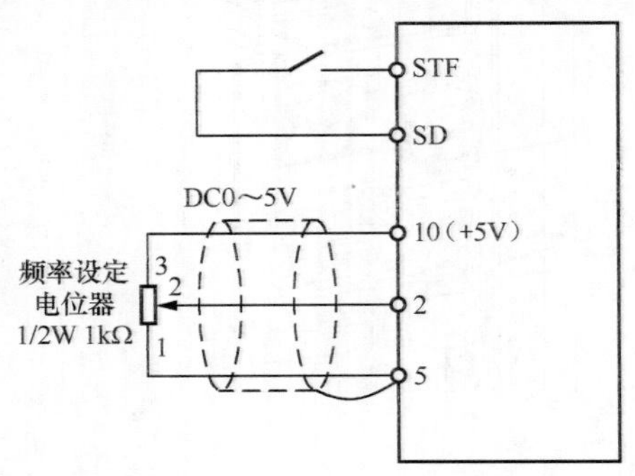

（a） 使用 0～5V 信号时的接线方式

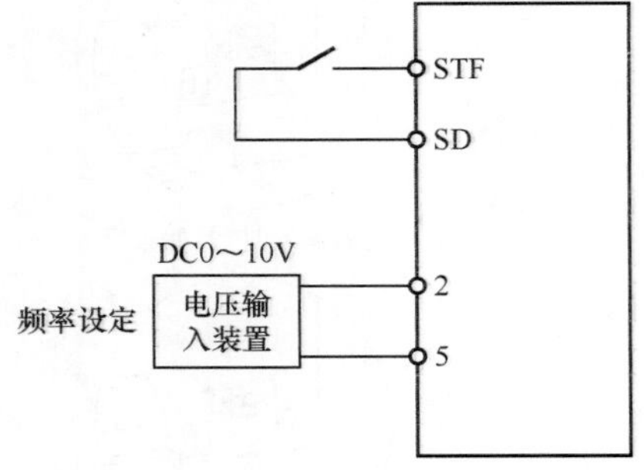

（b） 使用 0～10V 信号时的接线方式

图 1-53 模拟量输入端子 2 的接线方式

将端子 4 设为电压输入规格时，必须设置 Pr.267=1（DC0～5V）或 Pr.267=2（DC0～10V），同时将电压/电流输入切换开关置于 V，AU 信号为 ON。

（3）以模拟量输入电流给定频率

如果采用电流信号给定频率时，需要将 DC4～20mA 的电流信号输入到端子 4～端子 5 之间，此时要使用端子 4，必须设置 Pr.267=0，同时将 AU 信号设置为 ON，其接线图如图 1-54 所示。输入 20mA 时为最大输出频率（由 Pr.126 设定）。

KA1 STF
KA2 AU
SD
DC4～20 mA
4
频率设定
电流输
入装置
5

图 1-54 模拟量输入端子 4 的接线方式

（4）以模拟量输入来切换变频器的正转、反转运行（可逆运行）

通过设置 Pr.73=10 或 Pr.73=11，并调整“端子 2 频率设定增益频率”Pr.125、“端子 4 频率设定增益频率 Pr.126”“端子 2 频率设定偏置频率”C2（Pr.902）或“端子 4 频率设定增益”C7（Pr.905），可以通过端子 2（或端子 4）实现变频器的可逆运行。

【例 1-1】通过端子 2（0～5V）输入进行可逆运行时，设定 Pr.73 = 11，使可逆运行有效。在 Pr.125（Pr.903）中设定最大模拟量输入 5V 时的频率为 50Hz，C2=0Hz，将 C3（Pr.902）设定为 C4（Pr.903）设定值的 1/2，即 C3=2.5/5=50%，C4=5/5=100%。如图 1-55 所示，在端子 2、端子 5 之间输入 DC0～2.5V 的电压时，变频器反转运行，输入 DC2.5V～5V 的电压时，变频器正转运行。

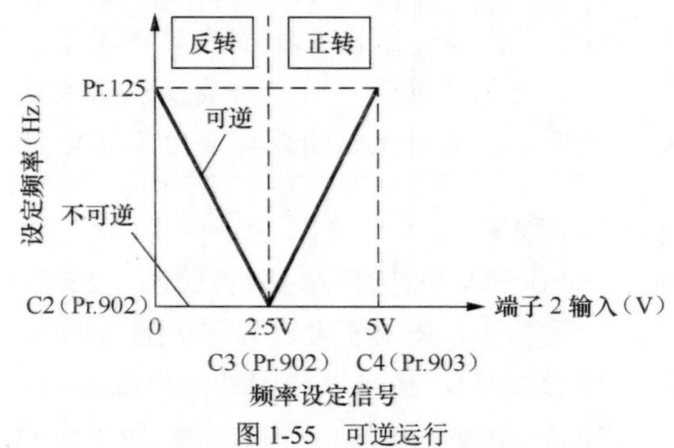

图 1-55 可逆运行

注 意

① 在设定为可逆运行后，没有模拟量输入时（仅输入启动信号）会以反转运行。

② 设定为可逆运行后，在初始状态下，端子4也为可逆运行（0～4mA，反转；4mA～20mA，正转）。

二、变频器输出控制端子的功能

1．外接输出控制端子的种类和规格

变频器除了用输入控制端接收各种输入控制信号外，还可以用输出控制端输出与自己工作状态相关的信号。外接输出信号的电路结构有两种：一种是内部继电器的触点，如报警输出A、B、C端子；另一种是晶体管的集电极开路触点，如RUN端子，其结构如图1-56所示。

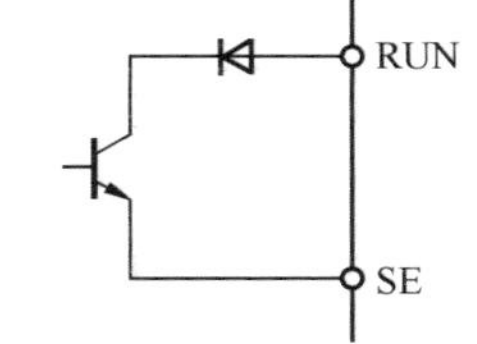

图1-56 集电极输出端子结构图

三菱FR-D740变频器的输出端子分配如图1-24所示。输出控制端子可以分为数字量输出端和模拟量输出端两类。

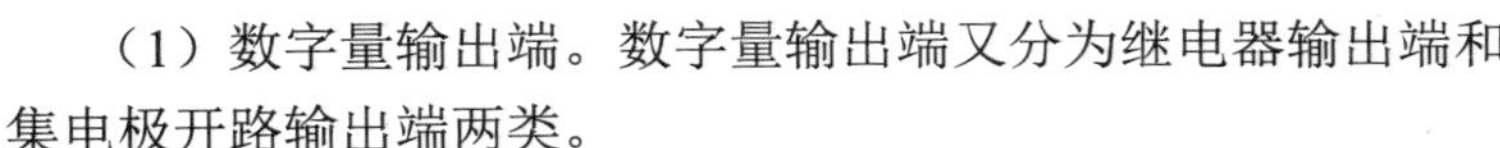

（1）数字量输出端。数字量输出端又分为继电器输出端和集电极开路输出端两类。

① 集电极开路输出端RUN，用来指示变频器的运行状态。

RUN输出端子的结构如图1-56所示，端子SE是集电极开路输出信号的公共端，通常采用正逻辑，容许负载为DC24V，0.1A。低电平表示集电极开路输出用的晶体管处于ON（导通状态），高电平为OFF（不导通状态）。

② 继电器输出端 A、B、C。当变频器发生故障时，变频器将通过输出端子发出报警信号，如A、B、C端子，正常时，B、C间导通，A、C间不导通；异常时，B、C间断开，A、C间导通。

（2）模拟量输出端 AM。该输出端通过外接仪表可以显示变频器的运行参数（频率、电压、电流等）。

2．数字量输出端子功能

数字量输出端子的功能选择参数可改变集电极开路和继电器触点输出端子的功能。三菱变频器继电器输出端子A、B、C以及集电极开路输出端子RUN对应的参数意义及设定范围如表1-23所示。

表1-23 输出端子的参数意义及设定值

端子	参数	名 称	初始值	初始信号	设 定 范 围
输出端子	Pr.190	RUN端子功能选择	0	RUN（变频器运行中）	0，1，3，4，7，8，11～16，25，26，46，47，64，70，90，91，93*，95，96，98，99，100，101，103，104，107，108，111～116，125，126，146，147，164，170，190，191，193*，195，196，198，199，9999
	Pr.192	A、B、C端子功能选择	99	ALM（异常输出）	

* Pr.192不可设定为93、193。

参照表1-24即可设定相应参数，其中0～99为正逻辑，100～199为负逻辑。输出端子的部分参数设定值及相应的功能如表1-24所示。

表 1-24　　输出端子参数设定与功能选择

设定值		信号名称	功　能	动　作	相关参数
正逻辑	负逻辑				
0	100	RUN	变频器运行中	运行期间当变频器输出频率超过 Pr.13 启动频率时输出	
1	101	SU	频率到达	输出频率到达设定频率时输出	Pr.41
3	103	OL	过负荷报警	失速防止功能动作期间输出	Pr.22、Pr.23、Pr.66
4	104	FU	输出频率检测	输出频率达到 Pr.42（反转是 Pr.43）设定的频率以上时输出	Pr.42、Pr.43
8	108	THP	电子过电流预报警	当电子过电流保护累积值达到设定值的 85%时输出	Pr.9、Pr.51
11	111	RY	变频器运行准备就绪	变频器电源接通、复位处理完成后（启动信号 ON、变频器处于可启动状态，或当变频器运行时）输出	
14	114	FDN	PID 下限	达到 PID 控制的下限时输出	Pr.12～Pr.134，Pr.575～Pr.577
15	115	FUP	PID 上限	达到 PID 控制的上限时输出	
16	116	RL	PID 正—反向输出	PID 控制时，正转时输出	
47	147	PID	PID 控制动作中	PID 控制中输出	Pr.12～Pr.134，Pr.575～Pr.577
99	199	ALM	异常输出	当变频器的保护功能动作时输出此信号，并停止变频器的输出（严重故障时）	
9999		—	没有功能	—	

（1）变频器运行准备完成信号（RY 信号）和变频器运行中信号（RUN 信号）

变频器运行准备完成信号 RY 是指变频器电源接通、复位处理完成后（启动信号 ON、变频器处于可启动状态或当变频器运行时），RY 输出变为 ON，如图 1-57 所示。变频器运行中信号 RUN 是指变频器输出频率如果超过 Pr.13 启动频率，变频器运行中信号 RUN 的输出将变为 ON。变频器停止中、直流制动动作中，输出将变为 OFF，如图 1-57 所示。

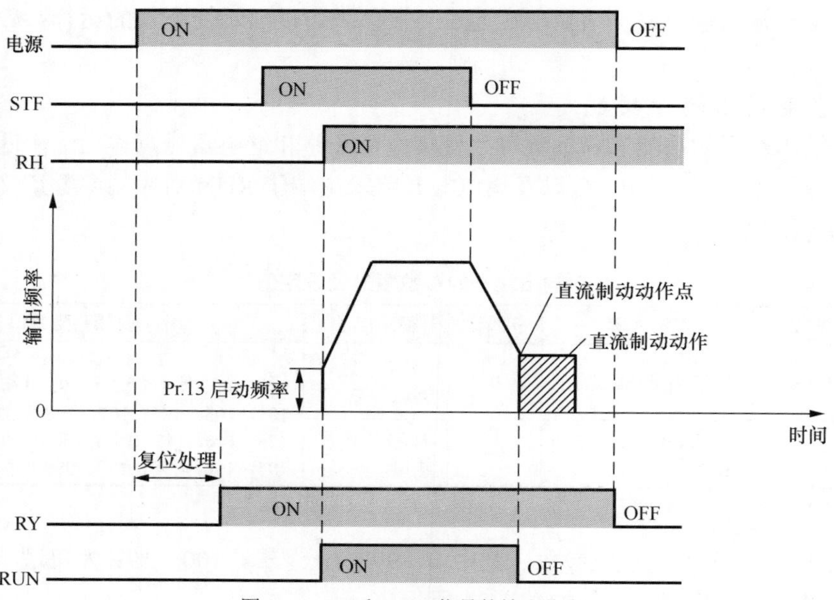

图 1-57　RY 和 RUN 信号的输出状态

使用RY、RUN信号时，必须将Pr.190、Pr.192设定为11、0（正逻辑）或111、100（负逻辑）来分配功能。RY和RUN的动作状态如表1-25所示。

表1-25　　RY和RUN的动作状态一览表

变频器状态 / 输出信号	启动信号OFF（停止中）	启动信号ON（停止中）	启动信号ON（运行中）	直流制动动作中	报警发生时或者MRS信号为ON(切断输出)	瞬时停电再启动		
						自由运行中		重新启动中
						启动信号ON	启动信号OFF	
RY	ON	ON	ON	ON	OFF	ON*1		ON
RUN	OFF	OFF	ON	OFF	OFF	OFF		ON

*1 停电或电压不足时变为OFF。

【自我训练1-6】

训练内容：变频器运行输出端子功能实训。

训续步骤如下。

视频15. 变频器运行输出端子功能实训

① 按图1-58接线。设定如下参数。

Pr.1=50Hz，上限频率。

Pr.2=0Hz，下限频率。

Pr.7=8s，加速时间。

Pr.8=8s，减速时间。

Pr.13=10Hz，启动频率。

Pr.160=0，显示所有参数。

Pr.182=24，将RH端子设定为MRS功能。

Pr.192=0，将A、B、C端子功能设定为变频器运行中。

Pr.79=1，PU运行模式。

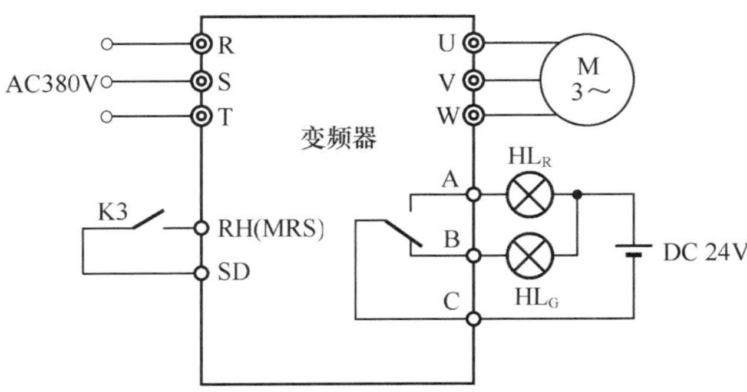

图1-58　故障信号及运行信号测定电路

② 在PU面板上设定运行频率为30Hz。

③ 按操作面板上的(RUN)键，变频器开始运行，此时，B、C端子闭合，接于B端子上的绿灯HL_G点亮。观察变频器显示屏上的频率，当频率大于启动频率10Hz时，A、C端子闭合，接于A、C端子的红灯HL_R点亮。

④ 变频器正在30Hz上稳定运行时，闭合开关K3，观察2盏灯的运行情况（HL_G点亮，HL_R熄灭）。

⑤ 断开 K3，10s 后继续观察 2 盏灯的运行情况（HL_R点亮，HL_G熄灭）。此时变频器又继续运行。

⑥ 按(STOP RESET)键，变频器停止运行。

（2）频率到达与输出频率检测

从表 1-23 和表 1-24 中可知，RUN 集电极开路输出端子和继电器输出端子 A、B、C 具有频率到达和输出频率检测功能，两种功能都是说明变频器的输出频率是否到达某一水平的信号。但在“到达频率”的设定方式上则有所区别，说明如下。

① 频率到达。变频器的 A、B、C 端子或 RUN 端子被预置为 SU（频率到达）功能时，当变频器的输出频率到达给定频率时，该输出端子 SU 为 ON，Pr.41 用来设定输出频率到达运行频率时输出频率到达信号（SU）的动作范围，如图 1-59（a）所示，其参数含义及设定范围如表 1-26 所示。

- 频率到达信号（SU）的动作范围可在运行频率 0～±100%的范围内调整。
- 可用于确认是否到达设定频率，用于相关设备的动作开始信号。
- 使用 SU 信号时，必须将 Pr.190、Pr.192（输出端子功能选择）设定为 1（正逻辑）或者 101（负逻辑），向输出端子分配功能。

表 1-26　Pr.41、Pr.42 和 Pr.43 参数的含义及设定范围

参数编号	名称	初始值	设定范围	内容
Pr.41	频率到达动作范围	10%	0～100%	使 SU 信号变为 ON 的电平
Pr.42	输出频率检测	6Hz	0～400Hz	使 FU 信号变为 ON 的频率
Pr.43	反转时输出频率检测	9999	0～400Hz	反转时使 FU 信号变为 ON 的频率
			9999	与 Pr.42 的设定值一致

② 输出频率检测。频率检测并非以给定频率作为检测的依据，而可以任意设定一个频率值（Pr.42 设定正转的输出频率检测，Pr.43 设定反转时的输出频率检测）作为检测的依据。当输出频率到达检测频率时，变频器的输出端子 FU 为 ON，如图 1-59（b）所示。

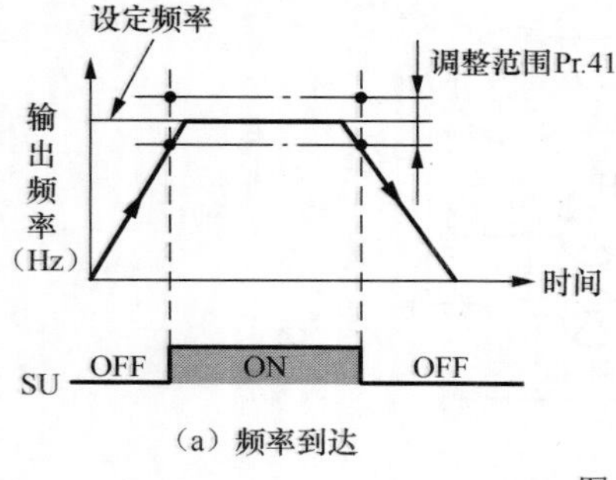

（a）频率到达

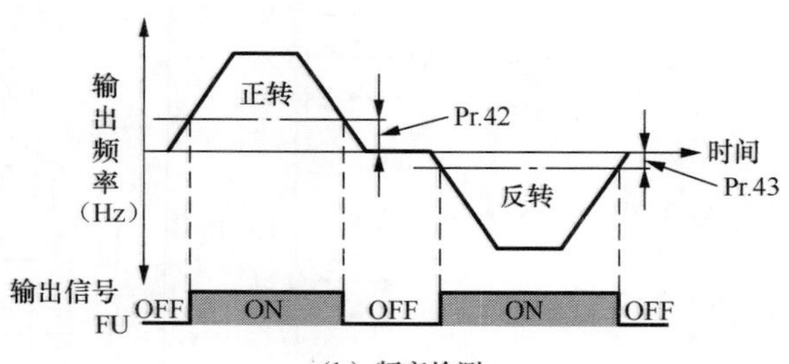

（b）频率检测

图 1-59　频率到达与频率检测

使用 FU 信号时，必须设定 Pr.190、Pr.192（输出端子功能选择）为 4（正逻辑）或 104（负逻辑），向输出端子分配功能。

【例 1-2】如图 1-60 所示，某粉末传送带控制系统有两台变频器，其中，变频器 UF1 控制搅拌机电机 M1 拖动料斗给传送带供料；变频器 UF2 控制传送带电动机 M2 拖动传送带运料。搅拌机与传送带之间实现联动时，为了防止物料在传送带上堆积，要求：

（1）只有传送带电动机 M2 的工作频率 f_{X2}≥30Hz 时，搅拌电机 M1 才能起动。

（2）传送带电动机 M2 的工作频率 $f_{X2}<30$Hz 时，搅拌电机 M1 必须停止。

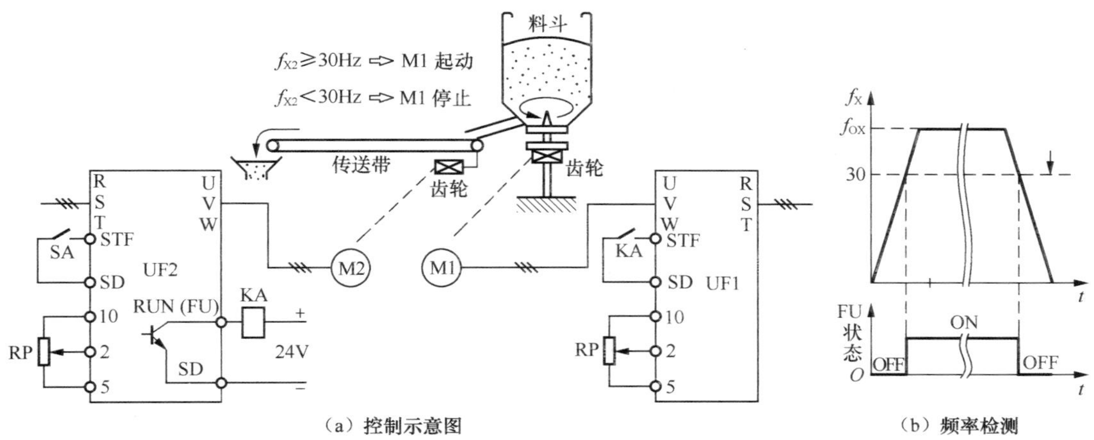

图 1-60　粉末传送带控制示意图

实现方式（以 FR-D740 变频器为例）如下。

（1）变频器 UF2 多功能输出端子 RUN 预置为“输出频率检测”（FU）信号，将检测频率预置为 30Hz。需设置以下参数。

Pr.160=0，扩张参数。

Pr.42=30Hz，设置输出频率检测值。

Pr.178=60，将 STF 端子设定为正转端子。

Pr.190=4，将 RUN 端子变更为频率检测 FU 端子。

Pr.79=2，将变频器设置为外部运行模式。

同时，将变频器 UF1 的参数设置为 Pr.79=2，Pr.178=60。

（2）闭合 UF2 传送带变频器上的启动开关 SA，旋转 RP 电位器，逐渐增加频率，当 UF2 的输出频率到达 30Hz 时，FU-SD 之间接通→继电器 KA 线圈得电→KA 的常开触点闭合→搅拌机变频器启动→搅拌电机 M1 运行。

（3）当变频器 UF2 的输出频率小于 30Hz 时→FU-SD 之间断开→继电器 KA 线圈失电→KA 的常开触点断开→搅拌机变频器停止→搅拌电机 M1 停止。

【自我训练 1-7】

训练内容：变频器频率到达与输出频率检测功能实训。

视频 16. 变频器频率到达与频率检测功能实训

训练步骤如下。

将变频器设定为 PU 运行模式。运行频率设定为 40Hz。设定如下参数。

Pr.7=10s，加速时间。

Pr.8=10s，减速时间。

Pr.13=10Hz，启动频率。

Pr.160=0，扩展参数。

Pr.41=10%，频率到达动作范围。

Pr.42=25Hz，输出频率检测。

Pr.79=1，PU 运行模式。

按照图 1-61，在输出端子 RUN 上接入一盏红灯。按表 1-27 设置功能参数，启动变频器，注意运行频率达到什么值时，红灯点亮，并将结果填入表 1-27 中。

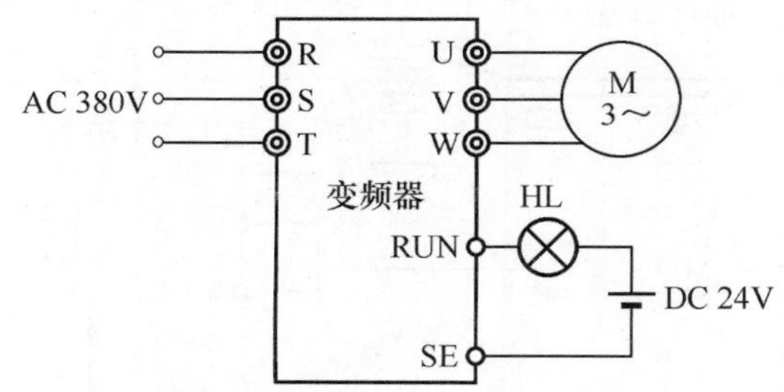

图 1-61　频率到达与输出频率检测接线

表 1-27　　多功能输出端子功能检测

多功能输出端子功能	Pr.190 的设定值	红灯的状态
运行中指示	0（RUN）	
频率到达	1（SU）	
频率检测	4（FU）	

任务实施

【训练工具、材料和设备】

三菱 FR-D740-0.75K-CHT 变频器 1 台、三相异步电动机 1 台、《三菱 FR-D700 系列通用变频器使用手册》、按钮和开关若干、1kΩ/2W 电位器 1 个、通用电工工具 1 套。

一、变频器的外部点动操作训练

1．变频器硬件电路

按照图 1-62 完成变频器的外部点动控制接线，认真检查，确保正确无误。

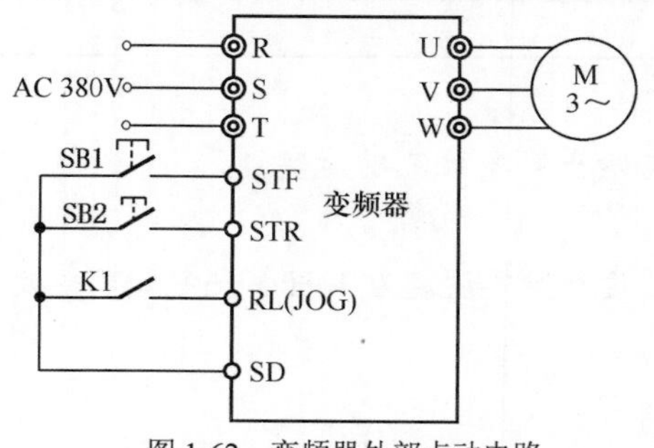

图 1-62　变频器外部点动电路

视频 17．外部点动运行操作

2．设置变频器的参数

打开电源开关，在 PU 运行模式下，按照表 1-28 设置变频器参数。设定完毕后，EXT 指示灯点亮。

表 1-28　　点动控制功能参数设定功能表

序　号	变频器参数	出 厂 值	设 定 值	功 能 说 明
1	Pr.1	50	50	上限频率（50Hz）
2	Pr.2	0	0	下限频率（0Hz）
3	Pr.9	0	1	电子过电流保护（按照电机额定电流设定）
4	Pr.160	9999	0	扩展功能显示选择
5	Pr.13	0.5	5	启动频率（5Hz）
6	Pr.15	5	10.00	点动频率（10Hz）
7	Pr.16	0.5	1	点动加减速时间（0.5s）
8	Pr.180	0	5	设定 RL 为点动运行功能
9	Pr.79	0	2	运行模式选择

注　意

① 设置参数前先将变频器参数复位为工厂设定值。

② 请把 Pr.15 点动频率的设定值设定在 Pr.13 启动频率的设定值之上。

③ 点动信号分配在设定 Pr.180=5 的 RL 输入端子功能选择上。

3．操作运行

（1）闭合点动开关 K1，操作面板显示“JOG”，按下正转启动按钮 SB1 或反转启动按钮 SB2，电动机便会以 10Hz 的点动频率正转或反转点动运行，注意操作面板的显示频率。

（2）断开 K1，电动机停止点动运行。改变 Pr.15、Pr.16 的值，重复上述步骤，观察电动机运转状态有什么变化。

注　意

外部操作时，若按 STOP/RESET 键将会出错报警（报警代码为 PS），不能重新启动，必须停电复位。

二、变频器的外部正反转连续运行操作训练

1．变频器硬件电路

视频 18．三菱变频器外部正反转运行操作

按图 1-63 所示的电路接好线。其中，图 1-63（a）是开关信号控制方式，通过开关 SA1 和 SA2 控制变频器启停实现正反转；图 1-63（b）是脉冲信号控制方式，通过按钮 SB1 和 SB2 给变频器发送正反转启动信号，通过 SB 发送停止信号。频率给定是通过接在端子 10、端子 2、端子 5 上的电位器给端子 2、端子 5 加 0～5V 的电压信号实现的。

注　意

三脚电位器（1kΩ）要把中间接线柱接到变频器的 2 端子上，其他两个管脚分别接变频器的端子 10、端子 5。

2．设置变频器参数

需要设置以下参数。

Pr.1=50Hz，上限频率。

Pr.2=0Hz，下限频率。

Pr.7=5s，加速时间。

Pr.8=5s，减速时间。

Pr.9=2.5A，电子过电流保护，一般设定为变频器的额定电流。

Pr.73=1，端子 2 输入 0～5V 电压信号。

Pr.125=50Hz，端子 2 频率设定增益频率。

Pr.178=60，端子 STF 设定为正转端子。

Pr.179=61，端子 STR 设定为反转端子。

Pr.180 =25，即将 RL 端子功能变更为 STOP 端子功能。

Pr.79=2，选择外部运行模式。

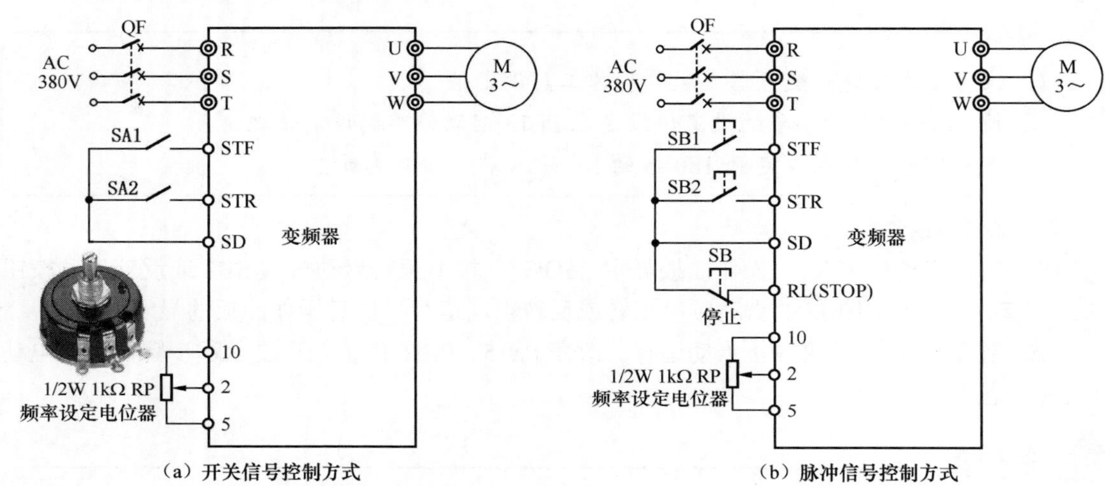

（a）开关信号控制方式　　（b）脉冲信号控制方式

图 1-63　变频器外部操作接线图

3. 操作运行

（1）变频器上电，确认运行状态。用MODE键切换到参数设定模式，将上述参数写入变频器，最后设置 Pr.79 = 2 或 0，确认 EXT 指示灯点亮（如 EXT 指示灯未亮，请切换到外部运行模式）。

（2）开关操作运行。

① 开始。按图 1-63（a）所示的电路接好线。将启动开关 SA1（或 SA2）处于 ON，表示运转状态的 RUN 指示灯闪烁。

② 加速→恒速。将电位器（频率设定电位器）缓慢向右拧到底。显示屏上的频率数值随 Pr.7 加速时间而增大，电动机加速，变为 50.00（50.00Hz）时，停止旋转电位器。此时变频器运行在 50Hz 上。RUN 指示灯在正转时一直点亮，反转时缓慢闪烁。

③ 减速。将电位器（频率设定电位器）缓慢向左拧到底。显示屏上的频率数值随 Pr.8 减速时间而减小，变为 0.00（0.00Hz），电机停止运行。RUN 指示灯快速闪烁。

④ 停止。断开启动开关 SA1（或 SA2），电动机将停止运行。RUN 指示灯熄灭。

注 意

如果正转和反转开关都处于 ON，电动机不启动；如果在运行期间，两开关同时处于 ON，电动机减速至停止状态。

（3）按钮自保持操作运行。按图 1-63（b）接好电路，并设定 Pr.180 =25，即将 RL 端子功能变更为 STOP 端子功能。按 SB1，同时使 STOP 信号接通（即使 SB 按钮保持闭合），电动机开始正转运行，松开 SB1 时，电动机仍然保持正转。断开 SB 时，电动机停止工作，反之亦然。

想一想

在端子 2、端子 5 之间加 0～5V 电压时，需要变频器实现正反转可逆运行，需要如何设定变频器的参数？

知识拓展——电流给定信号调节频率

如果将图 1-63（a）中的频率给定修改为由端子 4、端子 5 给定 4～20mA 的电流信号，让变频器在 0～50Hz 之间进行正、反转调速运行，加减速时间为 5s。

（1）要想实现通过端子 4、端子 5 给定电流信号，需要按照图 1-64 接线。启动指令通过将 STF（STR）-SD 设置为 ON 来发出。4～20mA 的电流信号通过端子 4、端子 5 送到变频器调节频率。除此之外，还必须将 Pr.178～Pr.182（输入端子功能选择）中的任意一个设定为 4（AU 功能），图 1-64 是将 RH 端子设定为 AU，即设置 Pr.182=4，并且 AU 信号为 ON，才能将 4 端子设定为电流输入。

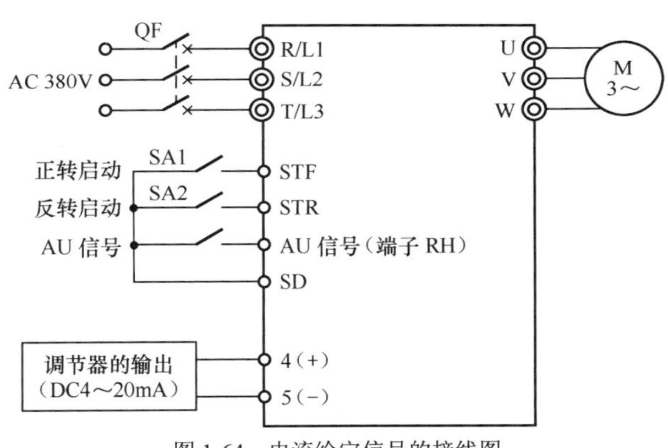

图 1-64　电流给定信号的接线图

（2）参数设置。需要设置以下参数。

Pr.1=50Hz，上限频率。

Pr.2=0Hz，下限频率。

Pr.7=5s，加速时间。

Pr.8=5s，减速时间。

Pr.9=2.5A，电子过电流保护，一般设定为变频器的额定电流。

Pr.267=0，端子 4 输入 4～20mA 电流信号，并且需要将电压/电流输入切换开关置于 I（电流）位置。

Pr.126=50Hz，端子 4 频率设定增益频率。

Pr.178=60，端子 STF 设定为正转端子。

Pr.179=61，端子 STR 设定为反转端子。

Pr.182 =4，即将 RH 端子功能变更为 AU 端子功能。

Pr.79=2，选择外部运行模式。

（3）操作运行。

① 变频器上电，确认运行状态。用MODE键切换到参数设定模式，将上述参数写入变频器，最后设置 Pr.79 = 2 或 0，确认 EXT 指示灯点亮（如 EXT 指示灯未亮，请切换到外部运行模式）。

② 开始。按图 1-64 所示的电路接好线。将启动开关 SA1（或 SA2）置于 ON。表示运转状态的 RUN 指示灯闪烁。

③ 加速→恒速。输入 20mA 电流。显示屏上的频率数值随 Pr.7 加速时间而增大，变为 50.00（50.00Hz）。RUN 指示灯在正转时亮灯，反转时缓慢闪烁。

④ 减速。输入 4mA 电流。显示屏上的频率数值随 Pr.8 减速时间而减小，变为 0.00（0.00Hz），电机停止运行。RUN 指示灯快速闪烁。

⑤ 停止。断开启动开关 SA1（或 SA2），电动机将停止运行。RUN 指示灯熄灭。

思考与练习

一、填空题

1．变频器的外接输入开关与数字量输入端子的接口方式有________、________、________ 3 种。

2．三菱变频器数字量输入端的逻辑有________逻辑方式和________逻辑方式 2 种，其漏型逻辑和源型逻辑可以通过____________控制逻辑切换。

3．变频器的数字量输入控制端子有两种控制方式，分别为________控制方式和________控制方式。

4．三菱的模拟量输入端可以接受的________ V 或________ V 的电压信号、________ mA 的电流信号。

5．三菱变频器的模拟量输入端有________和________两路输入，这两路模拟量输入的功能由“模拟量输入选择”参数________和“端子 4 输入选择”参数________设定。

6．采用电流信号给定频率时，需要将 DC4～20mA 的电流信号输入到端子______之间，此时要使用端子 4，必须将 Pr.267=______，同时将 AU 信号设置为______。

二、简答题

1. 三菱变频器的模拟量输入端子有几个？电压输入和电流输入的量程标准是多少？如何通过开关设置电压输入和电流输入？

2．三菱变频器如果通过端子 10、端子 2、端子 5 给定 0～5V 的电压信号，参数如何设置才能实现变频器正转和反转运行切换？

三、分析题

1．利用变频器外部端子实现电动机正转、反转和点动的功能，电动机加减速时间为 4s，点动频率为 10Hz。RH 为点动端子，STF 为正转端子，STR 为反转端子，由端子 2、端子 5 给定 0～10V 的模拟量电压信号，试画出变频器的接线图并设置参数。

2．测试频率到达和输出频率检测功能。

要求：①变频器运行在 30～50Hz 的范围内，SU 端子有输出信号。如何设置参数？变频器如何运行？

②当变频器运行到 49Hz 时，FU 端子有输出。如何设置参数？变频器如何运行？

任务 1.4　三菱变频器的组合运行操作

任务导入

组合运行模式即 PU 运行和外部运行两种方式并用。变频器的组合运行模式分为以下两种方式。

（1）组合运行模式 1（Pr.79=3）。组合运行模式 1 是指变频器的启动指令通过外部端子 STF 或 STR 给定，变频器的频率指令通过操作面板上的旋钮给定，设置变频器以 30Hz 频率运行。

（2）组合运行模式 2（Pr.79=4）。组合运行模式 2 是指变频器的启动指令由 PU 面板上的RUN键给定，频率指令由外部模拟量信号给定，分为电压给定和电流给定两种方式。

相关知识

一、工作频率给定方式

要调节变频器的输出频率，必须首先向变频器提供改变频率的信号，这个信号称为频率给定信号。所谓给定方法，就是调节变频器输出频率的具体方法，也就是提供给定信号的方式。

1．频率给定方式

（1）面板给定。利用变频器操作面板上的 M 旋钮或键盘的数字增加键（▲）和数字减小键（▼）来直接改变变频器的设定频率，它属于数字量给定。

变频器的面板通常可以取下，通过延长线安置在用户操作方便的地方，同时变频器的操作面板可直接实时显示变频器运行时的电流、电压、实际转速、母线电压等参数及故障代码。

（2）外接数字量给定。通过外接开关量端子输入开关信号给定。通常有两种方法。一是通过变频器的多功能输入端子的升速端子和降速端子来改变变频器的设定频率值，设置三菱变频器的 Pr.59=1 或 2，就可以将变频器的 RH 端子预置为升速端子，将 RM 端子预置为降速端子，该端子可以外接按钮或其他类似于按钮的开关信号（如 PLC），开关闭合时，给定频率不断增加或减少，开关断开时给定频率保持；二是用开关的组合选择已经设定好的固定频率，即多段速控制。

（3）外接模拟量给定。外接模拟量给定方式即通过变频器的模拟量端子从外部输入模拟量信号（电压或电流）给定，并通过调节模拟量的大小来改变变频器的输出频率。

模拟量给定中通常采用电流或电压信号，常见于电位器、仪表、PLC 等控制回路。所有的变频器都提供了可以给定模拟量的 2 个及以上的模拟量输入端子。以三菱变频器为例，其接线情况如图 1-65 所示。

① 外接电压给定信号端（10、2、5）。当模拟量给定信号是电压信号时，将外接信号线接到 10、2、5 接线端上。

在图 1-65 所示电路中，10 端子由变频器内部为频率给定电位器提供一个+5V 电源。加在端子 2 和端子 5 上的输入电压规格不同。选择 0～5V 或 0～10V 输入，由电压输入选择参数 Pr.73 设定。变频器出厂设定 Pr.73 = 1，选择 0～5V 输入电压。

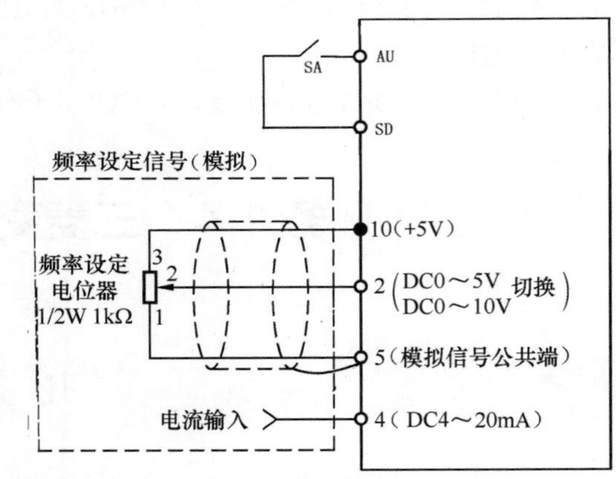

图 1-65　三菱变频器的给定信号

不同的变频器对电压给定信号的规定也各不相同，主要有 0～10V、0～±10V、0～5V、0～±5V 几种。其中，带“±”号者，变频器可根据给定信号的极性来决定电动机的旋转方向。

② 外接电流给定信号端（4、5）。当模拟量给定信号为 4～20mA 电流信号时，将外接信号线接到 4、5 接线端，此时还必须使变频器的 AU 端子信号置为 ON，才能使端子 4 输入电流信号有效。

电流给定信号的取值范围通常都是 4～20mA，这是为了容易区别零信号和无信号。

零信号：信号的大小为零（即信号的最小值，这里为 4mA）。

无信号：因系统处于未工作状态或故障状态而没有信号（电流为 0）。

（4）通信给定。通信给定方式是指上位机通过通信口按照特定的通信协议、特定的通信介质将数据传输到变频器以改变变频器设定频率的方式。

上位机一般指计算机（或工控机）、PLC、DCS、人机界面等主控制设备。该给定属于数字量给定。

2. 选择给定方式的原则

（1）面板给定和模拟量给定中，优先选择面板给定。因为变频器的操作面板包括键盘和显示屏，而显示屏的显示功能十分齐全。例如，可显示运行过程中的各种参数及故障代码等。

（2）数字量给定和模拟量给定中，优先选择数字量给定。因为数字量给定时频率精度较高，且抗干扰能力强。

（3）在电压信号和电流信号中，优先选择电流信号。因为电流信号在传输过程中，不受线路电压降、接触电阻及其压降、杂散的热电效应和感应噪声等的影响，抗干扰能力较强。

二、频率给定线的设置及调整

由模拟量给定外接频率时，变频器的给定信号 X 与对应的给定频率 f_X 之间的关系曲线 $f_X=f(X)$，称为频率给定线。这里的给定信号 X，既可以是电压信号 U_G，也可以是电流信号 I_G。

1. 基本频率给定线

在给定信号 X 从 0 增大至最大值 X_{max} 的过程中，给定频率 f_X 线性地从 0 增大到 f_{max} 的频率给定线称为基本频率给定线。其起点为（$X=0$，$f_X=0$），终点为（$X=X_{max}$，$f_X=f_{max}$），如图1-66所示的直线①。

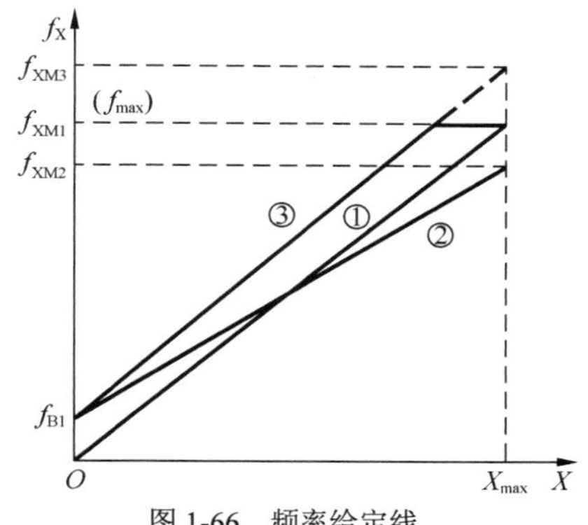

图1-66 频率给定线

2．频率给定线的调整

① 调整的必要性。在生产实践中，常常遇到这样的情况：生产机械要求的最低频率及最高频率常常不是0Hz和额定频率，或者说，实际要求的频率给定线与基本频率给定线并不一致。所以需要适当调整频率给定线，使之符合生产实际的需要。

② 调整的要点。因为频率给定线是直线，所以可以根据拖动系统的需要任意预置。预置频率给定线的方法大致有以下两种。

方法1 坐标设定法。即只需预置频率给定线中的起点坐标和终点坐标即可。

起点坐标（$X=0$，$f_X=f_{BI}$）。这里，f_{BI}为给定信号$X=0$时对应的给定频率，称为偏置频率。

终点坐标（$X=X_{max}$，$f_X=f_{XM}$）。这里，f_{XM}为给定信号$X=X_{max}$时对应的给定频率，称为最大给定频率。

方法2 偏置与增益设定法。部分变频器通过预置偏置频率和频率增益来决定频率给定线，如图1-66所示的直线②和③。说明如下。

a．偏置频率：给定信号X=0时对应的频率称为偏置频率，用f_{BI}表示，如图1-66所示。预置时，偏置频率f_{BI}是直接设定的频率值。

b．频率增益：频率增益$G\%$的定义是最大给定频率f_{XM}与最大频率f_{max}之比的百分数，即

$$G\% = (f_{XM}/f_{max}) \times 100\%$$

在这里，f_{XM}是虚拟的最大给定频率，其值不一定与最大频率f_{max}相等。

若$G\%>100\%$，则$f_{XM}>f_{max}$。这时的f_{XM}为假想值，其中，$f_{XM}>f_{max}$的部分，变频器的实际输出最大频率等于f_{max}，其频率给定线如图1-66所示的直线③；若$G\%<100\%$，则$f_{XM}<f_{max}$，变频器能够输出的最大频率由f_{XM}决定，f_{XM}与f_{max}对应，其频率给定线如图1-66所示的直线②。

3．频率给定线的参数设置

频率给定线的设置对变频器的运行具有重要的意义。设置的内容包括偏置、增益功能实现频率给定线的设置，涉及频率设定电压（电流）的偏置和增益的调整，相关参数的功能如表1-29所示。

表1-29 频率给定线设置的相关参数意义及设定范围

参数编号	名称	初始值	设定范围	内容	
Pr.125	端子2频率设定增益频率	50Hz	0～400Hz	端子2输入增益（最大）的频率	
Pr.126	端子4频率设定增益频率	50Hz	0～400Hz	端子4输入增益（最大）的频率	
Pr.241	模拟量输入显示单位切换	0	0	%显示	模拟量输入显示单位
			1	V/mA显示	
C2（Pr.902）	端子2频率设定偏置频率	0Hz	0～400Hz	端子2输入偏置侧的频率	
C3（Pr.902）	端子2频率设定偏置	0%	0～300%	端子2输入偏置侧电压（电流）的百分比换算值	

续表

参数编号	名称	初始值	设定范围	内容
C4（Pr.903）	端子 2 频率设定增益	100%	0～300%	端子 2 输入增益侧电压（电流）的百分比换算值
C5（Pr.904）	端子 4 频率设定偏置频率	0Hz	0～400Hz	端子 4 输入偏置侧的频率
C6（Pr.904）	端子 4 频率设定偏置	20%	0～300%	端子 4 输入偏置侧电流（电压）的百分比换算值
C7（Pr.905）	端子 4 频率设定增益	100%	0～300%	端子 4 输入增益侧电流（电压）的百分比换算值

注　意

（　）内是 FR-E500 系列用操作面板（FR-PA02-02）或使用参数单元（FR-PU04-CH/FR-PU07）时的参数编号。

偏置/增益功能用于设定输出频率从而调整从外部输入的 DC0～5V/0～10V 或 DC4～20mA 等设定输入信号和输出频率的关系。下面以图 1-67 所示的曲线来说明频率给定线相关参数的设置。

（1）变更最大模拟量输入时的频率（Pr.125、Pr.126）。

在只变更最大模拟量输入电压（电流）的频率设定增益时，对 Pr.125（Pr.126）进行设定，如图 1-67 所示，无需变更 C2（Pr.902）～C7（Pr.905）的设定。

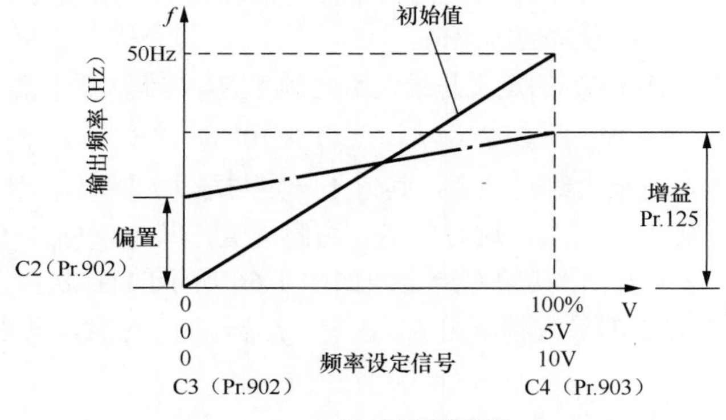

（a） 电压给定频率

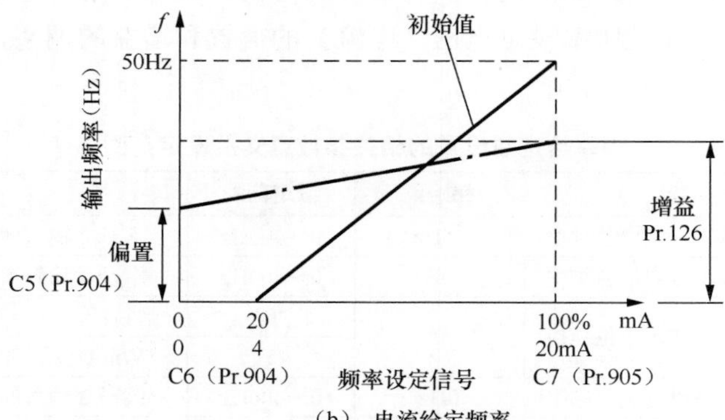

（b） 电流给定频率

图 1-67　频率给定线设置说明

（2）模拟量输入偏置/增益的校正（C2（Pr.902）～C7（Pr.905））。

如图 1-67（a）所示，端子 2 输入的偏置频率通过 C2（Pr.902）进行设定，它是给定电压初始值为 0V 时对应的频率，给定电压最大值 5V 或 10V 对应的输出最大频率通过 Pr.125 来设定；端子 2 输入偏置侧电压与输入最大给定电压 5V 或 10V 的百分比换算值，端子 2 输入增益侧电压与输入最大给定电压 5V 或 10V 的百分比换算值。

如图 1-67（b）所示，端子 4 输入的偏置频率通过 C5（Pr.904）进行设定，它是给定电流初始值为 4mA 时对应的频率；通过 Pr.126 设定相对于 20mA 频率指令电流（4～20mA）对应的输出频率；端子 4 输入偏置侧电流与输入最大给定电流 20mA 的百分比换算值，端子 4 输入增益侧电流与输入最大给定电流 20mA 的百分比换算值。

【例 1-3】某用户要求，通过端子 2、端子 5 给定 1～5 V 电压信号时，变频器输出的频率是 10～60Hz，如何设置频率给定线？

解：（1）变频器的基本频率给定线如图 1-68 中的曲线①所示：给定信号范围是 0～5V，对应的输出频率是 0～50Hz。

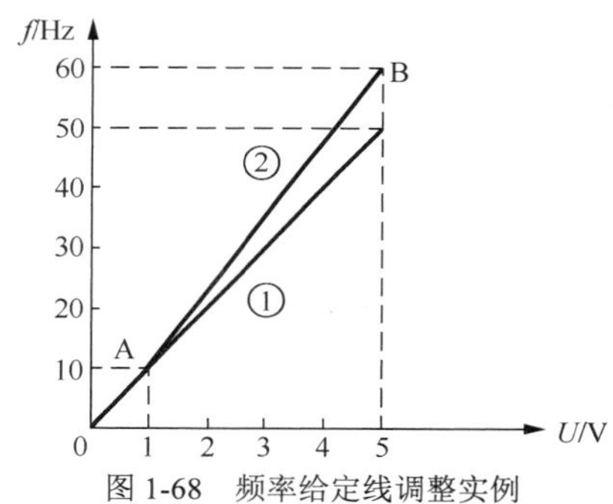

图 1-68　频率给定线调整实例

视频 19．频率给定线的参数设置

（2）用户实际要求的频率给定线如图 1-68 中的曲线②之 AB 段。AB 段输出频率的大小（斜度）由起点 A（C3，C2）和终点 B（C4、Pr.125）连成的直线确定，需要设置 A 点的坐标：C3=1/5=20%，C2=10Hz；B 点的坐标：C4=5/5=100%，Pr.125=60Hz。Pr.73=1，端子 2 输入 0～5V 电压。

通过以上设置可知，当给定电压信号是 3V 时，变频器输出的频率应该是 35Hz。

任务实施

【训练工具、材料和设备】

三菱 FR-D740-0.75K-CHT 变频器 1 台、三相异步电动机 1 台、《三菱 FR-D700 系列通用变频器使用手册》、按钮和开关若干、1kΩ/2W 电位器 1 个、通用电工工具 1 套。

视频 20．三菱变频器组合 1 运行操作

视频 21．三菱变频器组合 2 运行操作

1．变频器硬件电路

组合运行模式 1 的接线如图 1-69 所示，由外部开关 SA1 和 SA2 控制变频器正反转运行，通过变频器的面板给定运行频率。组合运行模式 2 的接线如图 1-70 所示，由变频器面板上的(RUN)键控制变频器启停，通过端子 10、端子 2、端子 5 给定运行频率。

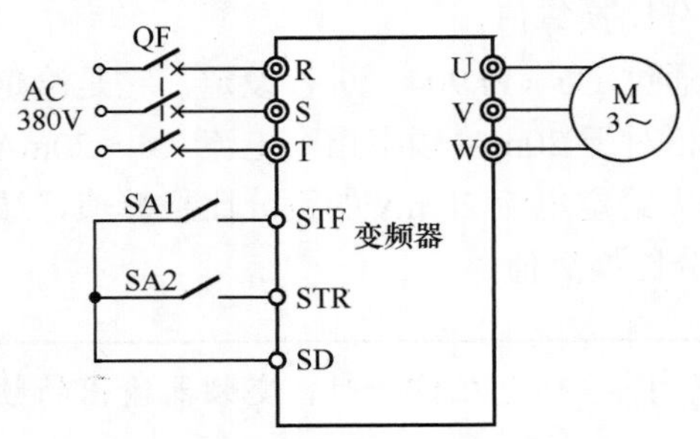

图 1-69　组合运行模式 1 的接线图

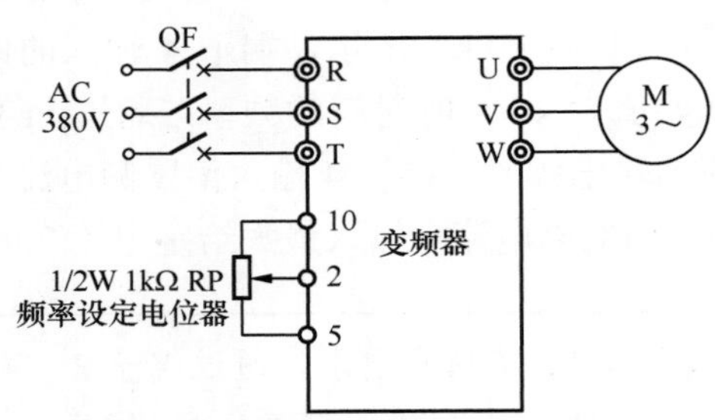

图 1-70　组合运行模式 2 的接线图

2．设置变频器参数

（1）组合运行模式 1 的参数设置如下。

Pr.1=50Hz，上限频率。

Pr.2=0Hz，下限频率。

Pr.7=5s，加速时间。

Pr.8=5s，减速时间。

Pr.9=2.5A，电子过电流保护，一般设定为变频器的额定电流。

Pr.178=60，端子 STF 设定为正转端子。

Pr.179=61，端子 STR 设定为反转端子。

Pr.79=3，选择组合运行模式 1。

（2）组合运行模式 2 电压给定频率指令的参数设置如下。

Pr.1=50Hz，上限频率。

Pr.2=0Hz，下限频率。

Pr.7=5s，加速时间。

Pr.8=5s，减速时间。

Pr.9=2.5A，电子过电流保护，一般设定为变频器的额定电流。

Pr.73=1，端子 2 输入 0～5V 电压信号。

Pr.125=50Hz，端子 2 频率设定增益频率。

Pr.79=4，选择组合运行模式 2。

3．操作运行

（1）组合运行模式 1 的运行操作。

① 参照图 1-69 接线。

② 变频器上电，确定 PU 灯亮（此时 Pr.79=0 或 Pr.79=1）。将组合运行模式 1 中的参数输入变频器中。

③ 运行模式选择：将运行操作模式选择参数 Pr.79 设定为 3，选择组合运行操作模式 1，运行状态 EXT 和 PU 指示灯都亮。

④ 旋转旋钮设定运行频率为30Hz。想要设定的频率将在显示屏显示。设定值将闪烁约5s。

⑤ 在数值闪烁期间按SET键确定频率。若不按键，数值闪烁约5s后显示将变为0.00Hz，这种情况下请重新设定频率。

⑥ 将图1-69中的启动开关（STF或STR）设置为ON。RUN指示灯在正转时亮灯，反转时闪烁。电机以在操作面板的频率设定模式中设定的频率运行。

⑦ 将启动开关（STF或STR）设置为OFF。电机将随按Pr.8减速时间减速并停止。RUN指示灯熄灭。

若通过操作面板的STOP/RESET按键停止，会出现PS ⇄ 0.00的情况，此时将启动开关（STF或STR）设置为OFF，用PU/EXT键就可以解除。

（2）组合运行模式2电压给定频率指令的运行操作。

① 参照图1-70接线。

② 变频器上电，确定PU灯亮（此时Pr.79=0或Pr.79=1）。将组合运行模式2中的参数输入变频器中。

③ 运行模式选择：将运行操作模式选择参数Pr.79设定为4，选择组合运行操作模式2，运行状态EXT和PU指示灯都亮。

④ 按RUN键启动变频器。无频率指令时，RUN指示灯会快速闪烁。

⑤ 加速→恒速。将电位器（频率设定器）缓慢向右拧到底。显示屏上的频率数值随Pr.7加速时间而增大，变为50.00Hz。

RUN指示灯在正转时亮灯，反转时缓慢闪烁。

⑥ 减速。将电位器（频率设定器）缓慢向左拧到底。显示屏上的频率数值随Pr.8减速时间而减小，变为0.00Hz，电机停止运行。RUN指示灯快速闪烁。

⑦ 按STOP/RESET键，变频器停止运行，RUN指示灯熄灭。

注　意

想改变电位器最大值（5V初始值）时的频率（50Hz），可以利用Pr.125端子2频率设定增益频率来调整。例如，需要将5V给定电压对应的频率修改为60Hz，只需要将Pr.125=60Hz，Pr.1=60Hz即可。

想改变电位器最小值（0V初始值）时的频率（0Hz），利用校正参数C2端子2频率设定偏置频率来调整。

知识拓展——组合模式2电流给定调节速度的案例

假设用端子4、端子5给定4～20mA电流信号，让变频器运行在0～50Hz的输出频率范围，变频器面板上的RUN控制变频器启动。此时，变频器的接线图如图1-71所示。

【训练工具、材料和设备】

三菱FR-D740-0.75K-CHT变频器1台、三相异步电动机1台、《三菱FR-D700系列通用变频器使用手册》、按钮和开关若干、1kΩ/2W 电位器 1 个、4～20mA 直流电流源、通用电工工具 1 套。

1．参数设置

设定主要参数如下。

Pr.1=50Hz，上限频率。

Pr.2=0Hz，下限频率。

Pr.7=5s，加速时间。

Pr.8=5s，减速时间。

Pr.9=2.5A，电子过电流保护，一般设定为变频器的额定电流。

Pr.267=0，端子 4 输入 4～20mA 电流信号，并且需要将电压/电流输入切换开关置于 I（电流）位置。

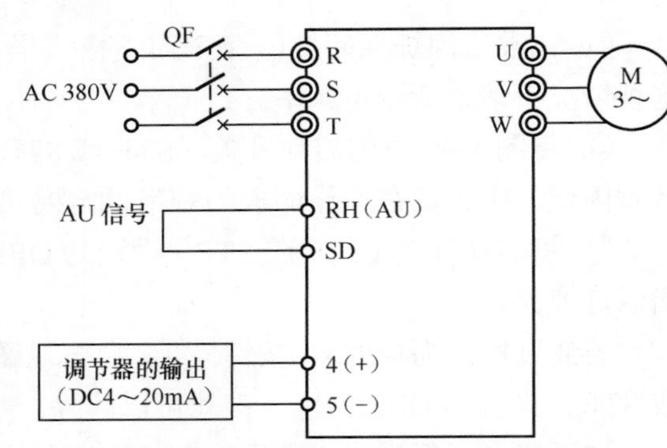

图 1-71　组合模式 2 电流给定调节变频器速度

Pr.126=50Hz，端子 4 频率设定增益频率。

Pr.182 =4，即将 RH 端子功能变更为 AU 端子功能。

Pr.79=4，选择组合运行模式 2。

2．操作运行

① 参照图 1-71 接线。

② 变频器上电，确定 PU 灯亮（此时 Pr.79=0 或 Pr.79=1）。将组合运行模式 2 中的参数输入变频器中。

③ 运行模式选择：将运行操作模式选择参数 Pr.79 设定为 4，选择组合运行操作模式 2，运行状态 EXT 和 PU 指示灯都亮。

④ 启动。请确认端子 4 输入选择信号（AU）是否为 ON，然后按(RUN)键启动变频器。无频率指令时，RUN 指示灯会快速闪烁。

⑤ 加速→恒速。输入 20mA 电流，显示屏上的频率数值随 Pr.7 加速时间而增大，变为 50.00Hz。RUN 指示灯在正转时亮灯，反转时缓慢闪烁。

⑥ 减速。输入 4mA 电流，显示屏上的频率数值随 Pr.8 减速时间而减小，变为 0.00Hz，电机停止运行。RUN 指示灯快速闪烁。

⑦ 按(STOP/RESET)键，变频器停止运行，RUN 指示灯熄灭。

注　意

想变更电流最大输入（20mA 初始值）时的频率（50Hz），可以利用 Pr.126 端子 4 频率设定增益来调整。例如，需要将 20mA 给定电流对应的频率修改为 60Hz，只需要将 Pr.126=60Hz，Pr.1=60Hz 即可。

想变更电流最小输入（4mA 初始值）时的频率（0Hz），利用校正参数 C5 端子 4 频率设定偏置频率来调整。

思考与练习

一、简答题

1．变频器的频率给定方式有几种？哪种给定方式最好？

2．三菱变频器的频率给定线如何调整？

3．变频器可以由外接电位器用模拟电压信号控制输出频率，也可以用模拟电流信号来控制输出频率。哪种控制方法容易引入干扰信号？

二、分析题

1．某变频器频率给定采用外部模拟给定，信号为4～20mA的电流信号，对应输出频率为0～60Hz，已知系统的基准频率f_b= 50Hz，受生产工艺的限值，已设置上限频率f_H=40Hz，试解决下列问题。

（1）根据已知条件做出频率给定线。

（2）写出预置该频率给定线的操作步骤。

（3）若给定信号为10mA，系统输出频率为多少？若给定信号为18mA呢？

（4）若传动机构固有的机械谐振频率25Hz落在频率给定线上，该如何处理？

2．利用外部端子控制变频器的正反转，利用变频器面板给定频率，控制电动机以40Hz正、反转运行，上下限频率为0Hz和50Hz，加减速时间为15s。试画出变频器的接线图并设置正确参数。

任务1.5　三菱变频器的多段速运行操作

任务导入

在工业生产中，由于工艺的要求，很多生产机械需要在不同的转速下运行，如车床主轴变频、龙门刨床主运动、高炉加料料斗的提升等。针对这种情况，一般的变频器都有多段速控制功能，以满足工业生产的要求。某变频器控制系统，要求用3个外端子实现七段速控制，运行频率分别为16Hz、20Hz、25Hz、30Hz、35Hz、40Hz、45Hz。变频器的上下限频率分别为50Hz、0Hz，加减速时间为2s。

相关知识——多段速端子功能设置

在变频器的外接输入控制端子中，通过功能预置，可以将若干（通常为2～4）输入端作为多段速（3～16 挡）控制端。其转速的切换由外接的开关器件通过改变输入端子的状态及其组合来实现，转速的挡位是按二进制的顺序排列的，故2个输入端可以组合成3或4段转速，3个输入端可以组合成7或8段转速，4个输入端可以组合成15或16段转速。

用参数预先设定多种运行频率（速度），用输入端子的不同组合选择速度。其中参数 Pr.4～

Pr.6 用来设定高、中、低 3 段速度，参数 Pr.24～Pr.27 用来设定 4～7 段速度，参数 Pr.232～Pr.239 用来设定 8～15 段速度，其参数意义及设定范围如表 1-30 所示。

表 1-30　多段速参数的意义及设定范围

参数号	名称	出厂设定（Hz）	设定范围（Hz）	功　能	备　注
Pr.4	3 速设定（1 速：高速）	50	0～400	设定 RH 闭合时的频率	
Pr.5	3 速设定（2 速：中速）	30	0～400	设定 RM 闭合时的频率	
Pr.6	3 速设定（3 速：低速）	10	0～400	设定 RL 闭合时的频率	
Pr.24～Pr.27	多段速设定（4～7 速）	9999	0～400Hz，9 999	通过 RH、RM、RL 的组合，设定 4～7 段速的频率	9 999：未选择
Pr.232～Pr.239	多段速设定（8～15 速）	9999	0～400Hz，9 999	通过 RH、RM、RL、REX 的组合，设定 8～15 段速	9 999：未选择

可通过断开或闭合外部触点信号（RH、RM、RL、REX 信号）选择各种速度，三菱变频器的多段速运行分为以下几种方式。

（1）启动指令通过RUN键给定，频率指令通过变频器的外部输入端子 RH、RM、RL 设定，3 个端子可以实现 7 段速运行，此时必须设置 Pr.79=4（组合运行模式 2）、Pr.180=0（RL 低速信号）、Pr.181=1（RM 中速信号）、Pr.182=2（RH 高速信号）。其接线图如图 1-72 所示，输入信号组合与各挡速度的对应关系如图 1-74 所示。

例如，通过 3 段速开关控制变频器分别以 60Hz、30Hz、10Hz 运行。如图 1-72 所示，设置 Pr.4=60Hz、Pr.5=30Hz、Pr.6=10Hz，则 RH 信号为 ON 时，按 Pr.4 中设定的频率 60Hz 运行，RM 信号为 ON 时，按 Pr.5 中设定的频率 30Hz 运行，RL 信号为 ON 时，按 Pr.6 中设定的频率 10Hz 运行。

（2）启动指令通过变频器外部输入端子 STF （或 STR）给定，频率指令通过端子 RH、RM、RL 设定，此时必须设置 Pr.79=2 或 Pr.79=3、Pr.180=0（RL 低速信号）、Pr.181=1（RM 中速信号）、Pr.182=2（RH 高速信号），接线图如图 1-73 所示。RH、RM、RL 中 2 个（或 3 个）端子的不同组合可以实现 3 段速或 7 段速运行。通过 RH、RM、RL、REX 信号的组合可以实现 15 段速的运行，Pr.24～Pr.27、Pr.232～Pr.239 设定运行频率。输入信号组合与各挡速度的对应关系如图 1-74 所示。例如，如图 1-74（a）所示，当 RH 和 RL 信号同时为 ON 时，按 Pr.25 中设定的频率（即速度 5）运行。

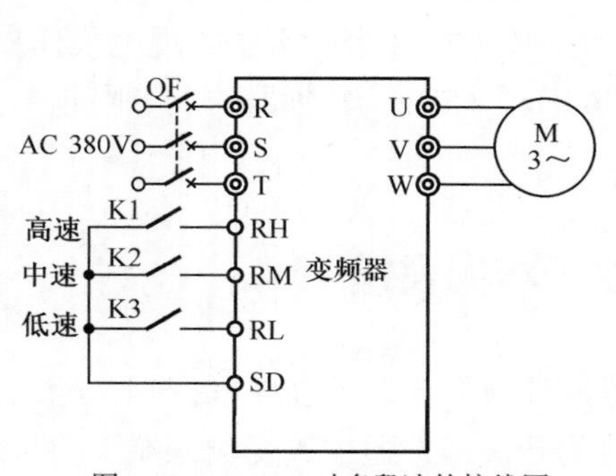

图 1-72　Pr.79=4 时多段速的接线图

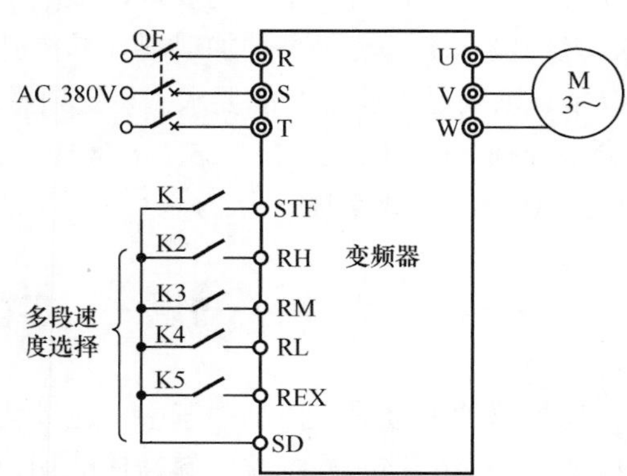

图 1-73　Pr.79=2 或 Pr.79=3 时多段速的接线图

对于 REX 信号输入使用的端子，将 Pr.178～Pr.182 中的任一个参数设定为 8 来分配功能。借助于点动频率（Pr.15）、上限频率（Pr.1）和下限频率（Pr.2）最多可以设定 18 种速度。

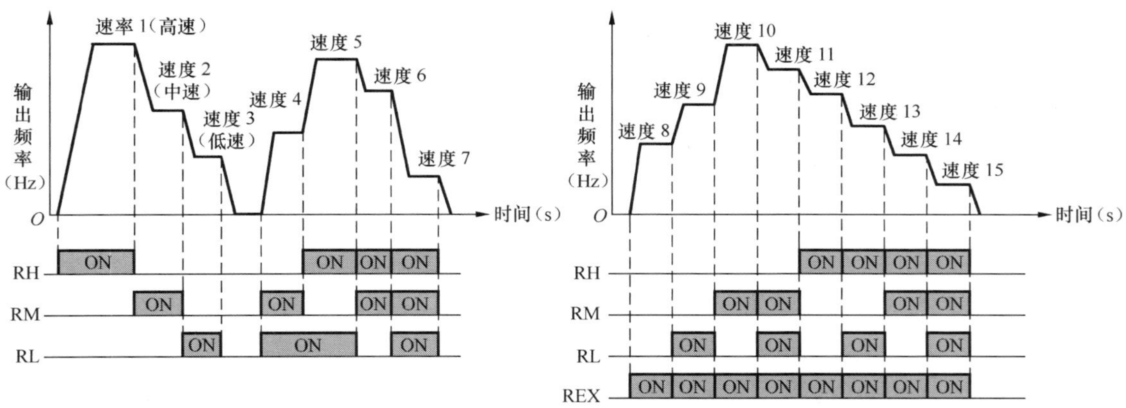

（a）7段速运行图　　（b）15段速运行图

图1-74　多段速运行示意图

注　意

① 多段速只有在外部操作模式或PU/外部组合运行操作模式（Pr79=3，4）中才有效。

② 在Pr.59遥控功能选择的设定≠0时，RH、RM、RL信号成为遥控设定用信号，多段速设定将无效。

任务实施

【训练工具、材料和设备】

三菱FR-D740-0.75K-CHT变频器1台、三相异步电动机1台、《三菱FR-D700系列通用变频器使用手册》、开关和按钮若干、通用电工工具1套。

1．硬件接线

7段速接线图如图1-75所示，STF端子是正转启动端子，RH、RM、RL端子是速度选择端子，其不同的组合方式可以实现变频器的7段速运行。

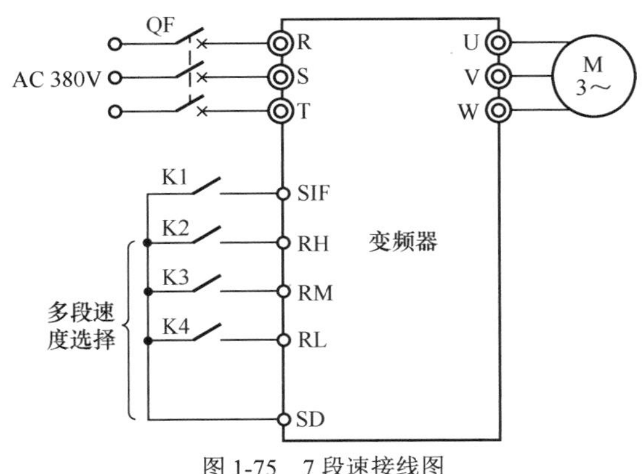

图1-75　7段速接线图

视频22．三菱变频器7段速运行操作

2．参数设置

参数设置如下。

Pr.1=50Hz（上限频率）。

Pr.2=0Hz（下限频率）。

Pr.7=2s（加速时间）。

Pr.8=2s（减速时间）。

Pr.160=0（扩张参数）。

Pr.180=0（RL 低速信号）。

Pr.181=1（RM 中速信号）。

Pr.182=2（RH 高速信号）。

Pr.79=3（PU/组合模式 1）。

各段速度：Pr.4=16Hz，Pr.5=20Hz，Pr.6=25Hz，Pr.24=30Hz，Pr.25=35Hz，Pr.26=40Hz，Pr.27=45Hz。

3. 运行操作

连接如图 1-75 所示的电路。在表 1-31 中，“1”表示开关闭合，“0”表示开关断开。将开关 K1 一直闭合，按照表 1-31 操作各个开关。通过 PU 面板监示频率的变化，观察运转速度，并将结果填入表 1-31 中。

表 1-31　　7 段速开关状态与运行速度的关系

K2（RH）	K3（RM）	K4（RL）	输出频率值（Hz）	参　数
1	0	0		Pr.4
0	1	0		Pr.5
0	0	1		Pr.6
0	1	1		Pr.24
1	0	1		Pr.25
1	1	0		Pr.26
1	1	1		Pr.27

知识拓展——变频器的 15 段速运行

1. 控制要求

某控制系统要求有 15 种运行速度：5Hz、8Hz、10Hz、12Hz、15Hz、20Hz、25Hz、28Hz、30Hz、35Hz、39Hz、42Hz、45Hz、48Hz、50Hz。

2. 接线

由于 15 段速需要 4 个速度选择端子，因此，其接线图如图 1-73 所示。将 STR 端子的功能变更为 REX。

3. 设置参数

Pr.1=50Hz（上限频率）。

Pr.2=0Hz（下限频率）。

Pr.7=2s（加速时间）。

Pr.8=2s（减速时间）。

Pr.160=0（扩张参数）。

Pr.179=8（将 STR 端子的功能变更为 REX 端子功能）。

Pr.180=0（RL 低速信号）。

Pr.181=1（RM 中速信号）。

Pr.182=2（RH 高速信号）。

Pr.79=3（PU/组合模式 1）。

分别设置 Pr.4～Pr.6 对应的速度为 5Hz、8Hz、10Hz；Pr.24～Pr.27 对应的速度为 12Hz、15Hz、20Hz、25Hz；Pr.232～Pr.239 对应的速度为 28Hz、30Hz、35Hz、39Hz、42Hz、45Hz、48Hz、50Hz。

4．运行操作

将开关 K1 一直闭合，按照表 1-32 所示操作各个开关。通过 PU 面板监示频率的变化，观察运转速度，并将结果填入表 1-32 中。

表 1-32　　15 段速开关状态与运行速度的关系

K5（REX）	K2（RH）	K3（RM）	K4（RL）	输出频率值（Hz）	参　数
0	1	0	0		Pr.4
0	0	1	0		Pr.5
0	0	0	1		Pr.6
0	0	1	1		Pr.24
0	1	0	1		Pr.25
0	1	1	0		Pr.26
0	1	1	1		Pr.27
1	0	0	0		Pr.232
1	0	0	1		Pr.233
1	0	1	0		Pr.234
1	0	1	1		Pr.235
1	1	0	0		Pr.236
1	1	0	1		Pr.237
1	1	1	0		Pr.238
1	1	1	1		Pr.239

思考与练习

1．三菱变频器有几种多段速实现方式？有什么不同点？

2．用 4 个开关控制变频器实现电动机 12 段速频率运转。12 段速设置分别为：5Hz、10Hz、15Hz、−15Hz、−5Hz、−20Hz、25Hz、40Hz、50Hz、30Hz、−30Hz、60Hz。变频器的启动和停止信号可以由外部端子给定。试画出变频器外部接线图，写出参数设置。

任务 1.6　三菱变频器的升降速运行操作

任务导入

该实训课题是变频器的升降速端子在供水中的具体应用，分为两种控制方法，一种是用接点压力表进行恒压供水控制；另一种是用水位接点变送器进行水位控制。这两种控制方法由于价格低廉，运行可靠，在工程上经常被采用。

（1）恒压供水控制。恒压供水控制系统如图 1-76 所示。水泵将水箱 1 中的水压入管道中，由节水阀门 1 控制出水口的流量。将节水阀门关小时，出水口流量减小，管道中的水压增加；将节水阀门开大时，出水口流量增加，管道中的水压减小。在管道上安装一接点压力表，此压力表中安装有上限压力和下限压力触点。这两个压力触点可根据需要调整，既可以调整每个触点的压力范围，又可以调整这两个触点的压差大小。当上限和下限压力触点的位置确定之后，压力表的表针达到上限触点位置时，将上限触点与公共端接通；压力表的表针下降到下限触点位置时，将下限触点与公共端接通。变频器利用接点压力表发出的上、下限压力信号调整水泵输出转速（压力高变频器降速，压力低变频器升速），使管道中的水压达到恒定（在一定压力范围）。

（2）水位供水控制。水位控制系统如图 1-76 所示。水泵将水注入水箱 2，调节节水阀门 2，以模拟供水系统用水量的大小，在水箱中安装有上、下水位控制输出点，水位控制点连接到水位接点变送器。当水箱中的水位达到上限水位或低于下限水位时，分别发出水位信号，由水位接点变送器输出到变频器的升、降速端子，控制水泵的转速，将水箱的水位限制在上、下限之间。

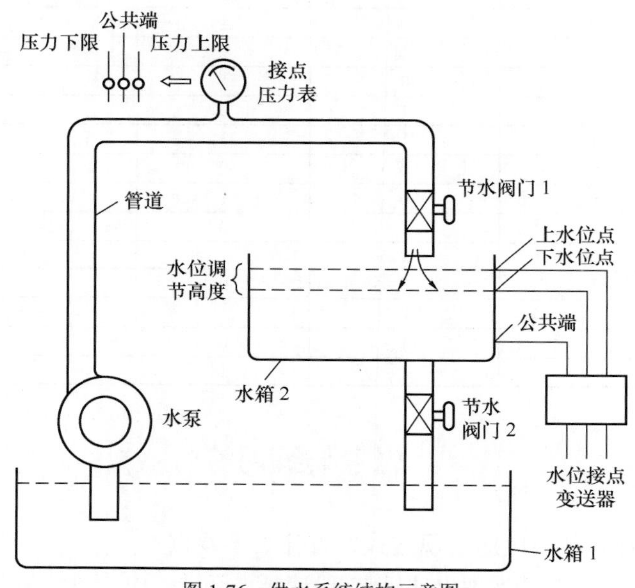

图 1-76　供水系统结构示意图

此供水系统在进行恒压供水训练时，将节水阀门 2 开到最大，控制节水阀门 1；进行水位控制供水时，将节水阀门 1 开到最大，控制节水阀门 2。

相关知识——升降速端子功能设置

即使操作柜和控制柜的距离较远，也可以不使用模拟信号而通过接点信号对变频器进行连续变速运行。变频器的外接开关量输入端子中，通过功能预置，可以使其中 2 个输入端具有升速和降速功能，称之为“升降速（UP/DOWN）控制端”。

视频 23．三菱变频器升降速端子功能

对三菱 FR-700 系列的变频器，通过设定“遥控设定功能选择”参数 Pr.59 可以实现频率的升、降速控制。Pr.59 的意义及设定范围如表 1-33 所示。

表 1-33　　遥控设定功能选择参数意义及设定范围

参数号	名称	出厂设定	设定范围	功　能	
				RH、RM、RL 信号功能	频率设定记忆功能
Pr.59	遥控功能选择	0	0	多段速设定	—
			1	遥控设定	有
			2	遥控设定	无
			3	遥控设定	无（用 STF/STR-OFF 来清除遥控设定频率）

1．遥控设定功能

通过 Pr.59，可选择有无遥控设定功能以及遥控设定时有无频率设定值记忆功能。

Pr.59 = 0 时，不选择遥控设定功能，RH、RM、RL 端子具有多段速端子功能；Pr.59 = 1～3（遥控设定功能有效）时，选择遥控设定功能，RH、RM、RL 端子功能改变为升速（RH）、降速（RM）、清除（RL），如图 1-77 所示。

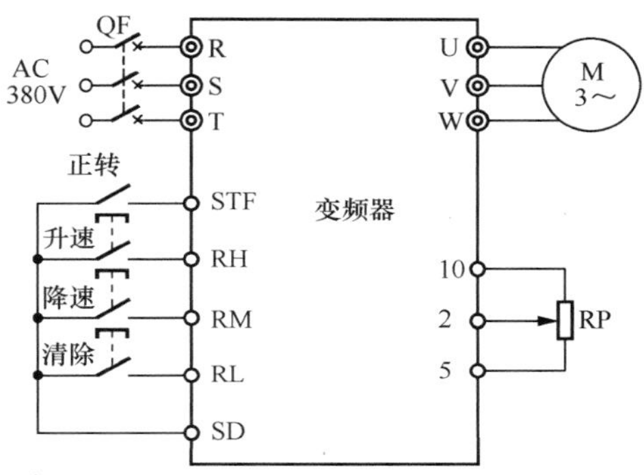

图 1-77　变频器升、降速控制的接线

如图 1-78 所示，当 STF 信号一直闭合时，变频器首先运行在外部运行频率（见图 1-77 中电位器给定的频率）或面板运行频率（PU 运行或组合运行模式 1）上，当 RH（加速）接通，变频器在原来频率基础上升高频率，一旦 RH 断开→变频器频率保持；当 RM（减速）接通，变频器在原来频率基础上降低频率，一旦 RM 断开→频率保持，断开 STF 信号，则变频器停止运行。在变频器电源不切断的情况下，Pr.59=1 或 2 时，一旦 STF 信号又重新闭合，变频器将以 STF 信号断开前的频率重新运行，而 Pr.59=3 时，一旦 STF 信号又重新闭合，变频器只能在外部运行频率或面板运行频率上重新运行。RL 端子闭合时，清除 RH 或 RM 遥控设定的频率，如图 1-78 所示；当 Pr.59=3 时，只要 STF 信号断开，就可以清除 RH 或 RM 遥控设定的频率。

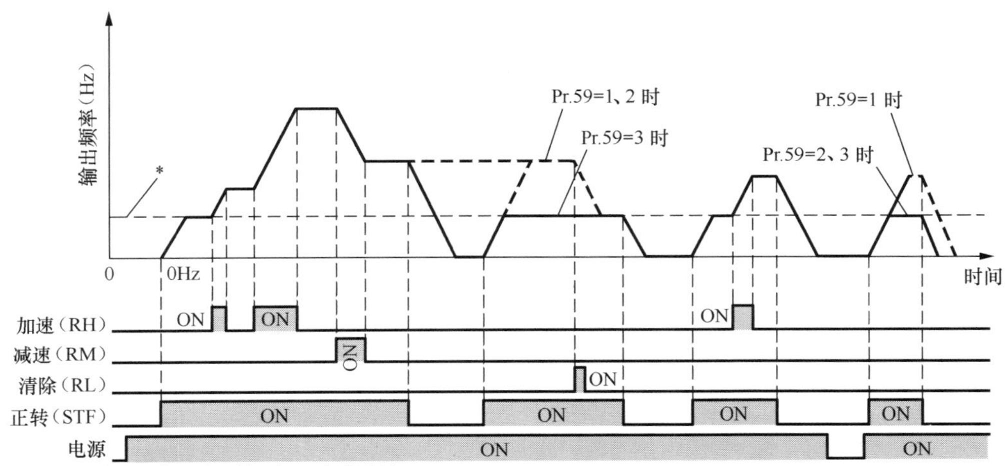

图 1-78　遥控设定的运行图

使用遥控设定功能时，对 RH、RM 操作设定的频率，可以根据运行模式进行以下频率补偿。

（1）外部运行时（Pr.79=2 或 Pr.79=4）：多段速以外的外部运行频率。

（2）组合运行模式 1 时（Pr.79=3）：PU 运行频率或端子 4 输入。

（3）PU 运行时（Pr.79=1）：PU 运行频率。

2．频率设定值记忆

当 Pr.59=1 时，有频率设定值记忆功能。它可以把遥控设定频率（用 RH、RM 设定的频率）保存在存储器中（EEPROM）。一旦切断电源再通电，输出频率将以该设定值重新开始运行，如图 1-78 所示。当 Pr.59=2 或 Pr.59=3 时，没有频率设定值记忆功能。

频率设定值记忆条件。

- 启动信号（STF 或 STR）处于 OFF 时的频率。
- 在 RH（加速）、RM（减速）信号同时为 OFF（ON）的状态下，每分钟记忆 1 次遥控设定频率。以分钟为单位比较目前的频率设定值和过去的频率设定值，如有不同，则写入存储器中。RL 信号下不写入。

注 意

① 通过 RH（加速）、RM（减速），频率可在 0～上限频率（Pr.1 或 Pr.18 的设定值）的范围内变化，但是设定频率的上限为主速度设定 + 上限频率。

② 当选择遥控设定功能时，变频器可以采用面板运行模式，即 Pr.79=0；外部运行模式，即 Pr.79=2；组合运行模式 1，即 Pr.79=3 和组合运行模式 2，即 Pr.79=4。

利用外接升、降速控制信号对变频器进行频率给定时，属于数字量给定，控制精度较高；用按钮开关来调节频率，不但操作简单，而且不易损坏；因为是开关量控制，故不受线路电压降的影响，抗干扰性能较好。因此在变频器进行外接给定时，应尽量少用电位器，而以利用升、降速端子进行频率给定为好。

任务实施

【训练工具、材料和设备】

三菱 FR-D740-0.75K-CHT 变频器 1 台、三相异步电动机 1 台、《三菱 FR-D700 系列通用变频器使用手册》、开关和按钮若干、接点压力表 1 块、水位接点变送器 1 台、通用电工工具 1 套。

1．硬件接线

连接电路如图 1-79 所示。将接点压力表和水位接点变送器的输出通过一只转换开关连接到变频器的升、降速端子。注意上限接降速端子，下限接升速端子，利用转换开关切换两种控制。

2．参数设置

参数设置如下。

Pr.1=50Hz（上限频率）。

Pr.2=20Hz（下限频率）。

Pr.7=5s（加速时间）。

Pr.8=5s（加速时间）。

Pr.160=0（扩展参数）。

Pr.59=1 或 2（将变频器的 RH 端子预置为升速端子，RM 端子预置为降速端子）。

Pr.178=60（将 STF 预置为正转启动端子）。

Pr.79=2（外部运行模式）。

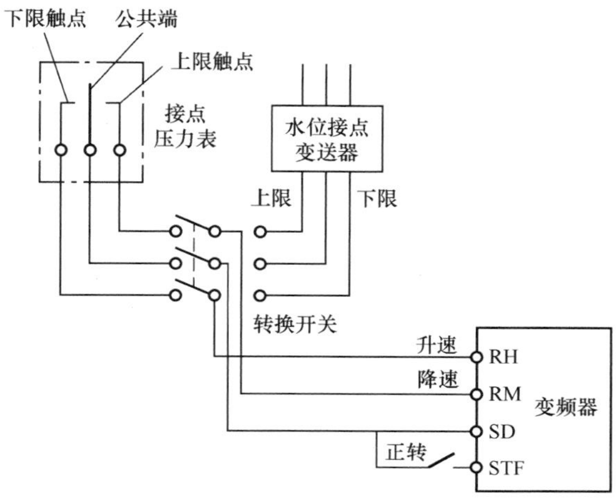

图 1-79　压力、水位信号切换电路

3. 运行操作

将转换开关置到接点压力表控制端，先进行恒压供水控制实训。将 STF 端子闭合，再将接点压力表的上限触点接至降速端 RM，当压力由于用水流量较小而升高，并超过上限值时，上限触点使 RM 导通，变频器的输出频率下降，水泵的转速和流量也下降，从而使压力下降。当压力低于上限值时，RM 断开，变频器的输出频率停止下降；这时将节水阀 1 开大，当压力由于用水流量较大而降低，并低于下限值时，压力表的下限触点使 RH 导通，变频器的输出频率上升，水泵的转速和流量也上升，从而使压力升高，当压力高于下限值时，RH 断开，变频器的输出频率停止上升。在操作过程中，可适当将节水阀门 1 开大或开小，观察变频器的运行情况。

将转换开关置到水位接点变送器控制端，控制节水阀门 2，观察变频器的运行情况；当把节水阀门 2 关至最小，水箱中水位达到上限水位时，观察变频器的运行情况；然后将节水阀门 2 开至最大，再观察变频器的运行情况。由以上操作过程可以看出，变频器供水具有节能功能并避免了电动机的频繁启动。

知识拓展——变频器的保护功能

变频器有各种保护功能，大致分为变频器的保护和电动机过载保护。除此之外，变频器还具有报警功能，通过显示报警故障代码，让使用者清楚变频器发生的故障类型。

1. 对变频器自身的保护功能

变频器对过流、过压、过功率、断电、其他故障等均可进行自动保护，并发出报警信号，甚至自动跳闸断电。变频器在出现过载及故障时，一方面由显示屏发出文字报警信号，另一方面由接点开关输出报警信号；当故障排除后，要由专用的复位控制指令复位，变频器方可重新工作。

（1）过电流保护功能。过电流是指变频器的输出电流的峰值超过了变频器的容许值。由于逆变器的过载能力很差，大多数变频器的过载能力只有 150%，允许迟延时间为 1min。因此变频器的过流保护尤为重要。

过电流的原因大致可分为两种，一种是在加减速过程中，由于加减速时间设置过短而产生的过电流；另一种是在恒速运行时，由于负载或变频器的工作异常而引起的过电流，如电动机遇到冲击负载、变频器输出短路等。

在大多数的拖动系统中，由于负载的变动，短时间的过电流是不可避免的。为了避免频繁跳闸给生产带来的不便，一般变频器都设置了失速防止功能（即防止跳闸功能），只有在该功能不能消除过电流或过电流峰值过大时，变频器才会跳闸，停止输出。

三菱变频器中的失速防止功能有以下两种作用。

① 失速防止。当输出电流超出失速防止动作水平时，变频器的输出频率自动进行变化，输出频率自动变小。

② 高响应电流限制。在电流超过限制值时，切断变频器的输出以避免产生过电流。

其参数的意义及设定范围如表 1-34 所示。

表 1-34　失速防止参数

参数号	名　称	初始值	设定范围	功　能
Pr.22	失速防止动作水平	150%	0	失速防止动作无效
			0.1%～200%	启动失速防止动作的电流值
Pr.23	倍速时失速防止动作水平补正系数	9999	0%～200%	可降低额定频率以上的高速运行时的失速动作水平
			9999	一律为 Pr.22
Pr.66	失速防止动作降低开始频率	50Hz	0～400Hz	失速动作水平开始降低时的频率
Pr.156	失速防止动作选择	0	0～31,100,101	选择失速防止动作和高响应电流限制动作的有无
Pr.157	OL 信号输出计时器	0s	0～25s	失速防止动作时输出的 OL 信号开始输出的时间
			9999	无 OL 信号输出

Pr.22 失速防止动作水平的设定：

- 输出电流为变频器额定电流的百分之几时，在 Pr.22 中设定是否启动失速防止动作。通常设定为 150%（初始值）。
- 失速防止动作在加速中中断加速（减速）、在恒速中减速、在减速中中断减速。
- 失速防止动作启动时输出 OL 信号。

失速防止动作如图 1-80 所示。

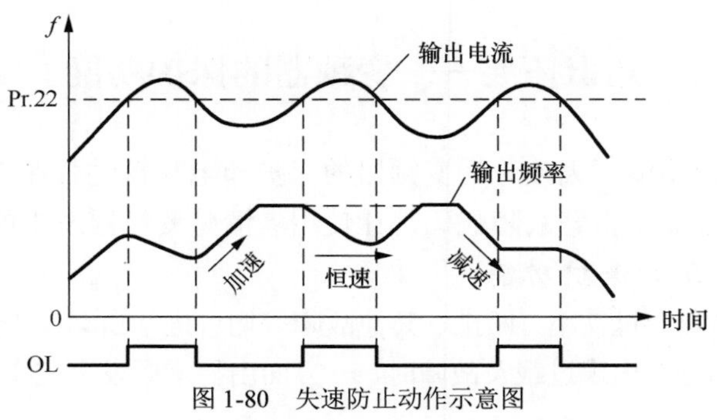

图 1-80　失速防止动作示意图

（2）过电压保护。变频器的过电压通常指直流回路的电压过高。当直流电压过高时，主电路内的逆变器件、整流器件及滤波电容等都可能受到损害，故一般情况下，都应该进行跳闸保护。产生过电压的原因大致可分为两类，一类是在减速制动的过程中，由于电动机处于再生制动状态，若减速时间设置得太短，因再生能量来不及释放，引起变频器中间电路的直流电路电压升高而产生过电压；另一类是由于电源系统的浪涌电压而引起的过电压。

对于在减速过程中出现的过电压，可以采用减缓减速的方法防止变频器跳闸，如将减速时间 Pr.8 设定得长一些。也可以采用 Pr.22 实现减速过程中或电动、再生制动时的失速防止（过电压）保护。

2．电动机的过载保护

过载保护功能主要是保护电动机的。电动机的过载是指电动机轴上的机械负载过重，使电动机的运行电流超过了额定值。常规的电动机控制电路中是用具有反时限特性的热继电器来进行过载保护的。在变频器内，由于能够方便而准确地检测电流，并可通过精密的计算来实现反时限的保护特性，大大提高了保护的可靠性和准确性。由于它能实现和热继电器类似的保护功能，故称为电子热保护器或电子热继电器。

总之，与普通热继电器相比，电子热保护功能在保护电动机过载方面，具有准确、灵活的优点。所以在“1 控 1”（1 台变频器控制 1 台电动机）的情况下，变频调速系统中不必接入普通热继电器。

三菱变频器的电子过电流保护参数是 Pr.9，设定电子过电流保护的电流值，可防止电动机过载。一般将动作电流设定为电动机的额定电流。

3．瞬时停电再启动功能

瞬时停电是指电源电压由于某种原因突然下降为 0V，但很快又恢复，停电的时间很短。当出现瞬时停电时，直流中间电路的电压也将下降，并可能出现欠电压的现象。为了使系统在出现这种情况时，仍能继续工作而不停车，现代的变频器大部分都提供了瞬时停电再启动功能。

瞬时停电再启动功能是指在电源瞬间停电又很快恢复供电（在 2s 以内）的情况下，变频器仍然能够自动重新启动，从而避免进行复位、再启动等烦琐操作，保证整个系统连续运行。可根据具体使用情况选择“瞬时停电后不启动”或“瞬时停电后再启动”。

（1）瞬时停电后不启动。瞬时停电后继续停止输出，并发出报警信号。电源正常输入复位信号才会重新启动。

（2）瞬时停电后再启动。瞬间停电又很快恢复供电后，变频器自动重启。自动启动时的输出频率可根据不同的负载预置，大惯性负载，以原速重新启动；小惯性负载，以较低频率重新启动。

思考与练习

简答题

1．过电流的原因是什么？应怎样设置参数避免过电流？

2．变频器为什么要有瞬时停电再启动功能？

3．在变频器遥控设定功能中，用 RH、RM 端子对变频器进行加减速控制，Pr.59=1、2 或 3 有什么区别？

项目 2
西门子变频器的运行与操作

学习目标

1. 认识西门子变频器的端子接线图。
2. 认识西门子变频器的操作面板。
3. 掌握西门子变频器参数的设置方法和运行操作方式。
4. 培养学生知行合一的哲学思想。

| 任务 2.1　西门子变频器的面板运行操作 |

任务导入

利用变频器操作面板上的按键控制变频器启动、停止及正反转。按下变频器操作面板上的Ⅰ键，变频器正转启动，经过 10s，变频器稳定运行在 40Hz 频率。变频器进入稳定运行状态后，如果按下O键，经过 10s，电动机将从 40Hz 运行到停止，通过变频器操作面板上的▲键和▼键可以在 0～60Hz 之间调速。按⤺键，电动机还可以按照正转的相同启动时间、相同稳定运行频率，以及相同停止时间反转。按jog键，电动机可以 10Hz 的频率点动运行。

相关知识

一、MM440 变频器的接线图

西门子公司 A&D 标准驱动部（SD）在 2002 年相继推出了 MM410、MM420、MM430、MM440 通用变频器，其中 MM440 系列变频器采用矢量控制方式，其余系列均采用 *U*/*f* 控制方式。

扩展视频：西门子 MM4 系列变频器

MICROMASTER 440 变频器简称 MM440 变频器，是用于三相电动机速度控制和转矩控制的变频器系列。此系列有多种型号供用户选择，额定

功率范围为 120W～200kW（恒转矩即 CT 方式）或 250kW（变转矩即 VT 方式）。

MM440 变频器主要特性如下。

- 易于安装，参数设置和调试。
- 可由 IT（中性点不接地）电源供电。
- 具有 3 个继电器输出。
- 具有 2 个模拟量输出（0～20mA）。
- 6 个带隔离的数字输入，并可切换为 NPN/PNP 接线。
- 2 个模拟输入。

AIN1：0～10 V、0～20mA 和−10～+10 V。

AIN2：0～10 V、0～20mA。

- 2 个模拟输入可以作为第 7 和第 8 个数字输入。
- BiCo（二进制互联连接）技术。
- 有多种可选件供用户选用：用于与 PC 通信的通信模块、基本操作面板（BOP）、高级操作面板（AOP）、用于进行现场总线通信的 PROFIBUS 通信模块。

MM440 变频器按功率及其外形尺寸分，可分为 A 型、B 型、C 型、D 型、E 型、F 型 6 种类型，A 型、B 型、C 型的外形如图 2-1 所示。

图 2-1　西门子 MM440 系列变频器外形

MM440 变频器既可用于单机驱动系统，也可集成到“自动化系统”中，西门子 MM440 变频器的端子接线图如图 2-2 所示，分为主电路端子和控制电路端子两部分。

1. 主电路

图 2-2 所示的主电路端子 L1、L2、L3 通过断路器或者漏电保护断路器连接至三相交流 380V 电源，也可以接单相交流 220V 电源。端子 U、V、W 连接至电动机。其余 4 个端子 DC/R+、B+/DC+、B−、DC−，其中 DC/R+与 B+/DC+出厂时短接，均接三相桥整流电路输出的直流母线的正端，B−经一个开关管接到直流母线的负端，DC−直接接到直流母线的负端。

75kW 以内的变频器无需接制动单元，直接在 B+/DC+与 B−端子之间连接制动电阻，当直流母线过电压时，开关管导通，通过电阻将电能转化为热能消耗掉。75kW 以上需接制动单元，再接制动电阻，其中制动单元接在 B+/DC+与 DC−，制动电阻接在制动单元的端子上，当接在直流母线两端的制动单元检测到过电压时，制动单元内部开关管导通，同样通过电阻将电能转化为热能消耗掉。PE 是电动机电缆屏蔽层的接线端子。

2. 控制电路

图 2-2 所示的 MM440 变频器的控制电路端子包括 2 个模拟量输入、6 个数字量输入、1

个 PTC 电阻输入、2 个模拟量输出、3 组数字量输出、1 个 RS-485 通信口。控制电路端子的接线图如图 2-3 所示。

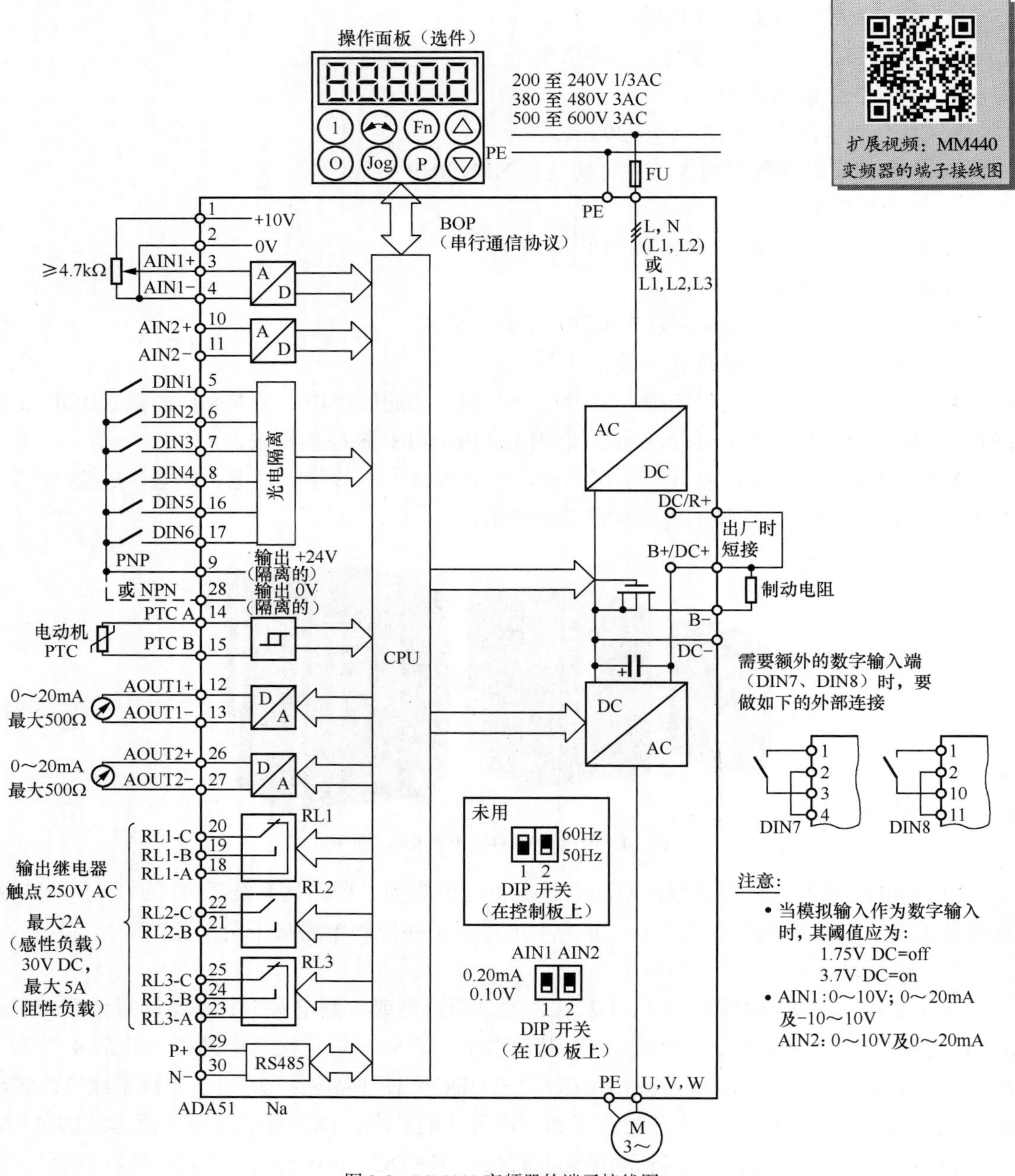

图 2-2　MM440 变频器的端子接线图

（1）模拟量输入（ADC）端子。控制电路端子 1、端子 2 是变频器为用户提供的 1 个高精度的 10V 直流稳压电源。模拟输入端子 3、端子 4 和端子 10、端子 11 提供了 2 对模拟给定（电压或电流）输入端作为变频器的频率给定信号。使用时将端子 2 与端子 4 短接，1、3、4 分别接到外接电位器的 3 个端子上。调节外接电位器，可以改变加到端子 3、端子 4 上的电压的大小，从而实现用模拟信号控制电机运行速度。

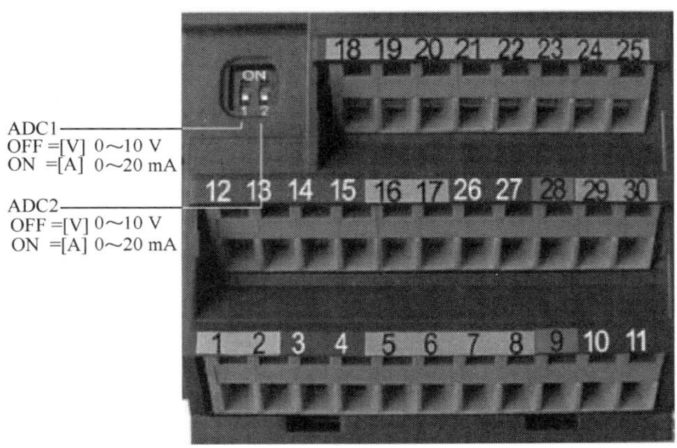

P0756 可能的设定：

0　单极电压输入（0～10 V）

1　单极电压输入带监控（0～10 V）

2　单极电流输入（0～20 mA）

3　单极电流输入带监控（0～20 mA）

4　双极电压输入（-10～10 V），仅ADC1

图 2-3　西门子 MM440 变频器控制端子接线图

模拟量输入 1（即 AIN1）可以接受 0～10V、0～20mA 和-10～10V 模拟量信号；模拟量输入 2（即 AIN2）可以接受 0～10V 和 0～20mA 模拟量信号。利用 I/O 板上的 2 个开关 DIP1（1，2）和参数 P0756，可将 2 对模拟量输入端子设定为电压输入或电流输入，如图 2-2 所示。

2 个模拟量输入端子可以另行配置，用于提供两个附加的数字量输入端子 DIN7 和 DIN8，如图 2-4 所示。

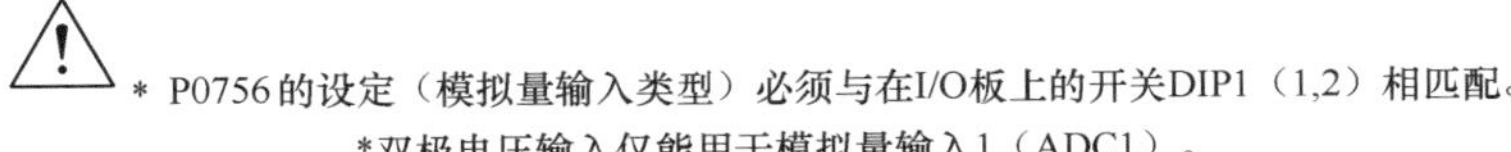

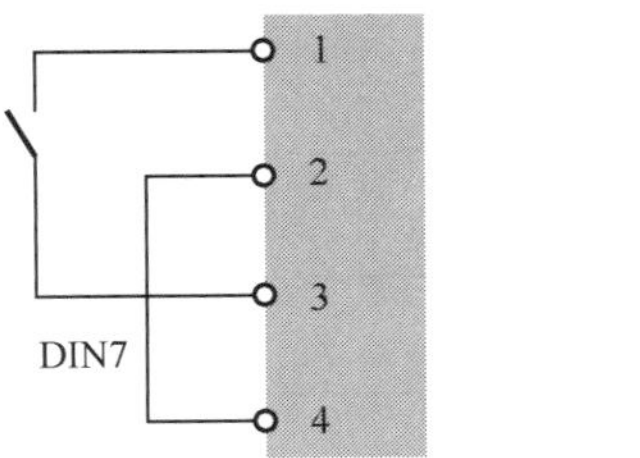

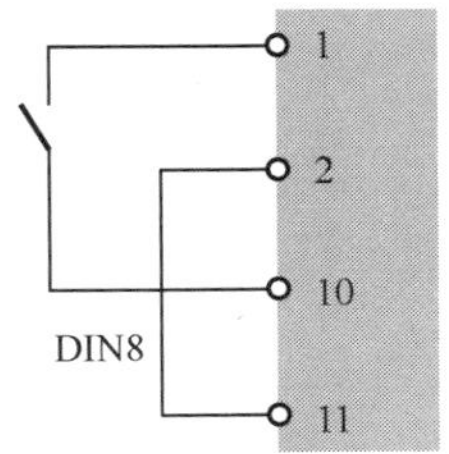

图 2-4　模拟量输入作为数字量输入时外部线路的连接

（2）数字量输入端子。能够独立运行的变频器需要有外部控制信号，这些信号通过 5、6、7、8、16、17 等 6 个数字量输入端子送入变频器，这些端子采用光电隔离输入 CPU，控制电动机正转、反转、正向点动、反向点动、固定频率设定值等。6 个端子是可编程控制端，可以通过其对应的参数 P0701～P0706 设置不同的值变更功能，6 个数字量输入端子可切换为 NPN/PNP 接线，其接线方式如图 2-2 所示。

输入端子 9、端子 28 是 24V 直流电源端，为变频器的控制电路提供 24V 直流电源。

数字量输入端子除了上述端子外，输入端子 14、端子 15 为电动机的过热保护输入端，它用来接收电机热敏电阻发出的温度信号，监视电动机工作时的工作温度；输入端子 29、端子 30 为 RS-485（USS 协议）通信端。

（3）模拟量输出（DAC）端子。输出端子 12、端子 13 和端子 26、端子 27 为 2 对模拟输出端，可以输出 0～20mA 的电流信号，如果在这两对端子上并接一个 500Ω的电阻，就可以输出 0～10V 的直流电压。利用这些模拟量输出，通过 D/A 变换器可以读出变频器中的给定值、实际值和控制信号。

（4）数字量输出端子。输出端子 18、端子 19、端子 20、端子 21、端子 22、端子 23、端子 24、端子 25 为输出继电器的触点。继电器 1 为变频器故障触点，继电器 2 为变频器报警触点，变频器 3 为变频器准备就绪触点。

二、MM440 变频器的运行操作模式

变频器运行需要两个信号：启动指令和频率指令，这两个信号可以通过变频器的操作面板给定，也可以通过变频器的外部端子控制，还可以通过通信给定，不同的给定方式，决定了变频器的不同运行操作模式。所谓运行操作模式，是指输入变频器的启动/停止指令及频率指令的场所。西门子变频器的常见运行操作模式有面板运行操作模式、外部运行操作模式、组合运行操作模式和通信运行操作模式等。

西门子变频器操作模式的选择用“选择命令源”参数 P0700（设置变频器启停信号的给定源）和“选择频率给定值”参数 P1000（设置变频器给定频率源）两个参数进行设置，其常用的运行操作模式如表 2-1 所示。

表 2-1　　变频器运行操作模式

运行模式	给定频率	启动信号
面板操作	操作面板 MOP 电动电位计设定 P1000=1	操作面板（启动和停止键） P0700=1
外部运行模式	外部模拟量输入端子 3、端子 4 或端子 10、端子 11 P1000=2（AIN1 通过给定频率）或 P1000=7（AIN2 通道给定频率）	外部数字量输入端子 5、端子 6、端子 7、端子 8、端子 16、端子 17 P0700=2
外部/面板组合操作模式 1	操作面板 MOP 电动电位计设定 P1000=1	外部开关量输入端子 5、端子 6、端子 7、端子 8、端子 16、端子 17 P0700=2
外部/面板组合操作模式 2	外部模拟量输入端子 3、端子 4 或端子 10、端子 11 P1000=2 或 P1000=7	操作面板（启动和停止键） P0700=1
通信模式	通信端子 29、端子 30 P1000=5	通信端子 29、端子 30 P0700=5

三、MM440 变频器的参数类型

MM440 变频器的所有参数分成命令参数组（CDS）以及与电机、负载相关的驱动参数组（DDS）两大类。其中每个 CDS 和 DDS 参数又分为 3 组，默认状态下使用的当前参数组是第 0 组参数，即 CDS0 和 DDS0。参数号是参数的编号，用 0000～9999 四位数表示，以字母 r 开头的参数表示本参数为只读参数，以字母 P 开头的参数为用户可以改动的参数。

3 组参数用来存储不同的参数值，这些不同的参数值可以通过数字量输入端子选择，从而使用户可以根据不同的需要在一个变频器中设置多种驱动和控制的配置，并在适当的时候根据需要进行切换。由于大部分参数又分为 3 组，所以在 BOP 面板上分别用 in000、in001、in002 下标区别，缺省设定时，in000 的参数有效。例如，P0756（ADC 的类型）的第 0 组参数，在 BOP 上显示为 in000，手册中常写作 P0756[0]或 P0756.0，如果将 P0756 的第 0 组参数设置为 0

（电压输入），第 1 组参数设置为 1（电流输入），需要在变频器上设置 P0756[0]=0，P0756[1]=1。

CDS（Command Data Set）：命令数据设置。命令数据组是指与命令源相关的参数，它代表不同的命令数据组，命令数据组里有多组参数值可以供用户选择。CDS 数据在变频器运行过程中是可以切换的，起选择切换作用的参数是 P0810 和 P0811，这两个参数共同作用，可以实现多组命令数据组的选择、切换。例如，一台变频器想实现端子远程控制和本地控制，本地使用面板控制，远程使用端子控制，那么将 P0700[0]设置为 1（面板控制），P0700[1]设置为 2（端子控制），通过一个数字输入端就可以很方便地在本地控制和远程控制之间切换，免去了频繁设置参数。

DDS（Drive Data Set）：驱动数据设置。代表不同的驱动数据组，驱动数据组里有多组参数值可以供用户选择。起选择切换作用的参数有 P0820 参数和 P0821 两个参数，这两个参数共同作用，可以实现多组驱动数据组的选择、切换。比如一台变频器拖动二台功率不同的电机时，一台电机用 KM1 控制接通，功率为 0.12kW，另一台电机用 KM2 控制接通，功率为 0.5kW。二台电机的驱动参数分别存储在 DDS1、DDS2 里，使用第一台电机时，接通 KM1，同时将接通信号给切换源，变频器使用 DDS1 的参数。同理第二台电机工作时，变频器使用 DDS2 的参数。这样就实现了一台变频器分别拖动二台不同功率的电机。此时需要在参数 P0307（电动机额定功率）设置两个参数：P0307[0]=0.12，P0307[1]=0.5。

四、MM440 变频器的操作面板

西门子 MM440 的基本操作面板（BOP）如图 2-5 所示。用 BOP 可以修改和设定系统参数，使变频器具有期望的特性，如斜坡时间、最小和最大频率等。为了用 BOP 设置参数，首先必须将 SDP 从变频器上拆卸下来，然后装上 BOP。BOP 具有 5 位数字的 7 段显示，用于显示参数序号 r××××、P××××、参数值、参数单位（如 A、V、Hz、s）、报警信息 A××××和故障信息 F××××以及该参数的设定值和实际值。基本操作面板上的按键及其功能说明如表 2-2 所示。

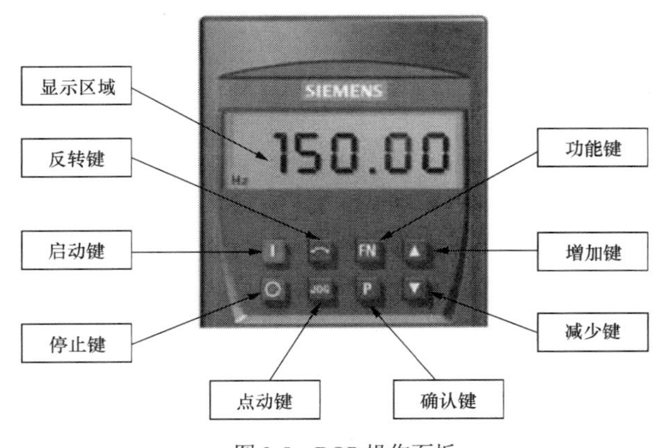

图 2-5 BOP 操作面板

视频 24. 西门子变频器的操作面板

表 2-2 操作面板（BOP）上的按键及其功能

显示/按钮	功 能	功 能 说 明
r0000	状态显示	LCD 显示变频器当前的设定值
I	启动变频器	按此键启动变频器。默认值运行时此键是被封锁的。为了使此键的操作有效，应设定 P0700=1

续表

显示/按钮	功　能	功 能 说 明
	停止变频器	OFF1：按此键，变频器将按选定的斜坡下降速率减速停车。默认值运行时，此键被封锁；为了允许此键操作，应设定 P0700=1。 OFF2：按此键 2 次（或 1 次，但时间较长），电动机将在惯性作用下自由停车。此功能总是“使能”的
	改变电动机的转动方向	按此键可以改变电动机的转动方向。电动机的反向用负号（－）表示或用闪烁的小数点表示。默认值运行时此键是被封锁的，为了使此键的操作有效，应设定 P0700=1
	电动机点动	在变频器无输出的情况下按此键，将使电动机启动，并按预设定的点动频率运行。释放此键时，变频器停车。如果电动机正在运行，按此键将不起作用
	功能	此键用于浏览辅助信息。 变频器运行过程中，在显示任何一个参数时按下此键并保持不动 2s，将显示以下参数值（在变频器运行中，从任何一个参数开始）： ① 直流回路电压（用 U_d 表示，单位为 V）； ② 输出电流（单位为 A）； ③ 输出频率（单位为 Hz）； ④ 输出电压（用 U_o 表示，单位为 V）； ⑤ 由 P0005 选定的数值（如果 P0005 选择显示上述参数中的任何一个（3，4 或 5），这里将不再显示）。 连续多次按下此键，将轮流显示以上参数。 跳转功能：在显示任何一个参数（r×××× 或 P××××）时短时间按下此键，将立即跳转到 r0000，如果需要的话，用户可以接着修改其他的参数。跳转到 r0000 后，按此键将返回原来的显示点。 故障确认：在出现故障或报警的情况下，按下此键可以确认故障或报警
	访问参数	按此键即可访问参数
	增加数值	按此键即可增加面板上显示的参数数值
	减少数值	按此键即可减少面板上显示的参数数值

注　意

在默认设置时，用 BOP 控制电动机的功能是被禁止的。如果要用 BOP 进行控制，参数 P0700（使能 BOP 的启动/停止按钮）应设置为 1，参数 P1000（使能电位器的设定值）也应设置为 1。

五、MM440 变频器的快速调试及参数解析

变频器的快速调试是指通过设置电机参数和变频器的命令源及频率给定源，从而达到简单快速运转电机的一种操作模式。一般在复位操作，或者更换电机后需要进行此操作。

变频器进行快速调试时，需要设置变频器的相关参数。调试参数过滤器 P0010 和选择用户访问级别 P0003 在调试时是十分重要的。快速调试包括电动机的参数设定和斜坡函数的参数设定。必须完全按照表 2-3 设置参数，才能确保高效和优化变频器的操作。请注意 P0010 必须设置为“1——快速调试”，才能允许按此步骤执行。

表 2-3　　变频器快速调试的流程和相关参数解析

步骤	参数号	参数描述	推荐设置
1	P0003	设置 P0003 用户访问级［本参数用于定义用户访问参数组的等级。对于大多数简单的应用对象，采用默认设定值（标准模式）就可以满足要求了］： ＝1，标准级（基本应用） ＝2，扩展级（标准应用） ＝3，专家级（复杂应用）	3

续表

步骤	参数号	参数描述	推荐设置
2	P0004	设置 P0004 参数过滤器［按功能的要求筛选（过滤）出与该功能有关的参数，这样，可以更方便进行调试］： =0，全部参数（默认设置） =2，变频器参数 =3，电动机参数 =4，速度传感器 =7，命令，二进制 I/O =8，ADC（模—数转换）和 DAC（数—模转换） =10，设定值通道/RFG（斜坡函数发生器）	0
3	P0010	设置 P0010 调试参数过滤器，开始快速调试（本设定值对与调试相关的参数进行过滤，只筛选出那些与特定功能组有关的参数）： =0，准备运行 =1，快速调试 =30，出厂设置（在复位变频器的参数时，参数 P0010 必须设定为 30。从设定 P0970 = 1 起，便开始复位参数。变频器将自动把它的所有参数都复位为它们各自的默认设置值） 注意： 1．只有在 P0010=1 的情况下，才能修改电机的主要参数，如 P0304，P0305 等 2．只有在 P0010=0 的情况下，变频器才能运行	1
4	P0100	选择 P0100 使用地区：欧洲/北美（此参数与 I/O 板下的 DIP 开关一起用来选择电机的基准频率）。 = 0，功率单位为 kW，频率默认为 50Hz = 1，功率单位为 hp，频率默认为 60Hz = 2，功率单位为 kW，频率默认为 60Hz 注意：I/O 板下 DIP 开关 2 的设定值要与 P0100 的设定值一致，即根据下图来确定 P0100 设定的使用地区是否要重写 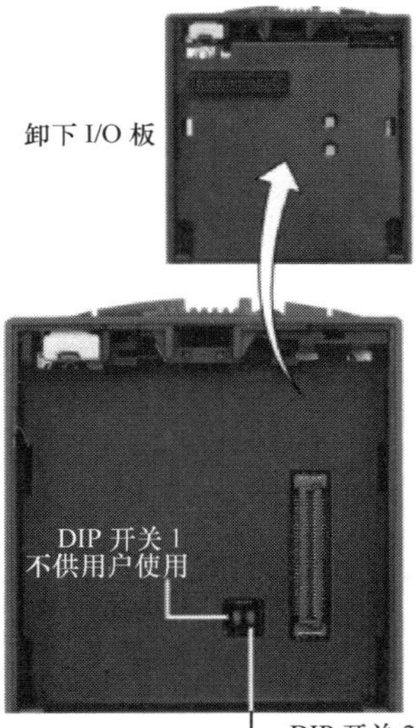 卸下 I/O 板 DIP 开关 1 不供用户使用 DIP 开关 2 OFF1-50Hz ON1-60Hz 默认设定值	根据电机选择
5	P0205	设置 P0205 变频器的应用对象： = 0，恒转矩（CT）（皮带运输机、空气压缩机等） = 1，变转矩（VT）（风机、泵类等）	0
6	P0300	P0300 选择电动机的类型： = 1，异步电机 = 2，同步电机 注意：如果 P0300=2，仅能选择 *U/f* 控制方式，即 P1300＜20，不能用矢量控制方式，同时，一些功能被禁止，如直流制动等	1

续表

步骤	参数号	参数描述	推荐设置
7	P0304	P0304 电机额定电压。 设定值范围：10～2 000V。下图表明如何从电动机的铭牌上找到电动机的有关数据 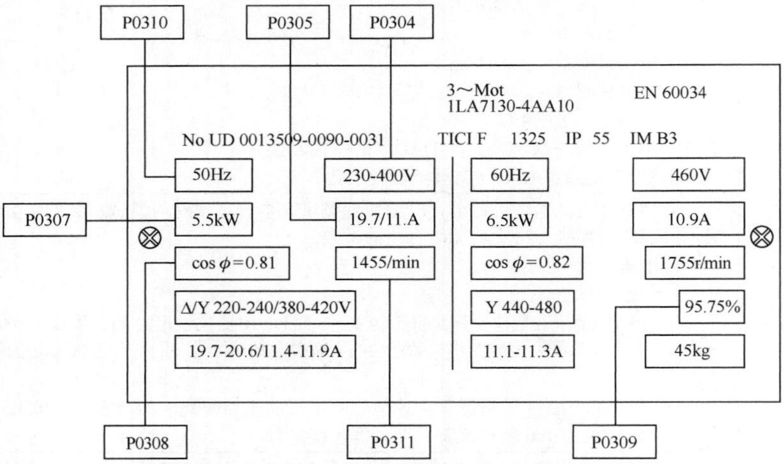 P0310 P0305 P0304 3～Mot 1LA7130-4AA10 EN 60034 No UD 0013509-0090-0031 TICI F 1325 IP 55 IM B3 50Hz 230-400V 60Hz 460V P0307 5.5kW 19.7/11.A 6.5kW 10.9A cos ϕ=0.81 1455/min cos ϕ=0.82 1755r/min Δ/Y 220-240/380-420V Y 440-480 95.75% 19.7-20.6/11.4-11.9A 11.1-11.3A 45kg P0308 P0311 P0309 注意：输入变频器的电动机铭牌数据必须与电动机的接线（星形或三角形）相一致，也就是说，如果电动机采取三角形接线，就必须输入三角形接线的铭牌数据	根据电机铭牌
8	P0305	P0305 电动机额定电流	根据电机铭牌
9	P0307	P0307 电动机额定功率： P0100 = 0 或 2 时，单位为 kW P0100 = 1 时，单位为 hp	根据电机铭牌
10	P0308	P0308 电动机的额定功率因数	根据电机铭牌
11	P0310	P0310 电动机的额定频率通常为 50/60Hz。 非标准电机，可以根据电机铭牌修改	根据电机铭牌
12	P0311	P0311 电动机的额定速度：设定值的范围为 0～40 000 r/min，根据电动机的铭牌数据键入电动机的额定速度（r/min）。矢量控制方式下，必须准确设置此参数	根据电机铭牌
13	P0700	P0700 选择命令给定源（该参数选择变频器的启动/停止信号的给定场所）： =0，工厂的默认设置 = 1，BOP（基本操作面板）设置 = 2，由端子排输入 = 4，BOP 链路（RS232）的 USS 设置（AOP 面板） = 5，COM 链路的 USS 设置（端子 29 和端子 30） = 6，COM 链路的通信板设置（Profibus DP） 注意：如果选择 P0700=2，数字输入端的功能取决于 P0701～P0708	2
14	P1000	P1000 设定频率给定源： =1，BOP 内部电动电位计设定 =2，模拟量输入 1（端子 3、端子 4） =3，固定频率设定值 =4，BOP 链路的 USS 控制 =5，COM 链路的 USS 控制（端子 29 和端子 30） =6，通过 COM 链路的 CB 控制（CB = Profibus 通信模块） =7，模拟量输入 2（端子 10、端子 11） =23，模拟通道 1+固定频率	2
15	P1080	P1080 最小频率（输入电机最低频率，单位为 Hz）。 输入电机最低频率，电机用此频率运行时与频率给定值无关。在此设定的值用于顺时针和逆时针两个旋转方向	0

续表

步骤	参数号	参数描述	推荐设置
16	P1082	P1082 最大频率（输入电机最高频率，单位为 Hz）。 输入电机最大频率，例如，电机受限于该频率而与频率给定值无关。在此设定的值用于顺时针和逆时针两个旋转方向	50
17	P1120	P1120 斜坡上升时间（输入斜坡上升时间，单位为 s）。 输入电机从静止加速到最大频率 P1082 的时间，如果斜坡上升时间参数设置太小，则将引起报警 A0501（电流极限值）或传动变频器用故障 F0001（过电流）停车	10
18	P1121	P1121 斜坡下降时间（输入减速时间，单位为 s）。 输入电机从最大频率 P1082 制动到停车的时间。如果斜坡下降时间参数设置太小，则将引起报警 A0501（电流极限值），A0502（过电压限值）或传动变频器用故障 F0001（过电流）或 F0002（过电压）停车	10
19	P1300	P1300 控制方式选择： =0，线性 *U/f* 控制，可用于可变转矩和恒定转矩的负载，如带式运输机和正排量泵类 =1，带磁通电流控制（FCC）的 *U/f* 控制，用于提高电动机的效率和改善其动态响应特性 =2，平方曲线的 *U/f* 控制，可用于二次方率负载，如风机、水泵等 =3，特性曲线可编程的 *U/f* 控制，由用户定义控制特性 =20，无传感器的矢量控制，在低频时可以提高电动机的转矩 =21，*U/f* 带传感器的矢量控制	0
20	P3900	P3900 快速调试结束（启动电机计算）： =0，结束快速调试，不进行电机计算或复位到工厂默认设定值 =1，结束快速调试，进行电机计算和复位到工厂默认设定值（推荐方式） =2，结束快速调试，进行电机计算并将 I/O 设定恢复到工厂默认设定值 =3，结束快速调试，进行电机计算，但不进行 I/O 工厂复位	3

任 务 实 施

【训练工具、材料和设备】

西门子 MM440 变频器 1 台、三相异步电动机 1 台、《西门子 MM440 通用变频器使用手册》、通用电工工具 1 套。

1. 接线

变频器主电路的接线图如图 2-6（a）所示，其中图 2-6（b）是实物接线图，将三相交流电源接到 L1、L2、L3 端子上，U、V、W 端子接电机。注意千万不要将三相电源接到 U、V、W 端子上。

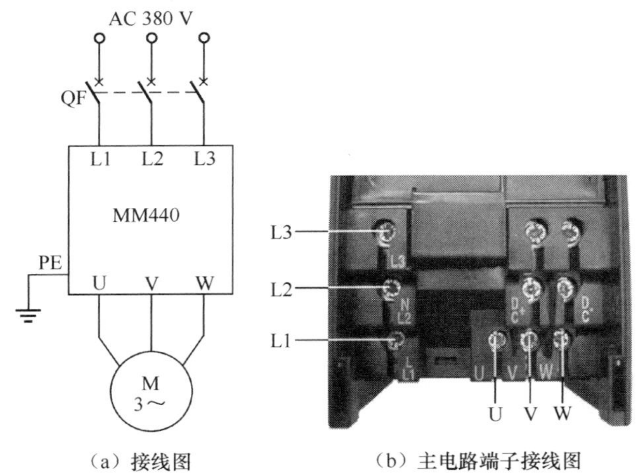

（a）接线图　（b）主电路端子接线图

图 2-6　面板操作的变频器接线图

2．用基本操作面板更改参数的数值

（1）修改“参数过滤器”P0004，其操作步骤如表 2-4 所示。

表 2-4　修改参数过滤器 P0004 的操作步骤

操作步骤		显示的结果
1	按P键访问参数	r0000
2	按▲键直到显示 P0004	P0004
3	按P键进入参数值	0
4	按▲键或▼键达到需要的值	7
5	按P键确认并存储参数值	P0004
6	用户只能看到命令的参数	

视频 25．西门子变频器的参数修改

（2）修改带索引号（又叫下标）的“选择命令/设定值源”P0719，其操作步骤如表 2-5 所示。

表 2-5　修改参数 P0719 的操作步骤

操作步骤		显示的结果
1	按P键访问参数	r0000
2	按▲键直到显示 P0719	P0719
3	按P键显示 in000，即 P0719 的第 0 组值 注意：此时显示 in000 是指第 0 组参数，需要设置第 1 组参数 in001 和第 2 组参数 in002 时，按▲键或▼键即可	in000
4	按P键显示当前设定值 0	0
5	按▲键或▼键达需要的数值	12
6	按P键确认并存储当前设置	P0719
7	按▼键直到显示 r0000 或按Fn键显示 r0000	r0000
8	按P键返回运行显示（由用户定义）	

说　明

忙碌信息。修改参数的数值时，BOP 有时会显示 busy，表明变频器正忙于处理优先级更高的任务。

3．参数设置

（1）参数复位。在设置参数之前，首先将变频器复位为工厂的默认设定值。在变频器初次调试或者参数设置混乱时，需要执行该操作，以便于将变频器的参数值恢复到一个确定的默认状态。其操作步骤如图 2-7 所示，完成复位过程约需 3min。

（2）设置电动机的参数。为了使电动机与变频器相匹配，需设置电动机的参数。例如，选用型号为 JW7114 的三相笼形电动机 P_N= 0.37kW，U_N = 380V，I_N = 1.1A，n_N = 1 400r/min，f_N = 50Hz，其参数设置如表 2-6 所示。

除非 P0010 = 1 和 P0004 = 3，否则是不能更改电动机参数的。

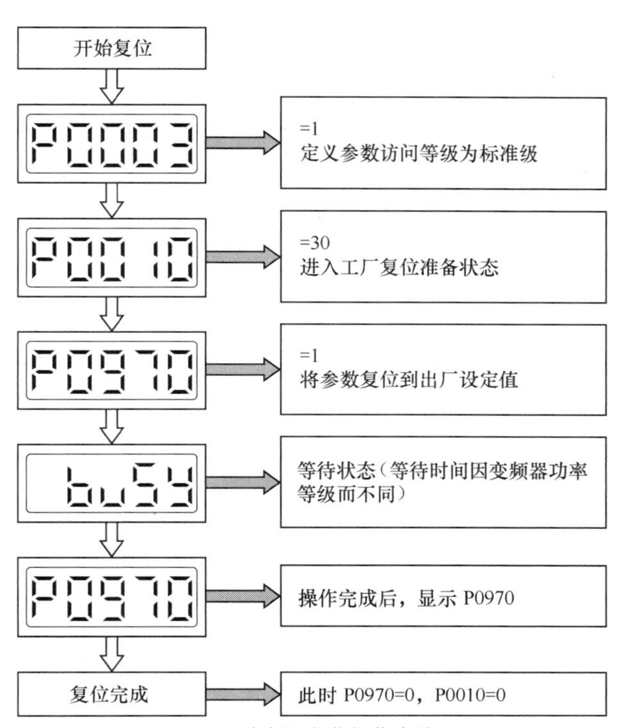

视频 26. 西门子变频器的参数复位

扩展视频：西门子变频器的面板运行操作

图 2-7　变频器复位操作步骤

表 2-6　　设置电动机参数表

参数号	参数名称	出厂值	设定值	说明
P0003	用户访问级	1	1	用户访问级为标准级
P0004	参数过滤器	0	3	电动机参数
P0010	调试参数过滤器	0	1	开始快速调试 注意：① 只有在 P0010=1 的情况下，才能修改电动机的主要参数；② 只有在 P0010=0 的情况下，变频器才能运行
P0100	使用地区	0	0	使用地区：欧洲 50Hz
P0304	电动机额定电压	400	380	电动机额定电压（V）
P0305	电动机额定电流	1.90	1	电动机额定电流（A）
P0307	电动机额定功率	0.75	0.37	电动机额定功率（kW）
P0310	电动机额定频率	50	50	电动机额定频率（Hz）
P0311	电动机额定转速	1 395	1 400	电动机额定转速（r/min）
电动机参数设置完成后，设 P0010=0，变频器可正常运行				

（3）设置电动机正转、反转和正向点动、反向点动参数，具体参数如表 2-7 所示。

表 2-7　　面板基本操作控制参数表

参数号	参数名称	出厂值	设定值	说明
P0003=1，设用户访问级为标准级 P0004=7，命令和数字 I/O				
P0700	选择命令给定源（启动/停止）	2	1	由 BOP（键盘）输入设定值
P0003=1，设用户访问级为标准级 P0004=10，设定值通道和斜坡函数发生器				
P1000	设置频率给定源	2	1	由键盘给定频率
*P1080	下限频率	0	0	电动机的最小运行频率（0Hz）
*P1082	上限频率	50	60	电动机的最大运行频率（60Hz）

续表

参　数　号	参 数 名 称	出厂值	设定值	说　　明
*P1120	加速时间	10	10	斜坡上升时间（10s）
*P1121	减速时间	10	10	斜坡下降时间（10s）
P0003=2，设用户访问级为扩展级 P0004=10，设定值通道和斜坡函数发生器				
*P1040	设定给定频率	5	40	设定键盘控制的频率值（Hz）
*P1058	正向点动频率	5	10	设定正向点动频率（Hz）
*P1059	反向点动频率	5	10	设定反向点动频率（Hz）
*P1060	点动斜坡上升时间	10	5	设定点动斜坡上升时间（s）
*P1061	点动斜坡下降时间	10	5	设定点动斜坡下降时间（s）

注：标“*”的参数可根据用户实际要求进行设置。

P1032=0，允许反向，可以用键入的设定值改变电动机的旋转方向（既可以用数字输入，也可以用键盘上的升/降键增加/降低运行频率）。P1032=1，禁止反向。

P3900=1，结束快速调试。

P0010=0，运行准备。

4．运行操作

（1）按变频器操作面板上的Ⓘ键，变频器将按由P1120设定的上升时间驱动电动机升速，并运行在由P1040设定的频率值上。

（2）如果需要，电动机的转速（运行频率）及旋转方向可直接按操作面板上的▲键或▼键来改变（P1031=1时，由▲键或▼键改变了的频率设定值被保存在内存中）。

（3）设置的最大运行频率P1082的设定值可以根据需要修改。

（4）按变频器操作面板上的Ⓞ键，则变频器将由P1121设置的斜坡下降时间驱动电动机降速至零。

（5）点动运行。按变频器操作面板上的jog键，变频器将驱动电动机按由P1058设置的正向点动频率运行；松开该键时，点动结束。如果按变频器操作面板上的换向键，再重复上述的点动运行操作，电动机可在变频器的驱动下反向点动运行。

注　意

在变频器运行过程中，按功能键Fn并持续 2s，可依次显示直流回路电压、输出电流和输出频率的数值，当显示屏上显示频率“Hz”时，可按▲或▼键实现电机加速或减速转动。

知识拓展

1．上限频率和下限频率

西门子变频器用P1082设定输出频率的上限，如果频率设定值高于此设定值，则输出频率被钳位在上限频率；用P1080设定输出频率的下限频率，若频率设定值低于此设定值，则输出频率被钳位在下限频率。

扩展视频：上限频率和下限频率

2．跳转频率

跳转频率功能是为了防止与机械系统的固有频率产生谐振，可以使其跳过谐振发生的频率点。MM440 变频器最多可设置 4 个跳转区间，分别由 P1091、P1092、P1093、P1094 设置跳转区间的中心频率，由 P1101 设置跳转频率的频带宽度，如图 2-8 所示。P1091=40Hz，P1101=2Hz 时，跳转频率的范围是 38～42Hz。

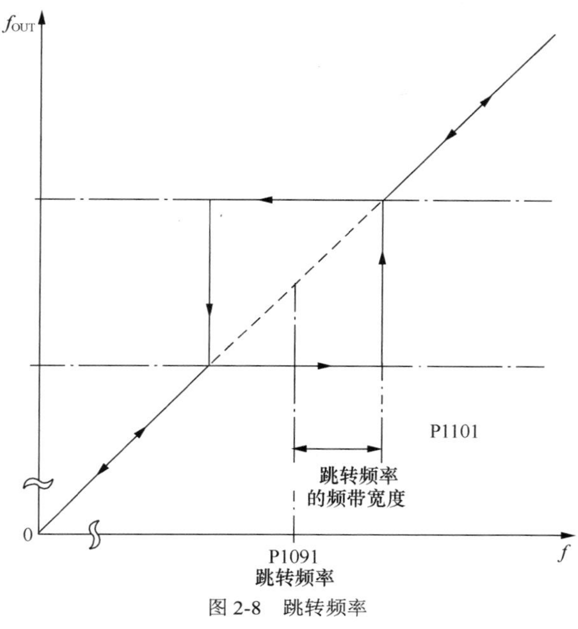

图 2-8　跳转频率

3. 点动频率

点动频率和点动的斜坡上升/下降时间参数意义及设定范围如表 2-8 所示，其输出频率如图 2-9 所示。西门子变频器的外部运行模式（由接在输入数字量端子上的按钮控制）和面板运行模式［由 BOP 的 JOG（点动）按键控制］都可以进行点动操作。

表 2-8　点动频率设定范围

参 数 号	出 厂 设 定	设 定 范 围	功　能
P1058	5Hz	0～650Hz	正向点动频率
P1059	5Hz	0～650Hz	反向点动频率
P1060	10s	0～650s	点动的斜坡上升时间
P1061	10s	0～650s	点动的斜坡下降时间

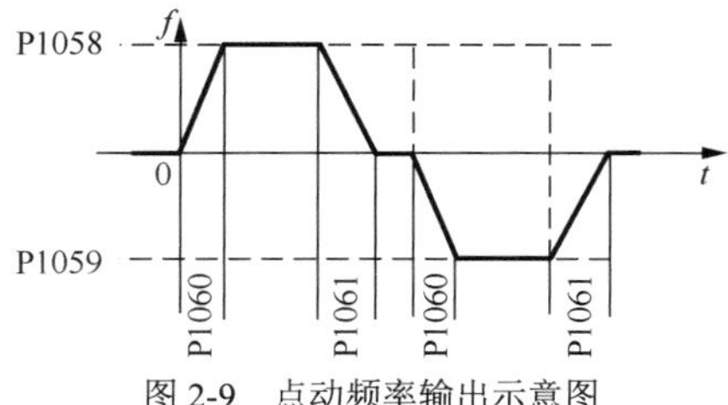

图 2-9　点动频率输出示意图

思考与练习

一、填空题

1. 西门子 MM440 变频器输入控制端子中，有________个数字量可编程端子。

2. 西门子 MM440 变频器的模拟量输入端子可以接受的电压信号是_________V，电流信号是________ mA。

3．西门子 MM440 变频器的操作面板中，Ⓘ键表示________，jog键表示________，Ⓞ键表示________。

4．西门子 MM440 变频器选择命令给定源是________参数，设置用户访问级是________参数，设置频率给定源是________参数。

5．西门子 MM440 变频器设置加速时间的参数是________；设置上限频率的参数是________；设置下限频率的参数是________。

6．某变频器需要跳转的频率范围为 18～22Hz，可设置跳变频率值 P1091 为________ Hz，跳转频率的频带宽度 P1011 为________ Hz。

7．西门子 MM440 变频器需要设置电动机的参数时，应设置参数 P0010=________，需要变频器运行时，需要将 P0010 设置为________。

二、简答题

1．西门子 MM440 变频器如何将变频器的参数复位为工厂的默认值？

2．简述西门子 MM440 变频器的运行操作模式。

3．什么叫跳转频率？为什么设置跳转频率？

三、分析题

1．变频器工作在面板操作模式，试分析在下列参数设置的情况下，变频器的实际运行频率。

① 预置上限频率 P1082= 60Hz，下限频率 P1080=10Hz，面板给定频率分别为 5Hz、40Hz、70Hz。

② 预置 P1082= 60Hz，P1080=10Hz，P1091=30Hz，P1101=2Hz，面板给定频率如表 2-9 所示，将变频器的实际输出频率填入表 2-9 中。

表 2-9 变频器的实际运行频率

给定频率（Hz）	5	20	29	30	32	35	50	70
输出频率（Hz）								

2．利用变频器操作面板控制电动机以 30Hz 正转、反转，电动机加减速时间为 4s，点动频率为 15Hz，上下限频率为 60Hz 和 5Hz。频率由面板给定。

（1）写出将参数复位出厂值的步骤。

（2）画出变频器的接线图。

（3）写出变频器的参数设置。

任务 2.2　西门子变频器的外部运行操作

任 务 导 入

现有一台三相异步电动机功率为 1kW，额定电流为 2.5A，额定电压为 380V，需要用外部端子控制电机以 15Hz 的正反向点动；用外部端子控制变频器启停，通过外部电位器给定 0～10V 的电压，让变频器在 0～50Hz 之间进行正、反转调速运行，加减速时间为 5s。

相关知识

一、西门子变频器输入端子功能

1. 数字量输入端子功能的设定

西门子 MM440 变频器的输入信号中有 5、6、7、8、16、17 等 6 个数字输入端子，两个模拟量输入也可以用作数字输入，如图 2-10（a）所示，这样一共有 8 个数字量可供使用，这 8 个端子都是多功能端子，这些端子功能可以通过参数 P0701～P0708 的设定值来选择，以节省变频器控制端子的数量。5、6、7、

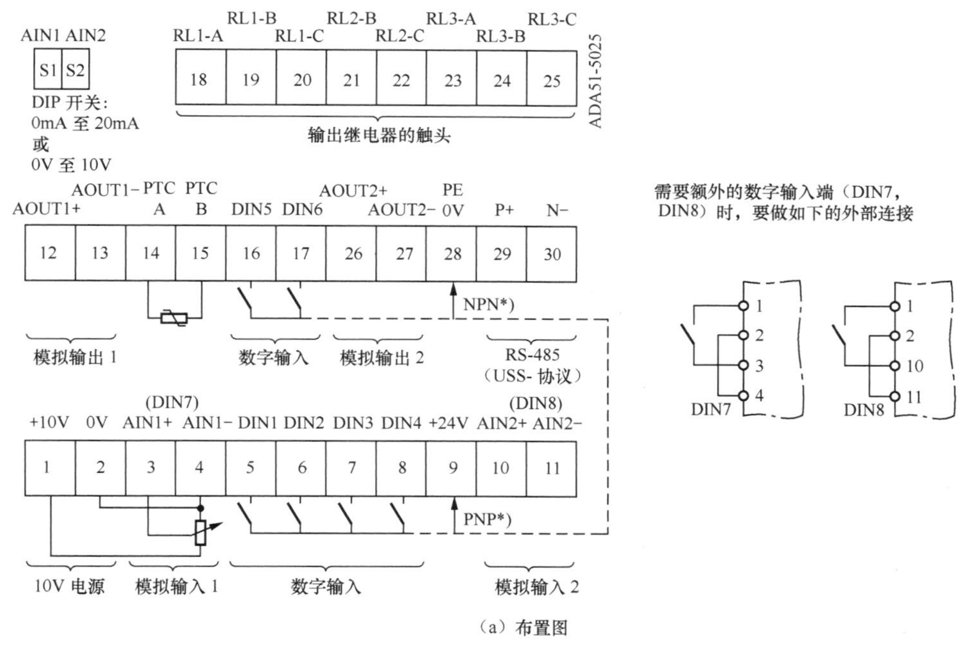

（a）布置图

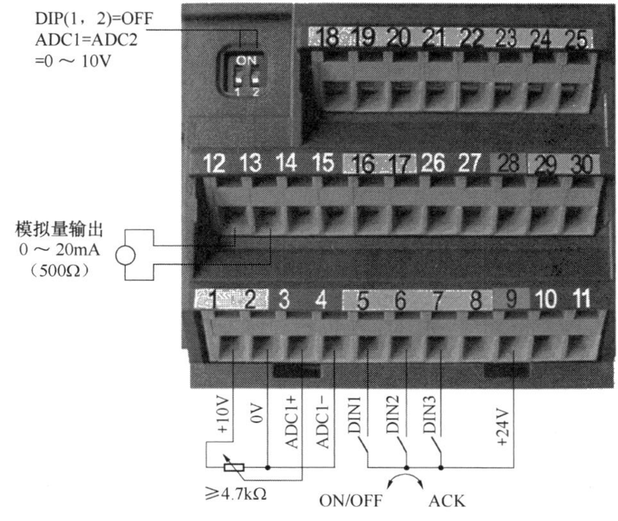

（b）实物图

图 2-10　MM440 变频器控制端子布置图

8、16、17 等 6 个数字量输入端子可切换为 NPN/PNP 接线，其接线方式如图 2-10（a）所示。注意，选择不同信号的接线方式时，必须设定 P0725 的值，当 P0725=0 时，选择 NPN 方式，如图 2-10（a）所示，端子 5，6，7，8，16，17 必须通过端子 28（0V）连接，当 P0725=1 时，选择 PNP 方式，如图 2-10（a）所示，端子 5、端子 6、端子 7、端子 8、端子 16、端子 17 必须通过端子 9（24V）连接。

数字量输入端子功能如表 2-10 所示。

表 2-10　　数字开关量输入端子的参数设置

数字输入	端子号	参数号	出厂值	功能说明
DIN1	5	P0701	1	=0，禁止数字输入 = 1，ON/OFF1，接通正转/断开停车 = 2，ON+反向/OFF1，接通反转/断开停车 = 3，OFF2，断开按惯性自由停车 = 4，OFF3，断开按第二降速时间快速停车 = 9，故障复位 = 10，正向点动 = 11，反向点动 = 12，反转（与正转命令配合使用） = 13，电动电位计升速 = 14，电动电位计降速 = 15，固定频率直接选择 = 16，固定频率选择 + ON 命令 = 17，固定频率编码选择+ ON 命令 = 25，使能直流制动 = 29，外部故障信号触发跳闸 = 33，禁止附加频率设定值 = 99，使能 BICO 参数化
DIN2	6	P0702	12	
DIN3	7	P0703	9	
DIN4	8	P0704	15	
DIN5	16	P0705	15	
DIN6	17	P0706	15	
DIN7	1、3	P0707	0	
DIN8	1、10	P0708	0	
	9	公共端		

注意：

1. 数字量的输入逻辑可以通过 P0725 改变；
2. 数字量输入状态由参数 r0722 监控，开关闭合时相应笔画点亮。通过此参数来判断变频器是否已经接收到相应的数字输入信号；

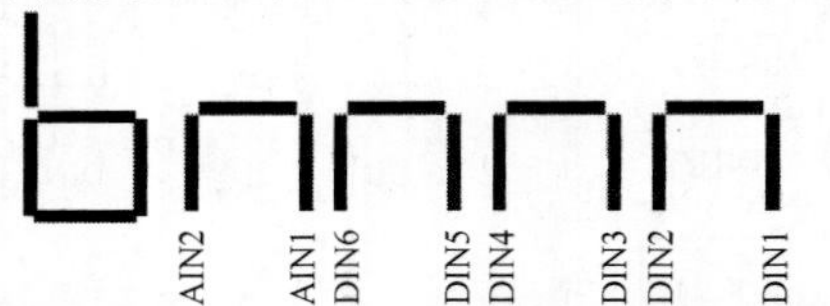

3. DIN7 和 DIN8 端子没有 15、16、17 等设定值，因此不能用作多段速端子

2. 模拟量输入（ADC）功能的设定

MM440 变频器可以通过外部给定电压信号或电流信号调节变频器的输出频率，这些电压信号和电流信号在变频器内部通过模数转换器转换成数字信号作为频率给定信号，控制变频器的速度。

扩展视频：模拟量输入功能的设定

（1）模拟量通道属性的设定

MM440 变频器有两路模拟量输入，即 AIN1（端子 3、端子 4）和 AIN2（端子 10、端子 11），如图 2-10（a）所示，这两个模拟量通道既可以接受电压信号，还可以接受电流信号，并允许模拟输入的监控功能投入。两路模拟量以 in000 和 in001 区分，可以分别通过 P0756[0]（ADC1）和 P0756[1]（ADC2）设置两路模拟通道的信号属性，如表 2-11 所示。

表 2-11　　P0756 参数解析

参数号	设定值	参数功能	说明
P0756	0	单极性电压输入（0～10V）	带监控是指模拟通道带有监控功能，当断线或信号超限，报故障 F0080
	1	带监控的单极性电压输入（0～10V）	
	2	单极性电流输入（0～20mA）	
	3	带监控的单极性电流输入（0～20mA）	
	4	双极性电压输入（-10～10V）	

为了从电压模拟输入切换到电流模拟输入，仅仅设置参数 P0756 是不够的。更确切地说，要求 I/O 板上的 2 个 DIP 开关也必须设定为正确的位置，如图 2-11 所示。

DIP 开关的设定值如下。

OFF = 电压输入（0～10V）

ON = 电流输入（0～20mA）

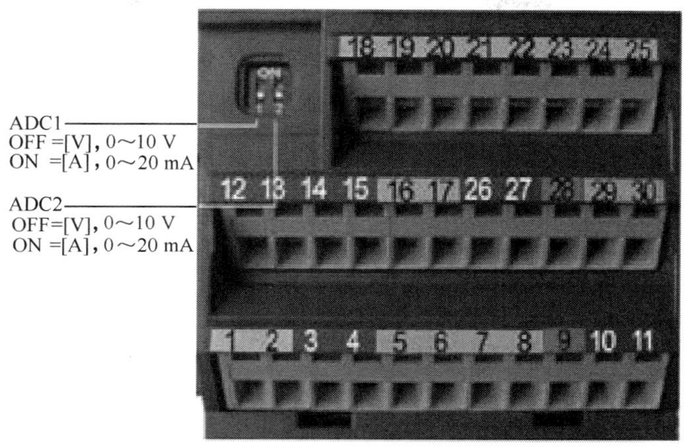

图 2-11　用于 ADC 电压/电流输入的 DIP 开关

DIP 开关的安装位置与模拟输入的对应关系如下。

左面的 DIP 开关（DIP 1）= 模拟输入 1

右面的 DIP 开关（DIP 2）= 模拟输入 2

注　意

① P0756 的设定（模拟量输入类型）必须与 I/O 板上的开关 DIP（1，2）的设定相匹配。

② 双极性电压输入仅能用于模拟量输入 1（ADC1）。

（2）模拟量输入（ADC）的标定

模拟给定电压、模拟给定电流与给定频率之间存在线性关系，可用参数 P0757～P0760 配置模拟输入的标定，如图 2-12（a）所示，横轴表示模拟给定电压或电流值，纵轴是与模拟给定电压或给定电流对应的给定频率与基准频率 P2000 的百分比，只要确定 A（x_1，y_1）和 B（x_2，y_2）两点的坐标，就可以确定直线 AB 的线性关系。ADC 的 x_1、y_1、x_2、y_2 可以通过参数 P0757、P0758、P0759、P0760 来标定，这 4 个参数的含义如表 2-12 所示。通过以上

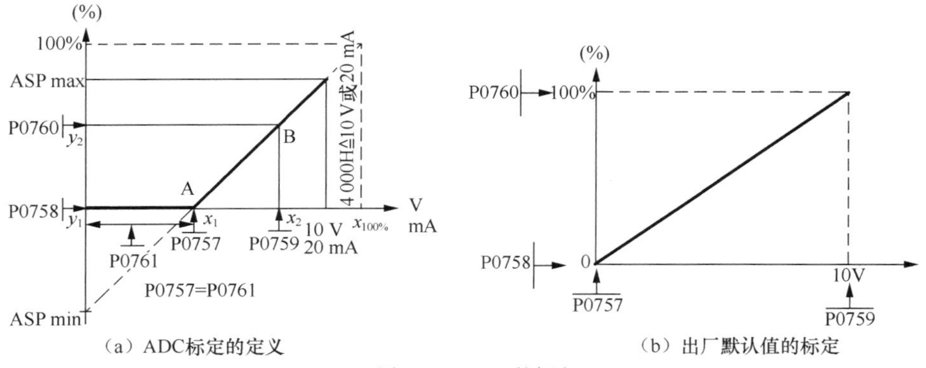

图 2-12　ADC 的标定

4 个参数的标定，把模拟输入信号按线性关系转换为百分比。西门子 MM440 变频器默认的是 AIN1 通道输入 0～10V 的电压，对应的给定频率是 0～50Hz，如图 2-12（b）所示，此时应设置 P0757=0，P0758=0%（0V 电压对应的给定频率是 0Hz，与 P2000=50Hz 的百分比是 0%），P0759=10，P0760=100%（10V 电压对应的给定频率是 50Hz，与 P2000=50Hz 的百分比是 100%），P0761=0。

表 2-12　　模拟量输入参数设置及监控参数表

参数号	参 数 功 能	出厂值	说　明
P0757	标定 ADC 的 x_1 值	0	0～10V 电压对应的起始电压是 0V
P0758	标定 ADC 的 y_1 值	0.00	给定频率的最小值 0Hz 对应的百分比（以 P2000=50Hz 为基准频率）
P0759	标定 ADC 的 x_2 值	10.00	0～10V 电压对应的最大电压
P0760	标定 ADC 的 y_2 值	100.00	给定频率的最大值 50Hz 对应的百分比（以 P2000=50Hz 为基准频率）
P0761	ADC 死区宽度	0.00	死区宽度为 0
r0752	ADC 的实际输入电压（V）或电流（mA）	—	显示特征方框前以伏特（或 mA）为单位的经过平滑的模拟输入电压（或电流）值
r0754	标定后的 ADC 实际值(%)	—	显示标定方框后以%值表示的经过平滑的模拟输入

【例 2-1】某用户要求，通过模拟量通道 1 给定信号 2～10V 时，变频器输出的频率是 0～50Hz。试确定频率给定线。

解：由题意知，与 2V（x_1）对应的频率为 0Hz，其纵轴对应的坐标 y_1 就是 0Hz/50Hz=0%（纵坐标是以 P2000=50Hz 为基准的百分比），与 10V（x_2）对应的点是 50Hz，其纵轴对应的坐标 y_2 就是 50Hz/50Hz（P2000=50Hz）=100%，做出图 2-13 所示的频率给定线。此时应设置的参数如下。

P1000[0]=2，选择 AIN1 通道。

PO756[0]=0，选择单极性电压输入，同时把 DIP1 开关置于 OFF 位置。

起点坐标：P0757[0]=2V，P0758[0]=0%。

终点坐标：P0759[0]=10V，P0760[0]=100%。

在图 2-13 中，如果给定电压低于 2V，则变频器的频率可能出现负值，为了防止这种情况发生，需要设置死区，即 P0761[0]=2V。

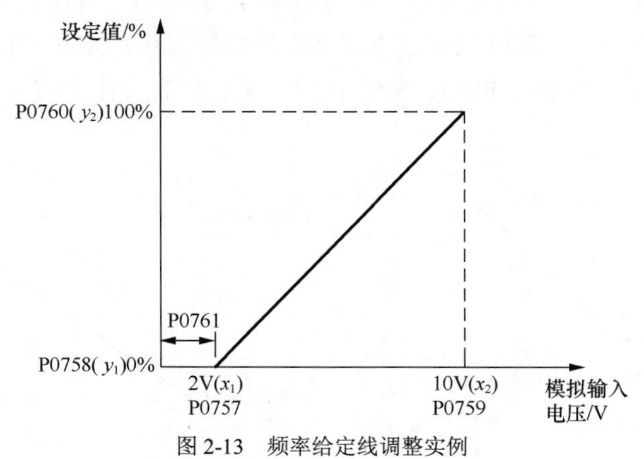

图 2-13　频率给定线调整实例

注　意

如果 P0758 和 P0760（ADC 标定的 y_1 和 y_2 坐标）的值都是正的或负的，那么，从 0V 开始到 P0761 的值为死区。

二、西门子变频器输出端子功能

变频器除了用输入控制端接收各种输入控制信号外，还可以用输出控制端输出与自己的工作状态相关的信号。外接输出信号的电路结构有两种：一种是数字量输出端子，如图 2-10（a）中的 3 组继电器输出触点，其规格为 30 V DC/5 A（电阻负载）或 250 V AC/2 A（电感负载）；另一种是模拟量输出端子，如图 2-10（a）中的端子 12、端子 13 及端子 26、端子 27，其规格为输出 0～20mA 电流。

1．数字量输出端子的功能

可以将变频器当前的状态以数字量的形式用继电器输出，方便用户通过输出继电器的状态来监控变频器的内部状态量，而且每个输出逻辑可以进行取反操作，即通过操作 P0748 的每一位更改。三组继电器输出端子对应的参数意义及设定范围如表 2-13 所示。

表 2-13　继电器输出端子的参数意义及部分设定值

继电器编号	参数号	默认值	参 数 功 能	输出状态
继电器 1	P0731	52.3	变频器故障（上电后继电器会动作）	继电器失电
继电器 2	P0732	52.7	变频器报警	继电器得电
继电器 3	P0733	52.2	变频器运行	继电器得电

P0731～P0733 还可以设置以下值。

52.0：变频器准备；52.1：变频器准备运行就绪；52.4：OFF2 停车命令有效；52.5：OFF3 停车命令有效；52.A：已达到最大频率；52.D：电动机过载；52.E：电动机正向运行；52.F：变频器过载

数字量输出信号的默认状态（即默认状态）如与外部电气线路不一致时，可以用 P0748 数字反相功能实现。P0748 参数的设定值在变频器中通过 7 段数码管显示，7 段显示的结构如图 2-14（a）所示，对应的位号点亮为“1”，对应的位号熄灭为 0。P0748 定义 3 个输出继电器的数字反相功能，其在变频器默认状态的设定值为 P0748=0，即 7 段数码显示的 0 位、1 位、2 位为 0，相应的位号熄灭，其显示方式如图 2-14（b）所示。如果设定 P0748=1，即 7 段数码显示的 0 位、1 位、2 位为 1，相应的位号点亮，其显示方式如图 2-14（c）所示。

西门子变频器默认值 P0748=0，在变频器上其值显示为⌊----，P0731=52.3 时，变频器上电后，变频器无故障时，对应的继电器 1 接通，其常开触点 19、20 闭合，常闭触点 18、20 断开，变频器有故障时，继电器 1 失电，其常开触点 19、20 复位为断开，常闭触点 18、20 复位为闭合；如果用户不需要这种逻辑，可以设置 P0748=1，在变频器上其值显示为⌊---¬，改为变频器上电后，变频器无故障时，对应的继电器 1 断开，变频器一旦故障，对应的继电器 1 接通，其常开触点 19、20 闭合，常闭触点 18、20 断开。

扩展视频：变频器输出控制端子的功能

2．模拟量输出端子的功能

MM440 变频器有两路模拟量输出，图 2-10（a）中的端子 12、端子 13 和端子 26、端子 27，相关参数以 in000 和 in001 区分，出厂值为 0～20mA 输出，可以标定为 4～20mA 输出（P0778=4），如果需要电压信号，可以在相应端子并联一支 500Ω电阻得到 0～10V 的电压。

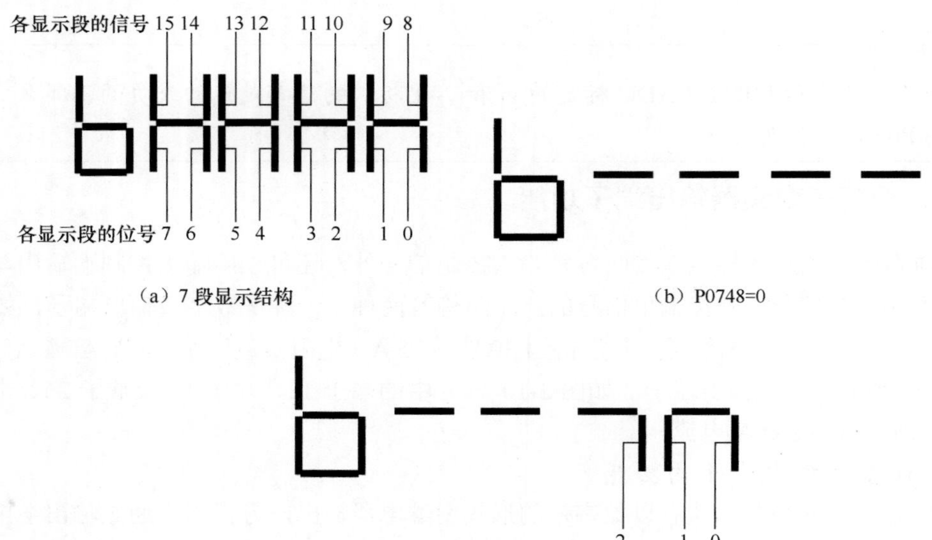

（a）7 段显示结构

（b）P0748=0

（c）P0748=1

图 2-14　P0748 设定值的显示方式

需要输出的物理量可以通过 P0771 设置，P0771 参数的含义如表 2-14 所示。

表 2-14　P0771 参数的含义

参数号	设定值	参数功能	说明
P0771	21.0	实际频率	模拟输出信号与设置的物理量呈线性关系
	25.0	实际输出电压	
	26.0	实际直流回路电压	
	27.0	实际输出电流	

任务实施

【训练工具、材料和设备】

西门子 MM440 变频器 1 台、三相异步电动机 1 台、开关和按钮若干、5kΩ 3 脚电位器 1 个、《西门子 MM440 通用变频器使用手册》、通用电工工具 1 套。

一、变频器的外部点动操作训练

1．变频器硬件电路

视频 28. 西门子变频器外部点动运行

按图 2-15（a）连接主电路和控制电路。注意西门子变频器的控制端子的接线方法如图 2-15（b）所示，以 11 号端子为例，使用一字螺丝刀，插入接线端子上方的小口，撬动压簧，然后把线缆插入下方的接线端口中，再抽出一字螺丝刀即可（自紧固的）。

2．设置变频器的参数

变频器通电，设定 P0010=30、P970=1，按下“P”键，将变频器参数清零，然后按照表 2-6 设置电动机的参数，最后设置点动操作的相关功能参数，如表 2-15 所示。

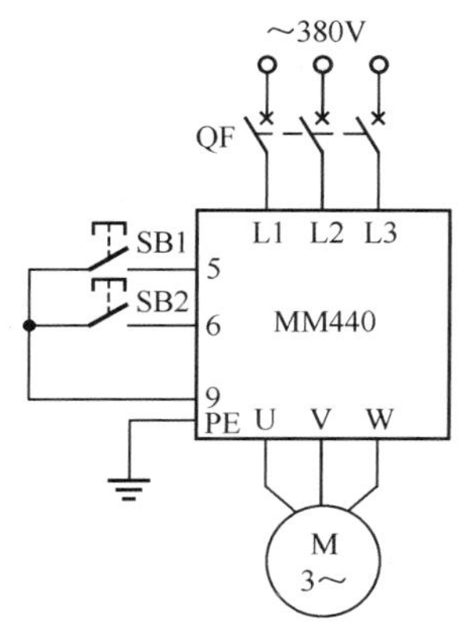

（a）点动接线图

（b）变频器控制端子接线方法

图 2-15　变频器外部点动电路

表 2-15　　点动外部操作参数设置

参 数 号	参 数 名 称	出厂值	设定值	说　明
P0003=1，设用户访问级为标准级；P0004=7，命令和数字 I/O				
P0700	选择命令给定源（启动/停止）	2	2	命令源选择由端子排输入
P0003=2，设用户访问级为扩展级；P0004=7，命令和数字 I/O				
P0701	设置端子 5	1	10	正向点动
P0702	设置端子 6	12	11	反向点动
P0003=1，用户访问级为标准级；P0004=10，设定值通道和斜坡函数发生器				
P1000	设置频率给定源	2	1	由 BOP 给定频率
*P1080	下限频率	0.00	0.00	电动机的最小运行频率（0Hz）
*P1082	上限频率	50.00	50.00	电动机的最大运行频率（50Hz）
P0003=2，用户访问级为标准级；P0004=10，设定值通道和斜坡函数发生器				
P1058	正向点动频率	5.00	15.00	设置正向点动频率（Hz）
P1059	反向点动频率	5.00	15.00	设置反向点动频率（Hz）
*P1060	点动斜坡上升时间	5.00	10.00	设定点动斜坡上升时间（s）
*P1061	点动斜坡下降时间	5.00	10.00	设定点动斜坡下降时间（s）

3. 操作运行

（1）正向点动运行：当按下按钮 SB1 时，变频器数字端口 5 为 ON，电动机按 P1060 设置的 10s 点动斜坡上升时间正向启动运行，经 10s 后稳定运行在 15Hz 的转速上，此转速与 P1058 设置的 15Hz 对应。松开按钮 SB1，变频器数字端口 5 为 OFF，电动机按 P1061 设置的 10s 点动斜坡下降时间停止运行。

（2）反向点动运行：当按下按钮 SB2 时，变频器数字端口 6 为 ON，电动机按 P1060 设置的 10s 点动斜坡上升时间正向启动运行，经 10s 后稳定运行在 15Hz 的转速上，此转速与 P1059 设置的 15Hz 对应。松开按钮 SB2，变频器数字端口 6 为 OFF，电动机按 P1061 设置的 10s 点动斜坡下降时间停止运行。

二、变频器的外部正反转连续运行操作训练

视频 29. 西门子变频器的外部操作

1. 变频器硬件电路

按图 2-16 连接变频器的电路，注意，三脚电位器（阻值≥4.7kΩ）要把中间接线柱接到变频器的端子 3 上，其他两个管脚分别接变频器的端子 1、端子 4，变频器的端子 2、端子 4 短接。如果端子 3、端子 4 接受的是 0～10V 的电

压信号，建议将端子 2、端子 4 短接，否则可能出现以下情况：变频器不运行时，面板显示频率信号与端子 3、端子 4 间电压一致，运行时则不一致。

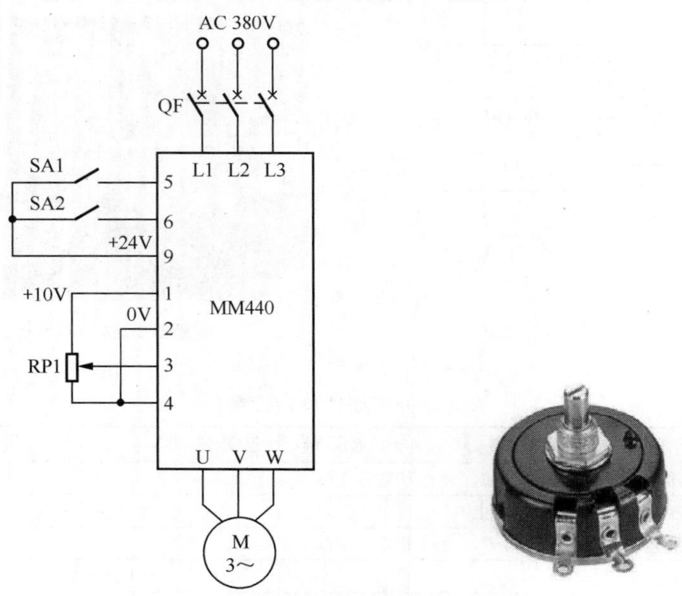

图 2-16　变频器外部操作电路图

2. 设置变频器参数

电动机参数设置请参考表 2-6。变频器通过 3、4 端子给定 0～10V 的电压信号，其对应的变频器的运行频率为 0～50Hz，因此需选择变频器的模拟输入 1 作为电压给定信号，必须设置 P0756[0]=1（选择电压输入），还需要设置 P0757[0]、P0758[0]、P0759[0]、P0760[0]及 P0761[0]（下标 0 表示模拟输入 1 对应的参数）等参数来标定 ADC。具体的参数设置如表 2-16 所示。

表 2-16　变频器外部操作的参数设置

参数号	参数名称	出厂值	设定值	说　明
P0003=1，设用户访问级为标准级 P0004=7，命令和数字 I/O				
P0700[0]	选择命令给定源（启动/停止）	2	2	命令源选择由端子排输入
P0003=2，设用户访问级为扩展级 P0004=7，命令和数字 I/O				
P0701[0]	设置端子 5	1	1	ON 接通正转，OFF 停止
P0702[0]	设置端子 6	12	2	ON 接通反转，OFF 停止
P0003=1，用户访问级为标准级 P0004=10，设定值通道和斜坡函数发生器				
P1000[0]	设置频率给定源	2	2	选择 AIN1 给定频率
*P1080[0]	下限频率	0.00	0.00	电动机的最小运行频率（0Hz）
*P1082[0]	上限频率	50.00	50.00	电动机的最大运行频率（50Hz）
*P1120[0]	加速时间	10.00	5.00	斜坡上升时间（5s）
*P1121[0]	减速时间	10.00	5.00	斜坡下降时间（5s）
P0003=2，用户访问级为标准级 P0004=8，模拟 I/O				
P0756[0]	设置 ADC1 的类型	0	0	AIN1 通道选择 0～10V 电压输入，同时将 I/O 板上的 DIP1 开关置于 OFF 位置
P0757[0]	标定 ADC1 的 x_1 值	0.00	0.00	设定 AIN1 通道给定电压的最小值 0V

续表

参数号	参数名称	出厂值	设定值	说　明
P0758[0]	标定 ADC1 的 y_1 值	0.00	0.00	设定 AIN1 通道给定频率的最小值 0Hz 对应的百分比 0%
P0759[0]	标定 ADC1 的 x_2 值	10.00	10.00	设定 AIN1 通道给定电压的最大值 10V
P0760[0]	标定 ADC1 的 y_2 值	100.00	100.00	设定 AIN1 通道给定频率的最大值 50Hz 对应的百分比 100%
P0761[0]	死区宽度	0.00	0.00	标定 ADC 死区宽度
P0003=2，用户访问级为标准级 P0004=20，通信				
P2000[0]	基准频率	50.00	50.00	基准频率设为 50Hz

3. 操作运行

（1）开始。按图 2-16 所示的电路接好线。将启动开关 SA1 或 SA2（端子 5 或端子 6）处于 ON。变频器开始按照 P1120 设定的时间加速，最后稳定在某个频率上。

（2）加速。顺时针缓慢旋转电位器（频率设定电位器）到满刻度。显示的频率数值逐渐增大，电动机加速，当显示 40Hz 时，停止旋转电位器。此时变频器运行在 40Hz 上。根据变频器的模拟量给定电压与给定频率之间的线性关系，40Hz 对应的给定电压应该为 8V，此时，找到监控参数 r0752（显示模拟输入电压值），观察其值是否等于 8，再找到监控参数 r0020（显示实际的频率设定值），观察其值是否为 40Hz。

（3）减速。逆时针缓慢旋转电位器（频率设定电位器）。此时找到监控参数 r0752，旋转电位器，让其输入电压为 2V，再找到 r0020，看其实际的频率设定值是否为 10Hz。最后将电位器旋转到底，观察电动机是否停止运行。

（4）停止。断开启动开关 SA1 或 SA2（端子 5 或端子 6），电动机将停止运行。

知识拓展——西门子变频器的组合运行操作实训

1. 实训任务

利用变频器面板上的按键控制变频器启停，通过变频器端子 10、端子 11 给定 2～10V 的电压信号，其对应 0～50Hz 的输出频率，变频器的上下限频率为 0Hz 和 50Hz，加减速时间为 15s。

2. 接线

按图 2-17 连接变频器电路。

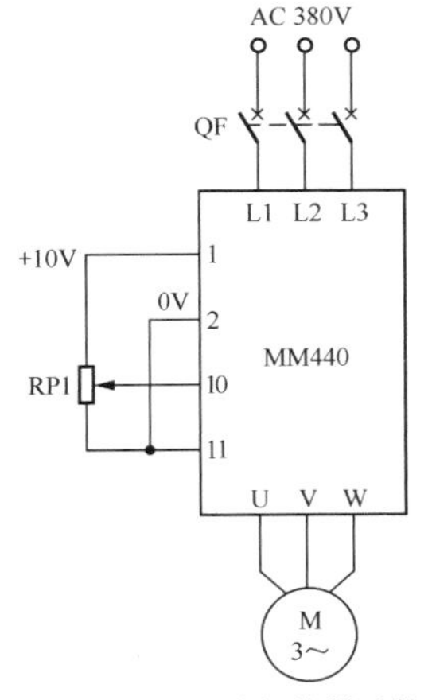

图 2-17　变频器组合操作模式接线图

3．参数设置

因为变频器输入 2～10V 的电压信号，对应 0～50Hz 的输出频率，因此需要标定 ADC 的值，其标定方法参考例 2-1，具体参数设置如表 2-17 所示。

表 2-17　　变频器组合操作的参数设置

参数号	参数名称	出厂值	设定值	说明
P0003=1，设用户访问级为标准级 P0004=7，命令和数字 I/O				
P0700[0]	选择命令给定源（启动/停止）	2	1	命令源选择由面板给定
P0003=1，用户访问级为标准级 P0004=10，设定值通道和斜坡函数发生器				
P1000[0]	设置频率给定源	2	7	选择 AIN2 给定频率
*P1080[0]	下限频率	0.00	0.00	电动机的最小运行频率（0Hz）
*P1082[0]	上限频率	50.00	50.00	电动机的最大运行频率（50Hz）
*P1120[0]	加速时间	10.00	15.00	斜坡上升时间（15s）
*P1121[0]	减速时间	10.00	15.00	斜坡下降时间（15s）
P0003=2，用户访问级为标准级 P0004=8，模拟 I/O				
P0756[1]	设置 ADC2 的类型	0	0	AIN2 通道选择 0～10V 电压输入，同时将 I/O 板上的 DIP2 开关置于 OFF 位置
P0757[1]	标定 ADC2 的 x_1 值	0.00	2.00	设定 AIN2 通道给定电压的最小值为 2V
P0758[1]	标定 ADC2 的 y_1 值	0.00	0.00	设定 AIN2 通道给定频率的最小值 0Hz 对应的百分比为 0%
P0759[1]	标定 ADC2 的 x_2 值	10.00	10.00	设定 AIN2 通道给定电压的最大值为 10V
P0760[1]	标定 ADC2 的 y_2 值	100.00	100.00	设定 AIN2 通道给定频率的最大值 50Hz 对应的百分比为 100%
P0761[1]	标定死区宽度	0.00	2.00	因为 P0758 和 P0760 的值都是正的，所以死区宽度为 2V
P0003=2，用户访问级为标准级 P0004=20，通信				
P2000[0]	基准频率	50.00	50.00	基准频率设为 50Hz

注　意

此例中变频器采用的是 10、11 端子给定电压信号，因此与 ADC 标定相关的参数 P0756～P0761 的下标都为 1，在 BOP 面板上设置这些参数时，要选择对应的 in001 值。

4．运行操作

（1）启动。按图 2-17 所示的电路接好线。按下变频器操作面板上的启动键，变频器按照 P1120 设定的加速时间启动，最后稳定在某个频率上。

（2）调速。按键进入参数访问模式，按键或键找到参数 r0752[1]，慢慢旋转电位器 RP1，让 r0752[1]的值等于 6V。根据设定的 ADC 参数值可知，2～10V 的给定电压信号对应 0～50Hz 的输出频率，通过它们之间的线性关系可以计算出 6V 电压对应的频率应该是 25Hz，此时，找到参数 r0020，观察其值是否为 25Hz。继续旋转电位器，可以得到不同的频率，最后将调试结果填入表 2-18 中。

表 2-18　　给定电压及对应频率的关系

给定电压（V）(r0752[1])	2	3	4	5	6	7	8	9	10
对应频率（Hz）(r0020)									

如果需要改变电动机的旋转方向，可以按◉键，此时，BOP 面板上显示的频率是负值。

（3）停止。按变频器上的停止◉键，电动机将按照 P1121 设定的减速时间停止。

思考与练习

一、填空题

1．西门子变频器数字量输入端的逻辑有________输入和________输入 2 种，可以通过________参数设定。

2．西门子的模拟量输入端可以接受的________V 或________V 的电压信号、________mA 的电流信号。

3．西门子数字量输出的电路结构有________和________两种。

二、简答题

1．MM440 变频器的模拟量输入端口有几个？电压输入和电流输入的量程标准是多少？如何通过 DIP 开关设置电压输入和电流输入？

2．MM440 变频器的数字量输入端口有几个？数字量输入能否外加电源？

3．MM440 变频器的输出继电器有几个？分别占用哪几个端口？其中常开触点、常闭触点是哪几个端口？

4．如何标定 ADC 的 4 个参数？

三、分析题

1．在图 2-16 中，如果选择用 AIN1 的模拟量电流 0～20mA 作为频率给定信号，变频器怎样接线？参数如何设置？

2．利用变频器外部端子实现电动机正转、反转和点动的功能，电动机加减速时间为 4s，点动频率为 10Hz。端子 5 为点动正转端子，端子 6 为点动反转端子，端子 7 为正转端子，端子 8 为反转端子，由端子 10、端子 11 给定 0～10V 的模拟量电压信号，试画出变频器的接线图并设置参数。

任务 2.3　西门子变频器的多段速运行操作

任 务 导 入

在工业生产中，由于工艺的要求，很多生产机械需要在不同的转速下运行，如车床主轴变频、龙门刨床主运动、高炉加料料斗的提升等。针对这种情况，一般的变频器都有多段速控制功能，以满足工业生产的要求。某变频器控制系统，要求用 3 个外端子实现 7 段速控制，运行频率分别为 10Hz、20Hz、50Hz、30Hz、−10Hz、−20Hz、−50Hz。变频器的上下限频率分别为 60Hz、0Hz，加减速时间为 5s，变频器如何接线和设置参数才能使变频器按照此任务要求运行？

相关知识

多段速功能也称作固定频率，就是设置在参数 P1000=3 的条件下，用数字量端子选择固定频率的组合，实现电动机多段速度运行。MM440 变频器的 6 个数字输入端子 5、端子 6、端子 7、端子 8、端子 16、端子 17 可通过 P0701～P0706 设置实现多段速控制。每一段的频率可分别由 P1001～P1015 参数设置，最多可实现 15 段速控制，电动机的方向可以由 P1001～P1015 参数设置的频率正负决定。6 个数字输入端子，哪一个作为电动机运行、停止控制，哪些作为多段速频率控制，可以由用户任意确定。一旦确定了某一数字输入端子的控制功能，其内部参数设置值必须与端子的控制功能相对应。

西门子 MM440 变频器的多段速控制可通过以下 3 种方法实现。

1．直接选择（P0701～P0706=15）

在这种操作方式下，一个数字输入选择一个固定频率，端子与参数设置对应如表 2-19 所示，变频器的启动信号由面板给定或通过设置数字量输入端的正反转功能给定。

表 2-19　直接选择方式端子与参数设置对应表

端子编号	对应参数	对应频率设置值	说明
5	P0701	P1001	（1）频率给定源P1000必须设置为3。 （2）当多个选择同时激活时，选择的频率是它们的总和
6	P0702	P1002	
7	P0703	P1003	
8	P0704	P1004	
16	P0705	P1005	
17	P0706	P1006	

视频 31．西门子变频器直接选择运行

2．直接选择+ON 命令（P0701～P0706=16）

在这种操作方式下，数字量输入既选择固定频率（见表 2-19），又具备启动功能。

3．二进制编码选择+ON 命令（P0701～P0704=17）

二进制编码选择+ON 命令只能使用数字量输入端子 5、端子 6、端子 7、端子 8 控制，这 4 个端子的二进制组合最多可以选择 15 个固定频率，由 P1001～P1015 指定多段速中的某个固定频率运行，这种控制方法必须把变频器的参数 P0701～P0704 同时设置为 17，其对应的全部 4 个固定频率方式位参数 P1016～P1019 才能自动设定为 3，ON/OFF1 命令选择开关才能为 1，这时闭合相应的端子变频器才可能运行。

注　意

5、6、7、8 这 4 个端子的参数 P0701～P0704 只要有一个参数不设置为 17，P1016～P1019 就自动恢复到出厂值 1，变频器就不会启动，必须重新手动设置以保证 P1016～P1019=3。

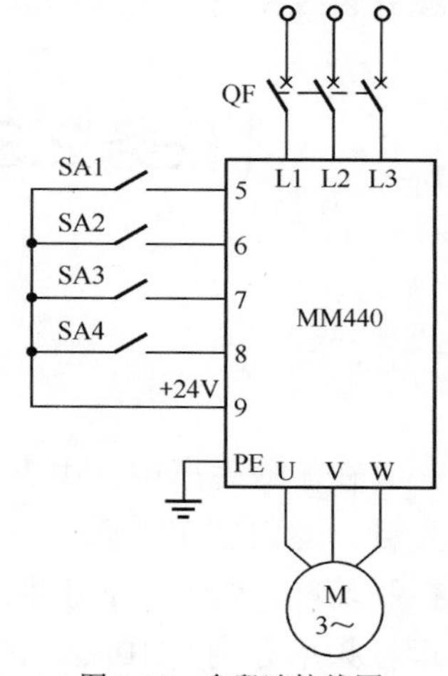

图 2-18　多段速接线图

要实现 15 段速频率控制，需要 4 个数字输入端子，图 2-18 所示为 15 段速控制接线图。其中，数字输入端子 5、端子 6、端子 7、端子 8 为固定频率选择控制端子，其对应的参数 P0701～P0704=17，P1000=3，由开关 SA1～SA4 按不同通断状态组合，实现 15 段固定频率控制，其 15 段速固定频率控制状态如表 2-20 所示。

表 2-20 15 段速固定频率控制状态表

固定频率	开关状态				对应频率参数	参数功能
	端子 8	端子 7	端子 6	端子 5		
1	0	0	0	1	P1001	设置段速 1 频率
2	0	0	1	0	P1002	设置段速 2 频率
3	0	0	1	1	P1003	设置段速 3 频率
4	0	1	0	0	P1004	设置段速 4 频率
5	0	1	0	1	P1005	设置段速 5 频率
6	0	1	1	0	P1006	设置段速 6 频率
7	0	1	1	1	P1007	设置段速 7 频率
8	1	0	0	0	P1008	设置段速 8 频率
9	1	0	0	1	P1009	设置段速 9 频率
10	1	0	1	0	P1010	设置段速 10 频率
11	1	0	1	1	P1011	设置段速 11 频率
12	1	1	0	0	P1012	设置段速 12 频率
13	1	1	0	1	P1013	设置段速 13 频率
14	1	1	1	0	P1014	设置段速 14 频率
15	1	1	1	1	P1015	设置段速 15 频率

任务实施

【训练工具、材料和设备】

西门子 MM440 变频器 1 台、三相异步电动机 1 台、开关和按钮若干、《西门子 MM440 通用变频器使用手册》、通用电工工具 1 套。

视频 32. 西门子变频器 7 段速运行

1. 硬件接线

根据任务要求，变频器需要 7 段速运行，因此，用 5、6、7 三个端子就可以实现 7 段速组合运行，按照图 2-18 接线，注意不接端子 8。

2. 参数设置

变频器首先清零，然后设置功能参数，如表 2-21 所示。

表 2-21 7 段速控制参数表

参数号	参数名称	出厂值	设定值	说明
P0003=1，设用户访问级为标准级 P0004=7，命令和数字 I/O				
P0700	选择命令给定源（启动/停止）	2	2	命令源选择由端子排输入，这时变频器只能从端子控制
P0003=2，设用户访问级为扩展级 P0004=7，命令和数字 I/O				
P0701	设置端子 5	1	17	二进制编码+ON 命令
P0702	设置端子 6	12	17	二进制编码+ON 命令
P0703	设置端子 7	9	17	二进制编码+ON 命令
P0704	设置端子 8	15	17	二进制面板+ON 命令
P0003=1，用户访问级为标准级 P0004=10，设定值通道和斜坡函数发生器				
P1000	设置频率给定源	2	3	选择固定频率设定值
*P1080	下限频率	0.00	0.00	电动机的最小运行频率（0Hz）

续表

参数号	参数名称	出厂值	设定值	说明
*P1082	上限频率	50.00	60.00	电动机的最大运行频率（60Hz）
*P1120	加速时间	10.00	5.00	斜坡上升时间（5s）
*P1121	减速时间	10.00	5.00	斜坡下降时间（5s）
P0003=2，设用户访问级为扩展级 P0004=10，设定值通道和斜坡函数发生器				
设置 P1001～P1007 分别等于 10Hz、20Hz、50Hz、30Hz、−10Hz、−20Hz、−50Hz				
P0003=3，用户访问级为专家级 P0004=10，设定值通道和斜坡函数发生器				
P1016	固定频率方式一位 0	1	3	P1016～P1019=1，直接选择 P1016～P1019=2，直接选择+ON 命令 P1016～P1019=3，二进制编码+ON 命令 P1016～P1019 在 P0701～P0704 均设置为 17 时，自动变为 3
P1017	固定频率方式一位 1	1	3	
P1018	固定频率方式一位 2	1	3	
P1019	固定频率方式一位 3	1	3	

3．运行操作

闭合 SB1 时，变频器运行在 P1001 设定的频率上，闭合 SB2 时，变频器运行在 P1002 设定的频率上；同时闭合 SB1 和 SB2，变频器运行在 P1003 的设定频率上，闭合 SB3 时，变频器运行在 P1004 设定的频率上。

请把实训操作结果填入表 2-22 中。

表 2-22　　7 段速固定频率控制状态表

固定频率	端子 7（SB3）	端子 6（SB2）	端子 5（SB1）	对应频率所设置的参数	频率/Hz
1	0	0	1		
2	0	1	0		
3	0	1	1		
4	1	0	0		
5	1	0	1		
6	1	1	0		
7	1	1	1		

知识拓展——西门子变频器升降速控制端功能

在变频器的外接给定方式中，人们习惯于使用电位器来进行频率给定，如图 2-19 所示。但电位器给定有许多缺点，具体如下。

（1）电位器给定是电压给定方式之一，属于模拟量给定，给定精度较差。

（2）电位器的滑动触点容易因磨损而接触不良，导致给定信号不稳定，甚至发生频率跳动等现象。

（3）当操作位置与变频器之间的距离较远时，线路上的电压降将影响频率的给定精度。同时，也较容易受到其他设备的干扰。

大部分变频器外接数字量输入端子都具备升降速控制功能，利用升（UP）、降（DOWN）速端子来进行频率给定时，

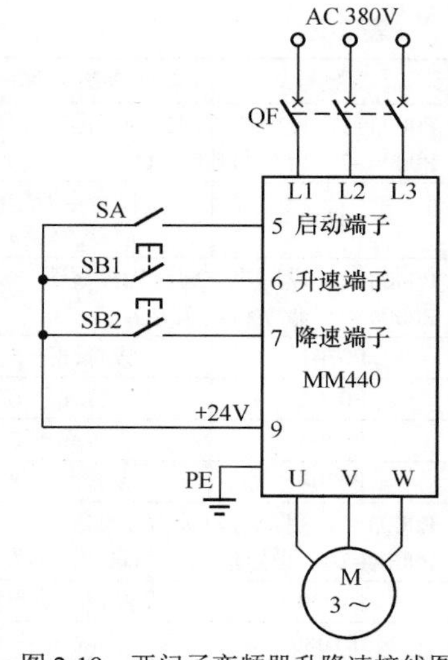

图 2-19　西门子变频器升降速接线图

只需接入两个按钮即可，如图 2-19 所示。

采用升降速端子的优点：①升、降速端子给定属于数字量给定，精度较高；②用按钮来调节频率，不但操作简便，而且不易损坏；③因为是开关量控制，故不受线路电压降等的影响，抗干扰性能极好。因此，在变频器进行外接给定时，应尽量少用电位器，而以利用升、降速端子进行频率给定为好。

对于西门子变频器，设定 P701～P708 参数可以实现频率的升、降速控制。参数设定的意义及设定范围如表 2-23 所示。

表 2-23　　升降速端子参数

数字输入	端子号	参数号	出厂值	设定值	说　明
DIN1	5	P0701	1	1	ON 接通正转，OFF 停止
DIN2	6	P0702	12	13	ON 接通电动电位计升速，OFF 速度保持
DIN3	7	P0703	9	14	ON 接通电动电位计降速，OFF 速度保持
		P0700	2	2	命令源选择由外部端子输入
		P1000	2	10	无主设定值+MOP 设定值

（1）如图 2-19 所示，用 P0702=13 和 P0703=14 将端子 6、端子 7 分别设定为升降速端子的功能。

此时一直闭合端子 5 信号。

端子 6 接通→频率上升。

端子 6 断开→频率保持。

端子 7 接通→频率下降。

端子 7 断开→频率保持。

断开端子 5 信号，则变频器停止运行。

扩展视频：西门子变频器升降速控制端功能

（2）频率可通过端子 6（加速）和端子 7（减速）在 0Hz 到上限频率（由 P1180 或 P1182 设定值）之间改变。

（3）当选择升降速功能时，变频器 P1000=10。

思考与练习

1．简述西门子 MM440 变频器的 3 种多段速实现方式的不同点。

2．变频器的端子 7、端子 8、端子 16 分别控制变频器运行在 30Hz、60Hz、−45Hz 运行，变频器应该选择多段速中的哪种控制方式？变频器如何接线？如何设置参数？

3．用 4 个开关控制变频器实现电动机 12 段速频率运转。12 段速设置分别为：5Hz、10Hz、15Hz、−15Hz、−5Hz、−20Hz、25Hz、40Hz、50Hz、30Hz、−30Hz、60Hz。变频器的启动和停止信号可以由外部端子给定。试画出变频器外部接线图，写出参数设置。

项目3
变频器常用控制电路

学习目标

1. 熟练掌握变频器常用控制电路的接线方法及工作原理。
2. 能运用变频器的升降速功能实现变频器同步运行。
3. 了解PID控制原理，掌握变频器PID控制时的接线方法和参数设置方法。
4. 培养学生的绿色发展观和团结协作精神。

|任务3.1 变频器正反转控制电路|

任务导入

变频器在实际应用中，还需要和许多外接的配件一起使用才能完成控制功能。图3-1所示是一个带式传送带变频控制系统，变频器通过交流电动机拖动传送带运行，要求按下正转启动按钮，传送带正转运行，按下反转启动按钮，传送带反转运行，按下停止按钮，传送带停止运行。这样的控制系统，需要配置什么样的电路才能实现变频器的正反转控制功能呢？

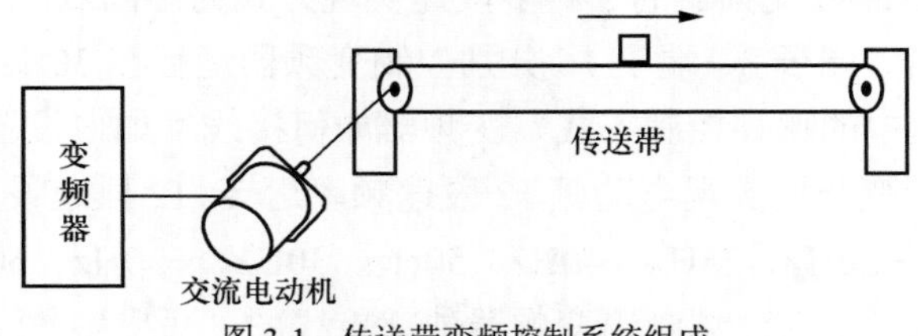

图3-1 传送带变频控制系统组成

相关知识

一、变频器的外接主电路

图3-2所示是一个比较完整的主电路。主电路中主要配件的作用如下。

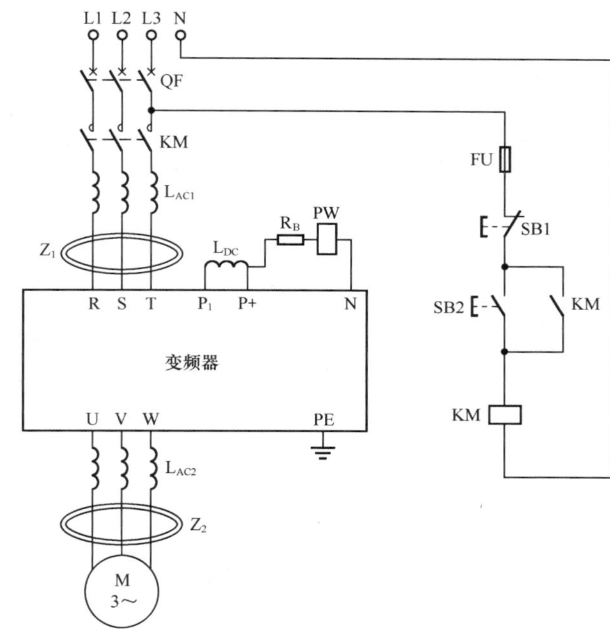

图 3-2 变频器主电路接线

（1）低压断路器 QF 的主要作用：①隔离作用，当变频器需要检修时，或者因某种原因长时间不用时，将 QF 切断，使变频器与电源隔离；②保护作用，当变频器的输入侧发生短路等故障时，进行保护。

学海领航
变频器高次谐波的危害和防治

（2）接触器 KM 的主要作用：①可通过按钮方便地控制变频器的通电与断电；②变频器发生故障时，可自动切断电源，并防止掉电及故障后再启动。

（3）电源侧交流电抗器 L_{AC1}：改善输入功率因数，减小高次谐波的影响，并抑制浪涌电流。

（4）输入高频噪声滤波器 Z_1 和输出高频噪声滤波器 Z_2：减小变频器产生的高频干扰信号。

（5）直流电抗器 L_{DC}：改善功率因数，抑制尖峰电流，与交流电抗器配合使用，可将功率因数提高至 0.9 以上。

（6）制动电阻 R_B 和制动单元 PW：电动机在工作频率下降过程中，将处于再生制动状态，拖动系统的动能要反馈到直流电路中，使直流电压 U_D 不断上升（该电压通常称为泵升电压），甚至可能达到危险的地步。因此，必须将再生到直流电路的能量消耗掉，使 U_D 保持在允许范围内。制动电阻常用于大惯量负载、频繁启制动及正反转的场合，消耗回馈制动时产生的电能。

当变频器与电动机距离较远时，传输线路中的分布电容和电感的作用变得强烈，可能会出现电动机侧电压升高，电动机震动等。此时需要在变频器的输出侧接入输出电抗器，它可平滑滤波，减少瞬变电压 dv/dt 的影响，降低电动机的噪声，延长电动机的绝缘寿命。

注 意

变频器的输出侧不允许接电容器或浪涌吸收器，以免造成开关管过流损坏或变频器不能正常工作。

由于变频器有比较完善的过电流和过载保护功能，且低压断路器也具有过电流保护功能，故进线侧可不必接熔断器。又因为变频器内部具有电子热保护功能，故在只接一台电动机的情况下，可不必接热继电器。

二、变频器启停控制电路

变频器常用启/停控制电路如图3-3所示，接触器KM控制变频器接通或断开电源，中间继电器KA控制变频器启动或停止。当变频器通过外接信号进行控制时，一般不推荐由接触器KM来直接控制电动机的启动和停止，原因如下。

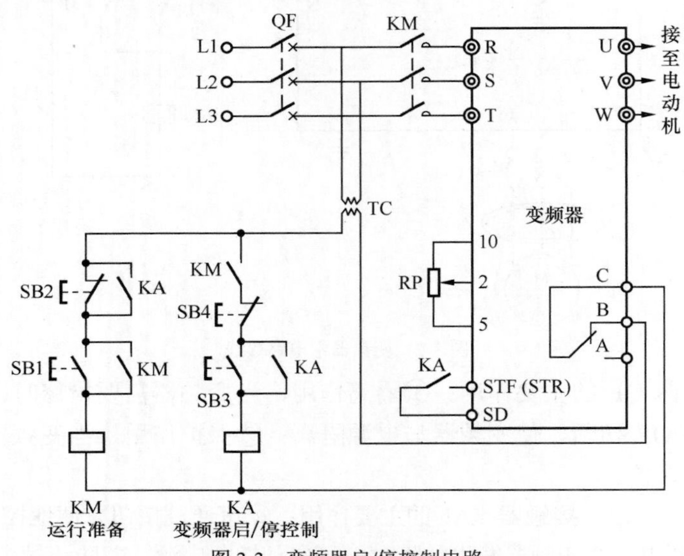

图3-3　变频器启/停控制电路

（1）变频器的保护功能动作时可以通过接触器迅速切断电源。

（2）变频器在刚接通电源的瞬间，充电电流是很大的，会构成对电网的干扰。因此应将变频器接通电源的次数减少到最小。

（3）通过接触器KM切断电源时，变频器已经不工作了，变频器立即停止输出，电动机将处于自由制动状态，不能按预置的减速时间来停机。因此不允许运行中的变频器突然断电。

变频器正反转工作原理如下。

合上QF→按下SB1→KM线圈得电→
- KM主触点闭合→接通变频器电源
- KM辅助触点闭合→KM自锁
- KM辅助触点闭合→为KA得电做准备

按SB3→KA线圈得电→KA的3个动合触点闭合→
- KA继电器自锁，以保持变频器连续正转
- 接通STF端子，变频器正转运行
- 锁定SB2，在正转过程中SB2操作无效，保证变频器只有在停止运行后才能断电

按下SB4→KA线圈断电→KA的3个动合触点断开→
- STF端子断开，变频器停止正转运行
- 解除对SB2的锁定，SB2操作可生效

→按下SB2→KM线圈断电

- KM辅助触点断开→解除KM接触器的自锁
- KM主触点断开→切断变频器电源

→断开QF→切断控制电路电源

通过接触器 KM 的常开触点也可以控制变频器的 STF 端子接通，从而控制变频器运行或停止，但是电源接通时流过的瞬间电流会缩短变频器的使用寿命（开关寿命为 100 万次左右），因此要尽量减少频繁地启动和停止。如图 3-3 所示，通过中间继电器的常开触点 KA 控制端子 STF 来使变频器运行或停止，此时应设定 P0700=2（外部运行模式），P0701 = 1（正转启动）。

在 KA 线圈电路中串联 KM 的动合触点，是保证 KM 未闭合前，继电器 KA 线圈不得电，从而防止先导通 KA 的误动作。而当 KA 导通时，其动合触点闭合使停止按钮 SB2 失去作用，从而保证了只有在电动机先停机的情况下，才能使变频器切断电源。在图 3-3 所示的控制电路中，串入了故障输出端子 B、C 的动断触点，其作用是当变频器发生故障而报警时，B、C 触点断开，使 KM 和 KA 线圈断电，将变频器的电源切断，此时应该设置 B、C 端子对应的参数 Pr.192=99（变频器故障）。

注 意

如果电动机的旋转方向反了，可以不必更换电动机的接线，而通过以下方法更正。

（1）继电器的动合触点 KA 由正转端子 STF 接到反转端子 STR 上。

（2）接至 STF 端子上的接线不变，而通过功能预置来改变旋转方向。例如，三菱 FR-D700 变频器就可以通过将 Pr.40 的设定值变为 1 来实现。

任务实施

【训练工具、材料和设备】

三菱 FR-D740-0.75K-CHT 变频器 1 台、三相异步电动机 1 台、《三菱 FR-D700 系列通用变频器使用手册》、接触器 1 个、中间继电器 2 个、按钮和开关若干、1kΩ/2W 电位器 1 个、通用电工工具 1 套。

1. 硬件电路

继电器控制的传送带正、反转电路如图 3-4 所示。按钮 SB1、SB2 用于控制接触器 KM，从而控制变频器接通或切断电源；按钮 SB3、SB4 用于控制正转继电器 KA1，从而控制电动机的正转运行；按钮 SB5、SB4 用于控制反转继电器 KA2，从而控制电动机的反转运行；电位器 RP 调节变频器的运行速度；B、C 端子控制变频器一旦发生故障时，切断变频器的电源。按钮 SB 用来复位。

2. 参数设置

变频器要想实现外部控制功能，首先将变频器的参数清零，然后设置如下参数。

Pr.1=50Hz，上限频率。

Pr.2=0Hz，下限频率。

Pr.7=5s，加速时间。

Pr.8=5s，减速时间。

Pr.9=2.5A，电子过电流保护，一般设定为变频器的额定电流。

Pr.73=1，端子 2 输入 0～5V 电压信号。

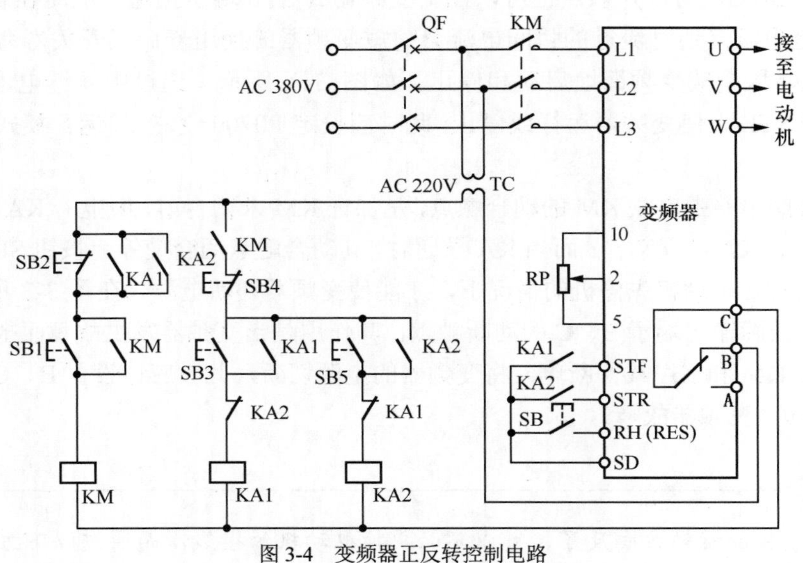

图 3-4　变频器正反转控制电路

Pr.125=50Hz，端子 2 频率设定增益频率。

Pr.178=60，端子 STF 设定为正转端子。

Pr.179=61，端子 STR 设定为反转端子。

Pr.182 =62，将 RH 端子功能变更为 RES 端子功能。

Pr.192=99，将变频器输出端子 A、B、C 设置为异常输出功能。

Pr.79=2，选择外部运行模式。

3．运行操作

（1）正转运行。按下按钮 SB1，接触器 KM 得电并自锁，其 3 对主触点闭合，变频器上电；按下按钮 SB3，中间继电器 KA1 得电并自锁，KA1 的常开触点闭合，将端子 STF 接通，变频器正转运行，此时调节电位器 RP，就可以调节变频器的速度。按下按钮 SB4，KA1 失电，STF 端子断开，变频器停止运行。

（2）反转运行。按下按钮 SB1，接触器 KM 得电并自锁，其 3 对主触点闭合，变频器上电；按下按钮 SB5，中间继电器 KA2 得电并自锁，KA2 的常开触点闭合，将端子 STR 接通，变频器反转运行，此时调节电位器 RP，就可以调节变频器的速度。按下按钮 SB4，KA2 失电，STR 端子断开，变频器停止运行。

（3）在 KA1 和 KA2 线圈电路中串入 KM 的常开触点，是为了实现正转与反转只有在接触器 KM 已经动作、变频器已经通电的状态下，才能运行。

（4）在 SB2 按钮两端并联继电器 KA1、KA2 的常开触点用以防止电动机在运行状态下通过 KM 直接停机。

知识拓展——变频器外围电器元件的选择

如图 3-2 所示，变频器外围主要电器元件的选择如下。

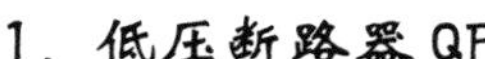

1．低压断路器 QF

变频器在刚接通电源的瞬间，对电容器的充电电流可高达额定电流的 2～3 倍；变频器的进线电流是脉冲电流，其峰值常可能超过额定电流；变频器允许的过载能力为 150%、1min。因此，为了避免误动作，低压断路器的额定电流 I_{QN}≥（1.3～1.4）I_N，其中 I_N 为变频器的额定电流。

2．接触器 KM

由于接触器自身并无保护功能，不存在误动作的问题，故选择原则是，主触点的额定电流 I_{KN}≥I_N。

3．输出接触器

变频器的输出端一般不接接触器，由于某种需要而接入时，如工频切换电路如图 3-5 中的 KM2，因为电流中含有较强的谐波成分，故变频器的主触点的额定电流 I_{KN}≥1.5I_{MN}。其中 I_{MN} 是电动机的额定电流。

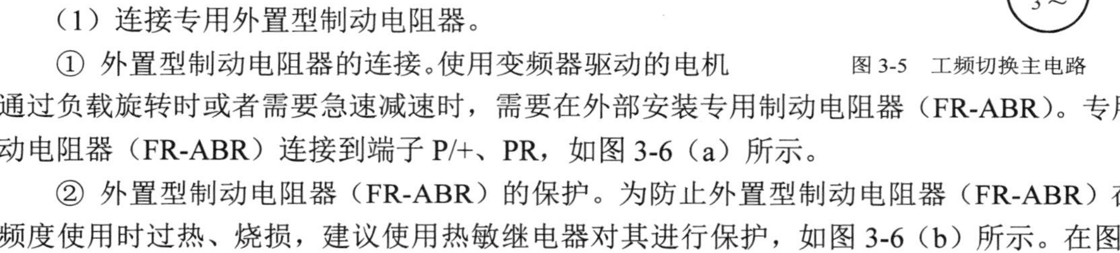

图 3-5　工频切换主电路

4．制动电阻

（1）连接专用外置型制动电阻器。

① 外置型制动电阻器的连接。使用变频器驱动的电机通过负载旋转时或者需要急速减速时，需要在外部安装专用制动电阻器（FR-ABR）。专用制动电阻器（FR-ABR）连接到端子 P/+、PR，如图 3-6（a）所示。

② 外置型制动电阻器（FR-ABR）的保护。为防止外置型制动电阻器（FR-ABR）在高频度使用时过热、烧损，建议使用热敏继电器对其进行保护，如图 3-6（b）所示。在图 3-6（b）中，一旦制动电阻 R 过热，热敏继电器热元件 FR 检测到其温度超过设定温度，其常闭触点断开，接触器 KM 线圈失电，其三对主触点断开，将变频器一次侧的电源切除。

注　意

制动电阻的容量不同，选配的热敏继电器的型号也不同，详细配置请参考三菱变频器的使用手册。

（2）制动单元（FR-BU2）的连接。如图 3-6（c）所示，为了提高减速时的制动能力，连接 FR-BU2 制动单元选件。

注　意

① 连接时要使变频器端子（P/+、N/-）和制动单元（FR-BU2）的端子名相同（连接错误会导致变频器及制动单元损坏）。

② 对于 400V 级电源，需安装一个降压变压器。

③ 变频器制动单元（FR-BU2）与电阻器单元（FR-BR）之间的接线距离分别设在 5m 或以下，即使使用双绞线，也应限定在 10m 或以下。

④ 正常时，TH1 与 TH2 之间为常闭；异常时，TH1 与 TH2 之间为常开。

⑤ BUE 和 SD 在初始状态下连接着短路片。

如果制动单元内的晶体管被损坏（短路），电阻将非常热，导致起火。因此，在变频器的电源侧安装电磁接触器，可在故障时切断电源。

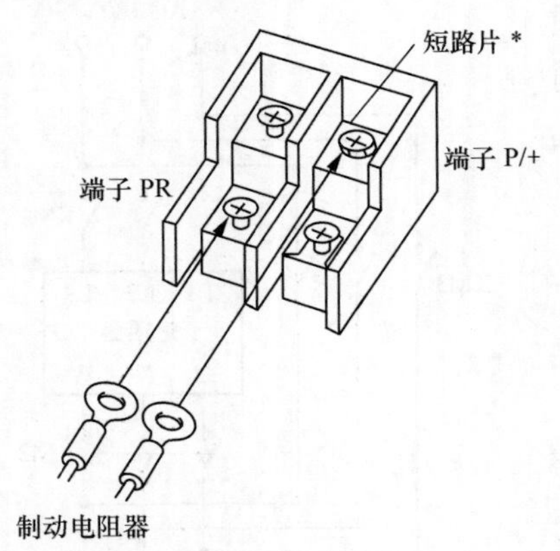

（a）FR-D740-0.5K～3.7K-CHT 变频器的制动电阻连接图

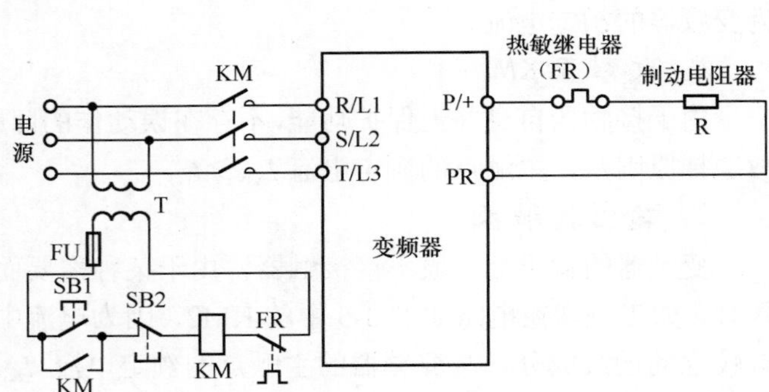

（b）带热敏继电器保护的电路接线图

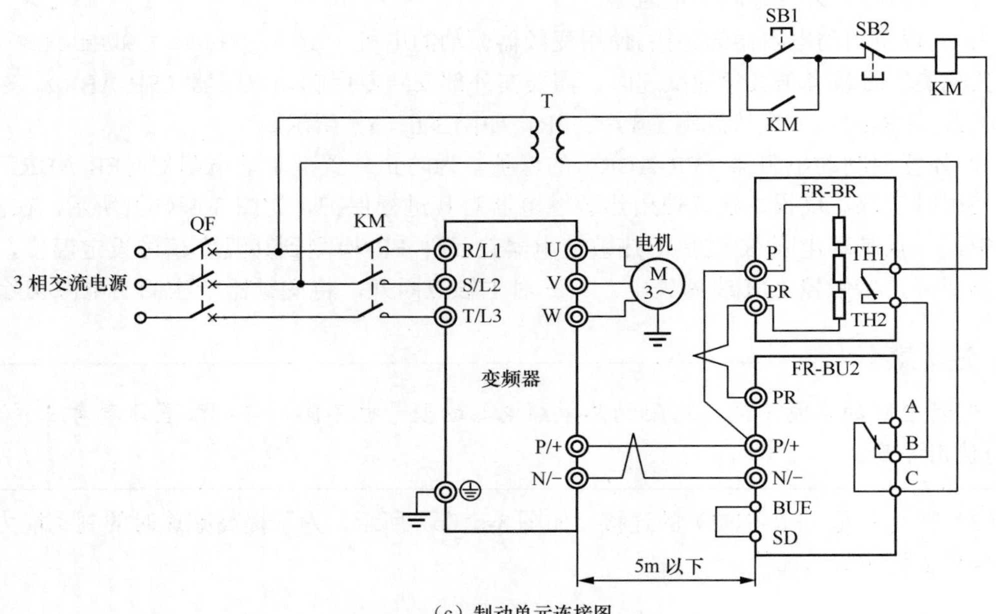

（c）制动单元连接图

图 3-6　三菱变频器的电阻接线图

思考与练习

一、填空题

1．变频器外接主电路中输入侧和输出侧都接有滤波器，其作用是________。

2．制动电阻 R_B 和制动单元 PW 的作用是________。

3．变频器的输出侧不允许接________或浪涌吸收器，以免造成开关管过流损坏或变频器不能正常工作。

二、简答题

1．为什么在变频器的电源侧接接触器？为什么不能采用接触器直接控制变频器的启、停？

2．变频器的通、断电是在停止输出状态下进行的，在运行状态下一般不允许切断电源，为什么？

3．见图 3-3，为什么在 KA 线圈电路中串联 KM 的辅助动合触点？而在停止按钮 SB2 的两端要并联 KA 的动合触点？将变频器的输出端子 B、C 串联到电路中起什么作用？

4．根据图 3-4 所示的变频器电路，回答下述问题。

（1）变频器在正转或反转运行时，能够通过按钮 SB2 控制接触器 KM 使变频器主电路断电吗？为什么？

（2）变频器在正转运行时，能够通过按钮 SB5 控制 KA2，使变频器得到反转运行指令吗？为什么？

（3）当变频器有故障报警信号输出时，能够控制接触器 KM 使变频器主电路断电吗？为什么？

任务 3.2　变频器同步运行控制电路

任 务 导 入

在纺织、印染以及造纸机械中，根据生产工艺的需要，往往划分成许多个加工单元，每个单元都有各自独立的拖动系统，如图 3-7 所示。如果后面单元的线速度低于前面，将导致被加工物堆积；反之，如果后面单元的线速度高于前面，将导致被加工物撕裂。因此，要求各单元的运行速度步调一致，即实现同步运行。

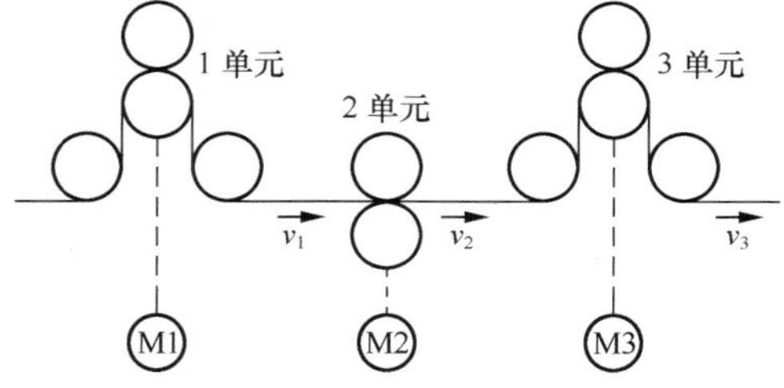

图 3-7　三台电机同步运行

同步控制必须解决好以下问题。

（1）统调：各单元要能够同时升速和降速。

（2）微调：当某单元的速度与其他单元不一致时，应能够通过手动或自动的方式微调，微调时，该单元以后各单元的转速必须同时升速或降速，而不必逐个进行。

（3）单独调试：各单元的调试过程应能单独运行。

如图 3-7 所示，如果采用变频器控制每个单元的拖动电机，那么 3 台变频器是如何做到同步的呢？

相关知识——模拟电压输入端子控制的同步运行

通过三菱变频器的模拟量输入端子 2、端子 5 可以实现 3 台电机的同步运行。如图

3-8 所示，第 1 台变频器用电位器 RP 给定频率，其他两台变频器的模拟量输入端 2 和端子 5 接受来自第 1 台变频器电位器的电压给定，3 台变频器的速度给定用同一电位器，以此保证 3 台变频器的给定电压相同；3 台变频器的正转控制端子 STF 均由中间继电器的触点 KA 控制，以实现 3 台变频器同时启动运行。若同速运行，可将 3 台变频器的频率增益等参数设置相同，每台变频器的输出频率由各自的多功能输出端子 AM、5 接频率表指示。

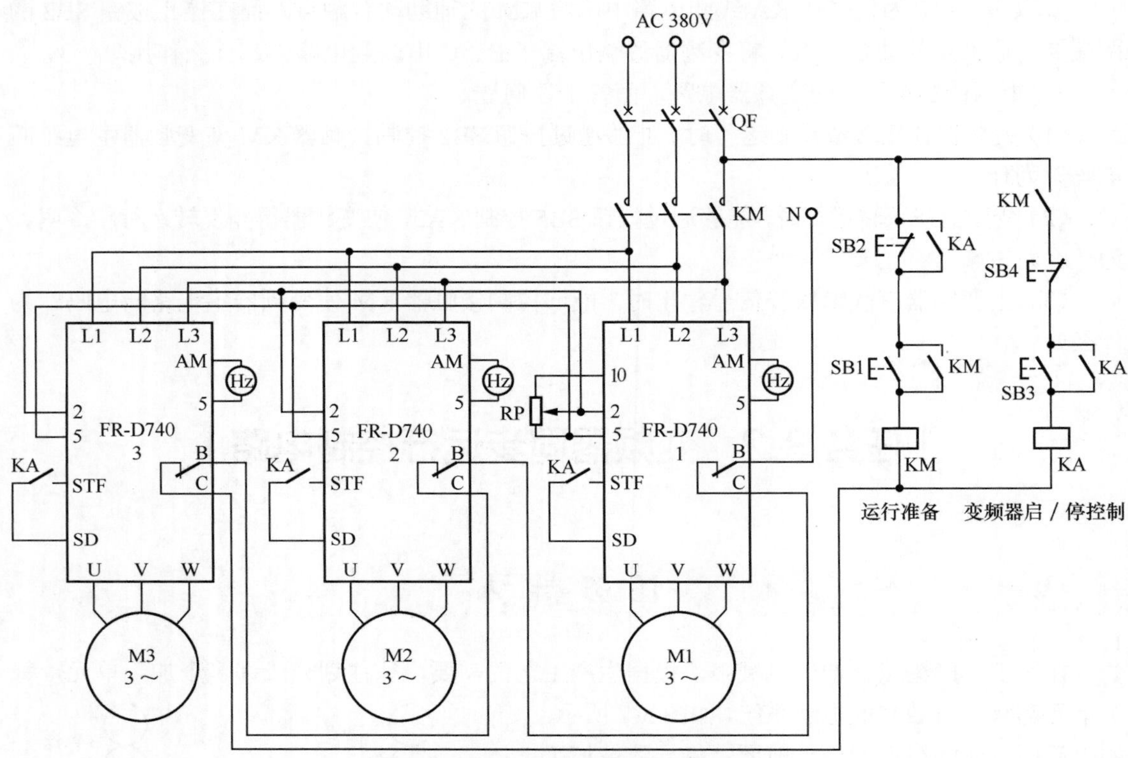

图 3-8 模拟电压输入端子控制的同步运行

1. 运行要求

（1）3 台变频器的电源通过接触器 KM 由控制电路控制。

（2）按下 SB1 的上电按钮，接触器 KM 得电并自锁，接触器的 3 对主触点闭合，保证变频器持续通电。

（3）按下 SB3 的运行按钮，中间继电器 KA 得电并自锁，其常开触点闭合，3 台变频器上的 STF 端子闭合，保证变频器连续运行，且运行过程中变频器不能断电。

（4）SB4 停止按钮只用于停止变频器的运行，而不能切断变频器的电源。

（5）任何一个变频器故障报警时都要切断控制电路，从而切断变频器的电源。

2. 主电路的设计

（1）断路器 QF 控制电路总电源，KM 控制 3 台变频器的通、断电。

（2）3 台变频器的电源输入端并联。

（3）3 台变频器的 2、5 端并联。

（4）3 台变频器的运行端子 STF 由中间继电器触点 KA 控制。

3. 控制电路的设计

（1）3 台变频器的故障输出端子 B、C 串联在控制电路中，任何一个变频器故障报警时，B、C 触点断开，KM 接触器失电，从而切断变频器的电源。

（2）上电按钮 SB1 与 KM 的动合触点并联，使 KM 能够自锁，保持变频器持续通电。

（3）断电按钮 SB2 与 KM 线圈串联，同时与运行继电器 KA 的动合触点并联，受运行继电器的封锁。

（4）运行按钮 SB3 与运行继电器 KA 的动合触点并联，使 KA 能够自锁，保持变频器连续运行。

（5）停止按钮 SB4 与 KA 线圈串联，但不影响 KM 的状态。

4. 参数设置

3 台变频器均需设置如下参数。

Pr.1=50Hz，上限频率。

Pr.2=0Hz，下限频率。

Pr.7=5s，加速时间。

Pr.8=5s，减速时间。

Pr.9=2.5A，电子过电流保护，一般设定为变频器的额定电流。

Pr.160=0，扩展参数。

Pr.73=1，端子 2 输入 0～5V 电压信号。

Pr.125=50Hz，端子 2 频率设定增益频率。

Pr.158=1，使 AM 端子输出频率信号。

Pr.55=50，输出频率监视值输出到端子 AM 时的满刻度值为 50Hz。

Pr.178=60，端子 STF 设定为正转端子。

Pr.192=99，将变频器输出端子 A、B、C 设置为异常输出功能。

Pr.79=2，选择外部运行模式。

任 务 实 施

【训练工具、材料和设备】

三菱 FR-D740-0.75K-CHT 变频器 1 台、三相异步电动机 1 台、《三菱 FR-D700 系列通用变频器使用手册》、接触器 1 个、中间继电器 3 个、按钮若干、通用电工工具 1 套。

1. 运行要求

（1）3 台变频器要同时运行，运行速度一致，且调速通过各自的升降速端子实现，即 3 台变频器的升降速端子要由同一个器件控制。

（2）3 台变频器能通过各自的升降速端子微调输出频率。

（3）3 台变频器的规格型号、加/减速时间必须相同。

（4）任何一台变频器故障报警时均能切断控制电路，变频器主电路由 KM 断电。

（5）各台变频器的输出频率要由面板上的 LED 数码显示屏或数字频率表指示。

（6）此控制电路多应用于控制精度不太高的场合，如纺织、印染、造纸等多个控制单元的联动传动中。

2．硬件电路

该任务如果采用外接电位器来进行频率给定，如图 3-8 所示。但电位器给定有许多缺点，具体如下。

（1）电位器给定是电压给定方式之一，属于模拟量给定，给定精度较差。

（2）电位器的滑动触点容易因磨损而接触不良，导致给定信号不稳定，甚至发生频率跳动等现象。

（3）当操作位置与变频器之间的距离较远时，线路上的电压降将影响频率的给定精度，也较容易受到其他设备的干扰。

该任务采用三菱变频器升降速控制功能来实现，利用升降速端子来进行频率给定时，只需接入两个按钮即可，如图 3-9 所示。

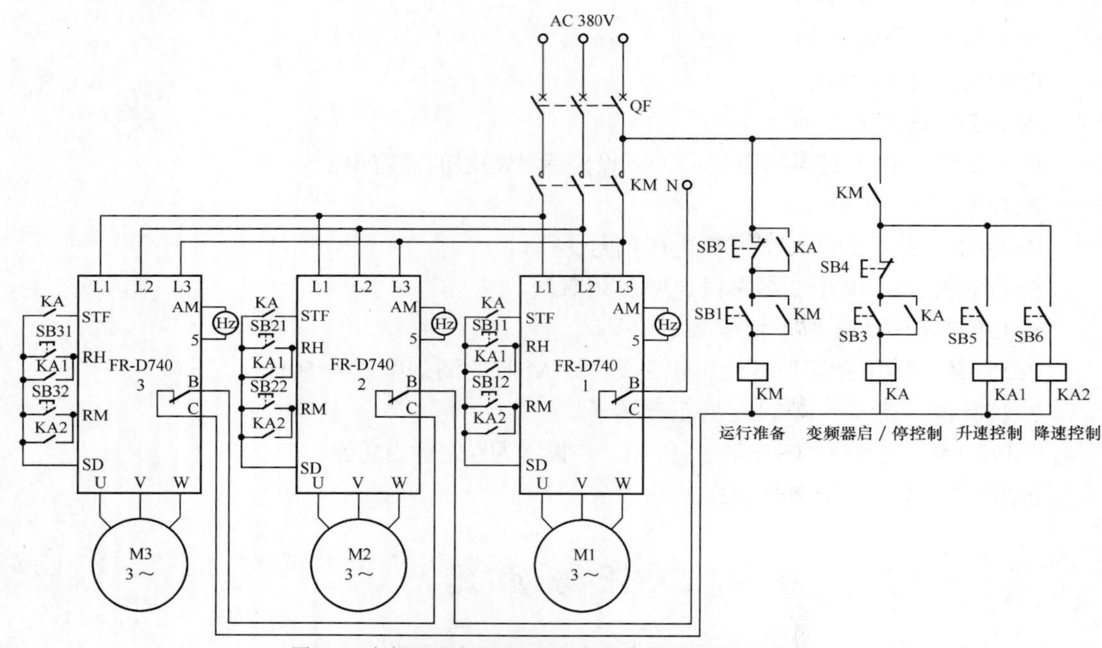

图 3-9　变频器升降速端子控制的 3 台变频器同步运行

采用升降速端子的优点如下。

（1）升、降速端子给定属于数字量给定，精度较高。

（2）用按钮来调节频率，不但操作简便，而且不易损坏。

（3）因为是开关量控制，故不受线路电压降等的影响，抗干扰性能极好。因此，在变频器进行外接给定时，应尽量少用电位器，而以利用升、降速端子进行频率给定为好。

3 台变频器同步运行的接线图如图 3-9 所示，各单元的拖动电动机分别是 M1、M2、M3，分别由变频器 1、2、3 控制。

（1）主电路。

① 断路器 QF 控制电路总电源，KM 控制 3 台变频器的通、断电。

② 3 台变频器的电源输入端并联。

③ 3 台变频器的启动端子 STF、升速端子 RH、降速端子 RM 分别由同一继电器的动合触点 KA、KA1、KA2 控制。

④ 3 台变频器的升速端子 RH、降速端子 RM 上还需要接入微调按钮 SB11、SB12、SB21、SB22、SB31 和 SB32，分别对自身的变频器进行微调。

⑤ 3 台变频器的模拟输出 AM、5 端子接频率表，对输出实际频率进行监控。

（2）控制电路。

① 接触器 KM 控制变频器上电，中间继电器 KA 控制变频器运行，KA1 控制变频器升速，KA2 控制变频器降速。

② 3 台变频器的故障输出端子 B、C 串联在控制电路中，一旦任何一台变频器出现故障，其常闭触点就断开，切断变频器的电源。

③ 通电按钮 SB1 与 KM 的动合触点并联，使 KM 能够自锁，保持变频器持续通电；断电按钮 SB2 与控制运行的继电器 KA 动合触点并联，保证只有变频器停止运行后，才能切断电源。

④ 控制升速端子 RH、降速端子 RM 的继电器触点 KA1、KA2 在主电路断电时不能得电，需要将 KA1、KA2 的线圈接在 KM 辅助动合触点的下面。

3．参数设置

3 台变频器由外端子控制运行，分别设定 3 台变频器的多功能输入端子 RH、RM 为升速端子和降速端子，3 台变频器的加速时间、减速时间、上限频率和下限频率需设置相同。每一台变频器的参数设置如下。

Pr.1=50Hz，上限频率。

Pr.2=0Hz，下限频率。

Pr.7=5s，加速时间。

Pr.8=5s，加速时间。

Pr.160=0，扩展参数。

Pr.59=1，将变频器的 RH 端子预置为升速端子，RM 端子预置为降速端子。

Pr.158=1，使 AM 端子输出频率信号。

Pr.55=50，输出频率监视值输出到端子 AM 时的满刻度值为 50Hz。

Pr.178=60，将 STF 预置为正转启动端子。

Pr.192=99，将变频器输出端子 A、B、C 设置为异常输出功能。

Pr.79=2，选择外部运行模式。

4．运行操作

（1）按下通电按钮 SB1，KM 线圈得电并自锁，3 对主触点闭合，3 台变频器上电。按下运行按钮 SB3，KA 线圈得电并自锁，其常开触点闭合，3 台变频器的正转端子 STF 闭合，变频器开始运行。此时，按下升速按钮 SB5，KA1 线圈得电，KA1 的常开触点闭合，3 台变频器的升速端子 RH 闭合，3 台变频器同步升速，松开按钮 SB5，变频器以一定频率保持运行；按下降速按钮 SB6，KA2 线圈得电，KA2 的常开触点闭合，3 台变频器的降速端子 RM 闭合，3 台变频器同步降速，松开按钮 SB6，变频器以一定频率保持运行。在变频器运行过程中，注意观察 3 台频率表显示的频率是否相同。

（2）按下停止按钮 SB4，KA 线圈失电，其常开触点复位，3 台变频器停止运行。按下断电按钮 SB2，KM 线圈失电，把 3 台变频器的电源切除。

注 意

由于 KA 的动合触点和 SB2 并联，在 KA 不失电的情况下，按下 SB2 是不起作用的。

（3）如果需要微调 3 台变频器中的任意一台变频器，可以通过每台变频器上与 RH、RM 升降速端子连接的微调按钮 SB11、SB12、SB21、SB22、SB31、SB32 微调升降速。

知识拓展——升、降速端子实现两地控制

在实际生产中，常常需要在 2 个或多个地点都能对同一台电动机进行升、降速控制。例如，某厂的锅炉风机在实现变频调速时，要求在炉前和楼上控制室都能调速等。比较简单的方法是利用变频器中的升、降速端子进行两地控制，如图 3-10 所示。SB3 和 SB4 是 A 地的升、降速按钮；SB5 和 SB6 是 B 地的升、降速按钮。

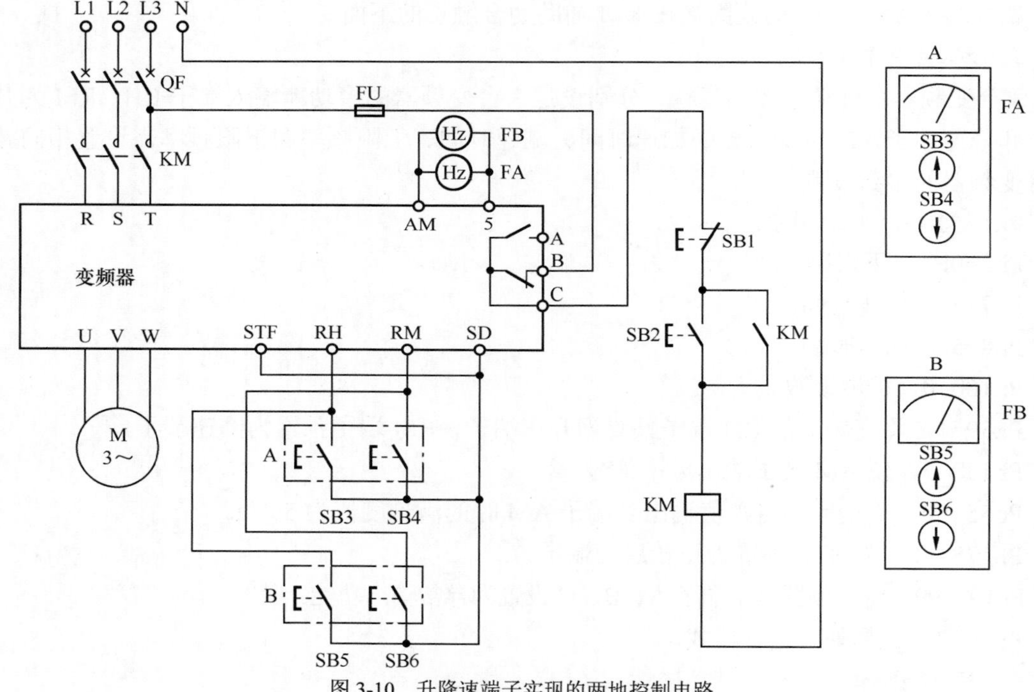

图 3-10 升降速端子实现的两地控制电路

首先通过参数 Pr.59=1 或 2 使变频器的 RH 和 RM 端子具有升降速调节功能。只要“遥控方式”有效，通过 RH 和 RM 端子的通断就可以实现变频器的升降速，而不用电位器来完成。

在 A 地按下 SB3 或在 B 地按下 SB5 按钮，RH 端子接通，频率上升，松开按钮，则频率保持；在 A 地按下 SB4 或在 B 地按下 SB6 按钮，RM 端子接通，频率下降，松开按钮，则频率保持。从而在异地控制时，电动机的转速都是在原有的基础上升降的，很好地实现了两地控制时速度的衔接。

此外，在进行控制的两地，都应有频率显示。将 2 个频率表 FA、FB 并联于输出端子 AM 和 5 之间。这时，还需要预置以下参数。

Pr.158 = 1（使 AM 端子输出频率信号）。

Pr.55 = 50（使输出频率表的量程为 0～50Hz）。

思考与练习

1．模拟量输入电压与升降速端子给定频率中，哪一种给定方法最好？为什么？

2．某用户要求在控制室和工作现场都能够进行升速和降速控制，有人设计了如图 3-11 所示的给定电路，试问该电路在工作时可能出现什么现象？与图 3-10 相比，哪种两地控制电路更实用？

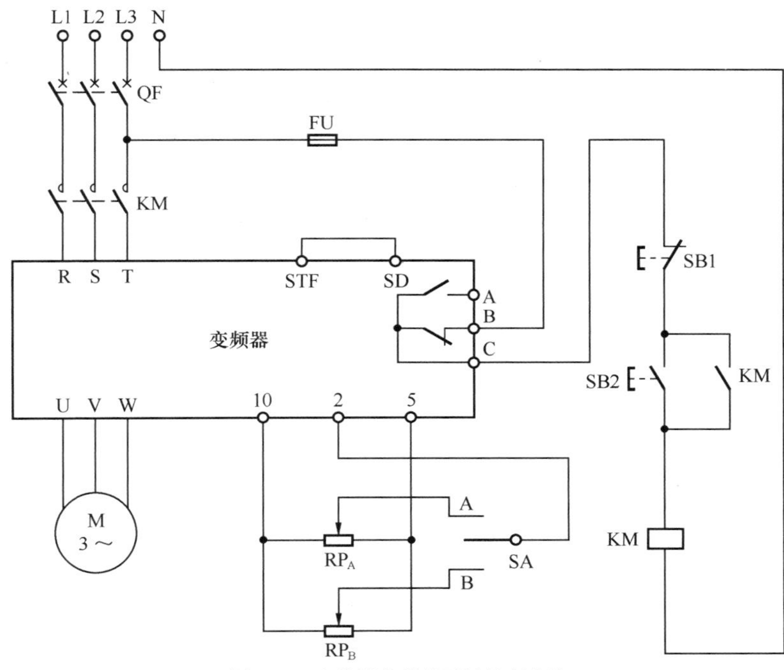

图 3-11　电位器实现的两地控制电路

任务 3.3　变频器工频切换控制电路

任务导入

变频控制系统一般都会设置两种工作方式，即变频运行工作方式和工频运行工作方式。在变频器投入运行后，就不允许系统停机，此时要求控制系统在变频器出现故障时，能自动将系统切换到工频运行工作方式。有些变频器内置了工频切换功能，如三菱 FR-A740 变频器，只需要简单地接线和参数设置就能实现变频与工频的自动切换。而有些变频器内部不具备工频与变频的自动切换功能，如 FR-D740 系列变频器，欲实现该功能，可以利用继电器来实现。其控制要求如下。

（1）用户可根据工作需要选择“工频运行”或“变频运行”。

（2）在“变频运行”时，一旦变频器因故障而跳闸时，可自动切换为“工频运行”方式，同时进行声光报警。

相关知识——变频器内置工频切换功能

近年来，有些变频器内部设置了变频运行和工频运行的切换功能，只需简单地接线和设定相关参数即可实现。三菱 FR-A740 变频器具有内置工频运行—变频器运行切换的控制功能。

1．切换电路图及输入输出端子设定

变频器已内置复杂的工频运行—变频器运行切换的控制功能，因此只需要输入启动、停止或自动切换选择信号，切换时很容易实现电磁接触器的互锁动作。工频运行切换的电路图如图 3-12 所示。

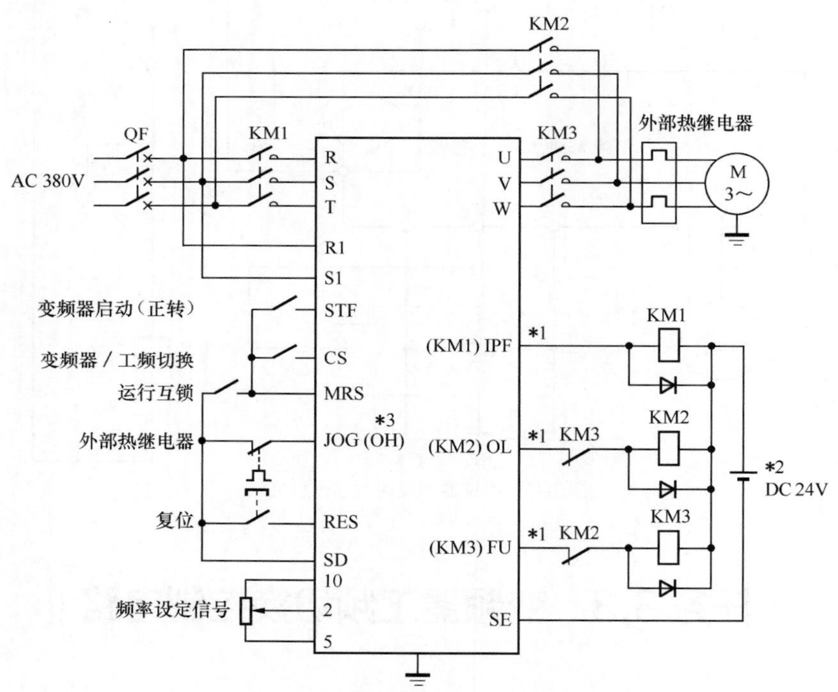

图 3-12　工频切换电路图

电路图说明如下。

（1）控制电源输入端。R1、S1 端子必须如图 3-12 所示进行连接。因为在变频器因故障脱离电源后，要求切换过程和报警信号继续工作，故 R1、S1 应接在接触器 KM1 的主触点之前。

（2）控制信号输入输出端子设定及功能。如图 3-12 所示，*1 所标的 3 个输出端子必须

由 Pr.192～Pr.194（输出端子功能选择）设定其功能。

*2 输出端子 IPF、OL、FU 属于集电极输出，它们驱动接触器 KM1、KM2 和 KM3 的线圈时，必须采用直流电源驱动，并且需要在每个线圈上并联反向保护二极管。若采用交流电源驱动接触器线圈，就必须选用继电器输出选件 FR-A7AR。

*3 所标的输入端子 JOG 必须由 Pr.185 设定其功能。设定值如下。

Pr.185=7（将 JOG 端子变更为 OH 端子，用于接受外部热继电器的控制信号）。

Pr.186=6（将 CS 端子用于控制工频运行切换功能）。

Pr.192=17（将 IPF 端子改变为工频切换时控制 KM1 线圈得电）。

Pr.193=18（将 OL 端子改变为工频切换时控制 KM2 线圈得电）。

Pr.194=19（将 FU 端子改变为工频切换时控制 KM3 线圈得电）。

如图 3-12 所示，MRS 为切换控制的允许信号。该信号为 ON 时，允许切换；为 OFF 时，不能切换。

CS 为切换控制的执行信号。该信号为 ON 时，由工频运行切换为变频运行；为 OFF 时，由变频运行切换为工频运行。

STF 为变频器正转运行指令输入端。该信号为 ON 时，运行；为 OFF 时，减速停止。

JOG 为接受外部故障信号的 OH 输入端子。

RES 为复位信号输入端。

（3）电磁接触器（KM1、KM2、KM3）的作用。具体作用如表 3-1 所示。由于在变频器的输出端是不允许与电源相连接的，因此接触器 KM2 和 KM3 除了采用 Pr.136 设定切换时间外，还必须在图 3-12 所示电路中采用机械互锁。

表 3-1　电磁接触器的作用

电磁接触器	安装位置	动作（ON：闭合；OFF：断开）		
		工频运行时	变频运行时	变频器异常时
KM1	电源与变频器之间	ON	ON	OFF
KM2	电源与电动机之间	ON	OFF	OFF
KM3	变频器输出与电动机之间	OFF	ON	OFF

2．参数预置

使用前，必须预置以下参数。

（1）运行模式预置。由于变频器的切换功能只能在外部运行操作模式或组合运行操作模式下有效，因此必须首先预置运行模式：Pr.79=2 或 Pr.79=3。

（2）切换功能预置。

Pr.135＝1，使切换功能有效。

Pr.136＝2，使切换 KM2、KM3 互锁时间为 2s。

Pr.137＝1，使启动等待时间为 1.0s。

Pr.138＝1，使报警时切换功能有效。

Pr.139＝9 999，使到达某一频率的自动切换功能失效。

（3）调整部分输入端的功能。

Pr.185=7，将 JOG 端子变更为 OH 端子，用于接受外部热继电器的控制信号。

Pr.186=6，将 CS 端子用于控制工频运行切换功能。

（4）调整部分输出端的功能。

Pr.192=17，将 IPF 端子改变为工频切换时控制 KM1 线圈得电。

Pr.193=18，将 OL 端子改变为工频切换时控制 KM2 线圈得电。

Pr.194=19，将 FU 端子改变为工频切换时控制 KM3 线圈得电。

3．各输入信号对输出的影响

当使用切换功能时（Pr.135＝1），各输入点的信号对输出的影响如表 3-2 所示。

表 3-2　输入信号的功能

信　号	使用端子	功　能	开—关状态
MRS	MRS	切换是否有效	ON：允许工频—变频运行
			OFF：不允许工频—变频运行
CS	CS	变频运行与工频运行切换	ON：变频运行
			OFF：工频运行
STF（STR）	STF（STR）	变频运行指令（工频无效）	ON：正转（反转）
			OFF：停止
OH	将 Pr.180～Pr.189 中的某一个设定为“7”	外部热继电器输入	ON：电动机正常
			OFF：电动机过载
RES	RES	运行状态初始化	ON：初始化
			OFF：通常运行

4．变频器的工作过程

变频器的工作过程如图 3-13 所示。

（1）接通 MRS 端子，允许切换。由于 Pr.135=1，切换功能有效。再接通 CS 端子，这时，KM1 和 KM3 闭合，变频器接通电源和电动机，为变频运行做准备。

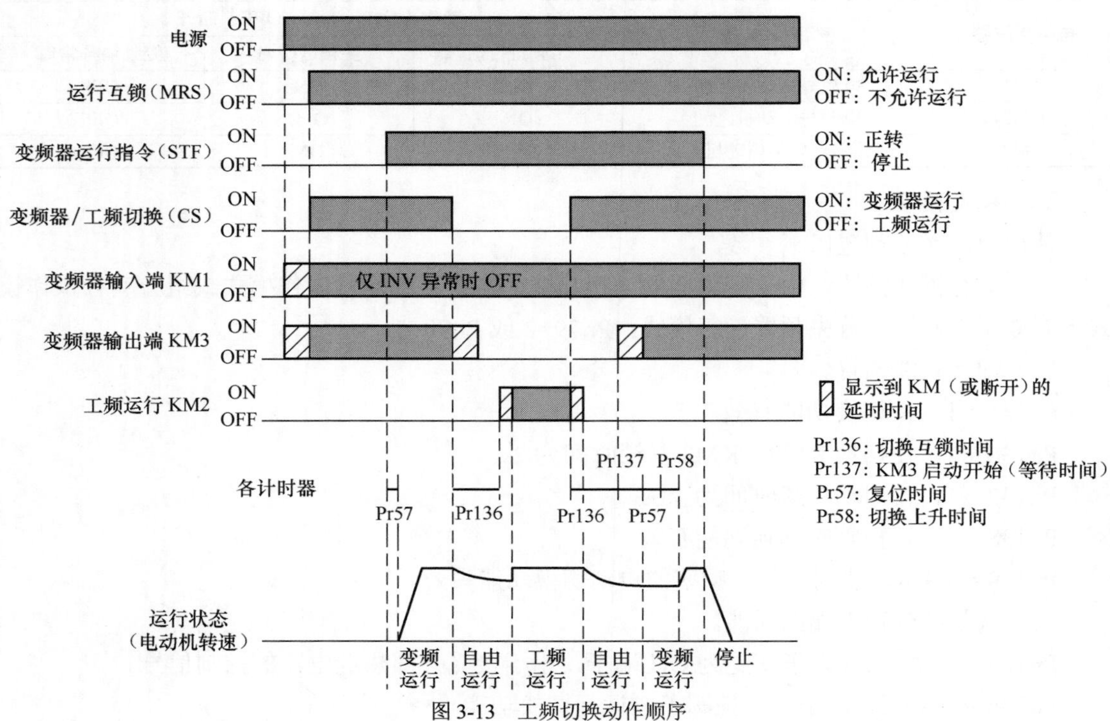

图 3-13　工频切换动作顺序

（2）接通 STF 端子，变频器即开始启动，进入变频运行状态。其转速由端子 10、端子 2、端子 5 上的电位器调节。

（3）当变频器发生故障时，CS 端子断开，允许变频与工频之间切换。此时 KM3 断开，KM2 闭合，系统将按 Pr.136 和 Pr.137 预置的时间自动由变频运行切换为工频运行。2s 后开始工频运行。

（4）当 CS 端子再闭合时，系统又自动切换为变频运行。

任务实施

【训练工具、材料和设备】

三菱 FR-D740-0.75K-CHT 变频器 1 台、三相异步电动机 1 台、《三菱 FR-D700 系列通用变频器使用手册》、接触器 3 个、中间继电器 2 个、时间继电器 1 个、按钮和开关若干、1kΩ/2W 电位器 1 个、指示灯及蜂鸣器各 1 个、通用电工工具 1 套。

1．硬件电路

如图 3-14 所示，接触器 KM1 用于将电源接至变频器的输入端，KM3 用于将变频器的输出端接至电动机，KM2 用于将工频电源直接接至电动机，热继电器 FR 用于工频运行时的过载保护。

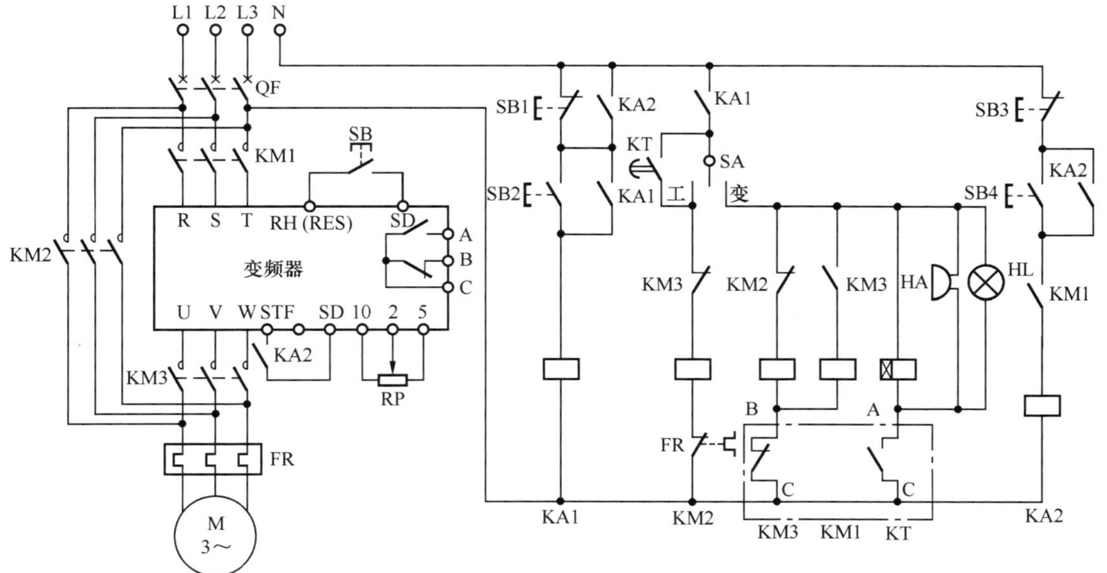

图 3-14 继电器控制的工频切换电路

如图 3-14 所示，接触器 KM2 和 KM3 绝对不允许同时接通，互相间必须有可靠的互锁。否则变频器的输出端子 U、V、W 直接接电源而烧坏。

2．参数设置

变频器要想实现外部控制功能，首先将变频器的参数清零，然后设置如下参数。

Pr.1=50Hz，上限频率。

Pr.2=0Hz，下限频率。

Pr.7=5s，加速时间。

Pr.8=5s，减速时间。

Pr.9=2.5A，电子过电流保护，一般设定为变频器的额定电流。

Pr.73=1，端子 2 输入 0～5V 电压信号。

Pr.125=50Hz，端子 2 频率设定增益频率。

Pr.178=60，端子 STF 设定为正转端子。

Pr.182 =62，将 RH 端子功能变更为 RES 端子功能。

Pr.192=99，将变频器输出端子 A、B、C 设置为异常输出功能。

Pr.79=2，选择外部运行模式。

3．运行操作

（1）工频运行。

当 SA 合至"工"频运行方式时，按下启动按钮 SB2→中间继电器 KA1 线圈通电并自锁

→KA1 的动合触点闭合→接触器 KM2 线圈通电

→KM2 的主触点闭合┬→电动机工频运行

└→KM2 的辅助动断触点断开，与 KM3 互锁

按下停止按钮 SB1→KA1 和 KM2 线圈断电→电动机停止运行

（2）变频运行。

当 SA 合至"变"频运行方式时，按下启动按钮 SB2→中间继电器 KA1 线圈通电并自锁

→KA1 的常开触点闭合→接触器 KM3 线圈通电→

┌→KM3 的辅助动合触点闭合→KM1 线圈通电→KM1 的主触点闭合→将工频电源接到变频器的输入侧 ┐

├→KM3 的主触点闭合→将电动机接至变频器输出端 ┝

└→KM3 的辅助动断触点断开，与 KM2 互锁 ┘

→为变频运行做准备 ┐

按下 SB4→KA2 通电并自锁，KA2 的动合触点闭合，接通 STF 端子 ┘→电动机变频运行

按下变频器停止按钮 SB3→KA2 线圈断电→电动机停止运行。总停止按钮 SB1 两端并联 KA2 的动合触点，以防止直接通过切断变频器电源使电动机停机。

（3）变频切换工频运行。当变频器正在变频运行时，KA1、KM1、KM3 线圈都得电。若此时变频器因故障而跳闸，则 B、C 间断开，接触器 KMl 和 KM3 均断电，变频器和电源之间，以及电动机和变频器之间，都被切断；与此同时，A、C 间接通，一方面由蜂鸣器 HA 和指示灯 HL 进行声光报警。同时，时间继电器 KT 延时后闭合，使 KM2 线圈通电，电动机进入工频运行状态。

操作人员发现后，应将选择开关 SA 旋至工频运行位，声光报警解除，并使时间继电器断电。

思考与练习

1．在变频与工频切换过程中，KM2 与 KM3 同时接通会产生什么后果？

2．变频与工频切换电路怎样避免 KM2 与 KM3 同时接通？

任务 3.4 变频器 PID 控制电路

任务导入

在自动控制系统中，常采用 P（比例）、I（积分）、D（微分）控制方式，称之为 PID 控制。PID 控制是连续控制系统中技术最成熟、应用最广泛的控制方式，具有理论成熟、算法简单、控制效果好，易于为人们熟悉和掌握等优点。在生产实际中，要求系统的被控量，如速度、压力、温度等恒定，而负载在运行过程中不可避免受到一些不可预见的干扰，系统的被控量失去平衡而出现振荡，和目标值（也叫设定值）存在偏差。对该偏差，经过 PID 调节，可以迅速、准确地消除拖动系统的偏差，恢复到设定值。

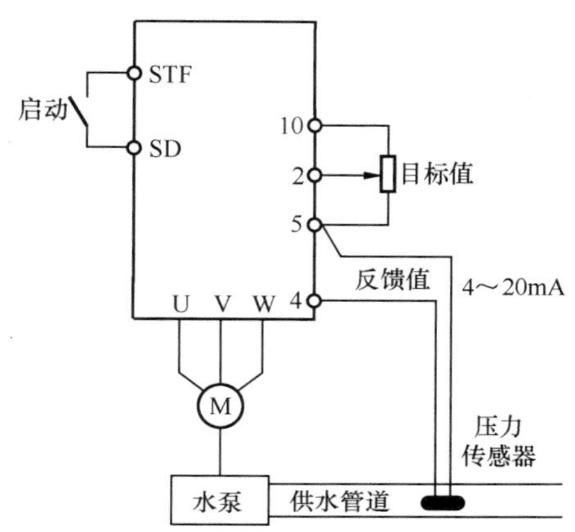

图 3-15 FR-D740 变频器的压力控制

现在，大多数变频器都已经配置了 PID 控制功能。图 3-15 是由 FR-D740 变频器构成的恒压供水控制系统，为了保证出水口压力恒定，采用压力传感器装在水泵附近的出水管，测得的压力转化为 4～20mA 的电流信号作为反馈信号。利用变频器内置 PID 调节器，将来自压力传感器的压力反馈信号与出口压力给定值进行比较运算，其结果作为频率指令输送给变频器，调节水泵的转速使出口压力保持恒定。图 3-15 采用外部电位器给定目标值，压力传感器的量程为 0～1.0MPa，对应 4～20mA，目标压力为 0.6MPa，电机的扬程为 0.8MPa（应该大于目标压力），如何设置变频器的 PID 参数，才能实现变频器的恒压供水控制呢？

相关知识

一、恒压变频供水系统的构成

目前，恒压变频供水控制系统在生活给水、工业给水等各类给排水系统中的应用越来越广，主要表现在以下几个方面。

（1）变频调速供水的供水压力可调，实现全流量供水。供水系统最终用户端的用水流量变化是非常大的，特别是居民小区的供水系统。采用变频器恒压供水系统可以根据用水流量的变化灵活控制水泵的运行情况，当用户的用水量集中出现时，可以多台大容量水泵共母管同时供水；而当夜间用水量非常少时，所有大容量水泵停止工作（在供水系统中称为“休眠”），利用管内余压或开启一台小水泵（称为“休眠泵”）维持水压，真正实现全流量供水。

（2）目前，变频器技术已很成熟，为了适应风机和水泵等负载的调速要求，在市场上有很多国内外品牌的变频器都集成了工频切换和多泵切换功能，这为变频调速供水提供了充分的技术和物质基础。因为恒压变频供水应用广泛，有些变频器生产厂家把变频供水控制器直接集成到供水专用的变频器中，如三菱公司的F700系列变频器、西门子公司的MM430系列变频器、ABB公司的ACS510系列变频器都是风机、水泵专用的变频器，这些变频器本身具有PID调节功能、工频运行切换功能和多泵切换功能。

（3）变频调速恒压供水具有优良的节能效果。根据流体力学原理，水泵的转矩与转速的2次方成正比，轴功率与转速3次方成正比。当所需流量减小、水泵转速下降时，其功率按转速的3次方下降。因此精确调速的节电效果非常可观。

恒压变频供水可以彻底消除供水管网的水锤效应，大大延长了水泵和管道的使用寿命。

恒压供水系统的框图如图3-16所示。SP是压力变送器，它在测量管道内压力P的同时，还将测得的压力信号转换成电压信号或电流信号（在本例中转换成的是电流信号），该信号在控制系统中作为反馈信号输入三菱变频器的模拟输入端4，所以反馈信号也就是实测的压力信号。图中的RP用来实现调速功能的频率给定（即目标信号）。此系统中还包括带有内置PID功能的变频器和供水泵。

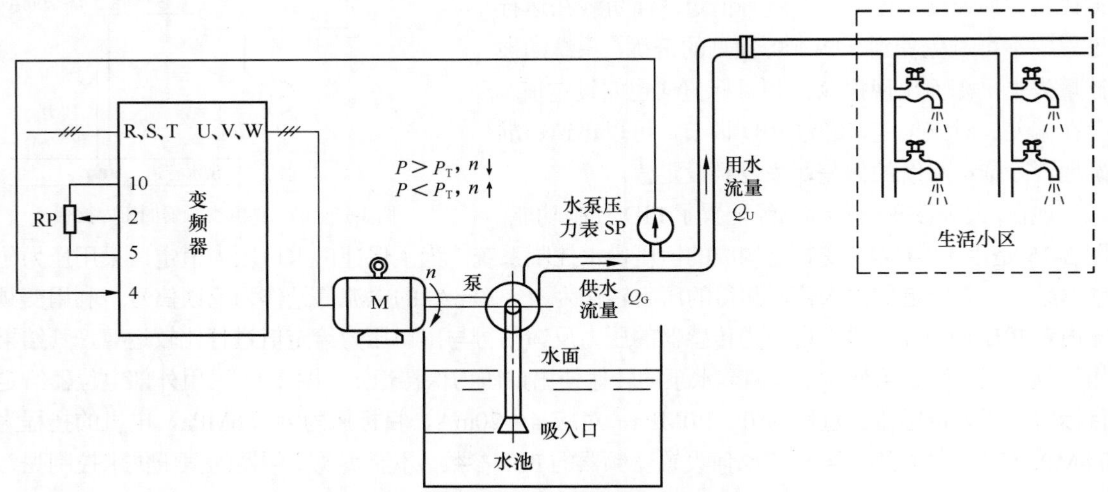

图3-16　变频器内置PID控制的恒压供水系统

1．系统中的感压元件

本系统中采用的是CJT型电容式智能压力变送器，它的核心是一个电容式压力传感器。传感器是一个完全密封的组件，过程压力通过隔离膜片和灌充液硅油传到传感膜片，引起传感膜片的位移。传感膜片两电容极板之间的电容差由电子部件转换成4～20mA两线制或三线制输出的电流信号反馈给变频器。

2．系统运行中的3个状态

（1）稳态运行。水泵装置的供水能力与用户用水需求处于平衡状态，供水压力P稳定而无变化，反馈信号与目标信号近乎相等，PID的调节量为0。此时变频器控制的电动机处在f_X下匀速运行。

（2）用水流量增大。当用户的用水流量增大，超过了供水能力时，供水压力P有所下降，反馈信号减小，偏差信号（目标值-反馈值）增大，PID产生正的调节量，变频器的输出频率和电动机的转速上升，使供水能力增大，压力恢复。

（3）用水流量减小。当用户的用水流量减小时，供水能力小于用水需求，供水压力P上升，反馈信号增大，偏差信号减小，PID 产生负的调节量，结果是变频器的输出频率和电动机的转速下降，使供水能力下降，压力又开始恢复。当压力大小重新恢复到目标值时，供水能力与用水需求又达到新的平衡，系统又恢复到稳态运行。

二、PID 控制功能

1．PID 控制系统构成

PID 控制是闭环控制中的一种常见形式，是使控制系统的被控量在各种情况下都能够迅速而准确地无限接近控制目标的一种手段。具体地说，随时将被控量的检测信号（即由传感器测得的实际值）反馈到输入端，与被控量的目标信号相比较，以判断是否已经达到预定的控制目标。如尚未达到，则根据两者的差值调整 PID，直至达到预定的控制目标为止。目前，大多数变频器都有内置 PID 控制功能，其系统组成如图 3-17 所示，这是一个典型的闭环控制系统。反馈信号取自传动系统的输出端，通过检测元件，与输入端的给定值（也叫目标值）进行比较，得到一个偏差值。对该偏差值经过 PID（比例积分微分）调节，改变变频器的输出频率，迅速、准确地消除拖动系统的偏差，恢复到给定值。该控制振荡和误差都比较小，适用于压力、温度、流量控制等。

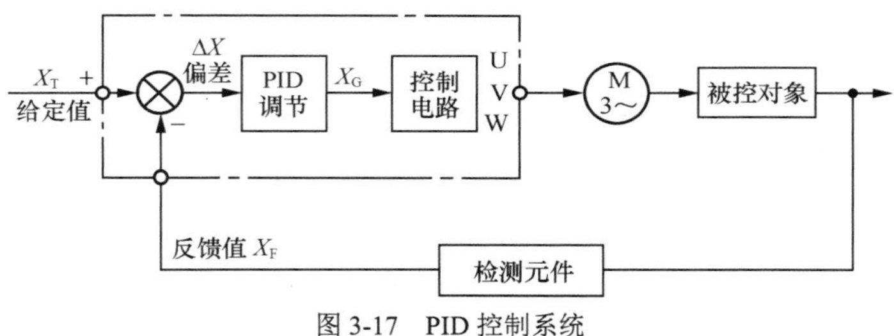

图 3-17　PID 控制系统

PID 控制也包括 PI 和 PD 控制。PID 控制器就是根据系统的误差，利用比例、积分、微分计算出控制量进行控制的。

2．PID 的控制作用

（1）比例控制。比例是一种最简单的控制方式。比例控制就是当被控变量偏离给定值产生偏差时，其控制器的输出与输入偏差信号成比例关系。当仅有比例控制时，系统输出存在稳态误差 ε（又叫静差）。

比例增益 K_P 的大小，一方面决定了实际值接近目标值的快慢和偏差的大小，如图 3-18（a）所示，K_P 越大，虽然可使静差 ε 迅速减小，但 ε 不能消除。就是说，实际值将不可能达到目标值。另一方面由于系统有惯性，因此 K_P 太大了，当反馈值随着目标值的变化而变化时，有可能一下子增大（或减小）了许多，使变频器的输出频率很容易超调（调过了头），于是又反过来调整，引起被控量忽大忽小，形成振荡，如图 3-18（b）所示。

（2）积分控制。为了防止超调，可以适当减小比例增益 K_P，而增加积分环节。在积分控制中，控制器的输出与输入偏差信号的积分成正比关系。为了消除稳态误差，在控制器中必须引入“积分项”。积分项对误差取决于时间的积分，随着时间的增加，积分项会增大。这样，即使误差很小，积分项也会随着时间的增加而加大，它推动控制器的输出增大使稳态误差进一步减小，直到等于零。因此，比例+积分（PI）控制器可以使系统在进入稳态后无稳态误差。

积分调节器的作用是延长加速时间和减速时间，以缓解因 P（比例）功能设置过大而引起的超调。P 功能和 I 功能结合就是 PI 功能，图 3-18（c）就是经 PI 调节后，系统实际值的变化波形。

从图 3-18（c）中可以看出，尽管增加积分功能后超调减少，避免了系统振荡，但积分时间太长，又会发生当被控量急剧变化时，被控量（压力）难以迅速恢复的情况。为了克服上述缺陷，可以增加微分环节。

（3）微分控制。在微分控制中，控制器的输出与输入偏差信号的微分（即误差的变化率）成比例关系。其作用是，可根据偏差的变化趋势，提前给出较大的调节动作，从而缩短调节时间，克服因积分时间过长而使恢复滞后的缺点。将 P 功能、I 功能和 D 功能结合起来，就是 PID 调节，如图 3-18（d）所示，加入了微分控制之后，它能预测误差的变化趋势，提前使抑制误差的控制作用等于零，甚至为负值，从而避免了被控量的严重超调。因此对有较大惯性或滞后的被控对象，比例+微分控制器能改善系统在调节过程中的动态特性。

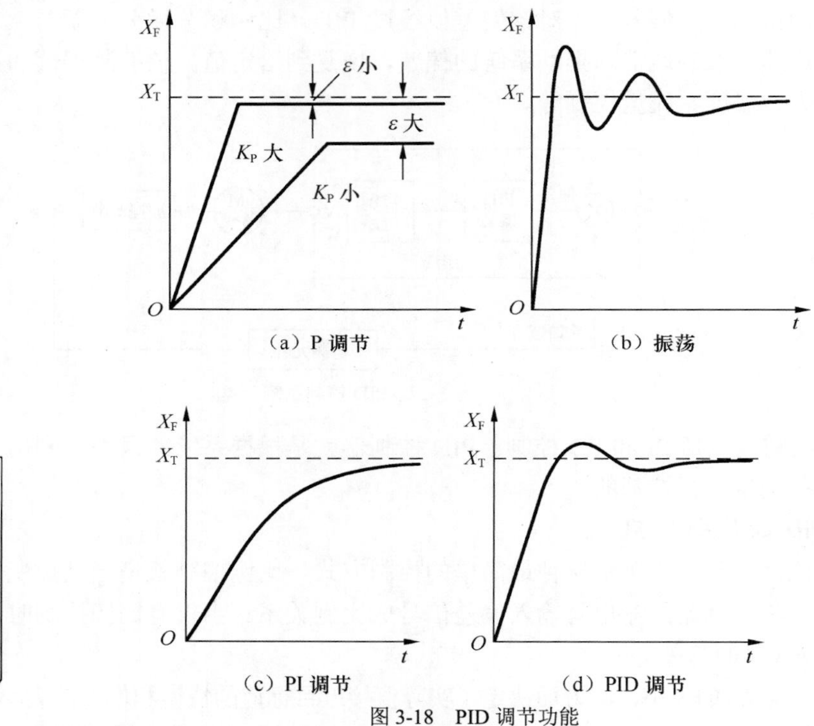

图 3-18 PID 调节功能

学海领航

PID 调节与团结协作

3．PID 的控制逻辑

（1）负反馈。图 3-17 所示的恒压变频供水控制中，压力越高（反馈信号越大），要求变频器的输出频率下降，以降低电动机的转速。这种反馈量的变化趋势与变频器输出频率的变化趋势相反的控制方式，称为负反馈。

由于闭环控制中，负反馈控制较多，故有的变频器把这种控制逻辑称为正逻辑。

一般来说，在供水、流量控制、加温时应为负反馈，通俗地讲，测量值（水压、液体流量、温度）升高时，应减小执行量，反之则应增大执行量。

（2）正反馈。以空调恒温控制为例，当室内温度高于目标温度时，反馈信号上升，要求变频器的输出频率也上升，以提高电动机的转速，加大冷空气吹入室内的风量，使室内温度保持恒定。这种反馈量的变化趋势与变频器输出频率的变化趋势相同的控制方式，称为正反馈。有的变频器把这种控制逻辑称为负逻辑。

在排水、降温时为正反馈，测量值（水压、温度）升高时，应增大执行量，反之则应减小执行量。

任务实施

【训练工具、材料和设备】

三菱 FR-D740-0.75K-CHT 变频器 1 台、三相异步电动机 1 台、《三菱 FR-D700 系列通用变频器使用手册》、接触器 1 个、压力变频器 1 个、按钮和开关若干、1kΩ/2W 电位器 1 个、通用电工工具一套。

1．硬件电路

三菱 FR-A700 系列和 FR-D700 系列变频器都有内置 PID 功能，FR-D740 变频器的 PID 闭环控制系统如图 3-19 所示。压力传感器 SP 将管网水压信号转变成 4～20mA 电流信号作为反馈值输入变频器的端子 4、端子 5 间，压力传感器工作时需要 DC24V 的电源。外部压力设定器将指定的压力（0～1.0MPa）转变为 0～5V 电压信号输入变频器端子 2、端子 5 间。变频器根据给定值与反馈值的偏差量进行 PID 控制，输出频率控制电动机的转速，从而使系统处于稳定的工作状态，保持管网水压恒定。

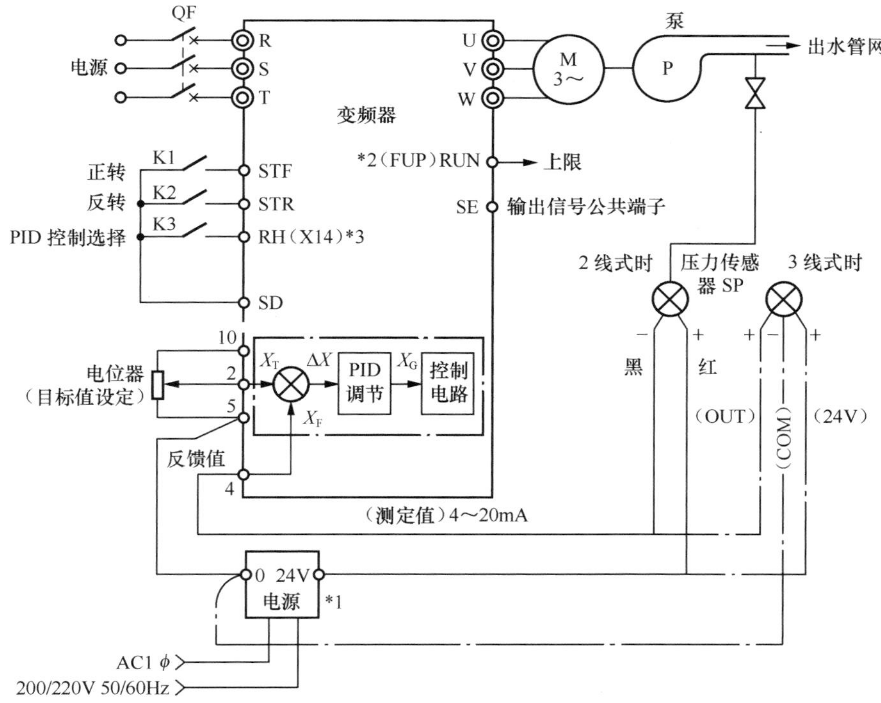

*1　按压力传感器的电源规格选择电源。

*2　使用的输出信号端子随 Pr.190 Pr.192（输出端子功能选择）的设定而不同。

*3　使用的输入信号端子随 Pr.178 Pr.182（输入端子功能选择）的设定而不同。

图 3-19　变频器恒压供水接线

（1）要进行 PID 控制时，需设定 Pr.128 =20 或 21。

（2）如图 3-19 所示，为了进行 PID 控制，需将 Pr.178～Pr.182（输入端子功能选择）中的任意一个设定为 14，分配 PID 控制选择信号（X14），使 X14 信号为 ON。该信号置于 OFF 时，不进行 PID 动作，而为通常的变频器运行。

未分配 X14 信号时，只需设定 Pr.128 即可使 PID 控制生效。

（3）目标值通过变频器端子 2、端子 5 或从 Pr.133 中设定，反馈值信号通过变频器端子 4、5 输入。

PID 调节的依据是反馈值和目标值之间进行比较的结果。因此准确地预置目标值是十分重要的。主要有以下两种方法。

① 面板给定。即直接通过面板上的键盘来给定。目标值的确定方法通常是取目标压力与传感器量程之比的百分数。例如，在供水系统中所选用压力传感器的量程是 0～1MPa，而需保持 0.7MPa 的压力，则 70%就是目标值（即给定值），在三菱变频器中，设置参数 Pr.133=70%（仅限于 PU 和 PU/EXT 模式下有效）预置。

② 外接给定。由外接电位器预置。目标值和所选传感器的量程有关。目标值的大小由传感器量程的百分数表示。例如，当目标压力为 0.7MPa 时，如所选压力传感器的量程为 0～1.0MPa，则对应于 0.7MPa 的目标值为 70%；如所选压力传感器的量程为 0～5.0MPa，则对应于 0.6MPa 的目标值为 12%。在三菱变频器中，在外部运行模式时由变频器端子 10、端子 2、端子 5 预置，假设传感器量程为 0～1.0MPa，则对应于 0.7MPa 的目标值应该在端子 2、端子 5 间施加对应的 3.5V（5 × 70% = 3.5V）电压预置。

在图 3-19 中，反馈值可以通过 2 线式传感器或 3 线式传感器采集到变频器的端子 4、端子 5 中。

注　意

① Pr.128 =0 或 X14 信号为 OFF 时，不进行 PID 动作，而为通常的变频器运行。

② 图 3-19 是漏型逻辑接线。

PID 控制时输入输出信号端子的功能如表 3-3 所示。

表 3-3　PID 控制时变频器 I/O 信号功能表

信	号	使用端子	功　能	说　明	参数设置
输入	X14	通过 Pr.178～Pr.182 设定	PID 控制选择	进行 PID 控制时使 X14 为 ON。*1	设定 Pr.178～Pr.182 中的任意一个为 14
	2	2	目标值输入	输入 PID 控制的目标值。*4	Pr.128 =20、21、Pr.133 =9999
				0～5V …0～100%	Pr.73 =1 *2、11
				0～10V …0～100%	Pr.73 =0、10
	PU	—	目标值输入	通过操作面板或参数单元来设定目标值（Pr.133）	Pr.128 =20、21、Pr.133 =0～100%
	4	4	反馈值（测量值）输入	输入传感器测量的信号（测定值信号）	Pr.128 =20、21
				4～20mA … 0～100%	Pr.267 =0 *2
				0～5V … 0～100%	Pr.267 =1
				0～10V … 0～100%	Pr.267 =2

续表

信号		使用端子	功能	说明	参数设置
输出	FUP	按照 Pr.190、Pr.192 设定	上限输出	反馈值高于上限值（Pr.131）时输出	Pr.128 ＝20、21 Pr.131≠9999 将 Pr.190、Pr.192 中的任意一个设定为 15 或者 115 *3
	FDN		下限输出	反馈值低于下限值（Pr.132）时输出	Pr.128 ＝20、21 Pr.132 ≠9999 将 Pr.190、Pr.192 中的任意一个设定为 14 或者 114 *3
	RL		正转（反转）方向输出	参数单元的输出显示为正转（FWD）时输出“Hi”，反转（REV）或停止（STOP）时输出“Low”	将 Pr.190、Pr.192 中的任意一个设定为 16 或者 116 *3
	PID		PID 控制动作中	PID 控制动作中置于 ON	将 Pr.190、Pr.192 中的任意一个设定为 47 或者 147 *3
	SLEEP		PID 输出中断中	PID 输出中断功能动作时置于 ON	Pr.575 ≠9999 将 Pr.190、Pr.192 中的任意一个设定为 60 或者 170 *3
	SE	SE	输出公共端子	FUP、FDN、RL、PID 的公共端子	

*1 未分配 X14 信号时，只需通过 Pr.128 的设定即可进行 PID 控制。
*2 阴影部分为参数初始值。
*3 Pr.190、Pr.192 （输出端子功能选择） 设定为 100 以上时，端子输出为负逻辑。
*4 Pr.561 PTC 热敏电阻保护水平≠ 9999 时，端子 2 无法用于输入目标值。请通过 Pr.133 设定目标值。

2．参数设置

进行 PID 控制时，必须设定表 3-4 的参数。比例（Pr.129）范围常数为比例增益，对执行量的瞬间变化有很大的影响。有些变频器是以比例范围给出该参数的。比例增益 K_P= 1/比例常数。积分时间常数（Pr.130）：该时间越小，到达目标值就越快，但也越容易引起振荡，积分作用一般使输出响应滞后。微分时间常数（Pr.134）：该时间越大，反馈的微小变化就越会引起较大的响应，微分作用一般使输出响应超前。

表 3-4　　参数设定表

参数号	设定值	名称	说明		
Pr.127	9999	PID 控制自动切换频率	无 PID 控制自动切换功能		
	0～400Hz		自动切换到 PID 控制的频率		
Pr.128	0	PID 动作选择	PID 不动作		
	20		对于加热、压力等控制	反馈值（端子 4） 目标值（端子 2 或 Pr.133）	PID 负反馈
	21		对于冷却等控制		PID 正反馈
Pr.129	0.1～1 000%	PID 比例带	如果比例范围较窄（参数设定值较小），反馈量的微小变化会引起执行量的很大改变。因此随着比例范围变窄，响应的灵敏性（增益）得到改善，但稳定性变差如发生振荡。 增益 K_P=1/比例常数		
	9 999		无比例控制		
Pr.130	0.1～3 600s	PID 积分时间常数	这个时间是指由积分（I）作用时达到与比例（P）作用时相同的执行量需要的时间。随着积分时间的减少，到达目标值就越快，但也容易发生振荡		
	9 999		无积分控制		

续表

参数号	设定值	名称	说　明
Pr.131	0～100%	上限	设定上限。如果反馈值超过此设定，就输出 FUP 信号。测定值（端子 4）的最大输入（20mA/5V/10V）相当于 100%
	9999		功能无效
Pr.132	0～100%	下限	设定下限。如果反馈值低于此设定，则输出 FDN 信号。测定值（端子 4）的最大输入（20mA/5V/10V）相当于 100%
	9 999		功能无效
Pr.133	0～100%	PID 目标值设定	设定 PID 控制时的目标值
	9999		端子 2 输入为目标值
Pr.134	0.01～10.00s	PID 微分时间常数	时间值仅要求向微分作用提供一个与比例作用相同的检测值。随着时间的增加，偏差改变会有较大的响应
	9 999		无微分控制

（1）基本参数预置。

① 上限频率 Pr.1。因为水泵是二次方率负载，所以上限频率 f_H 不应该超过额定频率 f_N。

② 下限频率 Pr.2。在决定下限频率时，水泵的扬程必须满足供水所需的基本扬程；故下限频率一般应大于 30Hz。

③ 加减速时间 Pr.7 和 Pr.8。水泵水管中有一定压力的缘故，在转速上升和下降的过程中，惯性作用极小。但过快地升速和降速，会在管道中引起水锤效应，所以也应将加减速时间预置得长一些。

④ 加减速方式 Pr.29=0。通常预置为线性方式即可。

⑤ Pr.79＝2，外部操作模式。

（2）PID 参数预置。

Pr.160=0，扩展参数。

Pr.128＝20，选择 PID 负反馈，目标值由 2、5 端输入，反馈值由 4、5 端输入。

Pr.129＝100，PID 比例常数范围。

Pr.130＝2s，PID 积分时间。

Pr.131＝100，PID 上限。

Pr.132＝0，PID 下限。

Pr.134＝9 999，PID 微分时间，设定为 9 999，使微分控制无效，整个控制只采用 PI 控制。

Pr.182＝14，将 RH 端子设定为 X14，当 K3 闭合时，PID 控制有效。

Pr.190＝15，将 RUN 端子设定为 FDP，高于 PID 上限时输出。

3．运行操作

（1）将变频器的上述设定参数写入变频器中，接通变频器的 STF、RH（X14）端子，启动变频器，开始对变频器进行 PID 参数调试。当反馈的电流信号发生改变时，将会引起电动机转速的变化。

当用水量增加，压力下降时，反馈的电流信号就会小于目标值，PID 调节器使变频器输出频率增加，电动机拖动水泵加速，水压增大；反之，当用水量减少，水压上升，反馈的电流信号就会大于目标值，PID 调节器使变频器输出频率减小，电动机拖动水泵减速，水压减小。如此反复，能使变频器达到一种动态平衡状态，从而保证供水管道的压力恒定。

（2）在变频器运行操作中，分别按以下两组参数值修改变频器的参数。

目标值 50%、比例增益 Pr.129=60、积分时间 Pr.130=20s。

目标值 50%、比例增益 Pr.129=100、积分时间 Pr.130=10s。

重新运行变频器，观察变频器的调节过程有什么变化。

P、I、D 参数调试要诀如下。

由于 PID 的取值与系统的惯性大小有很大的关系，因此很难一次调定。首先将微分功能 D 设定为 0。在许多要求不高的控制系统中，D 可以不用。在初次调试时，P 可按中间偏大值来预置。保持变频器的出厂设定值不变，使系统运行起来，观察其工作情况。如果在压力下降或上升后难以恢复，说明反应太慢，则应加大比例增益 P2280，直至比较满意为止。在增大比例增益 P2280 后，虽然反应快了，但容易在目标值附近波动，说明系统有振荡。适当减小比例增益 P2280 而加大积分时间 P2285，直至基本不振荡为止。

总之，在反应太慢时，应调大比例增益 P2280，或减小积分时间 P2285；在发生振荡时，应调小比例增益 P2280，或加大积分时间 P2285。

在某些对动态响应要求较高的系统中，应考虑增加微分环节 D。

（3）如果需要，则目标设定值可直接通过电位器 RP 来改变。

（4）断开 STF 或 STR 的开关，电动机停止运行。

思考与练习

一、填空题

1．在 PID 控制功能中，P 是________调节，I 是________调节，D 是________调节。

2．PID 目标值有________、________两种设定方式。

3．在 PID 控制中，如果目标值和反馈值都采用模拟量输入通道给定，目标值应该送到变频器的________端子，反馈值应该送到变频器的________端子。

4．在变频器恒压供水系统中，压力传感器的作用是________。

5．反馈量的变化趋势与变频器输出频率的变化趋势相反的控制方式，称为________反馈；反馈量的变化趋势与变频器输出频率的变化趋势相同的控制方式，称为________反馈。

6．在 PID 调节中，比例增益过大会引起________，I 的作用是________，D 的作用是________。

二、简答题

1．系统要求 4～20mA 的电流信号对应 0～0.5MPa（5kg 的压力）作为压力反馈值，目标值从 2、5 端子设定，为 75%，端子 STF 启停变频器，用 A、B、C 作为变频器故障输出，变频器如何接线、如何设置参数才能实现 PID 功能？

2．图 3-20 所示为由压力传感器组成的 PID 闭环控制系统。储气罐的压力由压力传感器测得，送到变频器的模拟电流控制端 4、5 端子上，试分析该系统的恒压控制原理。

3．某空气压缩机在实行变频调速时，所购压力传感器的量程为 0～1.6MPa，实际需要压力为 0.4MPa，试决定在进行 PID 控制时的目标值。

4．恒压变频供水控制系统在运行时，压力时高时低是什么原因引起的？如何解决？在运行过程中，压力发生变化后，恢复过程较慢，如何解决？

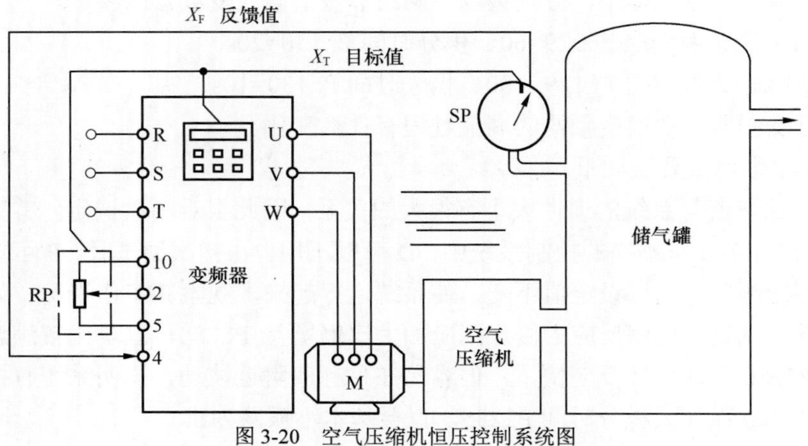

图 3-20　空气压缩机恒压控制系统图

项目 4 变频器与 PLC 在工程中的典型应用

学习目标

1. 掌握变频器与 PLC 的连接方式。
2. 掌握变频器在典型控制系统中的应用技能。
3. 掌握控制系统的工频/变频切换功能。
4. 能完成 PLC 与变频器综合应用的基本接线、参数设置和程序编制，培养学生的标准意识和规范意识。
5. 学会根据不同负载选择变频器，能进行变频调速系统的电气安装和系统调试。

任务 4.1 物料分拣输送带的正反转变频控制系统

任务导入

可编程控制器（PLC）是一种数字运算与操作的控制装置。它作为传统继电器的替代品，广泛应用于工业控制的各个领域。由于 PLC 可以用软件来改变控制过程，并具有体积小、组装灵活、编程简单、抗干扰能力强及可靠性高等特点，因此特别适会在恶劣环境下运行。当利用变频器构成工业自动化控制系统时，许多情况是采用 PLC 控制变频器，并且产生了多种多样的 PLC 控制变频器的方法，构成了不同类型的 PLC 变频控制系统。

物料分拣输送带是现代物流系统的重要组成部分，通过变频器来控制输送带电动机，可以使物料分拣系统方便地进行系统集成，能够使产量和生产效率大为提高。物料分拣输送带的变频控制已成为目前物流行业控制系统发展的趋势。

物料分拣输送带采用三相鼠笼式异步电动机。物料分拣输送带如图 4-1 所示。

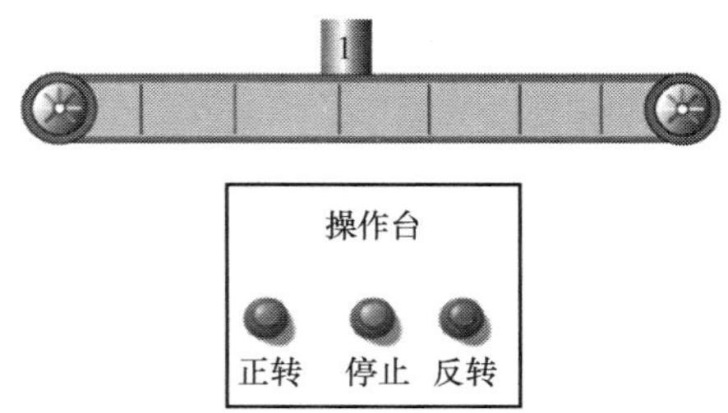

图 4-1 物料分拣输送带

（1）输送带能进行正反转控制，而且用操作台上的按钮通过 PLC 进行控制，不用变频器的操作面板。

（2）通过 PLC 控制变频器的外部端子进行电机启动/停止、正转/反转运行。

（3）速度设定用可调电位器 RP 给定。

（4）变频器一旦出现故障，系统会自动切断变频器的电源。通过外接按钮变频器能进行复位操作。

PLC 与变频器如何接线、如何设置参数和编写程序才能实现物料输送带的正反转控制呢？

相关知识

一个 PLC 变频控制系统通常由 3 部分组成，即变频器本体、PLC、变频器与 PLC 的接口电路。

PLC 变频控制系统硬件结构中最重要的就是接口电路。根据不同的信号连接，其接口分为开关量连接、模拟量连接和通信连接等 3 种方式。

扩展视频：PLC 与变频器的连接方式

一、三菱 PLC 与变频器的开关量连接方式

PLC 的开关量输出端子一般可以与变频器的开关量输入端子直接相连，通过 PLC 控制变频器正反转、点动、多段速及升降速运行。三菱 FX_{2N} 系列的 PLC 一般有继电器输出型和晶体管输出型两种，它们和变频器输入端子的连接方式有所不同。

1．三菱继电器输出型 PLC 与变频器的连接方式

对于继电器输出型的三菱 PLC，其输出端子可以和变频器的输入端子直接相连，如图 4-2 所示。三菱继电器输出型 PLC 如果与三菱的 FR-700 系列变频器的开关量输入端子相连接，需要将三菱 PLC 的输出端子与三菱变频器的输入端子相连接，PLC 输出的公共端 COM 与三菱变频器的输入公共端 SD 相连，如图 4-2（a）所示，三菱变频器的默认输入逻辑是 SINK 型。三菱继电器输出型 PLC 与 MM440 变频器的开关量输入端子相连，需要将三菱 PLC 的输出端子与变频器的输入端子相连接，PLC 输出的公共端 COM 与西门子变频器的 24V 电源端子 9 相连，同时设置西门子变频器的参数 P0725=1（PNP 方式），如图 4-2（b）所示。

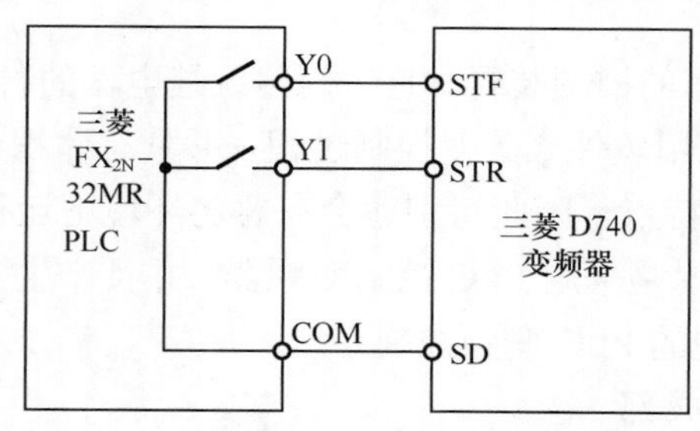

（a） 三菱PLC与三菱变频器的接线图

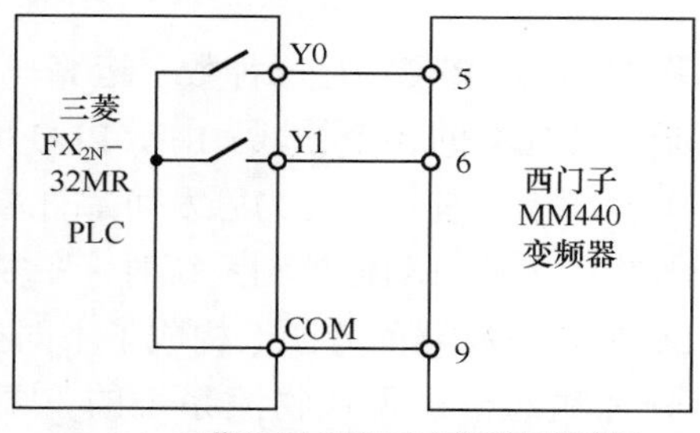

（b） 三菱PLC与西门子变频器的接线图

图 4-2　三菱继电器输出型 PLC 与变频器的开关量接线方式

2．三菱晶体管输出型 PLC 与变频器的连接方式

对于三菱晶体管输出型的 PLC，其输出大多数为 NPN 方式，三菱 D740 变频器的默认输入方式为漏型（SINK）输入，与三菱晶体管输出型的 PLC（输出为 NPN）电平是兼容的，其接线图如图 4-3（a）所示。MM440 变频器的默认输入为 PNP 方式（P0725=1），显然电平是不匹配的，西门子提供了解决方案，只要设置参数 P0725=0（NPN 方式），MM440 变频器就变成 NPN 输入，这样就与三菱 FX 系列 PLC 的电平匹配了，接线如图 4-3（b）所示。

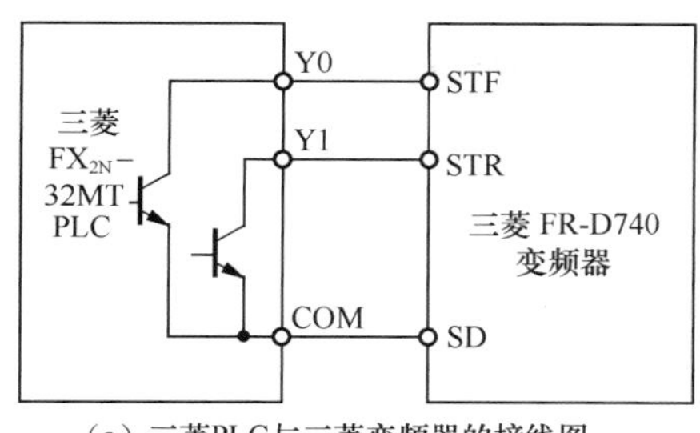

（a）三菱PLC与三菱变频器的接线图

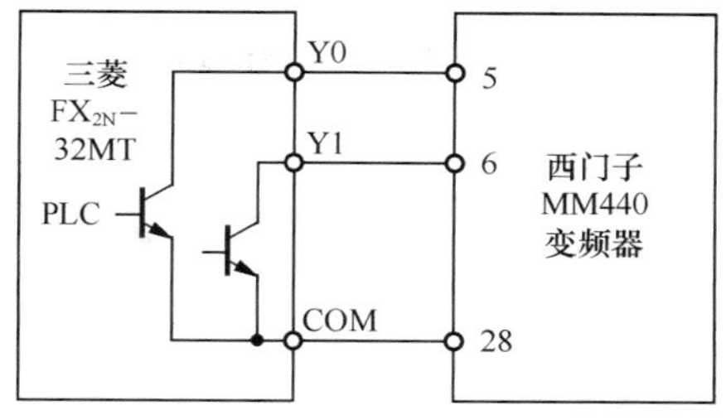

（b）三菱PLC与西门子变频器的接线图

图 4-3 西门子晶体管输出型 PLC 与变频器的开关量接线方式

二、三菱 PLC 与变频器的模拟量连接方式

变频器中也存在一些数值型（频率、电压、电流）指令信号的输入（如给定频率、反馈信号等），可分为数字量输入和模拟量输入两种。数字量输入多采用变频器面板上的键盘操作和串行接口来给定。模拟量输入则通过三菱变频器的接线端子（如端子 2、端子 5，端子 4、端子 5）由外部给定，通常采用 PLC 的特殊模块给变频器提供输入信号，三菱的模拟量输出模块可以输出电压信号和电流信号，将这些模拟量信号接入三菱变频器的模拟量输入端子（如端子 2、端子 5，端子 4、端子 5）上，就可以调节变频器的速度。如图 4-4 所示，由三菱FX_{2N}-2DA 模拟量输出模块输出 0～5V（或 0～10V）的电压信号（VOUT、COM 端子）或 4～20mA 的电流信号（IOUT、COM 端子）送入三菱变频器的端子 2、端子 5 或端子 4、端子 5 之间，从而使 PLC 的模拟量输出模块与变频器的模拟量输入端子连接。

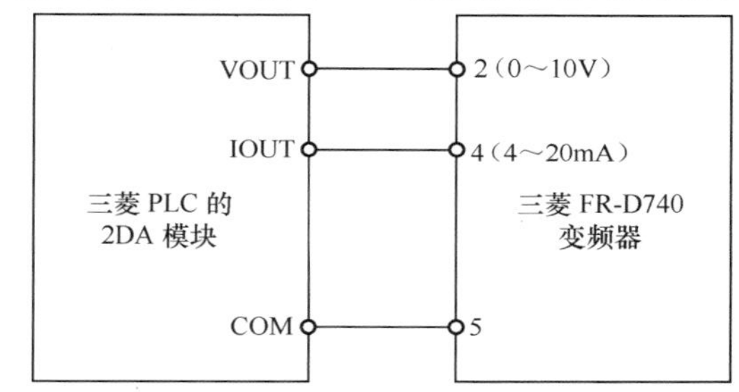

图 4-4 三菱模拟量输出模块与变频器模拟输入端的连接方式

三、三菱 PLC 与变频器的 RS-485 通信连接方式

传统的 PLC 和变频器之间大多采用 PLC 的开关量输出控制变频器的启停、正反转等命令，PLC 的模拟量输出控制变频器的速度。这种联机方式对于一般的变频器调速系统及没有通信基础的工程人员是比较合适的。但也同时存在以下问题。

（1）控制系统在设计时采用较多硬件，增加成本。

（2）硬件接线复杂，容易引起噪声和干扰。

（3）PLC 和变频器之间传输的信息受硬件的限制，交换的信息量小。

（4）硬件及控制方式影响了控制精度。

PLC 与变频器之间通过通信来进行信息交换，可以有效解决上述问题。另外，通过网络可以连续对多台变频器进行监控，实现多台变频器之间的联动控制和同步控制。

所有的标准三菱变频器都有一个 RS-485 串行接口，称为 PU 接口，采用双绞线连接，采用串行接口有以下优点。

（1）大大减少布线的数量。

（2）无需重新布线，即可更改控制功能。

（3）可以通过串行接口设置和修改变频器的参数。

（4）可以连续对变频器的特性进行监测和控制。

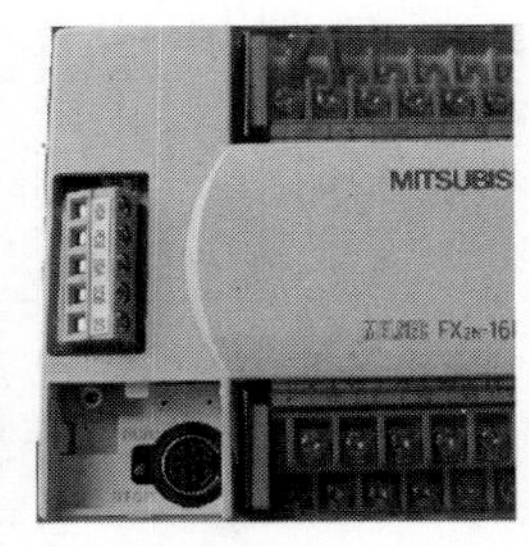

图 4-5　通信板在 PLC 中的安装位置

三菱 PLC 与三菱变频器通信时需要配置 FX_{2N}-485-BD 通信板，在安装通信板时，拆下 PLC 上表面左侧的盖板，再将通信板上的连接器插入 PLC 电路板的连接器插槽内即可，如图 4-5 所示。通信板的外形如图 4-6 所示，图中 RDA、RDB 为接收数据端子，SDA、SDB 为发送数据端子，SG 为信号地。三菱 PLC 通过 FX_{2N}-485-BD 通信板与变频器的 PU 接口的接线如图 4-7 所示。从通信板到变频器之间的连接线要尽量使用屏蔽双绞线，双绞线的屏蔽层应有效接地。

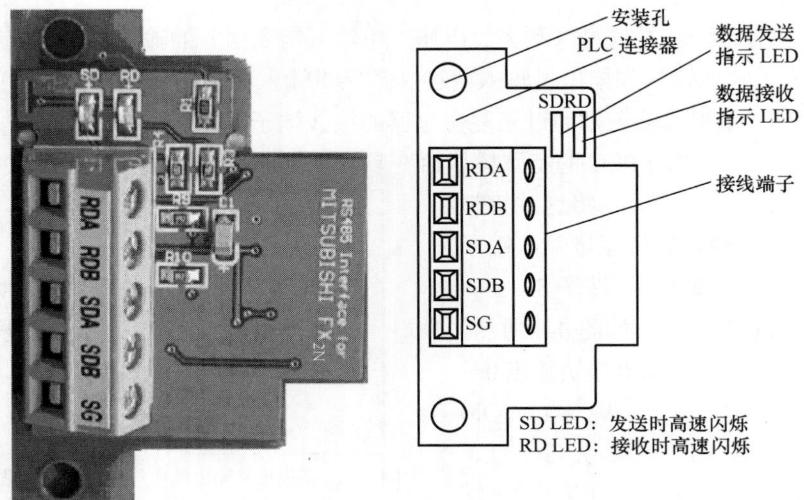

图 4-6　FX_{2N}-485-BD 的外形

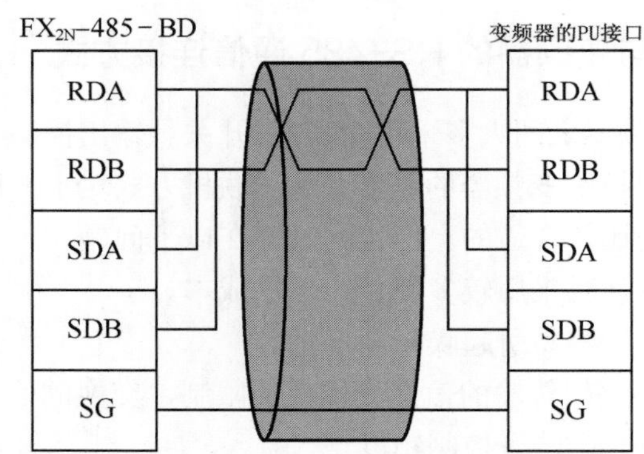

图 4-7　PLC 上的 FX_{2N}-485-BD 与变频器 PU 接口的接线

任务实施

【训练工具、材料和设备】

三菱 FR-D740-0.75K-CHT 变频器 1 台、三菱 FX_{2N}-32MR 的 PLC1 台、三相异步电动机 1 台、安装有 GX Developer 或 GX Work2（或 GX Work3）软件的计算机 1 台、USB-SC09-FX

编程电缆 1 根、接触器 1 个、按钮若干、1kΩ 电位器 1 个、《三菱 FR-D700 系列通用变频器使用手册》、通用电工工具 1 套。

视频 33. 物料输送到正反转控制系统

1. 硬件电路

控制要求：物料输送带控制系统采用变频器调节输送带的速度，通过 PLC 控制变频器的正反转，系统首先给变频器上电，然后按下正转启动按钮或反转启动按钮，变频器才能运行，在变频器运行过程中，不能切断变频器的电源。一旦变频器出现故障，系统应该自动切断变频器的电源，按复位按钮，对变频器进行复位。

首先根据以上控制要求，确定 PLC 的输入、输出，并给这些输入、输出分配地址。PLC 采用三菱 FR_{2N}-32MR 继电器输出型 PLC，变频器采用三菱 FR-D740 变频器，其正反转控制的 I/O 分配如表 4-1 所示。

表 4-1　物料输送带正反转控制的 I/O 分配

输入			输出		
输入继电器	输入元件	作　用	输出继电器	输出元件	作　用
X000	SB1	变频器上电	Y010	KM	接通 KM
X001	SB2	变频器失电	Y001	STF	变频器正转
X002	SB3	变频器正转启动	Y002	STR	变频器反转
X003	SB4	变频器反转启动	Y004	HL1	正转指示
X004	SB5	变频器停止	Y005	HL2	反转指示
X005	A、C	故障信号	Y006	HL3	报警指示

根据 I/O 分配表，画出物料输送带正反转控制电路如图 4-8 所示。变频器的速度由外接电位器 RP 调节，由于 PLC 是继电器输出型，所以变频器的正反转信号由 PLC 的 Y001、Y002 直接连接到正转端子 STF 和反转端子 STR 上，然后将 PLC 输出的公共端子 COM1 和变频器的 SD 端子相连。变频器的故障报警信号从 A、C（动合触点）间直接连接到 PLC 的输入端子 X005 上，一旦变频器发生故障，PLC 的报警指示灯 HL3 点亮，并使系统停止工作，按钮 SB 用于在处理完故障后使变频器复位。为了节约 PLC 的输入输出点数，该信号不接入 PLC 输入端子。由于接触器线圈需要 AC220V 电源驱动，而指示灯需要 DC24V 电源驱动，它们

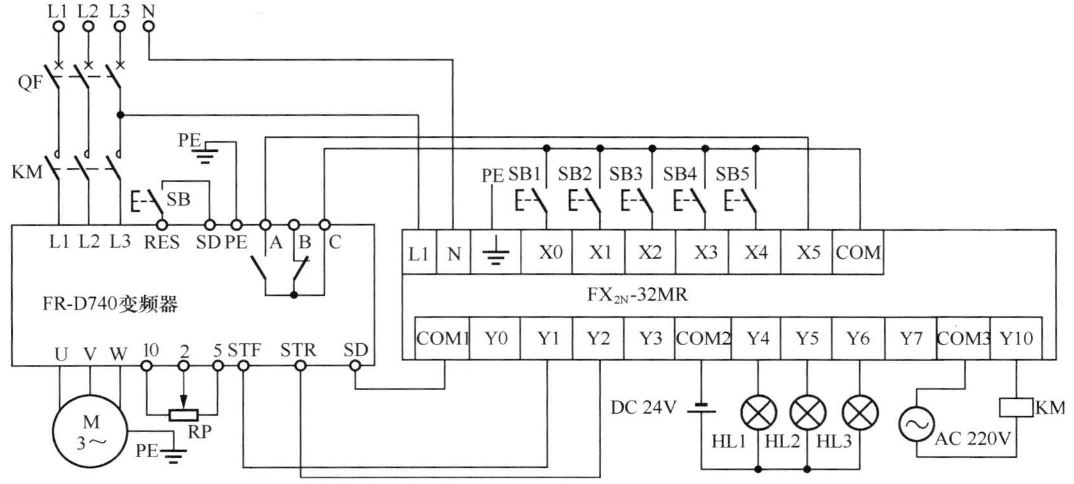

图 4-8　物料输送带正反转控制接线图

采用的电压等级不同，因此将PLC的输出分为3组，一组是Y000～Y003，其公共端是COM1，其输出直接接变频器的正反转端子；另一组是Y004～Y007，其公共端是COM2，其输出接指示灯；第三组输出是Y010～Y013，其公共端是COM3，其输出接接触器KM的线圈。

注 意

由于3组使用的电压不同，所以不能将COM1、COM2和COM3连接在一起。

2. 参数设置

变频器要想实现外部控制功能，首先将变频器参数清零，然后设置如下参数。

Pr.1=50Hz，上限频率。

Pr.2=0Hz，下限频率。

Pr.7=5s，加速时间。

Pr.8=5s，减速时间。

Pr.9=2.5A，电子过电流保护，一般设定为变频器的额定电流。

Pr.73=1，端子2输入0～5V电压信号。

Pr.125=50Hz，端子2频率设定增益频率。

Pr.178=60，端子STF设定为正转端子。

Pr.179=61，端子STR设定为反转端子。

Pr.182 =62，将RH端子功能变更为RES端子功能。

Pr.192=99，将变频器输出端子A、B、C设置为异常输出功能。

Pr.79=2，选择外部运行模式。

3. 程序设计

物料输送带正反转控制的程序如图4-9所示。

在图4-9中，步0是控制接触器KM线圈得电电路，从而为变频器接通电源。失电触点X001两端并联Y001和Y002是保证变频器在运行时，按下X001，变频器不能失电，只有Y001和Y002断开，此时再按X001，变频器才能切断电源。变频器一旦报警，X005线圈得电，其常闭触点断开，Y010失电，切断变频器电源。

步8和步15是变频器正反转控制程序和运行指示程序，这两段程序中都串联了Y010的常开触点，其目的是保证只有在变频器电源接通后，才能启动变频器。

为了保证运行安全，在PLC程序设计时，利用输出继电器Y001和Y002的常闭触点实现互锁。

4. 运行操作

（1）合上QF，给PLC上电，把图4-9所示的程序下载到PLC中。

（2）单击GX编程软件工具栏中的运行图标，使PLC处于RUN状态，PLC上的RUN指示灯点亮。此时按下SB1（X000），Y010为1，接触器KM线圈得电，其3对主触点闭合，变频器上电。

（3）将三菱变频器的参数清零，然后将上述参数写入变频器中。

（4）正转运行。当按下按钮SB3时，输入继电器X002得电，X002常开触点闭合，输出继电器Y001得电并自锁，变频器数字端口STF为ON，电动机按Pr.7设置的加速时间正向启动运行，同时 Y004 为 1，正转指示灯 HL1 点亮，慢慢调节电阻 RP，就可以调节物料输送带正向运行的速度；按下 SB5（X004），Y001 为 0，变频器上的 STF 端子断开，变频器停止运行。

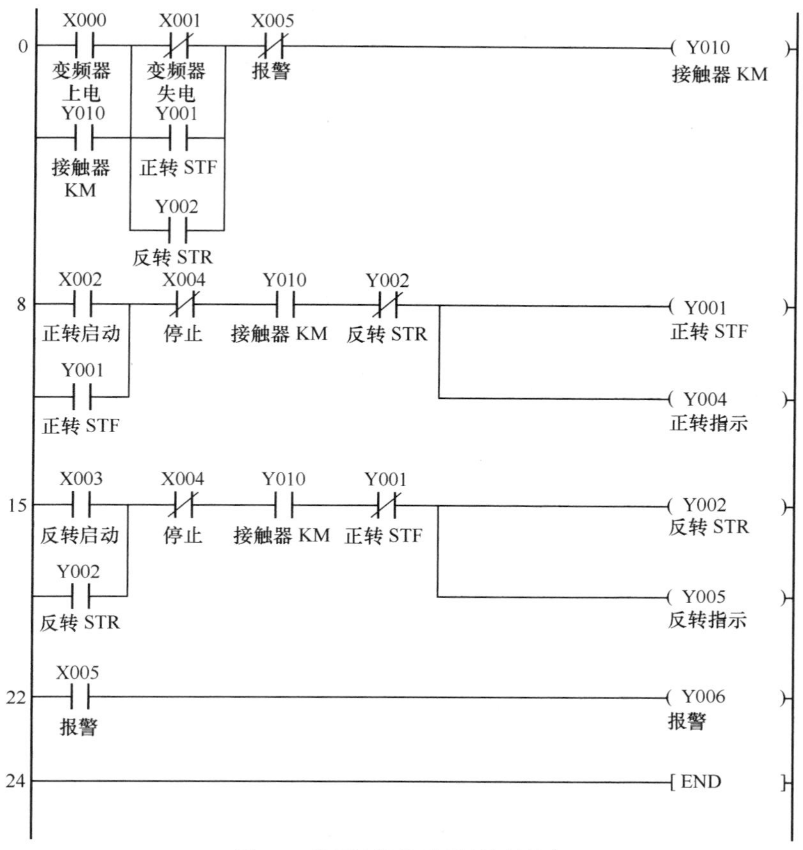

图 4-9　物料输送带正反转控制程序

（5）反转运行。当按下按钮 SB4 时，输入继电器 X003 得电，其常开触点闭合，输出继电器 Y002 得电并自锁，变频器数字端口 STR 为 ON，电动机按 Pr.7 设置的加速时间反向启动运行，同时反转指示灯 HL2 点亮，此时调节电位器 RP 的值，就可以调节物料输送带反向运行的速度。按下 SB5（X004），Y002 为 0，变频器上的 STR 端子断开，变频器停止运行。

（6）如果变频器发生故障，则输入继电器 X005 得电，其常开触点闭合，Y006 为 1，报警指示灯 HL3 点亮；其常闭触点断开，输出继电器 Y010 为 0，接触器 KM 失电，切除变频器电源。

知 识 拓 展

一、西门子继电器输出型 PLC 与变频器的连接方式

对于继电器输出型的 PLC，其输出端子可以和变频器的输入端子直接相连，如图 4-10 所示。西门子继电器输出型 PLC 与 MM440 变频器的开关量输入端子相连，需要将西门子 PLC 的输出端子与变频器的输入端子相连接，PLC 输出的公共端 1L 与西门子变频器的 24V 电源端

子 9 相连，同时设置西门子变频器的参数 P0725=1（PNP 方式），如图 4-10（a）所示。西门子继电器输出型 PLC 如果与三菱的 D740 变频器的开关量输入端子相连接，需要将西门子 PLC 的输出端子与三菱变频器的输入端子相连接，PLC 输出的公共端 1L 与三菱变频器的输入公共端 SD 相连，如图 4-10（b）所示，三菱变频器的输入逻辑是 SINK 型或者 SOURCE 型都可以。

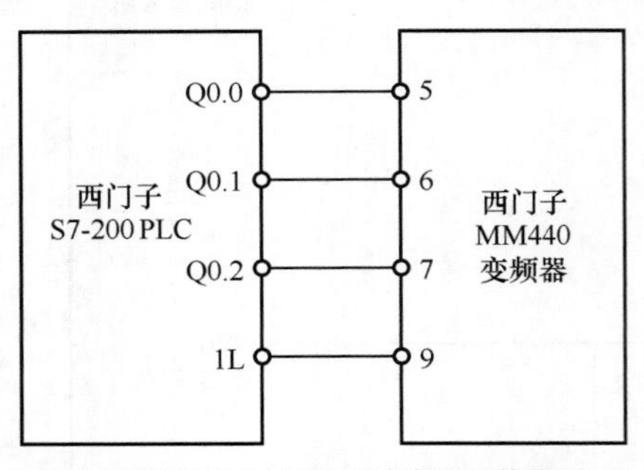

（a）西门子 PLC 与西门子变频器的接线图

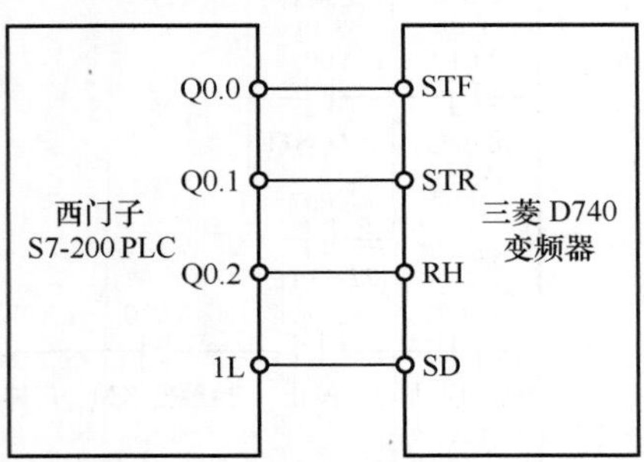

（b）西门子 PLC 与三菱变频器的接线图

图 4-10　西门子继电器输出型 PLC 与变频器的开关量接线方式

二、西门子晶体管输出型 PLC 与变频器的连接方式

对于西门子晶体管输出型的 PLC，其输出大多数为 PNP 方式（目前只有一款 CPU224XPsi 为 NPN 输出），MM440 变频器的默认输入为 PNP 方式（P0725=1），因此电平是可以兼容的。由于 Q0.0（或者其他输出点输出时）输出的其实就是 24V 信号，又因为 PLC 与变频器有共同的 0V，所以，当 Q0.0（或者其他输出点）输出时，就等同于 5（或者其他开关量输入）与变频器的 9 号端子（24V）连通，硬件接线图如图 4-11（a）所示。三菱 D740 变频器的默认输入方式为漏型输入，与西门子晶体管输出型的 PLC（输出为 PNP）电平是不兼容的。但三菱变频器的输入电平逻辑也是漏型和源型可以选择的，与西门子不同的是，需要将输入逻辑选择的跳线改为源型输入（即由 SINK 改为 SOURCE），而不需要改变参数设置，其接线图如图 4-11（b）所示。

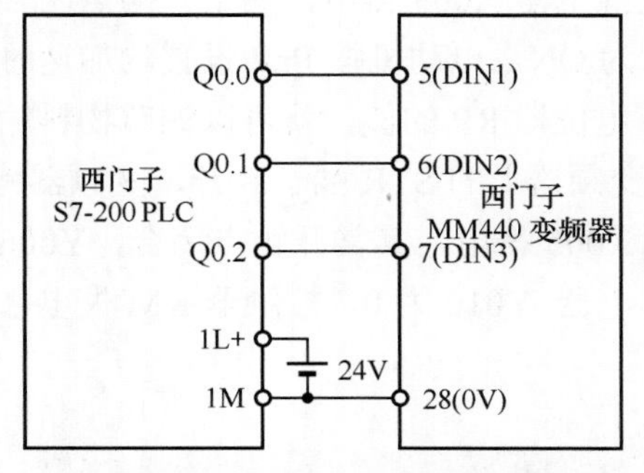

（a）西门子 PLC 与西门子变频器的接线图

（b）西门子 PLC 与三菱变频器的接线图

图 4-11　西门子晶体管输出型 PLC 与变频器的开关量接线方式

注　意

PLC 为晶体管输出时，其 1M（0V）必须与西门子变频器的 28 端子（0V）（三菱变频器为 SD 端子）短接，否则 PLC 的输出不能形成回路。

三、西门子 PLC 的模拟量模块与变频器的连接方式

如图 4-12 所示，由西门子 EM235 模拟量输出模块输出 0～10V 的电压信号（V0、M0 端子）或 0～20mA 的电流信号（I0、M0 端子）送入西门子变频器的端子 3、端子 4 或端子 10、端子 11 之间，从而连接 PLC 的模拟量输出模块与变频器的模拟量输入端子。

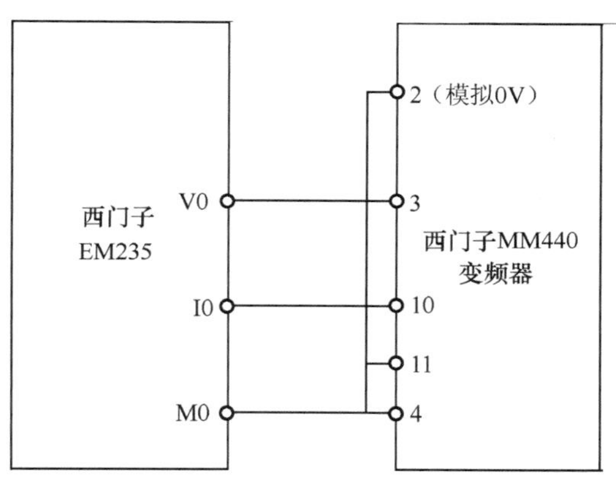

图 4-12　西门子 EM235 模拟量输出模块与变频器模拟输入端的连接方式

注　意

接线时一定要把变频器的端子 2（模拟 0V）和端子 4、端子 11 短接，同时设置参数 P0756[0]和 P0756[1]，选择端子 3、端子 4 为电压输入，端子 10、端子 11 为电流输入。

思考与练习

1. 变频控制系统由几部分组成？

2. PLC 与变频器的接线方式有几种？

3. 如果将物料分拣输送带的控制要求变为：按下启动按钮，输送带正转运行 50s，然后再反转运行 50s，如此反复，按下停止按钮，输送带停止运行，将如何修改程序？硬件电路和参数设置需要改变吗？

4. 如果在物料分拣输送带变频控制系统中，增加输送带的正反向点动运行功能，如何修改硬件电路和参数设置？程序如何编制？

| 任务 4.2　工业搅拌机的多段速变频控制系统 |

任 务 导 入

某化工厂的工业搅拌机如图 4-13 所示。工业搅拌机是一种带有叶片的轴在圆筒或槽中旋转，将多种原料搅拌混合，使之成为一种混合物或适宜稠度的机器。该搅拌机由一台三相异

步电动机通过皮带传动。根据工艺要求，搅拌机一般分为几段不同的转速运行以达到搅拌效果。在开始阶段启动负载较大，转速较低，随后逐步提高转速。其具体控制要求是：按下启动按钮，电动机以 15Hz 运行，20s 后以 20Hz 运行，以后每隔 20s，增加 5Hz，直到 45Hz 运行，其运行速度如图 4-14 所示。按下停止按钮，电动机停止运行。

图 4-13　工业搅拌机的结构示意图

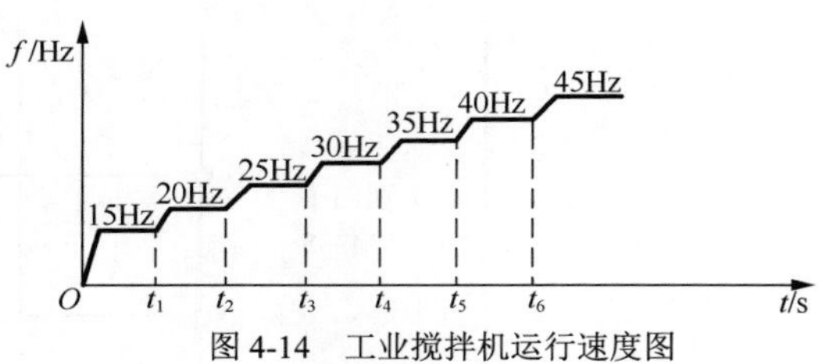

图 4-14　工业搅拌机运行速度图

相关知识

一、变频调速系统设计原则

变频调速控制系统的应用范围很广，如轧钢机、造纸机、卷扬机等，不同的控制对象有具体的控制要求。例如，造纸机除要求可靠、响应速度快之外，还要求动态速度反应快、恢复时间短。虽然变频调速控制系统根据不同的控制对象会选择不同的设计方案，但它们的总体设计原则是相同的。根据设计任务，在满足生产工艺控制要求的前提下，安全可靠、经济实用、操作简单、维护方便、适应发展。

1．满足要求

最大限度地满足被控对象的要求，是设计中最基本的原则。为明确控制要求，设计人员在设计前应深入现场进行调查研究，收集现场资料，与工程管理人员、机械部分设计人员、现场操作人员密切配合，共同拟定设计方案。

2．安全可靠

电气控制系统的安全性、可靠性，关系到生产系统的产品数量和质量，是生产线的生命之线。因此，设计人员在设计时应充分考虑到控制系统长期运行的安全性、可靠性、稳定性。要达到系统的安全可靠性，应全面考虑系统方案设计、器件选择、软件编程等多个方面。例如，为保证变频器出现故障时，系统仍安全运行，设置变频器的变频/工频转换系统；PLC 程序只能接收合法操作，对于非法操作，程序不予响应等。

3．经济实用

在满足生产工艺控制要求的前提下，一方面要不断扩大生产效益，另一方面也要注意降低生产成本，使控制系统简单、经济、实用、实用方便、维护容易。例如，控制要求不高的闭环控制系统可以采用变频器的 PID 控制等。

4．留有余量

随着社会发展进步，生产工艺控制要求也不断提高、更新、完善，生产规模不断扩大。因此，在设计控制系统时，应考虑今后的发展，在 PLC 的输入/输出点的选择上，要留有适当的余量。

二、变频调速系统设计步骤

（1）了解生产工艺，根据生产工艺对电动机转速变化的控制要求，分析影响转速变化的因素，确定变频控制系统的控制方案，绘制变频控制系统的硬件原理图。对于控制要求不高的工艺生产控制系统，采用开环调速系统。对于控制要求较高的工艺生产控制系统，可以采用闭环控制系统。

（2）了解生产工艺控制的操作过程，设计 PLC。PLC 主要采集现场信号，根据生产工艺操作要求对变频器、接触器等进行控制。PLC 对变频器的控制有开关量控制、模拟量控制和通信控制等 3 种方法。

（3）根据负载和工艺控制要求，设计变频器。变频器主要是对异步电动机进行变频调速控制，需要选择变频器及其外围设备，设置变频器的电机参数和功能参数，如果是闭环控制，最好选用能够四象限运行的通用变频器。

（4）根据被控对象数学模型的情况，决定是选择常规的 PID 调节器还是智能调节器。如果被控对象的数学模型不清楚，又想知道被控对象的数学模型，若条件允许，可用动态信号仪实测数学模型。对被控对象数学模型无严格要求的调节器，应属于常规 PID 调节器。

任 务 实 施

【训练工具、材料和设备】

视频 34. 工业搅拌机多段速控制系统

三菱 FR-D740-0.75K-CHT 变频器 1 台、三菱 FX_{2N}-32MR 的 PLC1 台、三相异步电动机 1 台、安装有 GX Developer 或 GX Work2（或 GX Work3）软件的计算机 1 台、USB-SC09-FX 编程电缆 1 根、接触器 1 个、按钮和开关若干、《三菱 FR-D700 系列通用变频器使用手册》、通用电工工具 1 套。

1．硬件电路

根据以上控制要求，确定 PLC 的输入、输出，并给这些输入、输出分配地址。PLC 采用三菱 FX_{2N}-32MR 继电器输出型 PLC，变频器采用三菱 FR-D740 变频器，其 7 段速控制的 I/O 分配如表 4-2 所示。

表 4-2　　搅拌机多段速控制的 I/O 分配

输　入			输　出		
输入继电器	输入元件	作　用	输出继电器	输出元件	作　用
X000	SB1	变频器上电	Y000	RH	高速选择
X001	SB2	变频器失电	Y001	RM	中速选择
X002	SB3	启动	Y002	RL	低速选择
X003	SB4	停止	Y004	STF	启动
X004	A、C	故障信号	Y010	KM	接通 KM

根据 I/O 分配表，画出搅拌机多段速控制电路如图 4-15 所示。在图 4-15 中，用按钮 SB1

和 SB2 控制变频器的上电或失电（即 KM 得电或失电），用 SB3 和 SB4 控制变频器的启动和停止。将变频器的故障输出端子 A、C 接到 PLC 的 X004 输入端子上，复位按钮 SB 接变频器的 RES 端子，用来给变频器复位。PLC 的输出 Y000、Y001、Y002 分别接速度选择端子 RH、RM、RL，通过 PLC 的程序实现 3 个端子的不同组合，从而使变频器选择 7 个不同的速度运行，Y004 接变频器的 STF 端子，控制变频器启动。PLC 的输出 Y010 接接触器 KM 线圈，用来给变频器上电。

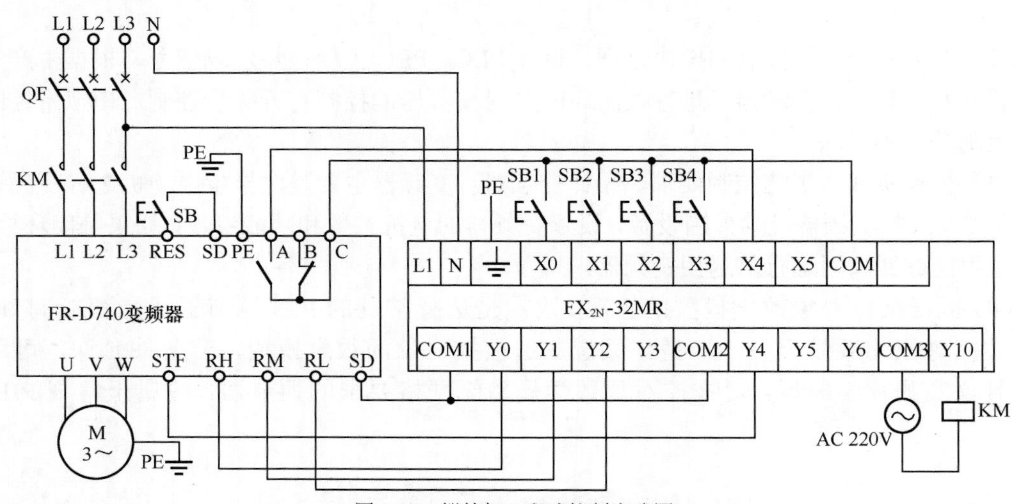

图 4-15　搅拌机 7 段速控制电路图

注　意

在图 4-15 中，因为在 PLC 程序中，Y000、Y001、Y002 和 Y003 组成 K1Y0 的位组件，所以 PLC 的输出 Y003 不能接任何负载；需将图 4-15 中的 COM1 和 COM2 共同接变频器的 SD 端子，以构成闭合回路；接触器线圈 KM 接 PLC 的 Y010 输出端子，其电压是 AC220V，因此需要与 COM1 和 COM2 分开。

2．参数设置

参数设置如下。

Pr.1=50Hz，上限频率。

Pr.2=0Hz，下限频率。

Pr.7=2s，加速时间。

Pr.8=2s，减速时间。

Pr.160=0，扩张参数。

Pr.178=60，正转端子。

Pr.179=62，将 STR 端子设置为变频器复位功能 RES。

Pr.180=0，RL 低速选择。

Pr.181=1，RM 中速选择。

Pr.182=2，RH 高速选择。

Pr.79=3，PU/组合模式 1。

各段速度：Pr.4=15Hz，Pr.5=20Hz，Pr.6=30Hz，Pr.24=40Hz，Pr.25=35Hz，Pr.26=25Hz，Pr.27=45Hz。

3．程序设计

搅拌机 7 段速控制程序如图 4-16 所示。

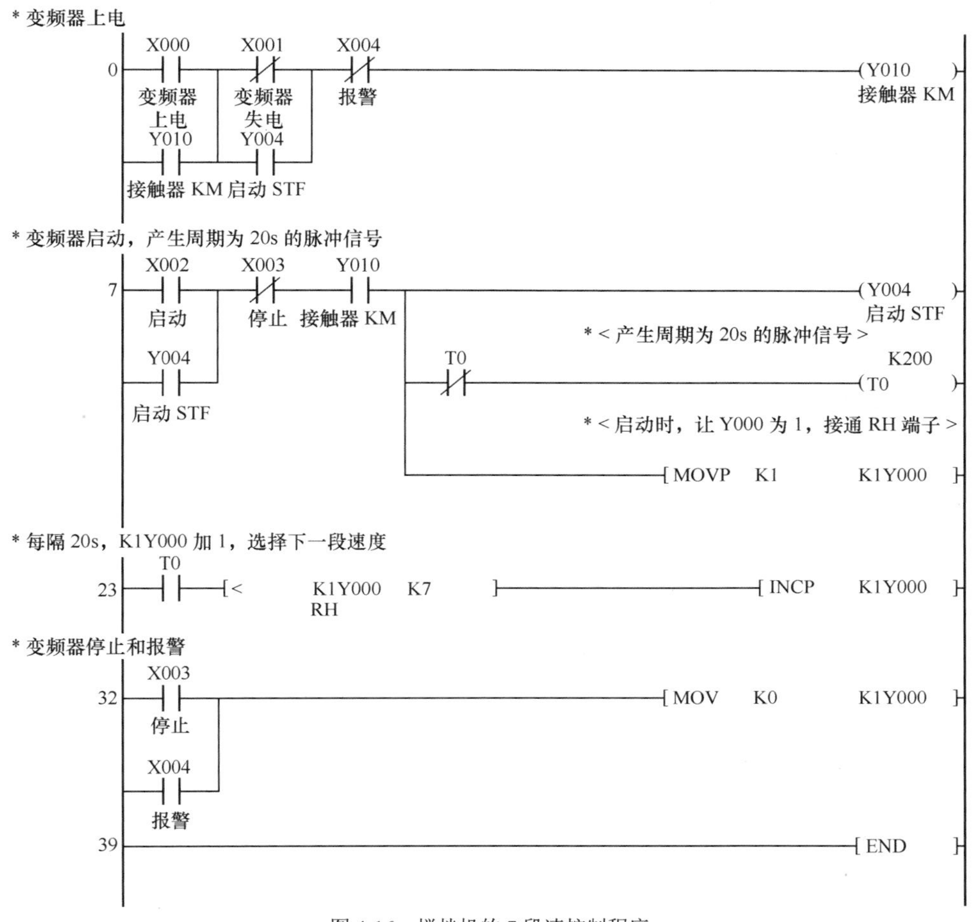

图 4-16　搅拌机的 7 段速控制程序

步 0 控制变频器上电，在 X001 触点两端并联 Y004，是为了保证在变频器运行过程中，变频器不能切断电源。该步串联变频器的故障触点 X004，一旦变频器发生故障，该触点断开，变频器切断电源。

步 7 控制变频器启动，按下启动按钮 SB3（X002=1），Y004 得电，接通变频器的 STF 端子，同时通过 MOVP 指令将十进制数 1 送到 K1Y0 中，即 Y000 此时为 1，选择 Pr.4 设定的频率 15Hz 运行，同时用定时器 T0 产生一个周期为 20s 的脉冲，保证变频器每隔 20s 进行一次速度选择。

步 23 控制变频器进行速度选择。PLC 通过 Y000、Y001、Y002 三个输出端子控制变频器的 RH、RM、RL 端子的接通，从而实现变频器的 7 段速运行，其关系如表 4-3 所示。三个端子的不同组合，对应十进制的 1～7 的数据。在图 4-10 所示的程序中，通过 INCP 加 1 指令让 K1Y0 每隔 20s（T0 的常开触点）加 1，从而实现表 4-3 的对应关系，由于 K1Y0 最大不能大于 7，因此在步 23 中串联一个触点比较指令，只有在 K1Y0＜7 时，才执行加 1 指令。

步 32 控制变频器停止运行。

表 4-3　　变频器端子的不同组合与 PLC 传送数据之间的关系

传送数据（十进制）	Y003	RL（Y002）	RM（Y001）	RH（Y000）	对应频率/Hz
1	0	0	0	1	Pr.4（15）
2	0	0	1	0	Pr.5（20）
3	0	0	1	1	Pr.26（25）
4	0	1	0	0	Pr.6（30）
5	0	1	0	1	Pr.25（35）
6	0	1	1	0	Pr.24（40）
7	0	1	1	1	Pr.27（45）

4. 运行操作

（1）合上 QF，给 PLC 上电，把图 4-16 所示的程序下载到 PLC 中。

（2）单击 GX 编程软件工具栏中的运行图标，使 PLC 处于“RUN”状态，PLC 上的 RUN 指示灯点亮。此时按下 SB1（X000），Y010 为 1，接触器 KM 线圈得电，其 3 对主触点闭合，变频器上电。

（3）将变频器的参数清零，然后将上述参数设置中的参数写入变频器中。

（4）变频器运行。当按下按钮 SB3 时，输入继电器 X002 得电， X002 常开触点闭合，输出继电器 Y004 得电并自锁，接通变频器的 STF 端子，并通过 MOVP 指令将数字 1 传送到 K1Y0 中，即 Y000 为 1，接通变频器的 RH 端子，变频器以 15Hz 速度运行。通电延时时间继电器 T0 定时 20s 后，其常开触点闭合，执行 INCP 加 1 指令，此时 K1Y0 为 2，即 Y001 为 1，接通变频器的 RM 端子，变频器以 20Hz 运行，以后每隔 20s，都执行 INCP 加 1 指令，输出继电器 Y000、Y001、Y002 都会按照表 4-3 的组合规律接通变频器的 RH、RM、RL 端子，变频器的显示屏上每隔 20s，速度会依次按照 25Hz、30Hz、35Hz、40Hz、45Hz 运行，最后稳定在 45Hz 上。

（5）变频器停止运行。按下停止按钮 SB4（X003）或变频器发生故障 A、C（X004），通过传送指令 MOV 指令将数字 0 送到 K1Y0，变频器停止运行。

知识拓展——变频调速系统的调试

1. 变频器的通电和预置

一台新的变频器在通电时，输出端可先不接电动机，先要熟悉它，在熟悉的基础上预置各种功能。

（1）熟悉键盘，即了解键盘上各键的功能，进行试操作，并观察显示的变化情况等。

（2）按说明书要求进行“启动”和“停止”等基本操作，观察变频器的工作情况是否正常，同时进一步熟悉键盘的操作。

（3）预置功能：变频器的参数设定在调试过程中十分重要。由于参数设定不当，不能满足生产的需要，会导致启动、制动失败，或工作时常跳闸，严重时会烧毁功率模块 IGBT 或整流桥等器件。变频器的种类不同，参数量也不同。一般单一控制的变频器有 50～60 个参数，多功能控制的变频器有 200 个以上的参数。但不论参数多少，在调试中不需要全部设定。大多数按出厂值设定即可，只要重新设定使用时与原出厂值不适合的参数即可。例如，外部端子操作、模拟量操作、基本频率、上限频率、下限频率、加减速时间（及方式）、热电子保护、过流保护、失速保护和过压保护等是必须设定的。当运转不合适时，再调整其他参数。因此用户在正确使用变频器之前，要求对变频器功能做如下设置。

① 确认电动机参数，设定电动机的功率、电流、电压、转速、最大频率。这些参数可以直接从电动机铭牌中得到。

② 变频器采取的控制方式，即速度控制、转矩控制、PID 或其他方式。选定控制方式后，一般要根据控制精度需要辨别静态或动态。

③ 设定变频器的启动方式，一般变频器在出厂时设定从外部启动，用户可以根据实际情况选择启动方式，设定升降速时间，可以用面板、外部端子、通信方式等几种启动方式。

选择给定信号，一般变频器的频率给定也可以有多种方式。面板给定、外部给定、外部电压或电流给定、通信方式给定。当然对于变频给定也可以是这几种方式的一种或几种方式之和。

预置完以上参数后，变频器基本能正常工作，先从几个较易观察的项目，如升速和降速时间、点动频率、多段速时的各挡频率等检查变频器的执行情况是否与预置的相符合。一旦发生参数设置故障，可根据说明书修改参数。如果不行可初始化数据，恢复出厂值，然后按上述步骤重新设置。不同品牌变频器的参数恢复出厂值方式也不同。

（4）将外接输入控制线接好，逐项检查各外接控制功能的执行情况。

（5）检查三相输出电压是否平衡。

2．电动机的空载试验

变频器的输出端接上电动机，但电动机尽可能与负载脱开，进行通电试验。其目的是观察变频器配上电动机后的工作情况，顺便校准电动机的旋转方向。其试验步骤如下。

（1）将频率设置于 0 位，合上电源后，微微增大工作频率，观察电动机的启转情况，及旋转方向是否正确，如方向相反，则予以纠正。

（2）将频率上升至额定频率，让电动机运行一段时间。如一切正常，再选若干常用的工作频率，也使电动机运行一段时间。

（3）将给定频率信号突降至零（或按停止按钮），观察电动机的制动情况。

3．拖动系统的启动和停机

将电动机的输出轴与机械的传动装置连接起来，进行试验。

（1）启转试验。使工作频率从 0Hz 开始微微增加，观察拖动系统能否启转，在多大频率下启转，如启转比较困难，应设法加大启动转矩。其具体方法有：加大启动频率，加大 U/f 比，以及采用矢量控制等。

（2）启动试验。将给定信号调至最大，按启动键，观察。

① 启动电流的变化。

② 整个拖动系统在升速过程中，运行是否平稳。

如因启动电流过大而跳闸，则应适当延长加速时间。如在某一速度段启动电流偏大，则设法通过改变启动方式（S 形、半 S 形等）来解决。

（3）停机试验。将运行频率调至最高工作频率，按停止键，观察拖动系统的停机过程。

① 停机过程中是否出现因过电压或过电流而跳闸，如有，则应适当延长减速时间。

② 当输出频率为0Hz时，拖动系统是否有爬行现象，如有，则应适当加入直流制动。

4．拖动系统的负载试验

负载试验的主要内容有以下几点。

（1）$f_{max}>f_N$，则应进行最高频率时的带载能力试验，也就是在正常负载下能不能带得动。

（2）在负载的最低工作频率下，应考察电动机的发热情况，使拖动系统工作在负载要求的最低转速下，施加该转速下的最大负载，按负载要求的连续运行时间进行低速连续运行，观察电动机的发热情况。

（3）过载试验可按负载可能出现的过载情况及持续时间进行试验，观察拖动系统能否继续工作。

思考与练习

1．某变频控制系统中，选择开关有7个挡位，分别选择10Hz、15Hz、20Hz、30Hz、35Hz、40Hz、50Hz速度运行，采用PLC控制变频器的输入端子5、端子6、端子7进行7段速控制，试画出变频系统的硬件接线图、设置变频器的参数、编写控制程序。

2．用PLC、变频器设计一个刨床的控制系统。其控制要求为，刨床工作台由一台电动机拖动，当刨床在原点位置（原点为左限与上限位置，车刀在原点位置时，原点指示灯亮）时，按下启动按钮，刨床工作台按照图4-17所示的速度曲线运行。试画出PLC与变频器的接线图，设置变频器的参数并编写PLC程序。

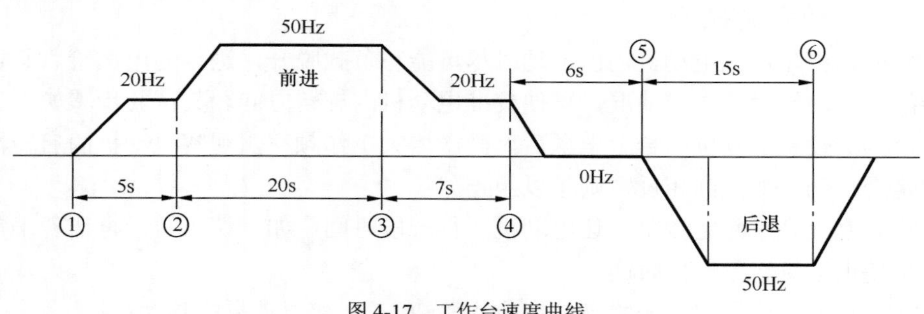

图4-17 工作台速度曲线

任务4.3 风机的变频/工频自动切换控制系统

任务导入

风机是依靠输入的机械能，提高气体压力并排送气体的机械。风机的传统控制方式中，其风量一般采用风门挡板控制，拖动风机的电机是定速运行。随着变频器的广泛应用，现在很多风机的电机都采用变频器控制，通过变频器调节风机的运行速度，从而调节风量的大小。风机是二次方律负载，其转矩与转速的2次方成正比，轴功率与转速的3次方成正比。当所需风量减小、风机的转速下降时，其功率按转速的 3 次方下降，因此风机采用变频调速后，节能效果非常可观。

现有一台风机，当要求在 50Hz 以下运行时，采用变频器控制风机的运行，由模拟量输入端子 2、5 控制变频器的输出频率。当风机的运行频率达到 50Hz 时，变频器停止运行，将风机自动切换到工频运行。另外，当风机运行在工频状态时，如果工作环境要求它进行无级调速，就必须将风机由工频自动切换到变频状态运行。

任务实施

【训练工具、材料和设备】

三菱 FR-D740-0.75K-CHT 变频器 1 台、三菱 FX_{2N}-32MR 的 PLC1 台、三相异步电动机 1 台、安装有 GX Developer 或 GX Work2（或 GX Work3）软件的计算机 1 台、USB-SC09-FX 编程电缆 1 根、接触器 1 个、按钮若干、1kΩ 电位器 1 个、《三菱 FR-D700 系列通用变频器使用手册》、通用电工工具 1 套。

1. 硬件电路

由于控制系统需要在工频和变频两种控制情况下控制，因此需要用 3 个接触器在工频和变频之间切换，如图 4-18 所示。工频/变频转换开关 SA 在工频位置时，按下启动按钮 SB1，KM2 线圈得电，电动机在工频情况下运行；工频/变频转换开关 SA 在变频位置时，按下启动按钮 SB1，KM1、KM3 线圈得电，电动机在变频情况下运行；按下停止按钮，电动机停止运行。根据以上控制要求，确定 PLC 的输入、输出，并给这些输入、输出分配地址。PLC 采用三菱 FX_{2N}-32MR 继电器输出型 PLC，变频器采用三菱 FD-D740 变频器，工频/变频自动切换控制的 I/O 分配如表 4-4 所示。

表 4-4　风机工频/变频自动切换控制的 I/O 分配

输　入			输　出		
输入继电器	输入元件	作　用	输出继电器	输出元件	作　用
X000	SB1	启动	Y000	STF	变频器启动
X001	SB2	停止	Y001	HL1	工频运行指示
X002	SA	工频运行	Y002	HL2	变频运行指示
X003	SA	变频运行	Y005	KM1	控制变频器接电源
X004	A、C	输出频率检测	Y006	KM2	控制电动机工频运行
X005	FR	电动机过载保护	Y007	KM3	控制电动机变频运行

根据 I/O 分配表，画出风机工频/变频自动切换控制电路如图 4-18 所示。在图 4-18 中，SB1 和 SB2 控制系统启停，SA 选择工频和变频。将变频器的输出频率检测端子 A、C 接到 PLC 的 X004 输入端子上，一旦变频器的实际运行频率大于 Pr.42=49.5Hz 的检测频率，A、C 端子闭合，将电动机由变频运行自动切换到工频运行。在电动机工频运行阶段，通过热继电器 FR（X005）对电动机进行过载保护。接触器 KM2 和 KM3 分别控制电动机运行工频和变频，因此，在 PLC 的输出回路中，必须用它们的常闭触点对其进行互锁，以防止 KM2 和 KM3 同时得电。用指示灯 HL1 和 HL2 指示电机的工频运行和变频运行状态。Y000 接变频器的 STF 端子，控制变频器启动，变频器通过电位器 RP 对其进行调速。

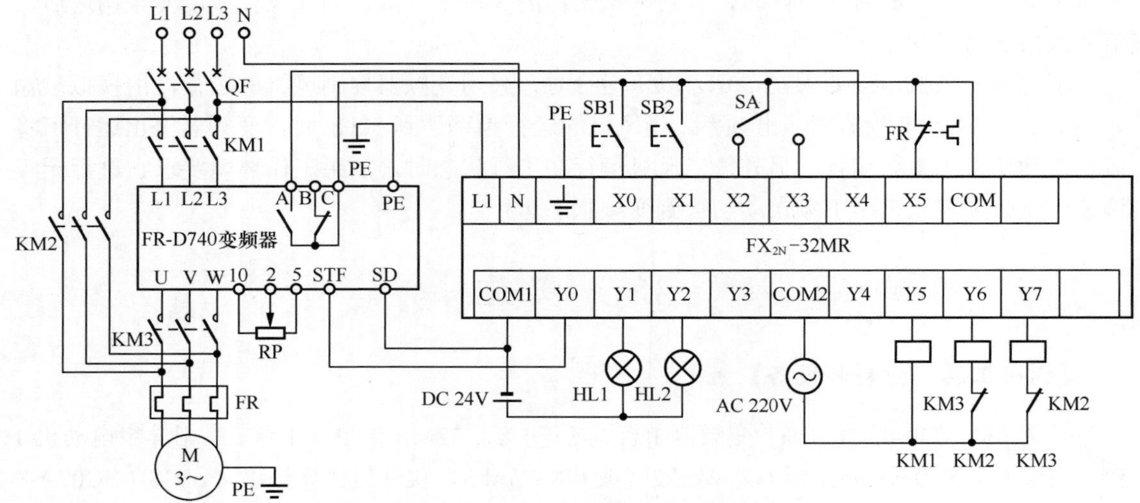

图 4-18　风机工频/变频自动切换电路

2．参数设置

参数设置如下。

Pr.1=50Hz，上限频率。

Pr.2=0Hz，下限频率。

Pr.7=5s，加速时间。

Pr.8=5s，减速时间。

Pr.9=2.5A，电子过电流保护，一般设定为变频器的额定电流。

Pr.73=1，端子 2 输入 0～5V 电压信号。

Pr.125=50Hz，端子 2 频率设定增益频率。

Pr.178=60，端子 STF 设定为正转端子。

Pr.192=4，将变频器输出端子 A、B、C 设置为输出频率检测功能 FU。

Pr.42=49.5Hz，输出频率检测，使 FU 信号变为 ON 的频率。

Pr.79=2，选择外部运行模式。

3．程序设计

风机工频/变频自动切换控制程序如图 4-19 所示。

4．运行操作

（1）合上 QF，给 PLC 上电，把图 4-19 所示的程序下载到 PLC 中。

（2）工频运行。单击 GX 编程软件工具栏中的运行图标，使 PLC 处于“RUN”状态，PLC 上的 RUN 指示灯点亮。将选择开关 SA 置于工频位置（即 X002 闭合），如图 4-19 中的步 0，此时按下 SB1（X000），Y006 为 1，接触器 KM2 线圈得电，其 3 对主触点闭合，电动机工频运行。同时 Y001 为 1，工频指示灯点亮。按下停止按钮 X001 或电动机过载（X005 断开），Y006 为 0，停止工频运行。

（3）变频运行。如图 4-19 中的步 9，将选择开关 SA 置于变频位置（即 X003 闭合），Y005、Y007 同时为 1，接触器 KM1 和 KM3 得电，给变频器上电，将上述参数输入变频器中。图 4-19 的步 15 中，按下启动按钮 SB1（X000），Y000 为 1，接通变频器的 STF 端子，变频器开始运行，同时 Y002 为 1，变频器运行指示灯 HL2 点亮。调节电位器 RP，就可以调节变频器的运行速度，当变频器的实际运行速度达到检测频率 49.5Hz 时，实际频率与检测频率相等，变频器的输出端子 A、C 闭合（即 X004 为 1），如图 4-19 中的步 21 所示，辅助继电器 M0 为 1，步 9 中的 M0 常闭触点断开，Y005、Y007 为 0，接触器 KM1 和 KM3 失电，将变频器从电动机上切除；同时接通定时器 T0，延时 5s 后，其在步 0 中的常开触点闭合，Y006 为 1，将电动机切换为工频运行。

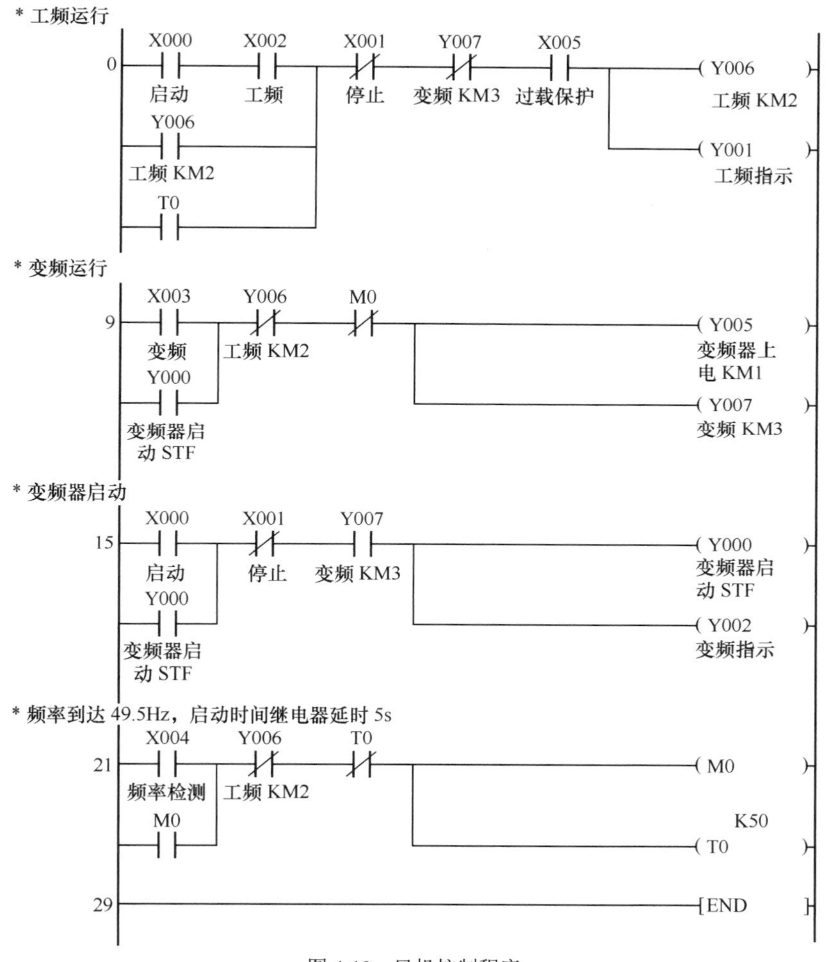

图 4-19　风机控制程序

注　意

当电动机切换为工频运行时，由操作工将控制系统的选择开关置于工频位置。

（4）变频器停止。电动机变频运行时，不能通过步 9 中的 X003 停止变频器的供电电源，因为此时 Y000 常开触点处于闭合状态。只有在步 15 中按下停止按钮 X001，让 Y000 变为 0，其常开触点断开，才能停止变频器的供电电源。

（5）变频运行与工频运行时的互锁。控制电动机工频运行的 Y006（控制接触器 KM2）与变频运行的 Y007（控制接触器 KM3）在步 0 和步 9 中通过 Y006 和 Y007 的常闭触点实现软件互锁，在硬件电路中，通过 KM2 和 KM3 的常闭触点实现电气互锁。当电动机切换为工频运行时，由操作工将控制系统的选择开关置于工频位置。

知识拓展

变频器的选用与电动机的结构形式及容量有关，还与电动机所带负载的类型有关。通用变频器的选择主要包括变频器类型和容量的选择两个方面。

一、变频器类型的选择

变频器的类型要根据负载要求来选择。一般来说，生产机械的特性分为恒转矩负载、恒功率负载和二次方律负载。

1. 恒转矩负载变频器的选择

恒转矩负载是指负载的转矩 T_L 不随转速 n 的变化而变化，是一个恒定值，但负载功率随转速成比例变化。

多数负载具有恒转矩特性，如位能性负载：电梯、卷扬机、起重机、抽油机等；摩擦类负载：传送带、搅拌机、挤压成型机、造纸机等。

这类负载如采用普通功能型变频器，要实现恒转矩调速，常采用加大电动机和变频器容量的办法，以提高低速转矩。如采用具有转矩控制功能的变频器来实现恒转矩调速，则更理想，因为这种变频器低速转矩大，静态机械特性硬度大，不怕负载冲击，具有挖土机特性。

轧钢、造纸、塑料薄膜加工线这一类对动态性能要求较高的生产机械，原来多采用直流传动。目前，矢量变频器已经通用化，并且三相异步电动机具有坚固耐用、维护容易、价格低廉等优点，对于要求高精度、快响应的生产机械，采用矢量控制高性能的变频器是一种很好的选择。

2. 恒功率负载变频器的选择

恒功率负载是指当负载的转速发生变化时，其转矩也随着变化，而负载的功率始终为一个恒定值。

（1）典型系统。车床以相同的切削线速度和吃刀深度加工工件时，若工件的直径大，则主轴的转速低；若工件的直径小，则主轴的转速高，保持切削功率为一个恒定值。又如卷绕机，开始卷绕时，卷绕直径小，转矩小，卷绕速度高；当卷绕直径逐渐增大时，转矩增大，卷绕速度降低，保持卷绕功率为一个恒定值。

由于没有恒功率特性的变频器，一般可选用普通 U/f 控制变频器，为了提高控制精度，选用矢量控制变频器效果更好。考虑到车床的急加速或偏心切削等问题，可适当加大变频器的容量。

（2）立式车床。在断续切削时是一个冲击性负载，但由于有主轴惯性，相当于配有很大的飞轮，因此选择变频器时可不增大变频器的容量。由于主轴有很大惯性，选用变频器时要特别注意制动装置和制动电阻的容量。立式车床选择通用 U/f 控制变频器即可满足要求。

3. 二次方律负载变频器的选择

二次方律负载是指负载转矩与转速的平方成正比，即 $T_L = kn^2$，而负载功率与转速的三次方成正比，即 $P = k_1n^3$。这类负载用变频器调速可以节能 30%～40%。典型系统如风机、泵类等流体机械。

风机、泵类负载选择变频器的要点如下。

（1）种类。风机、泵类负载是最普通的负载，普通 U/f 控制变频器即可满足要求，也可选用专用变频器。

（2）变频器的容量选择。等于电动机的容量即可。但空气压缩机、深水泵、泥沙泵、快速变化的音乐喷泉等负载，由于电动机工作时的冲击电流很大，所以选择时应留有一定的裕量。

（3）工频—变频切换。

目的：不满载时节能运行，满载时工频运行；当变频器跳闸或出现故障停止输出时，将电动机由变频运行切换到工频运行，以保证电动机继续运转。

由工频运行切换到变频运行时，先将电动机断电，让电动机自由降速运行。同时检测电动机的残留电压，以推算出电动机的运行频率，使接入变频器的输出频率与电动机的运行频率一致，以减小冲击电流。

当变频运行切换到工频运行时，采用同步切换的方法，即变频器将频率升高到工频，确认频率及相位与工频一致时再切换。

（4）设置瞬时停电再启动功能。

（5）设置合适的运行曲线：选择平方律补偿曲线或将变频器设置为节能运行状态。

4. 大惯性负载变频器的选择

大惯性负载如离心泵、冲床、水泥厂的旋转窑等，此类负载的惯性很大，启动速度慢，启动时可能会产生振荡，电动机减速时有能量回馈。此类负载可选择通用 U/f 控制变频器，为提高启动速度，可加大变频器的容量，以避免振荡；使用时要配备制动单元，并要选择足够容量的制动电阻。

5. 不均匀负载变频器的选择

（1）不均匀负载是指系统工作时负载时轻时重，如轧钢机、粉碎机、搅拌机等。

（2）变频器容量选择：以负载最大时进行测算，如没有特殊要求，可选择通用 U/f 控制变频器。

轧钢机除了工作时负载不均匀之外，对速度精度要求很高，因此采用高性能矢量控制变频器。

6. 流水线用变频器的选择

（1）特点：多台电动机按同一速度（或按一定速度比）运行，且每台电动机均为恒转矩负载。

（2）选择要求：一般选用 U/f 控制变频器，但频率分辨率要高，比例运行的速度精度要高，必要时可加速度反馈。

二、变频器容量的选择

变频器容量的选择由很多因素决定，如电动机容量、电动机额定电流、电动机加减速时间等，其中最主要的是电动机额定电流和额定功率。变频器的容量应按运行过程中可能出现的最大工作电流来选择。下面介绍几种不同情况下，变频器的容量计算与选择方法。

1. 一台变频器只供一台电动机使用（即一拖一）

（1）恒定负载连续运行时，变频器容量的计算。由于变频器的输出电压、电流中含有高次谐波，电动机的功率因数、效率有所下降，电流约增加10%，因此由低频、低压启动，变频器用来完成变频调速时，要求变频器的额定电流稍大于电动机的额定电流即可。

$$I_{CN} \geqslant 1.1\, I_{MN} \tag{4-1}$$

式中，I_{CN} 为变频器输出的额定电流，单位为 A；

I_{MN} 为电动机的额定电流，单位为 A。

额定电压、额定频率直接启动时，对三相电动机而言，由电动机的额定数据可知，启动电流是额定电流的 5～7 倍。因而必须用下式来计算变频器的频定电流 I_{CN}。

$$I_{CN} \geqslant I_{Mst}/K_{Cg} \tag{4-2}$$

式中，I_{Mst} 为电动机在额定电压、额定频率时的启动电流；

K_{Cg} 为变频器的允许过载倍数，$K_{Cg}=1.3$～1.5。

（2）周期性变化负载连续运行时，变频器容量的计算。在很多情况下，电动机的负载具有周期性变化的特点。显然，在此情况下，按最小负载选择变频器的容量，将出现过载，而按最大负载选择，将是不经济的。由此推知，变频器的容量可在最大负载与最小负载之间适当选择，以便变频器得到充分利用而又不致过载。

首先做出电动机负载电流图 $n=g(t)$ 及 $I=f(t)$，然后求出平均负载电流 I_{av}，再预选变频器的容量。I_{CN} 的计算采用如下公式。

$$I_{CN}=K_0 I_{av}=K_0\frac{I_1t_1+I_2t_2+I_3t_3+\cdots}{t_1+t_2+t_3+\cdots} \tag{4-3}$$

式中，I_1、I_2、I_3 为各运行状态下平均电流，单位为 A；

t_1、t_2、t_3 为各运行状态下的运行时间，单位为 s；

K_0 为安全系数（加减速频繁时取 1.2，一般取 1.1）。

（3）非周期性变化负载连续运行时，变频器容量的计算。非周期性变比负载主要指不均匀负载或冲击负载，这种情形一般难以作出负载电流图，可按电动机在输出最大转矩时的电流计算变频器的额定电流，可用下式确定。

$$I_{CN} \geqslant I_{max}/K_{Cg} \tag{4-4}$$

式中，I_{max} 为电动机在输出最大转矩时的电流。

2．一台变频器同时供多台电动机使用（即一拖多）

多台电动机共用一台变频器进行驱动，除了以上（1）～（3）点需要考虑之外，还可以根据以下情况区别对待。

（1）各台电动机均由低频、低压启动，在正常运行后不要求其中某台因故障停机的电动机直接重新启动，这时变频器容量为

$$I_{CN} \geqslant I_{M(max)}+\sum I_{MN} \tag{4-5}$$

式中，$I_{M(max)}$ 为最大电动机的启动电流；

ΣI_{MN} 为其余各台电动机的额定电流之和。

（2）一部分电动机直接启动，另一部分电动机由低频、低压启动。除了使电动机运行的总电流不超过变频器的额定输出电流之外，还要考虑所有直接启动电动机的启动电流，即还要考虑多台电动机是否同时软启动（即同时从 0Hz 开始启动），是否有个别电动机需要直接启动等。综合以上因素，变频器的容量可按下式计算。

$$I_{CN} \geqslant (\sum I_{Mst}+\sum I_{MN})/K_{Cg} \tag{4-6}$$

式中，ΣI_{Mst} 为所有直接启动电动机在额定电压、额定频率下的启动电流之和；

ΣI_{MN} 为全部电动机额定电流之和。

三、变频器选型注意事项

在实际应用中，变频器的选用不仅包含前述内容，还应注意以下一些事项。

（1）具体选择变频器容量时，既要充分利用变频器的过载能力，又要不至于在负载运行时使装置超温。

（2）选择变频器的容量要考虑负载性质。即使相同功率的电动机，负载性质不同，所需变频器的容量也不相同。其中，二次方律负载所需的变频器容量较恒转矩负载的低。

（3）在传动惯量、启动转矩大，或电动机带负载且要正、反转运行的情况下，变频器的功率应加大一级。

（4）要根据使用环境条件、电网电压等仔细考虑变频器的选型。如高海拔地区因空气密度降低，散热器不能达到额定散热器效果，一般在 1 000m 以上，每增加 100m，容量下降 10%，必要时可加大容量等级，以免变频器过热。

（5）要根据不同的使用场所，这样变频器的防护等级，为防止鼠害、异物等进入，应做防护选择，常见的 IP10、IP20、IP30、IP40 等级分别能防止 Φ50、Φ12、Φ2.5、Φ1 固体物进入。

（6）矢量控制方式只能对应一台变频器驱动一台电动机。

思考与练习

1．在变频与工频切换中，当变频器的输出频率达到 50Hz，使用变频器的输出 RUN 端子，如何设置变频器的参数？实际设置并调试。

2．在变频和工频切换中，变频器发生故障时，也需要将电动机由变频运行自动切换到工频运行，如何设置变频器的参数？如何修改硬件电路及程序？

任务 4.4　验布机的无级调速控制系统

任 务 导 入

验布机是服装行业生产前对棉、毛、麻、丝绸、化纤等特大幅面、双幅和单幅布进行瑕疵检测的一套必备的专用设备。根据检验人员的熟练程度、布匹的种类不同，验布机对速度的要求不同。

（1）整个验布机分为 5 个工作速度：1 速为 10Hz、2 速为 20Hz、3 速为 30Hz、4 速为 40Hz、5 速为 50Hz。

（2）验布机有加速和减速按钮，每按一次按钮，变频器的速度就会增加或减少 1Hz。

如果用前面讲的数字量多段速实现验布机的 5 段速控制是可以的，但是其设定的速度段是有限的，而且不能做到按加速按钮或减速按钮时，变频器的速度增加或减少 1Hz，只有通过外部模拟量输入，变频器才可以做到无级调速。因此，该控制系统采用三菱 PLC 的模拟量扩展模块 FX_{2N}-2DA 对变频器进行无级调速。

相 关 知 识

在工业控制中，某些输入量（如压力、温度、流量、转速等）是连续变化的模拟量，某些执行机构（如伺服电动机、调节阀、变频器等）要求 PLC 输出模拟量信号。而 PLC 的 CPU 只能处理数字量。模拟量首先被传感器和变送器转换为标准的电压或电流信号，例如，0～20mA、0～10V、4～20mA，PLC 用 A/D 转换器将它们转换为数字量；D/A 转换器将 PLC 的数字量转换为模拟电压或电流信号，再控制执行机构。

模拟量 I/O 模块的主要任务就是完成 A/D 转换（模拟量输入）和 D/A 转换（模拟量输出）。

一、三菱模拟量输入/输出扩展模块的类型

FX_{2N} 和 FX3U 系列 PLC 常用的模拟量模块有：FX_{2N}-2AD、FX_{2N}-4AD、FX_{2N}-8AD、FX_{2N}-4AD-PT（是 FX 与铂热电阻 Pt 配合使用的模拟量输入模块）、FX_{2N}-4AD-TC（是 FX 与热电偶配合使用的模拟量输入模块）、FX_{2N}-2DA、FX_{2N}-4DA、FX_{2N}-3A。

模拟量输入模块（A/D 模块）是将现场仪表输出的标准信号 4～20mA、0～5V 或 0～10V DC 等模拟电流或电压信号转换成适合 PLC 内部处理的数字信号，PLC 通过 FROM 指令将这些信号读取到 PLC 中，如图 4-20（a）所示。模拟量输出模块（D/A 模块）是将 PLC 处理后的数字信号转化为现场仪表可以接收的标准信号 4～20mA、0～5V 或 0～10V 等模拟信号输出，如图 4-20（b）所示，以满足生产过程现场连续控制信号的需求，PLC 一般通过 TO 指令将这些信号写入模拟量输出模块中。

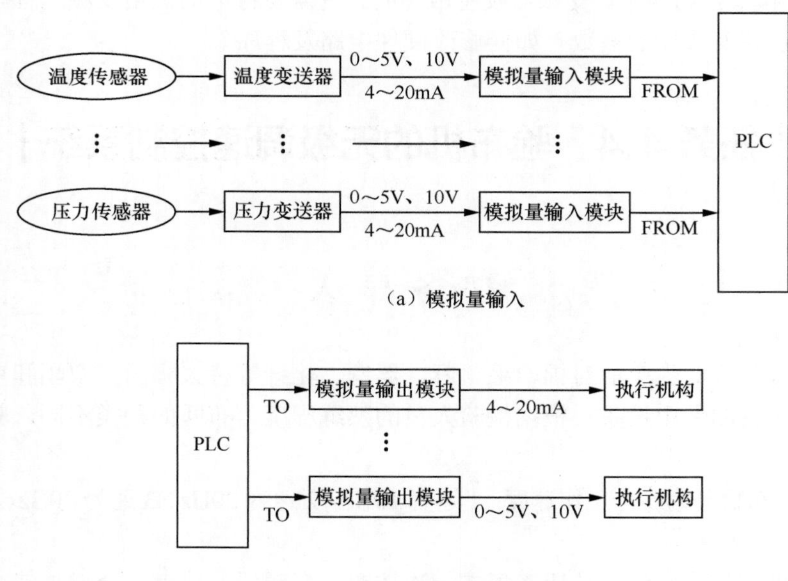

图 4-20　模拟量输入/输出示意图

二、三菱模拟量输出模块 FX_{2N}-2DA

1. 简介

FX_{2N}-2DA 型的模拟量输出模块用于将 12 位的数字量转换成两路模拟量信号输出（电压输出和电流输出）。根据接线方式的不同，模拟量输出可在电压输出和电流输出中选择，也可以是一个通道为电压输出，另一个通道为电流输出。电压输出时，两个模拟输出通道输出信号为 0～10V DC，0～5V DC；电流输出时为 4～20mA DC。PLC 可使用 FROM/TO 指令与模拟量输出模块进行数据传输。

视频 35．模拟量输出模块 FX_{2N}-2DA

2. 布线

FX_{2N}-2DA 的接线如图 4-21 所示，在使用电压输出时，将负载的一端接在 VOUT 端，另一端接在 COM 端，并在 IOUT 和 COM 之间短路，当电压输出存在波动或有大量噪声时，在位置 VOUT 和 COM 之间连接 0.1～0.47μF 25V DC 的电容。电流负载接在 IOUT 和 COM 之间。

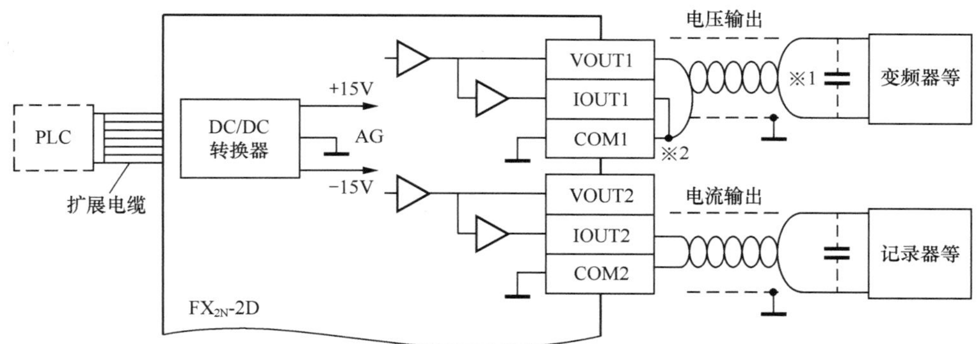

※1：当电压输出存在波动或有大量噪声时，在图中位置处连接 0.1～0.47μF 25V DC 的电容。
※2：对于电压输出，须将 IOUT 和 COM 短路。

图 4-21　FX_{2N}-2DA 布线图

3. 缓冲存储器的分配

FX_{2N}-2DA 缓冲存储器（BFM）分配见表 4-5。

表 4-5　FX_{2N}-2DA 缓冲存储器（BFM）分配

BFM 编号	b15～b8	b7～b3	b2	b1	b0
#0～#15	保留				
#16	保留	输出数据的当前值（8 位数据）			
#17	保留		D/A 低 8 位数据保持	通道 1 的 D/A 转换开始	通道 2 的 D/A 转换开始
#18 或更大	保留				

BFM#16：存放由 BFM#17（数字值）指定通道的 D/A 转换数据，D/A 数据以二进制形式，并以低 8 位和高 4 位两部分按顺序进行存放和转换。

BFM#17：b0——通过将 1→0，通道 2 的 D/A 转换开始；

b1——通过将 1→0，通道 1 的 D/A 转换开始；

b2——通过将 1→0，D/A 转换的低 8 位数据保持。

4. 增益和偏置

FX_{2N}-2DA 模块出厂时，增益值和偏置值是经过调整的，数字值为 0～4 000，对应于电压输出为 0～10V。当 FX_{2N}-2DA 使用的输出特性不是出厂时的输出特性时，就有必要再调节增益值和偏置值。增益值和偏置值的调节是对数字值设置实际的输出模拟值，这是由 FX_{2N}-2DA 的容量调节器来完成的。

增益可以设置任意值，为了充分利用 12 位数字值，建议输入数字范围为 0～4 000。例如，当电流输出为 4～20mA 时，调节 20mA 模拟输出量对应的数字值为 4 000。当电压输出时，其偏置值为 0；当电流输出时，4mA 模拟量对应的数字输入值为 0。

5．程序实例

X_{2N}-2DA 模块的应用编程实例如图 4-22 所示。

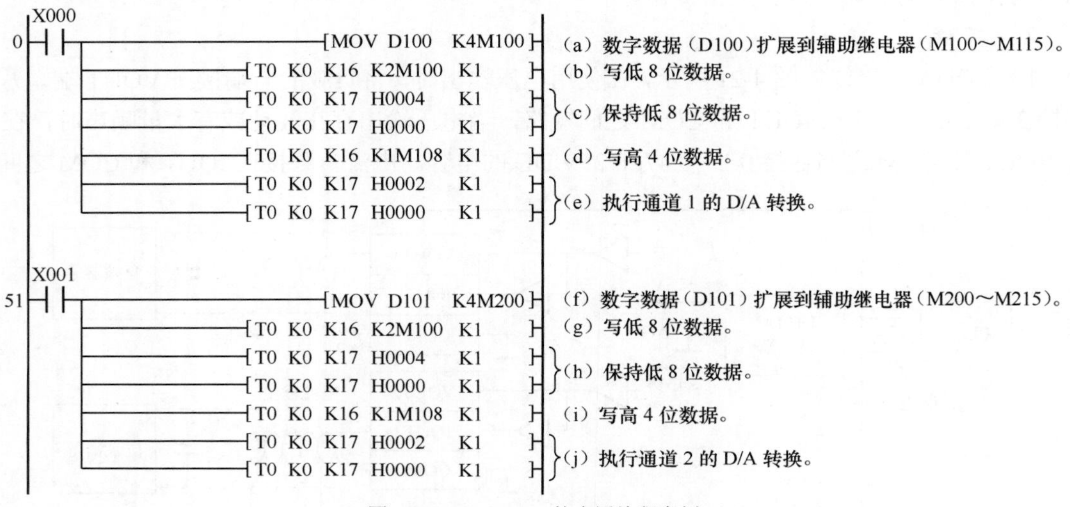

图 4-22　FX_{2N}-2DA 的应用编程实例

通道 1 的输入执行数字到模拟的转换：X000。

通道 2 的输入执行数字到模拟的转换：X001。

D/A 输出数据 CH1：D100（以辅助继电器 M100～M131 进行替换，对这些编号只进行一次分配）。

D/A 输出数据 CH2：D101（以辅助继电器 M100～M131 进行替换，对这些编号只进行一次分配）。

三、特殊功能模块的读写操作指令 FROM 和 TO

为了能够方便地实现 PLC 对特殊功能模块的控制，在三菱 PLC 的特殊功能模块中设置了专门用于 PLC 与模块间进行信息交换的缓冲存储器（BFM）。三菱有专门的两条指令用于读写模块缓冲区 BFM，即 FROM 指令和 TO 指令。

1．FROM 指令

FROM 指令（FNC78）的作用是将特殊功能模块缓冲存储器的内容读入 PLC 中，指令格式如图 4-23 所示。

X000　　m1　　m2　　[D]　　n
FROM　K1　　K10　　D10　　K2

图 4-23　FROM 指令的格式

在图 4-23 中，当 X0=OFF 时，FROM 指令不执行。当 X0=ON 时，将 1 号特殊功能模块内 10 号缓冲存储器（BFM#10）开始的两个数据读到 PLC 中，并存入以 D10 开始的数据寄存器中。

图 4-23 中各软元件、操作数代表的意义如下。

X0：FROM 指令执行的启动条件。启动指令可以是 X、Y、内部继电器 M 等。

m1：特殊功能模块号（范围为 0～7）。特殊功能模块通过扁平电缆连接在 PLC 右边的扩展总线上，最多可以连接 8 块特殊功能模块，它们的编号从最靠近基本单元的那一个开始顺次编为 0～7 号。不同系列的 PLC 可以连接的特殊功能模块的数量不同。如图 4-24 所示，该配置使用 FX_{2N}-48MR 基本单元，连接 FX_{2N}-2AD、FX_{2N}-2DA 两块模拟量模块，它们的编号分别为 0 号、1 号。

m2：特殊功能模块缓冲存储器（BFM）首元件编号（范围 0～31）。特殊功能模块内有 32 点 16 位 RAM 存储器，叫作缓冲存储器，其内容怕各模块的控制目的决定。缓冲存储器的编号为#0～#31。

[D]：指定存放数据的首元件号。

n：传送点数，用 n 指定传送的字点数。

2．TO 指令

TO 指令（FNC79）的作用是将 PLC 中指定的内容写入特殊功能模块的缓冲存储器中。指令格式如图 4-25 所示。

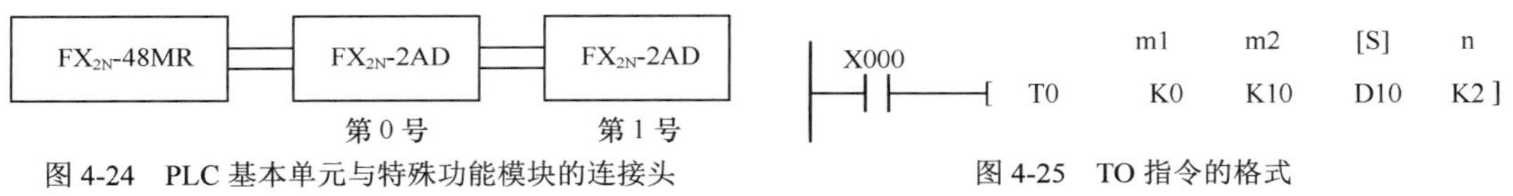

图 4-24　PLC 基本单元与特殊功能模块的连接头

图 4-25　TO 指令的格式

如图 4-25 所示，当 X0=OFF 时，TO 指令不执行。当 X0=ON 时，将 PLC 中以 D10 开始的两个数据写入 0 号特殊功能模块内以 10 号缓冲存储器（BFM#10）开始的两个缓冲存储器中。

图 4-25 中，各软元件、操作数的意义如下。

X0：TO 指令执行的启动条件。启动指令可以是 X、Y、内部继电器 M 等。

m1：特殊功能模块号（范围为 0～7）。

m2：特殊功能模块缓冲寄存器首地址（范围为 0～31）。

[S]：指定被读出数据的元件首地址。

n：传送点数，用 *n*（范围为 0～32）指定传送的字点数。

任务实施

【训练工具、材料和设备】

三菱 FR-D740-0.75K-CHT 变频器 1 台、三菱 FX_{2N}-32MR 的 PLC1 台、FX_{2N}-2DA 模拟量输出模块 1 台、三相异步电动机 1 台、安装有 GX Developer 或 GX Work2（或 GX Work3）软件的计算机 1 台、USB-SC09-FX 编程电缆 1 根、接触器 1 个、按钮和指示灯若干、《三菱

FR-D700 系列通用变频器使用手册》、通用电工工具 1 套。

1．硬件电路

验布机通过 PLC 将 0～2 000 的数字量信号送到 FX_{2N}-2DA 模拟量输出模块中，该模块把数字量信号转换成 0～5V 的模拟电压信号，该电压信号送到变频器的模拟量输入端 2、5，调节变频器的输出在 0～50Hz 之间变化，从而控制电动机的速度，其控制原理如图 4-26 所示。

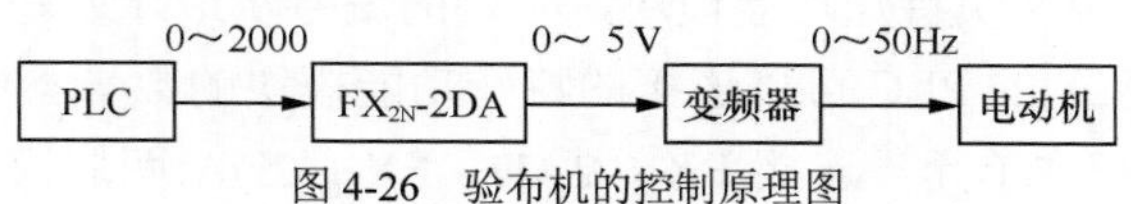

图 4-26　验布机的控制原理图

验布机需要通过 FX_{2N}-2DA 模拟量模块控制 5 个速度，因此该控制系统需配置三菱继电器输出型 FX_{2N}-32MR 的 PLC，FX_{2N}-2DA 模拟量输出模块，变频器采用三菱 FR-D740 变频器，验布机控制的 I/O 分配如表 4-6 所示。

表 4-6　验布机控制的 I/O 分配

输　入			输　出		
输入继电器	输 入 元 件	作　用	输出继电器	输 出 元 件	作　用
X000	SB	变频器上电按钮	Y001	STF、SD	变频器启动
X001～X005	SA1～SA5	速度选择开关	Y004	KM	接通 KM
X006	SB6	加速按钮	Y005	HA	警铃
X007	SB7	减速按钮	Y006	HL	报警指示
X010	SB1	变频器启停按钮			
X011	A、C	报警信号			

用按钮 SB（X000）控制变频器的电源接通或断开（即 KM 吸合或断开），用 SB1（X010）控制变频器的启动和停止（即 STF 端子闭合与否），这里每组的启动和停止控制都只用一个按钮，利用 PLC 中的 ALT（交替）指令实现单按钮起、停控制。SA1～SA5 是速度选择开关，分别控制 FX_{2N}-2DA 模块输出 1V、2V、3V、4V、5V 的模拟电压，将 FX_{2N}-2DA 模块输出的电压信号接到变频器的 2、5 端子上，就可以实现变频器的模拟量多段速运行。SB6 是加速按钮，每按一次，变频器的速度增加 1Hz，SB7 是减速按钮，每按一次，变频器的速度减少 1Hz。将变频器的报警输出端子 A 接到 PLC 的 X11 输入端子上。PLC 的输出继电器 Y1 接变频器的正转端子 STF，控制变频器的启动和停止。PLC 的输出继电器 Y4 接接触器 KM 线圈，用来给变频器上电，Y5、Y6 分别用于控制变频器的声光报警。

根据表 4-6，画出系统的 I/O 接线图如图 4-27 所示。

2．参数设置

要想让变频器实现外部操作功能，必须给变频器设置如下参数。

Pr.1=50Hz，上限频率。

Pr.2=0Hz，下限频率。

Pr.7=5s，加速时间。

Pr.8=5s，减速时间。

Pr.9=2.5A，电子过电流保护，一般设定为变频器的额定电流。

Pr.73=1，端子 2 输入 0～5V 电压信号。

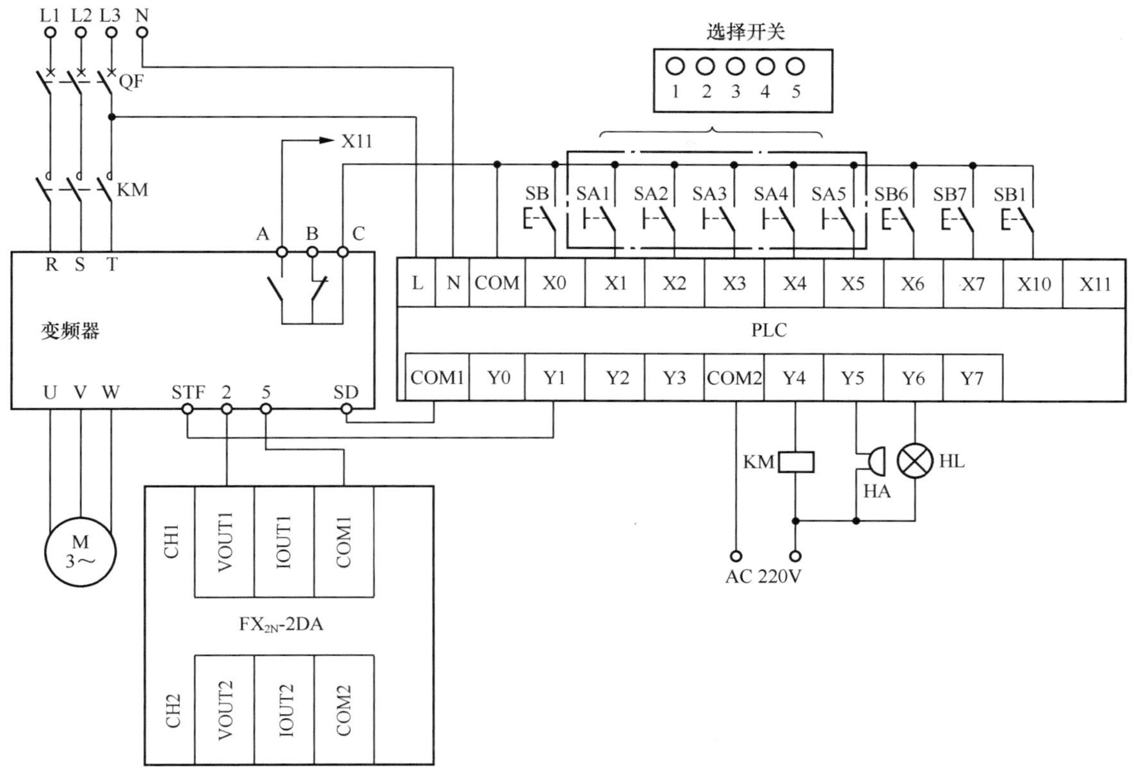

图 4-27　验布机的电路图

Pr.125=50Hz，端子 2 频率设定增益频率。

Pr.178=60，端子 STF 设定为正转端子。

Pr.192=99，将变频器输出端子 A、B、C 设置为异常输出功能。

Pr.79=2，选择外部运行模式。

3．程序设计

验布机通过 X001～X005 分别将 400、800、1 200、1 600、2 000 送到 PLC 的数据寄存器 D0 中，通过 FX_{2N}-2DA 模块，将这些数字量转变为电压信号，再送到变频器的端子 2、端子 5 上，从而控制变频器的多段速运行。验布机的 5 种速度与模拟量电压及数字量之间的对应关系如表 4-7 所示。

表 4-7　　验布机的模拟量信号与数字量信号之间的对应关系

输　入	X1	X2	X3	X4	X5
D0 数字量	400	800	1 200	1 600	2 000
模拟量	1V	2V	3V	4V	5V
对应的频率	10Hz	20 Hz	30 Hz	40 Hz	50 Hz

由表 4-7 可知，如果需要选择 30Hz 速度运行，只需要将数字量 1200 转换成模拟电压信号 3V，将其接到变频器的端子 2、端子 5 上，变频器就会按照 30Hz 的频率运行。验布机的控制程序如图 4-28 所示。

4．运行操作

（1）按图 4-27 连接好电路，注意 PLC 与 FX_{2N}-2DA 模块需要用扁平电缆连接。

```
0    X011                              [RST   Y004]
2    X000(↑)  Y001(常闭)               [ALT   Y004]
8    X010(↑)  Y004                     [ALT   Y001]
14   X011                              (Y005)
16   X011                              (Y006)
18   M8002                             [MOV   K0     D0]
                                       [MOV   K0     D11]
                                       [MOV   K0     D10]
34   M8000                             [MOV   D0     K4M100]
                        [T0   K0   K16   K2M100   K1]
                        [T0   K0   K17   H4       K1]
                        [T0   K0   K17   H0       K1]
                        [T0   K0   K16   K1M108   K1]
                        [T0   K0   K17   H2       K1]
                        [T0   K0   K17   H0       K1]
94   X001                              [MOV   K400   D10]
100  X002                              [MOV   K800   D10]
106  X003                              [MOV   K1200  D10]
112  X004                              [MOV   K1600  D10]
118  X005                              [MOV   K2000  D10]
124  X006(↑)                    [ADD   D11   K40   D11]
133  X007(↑)                    [SUB   D11   K40   D11]
142  M8000                      [ADD   D10   D11   D0]
150                                    [END]
```

图 4-28　验布机控制程序

（2）合上 QF，给 PLC 上电，把图 4-28 所示的程序下载到 PLC 中。

（3）单击 GX 编程软件工具栏中的运行图标，使 PLC 处于“RUN”状态，PLC 上的 RUN 指示灯点亮。此时按下 SB（X000），Y004 为 1，接触器 KM 线圈得电，其 3 对主触点闭合，变频器上电。

（4）将三菱变频器的参数清零，然后将上述参数写入变频器中。

（5）按下 SB1（X010），Y001 得电，接通变频器的 STF 正转端子，变频器开始运行，变频器上的 RUN 灯闪烁。此时将选择开关 SA 分别置于 5 个不同的位置，观察变频器的运行频率与设定频率是否一致。

分别接通 X001～X005，输出频率分别为 10～50Hz。若不正确，监视 D0 的值，如与表 4-7 不符，则检查程序和输入电路是否正确；若 D0 的值为 0 或不变，则首先检查模块编号是否正确，然后检查与 PLC 的连接及模拟输出电路。

（6）再次按下 SB1（X010），变频器停止运行，再按下 SB（X000），KM 线圈失电，变频器切断电源。

（7）按下 SB6 或 SB7，每按一次，D0 的值加 40 或减 40，使输出模拟量发生微小变化，观察变频器频率的变化。如调整无效，首先观察D11的值是否变化，再检查D0的变化情况，直到数字量变化正确。

知识拓展

一、变频器主电路的接线

1. 基本接线

变频器主电路的基本接线如图4-29所示。变频器的电源端一般采用接触器控制变频器的电源接通与否。熔断器起短路保护作用。进线电抗器又称电源协调电抗器，它能够限制电网电压突变和操作过电压引起的电流冲击，有效地保护变频器和改善其功率因数。变频器输入滤波器是一种滤波设备，主要用于抑制变频器在整流过程中产生的高次谐波，防止变频器被干扰，有效缓解变频器的输入端三相电源不平衡带来的危害。

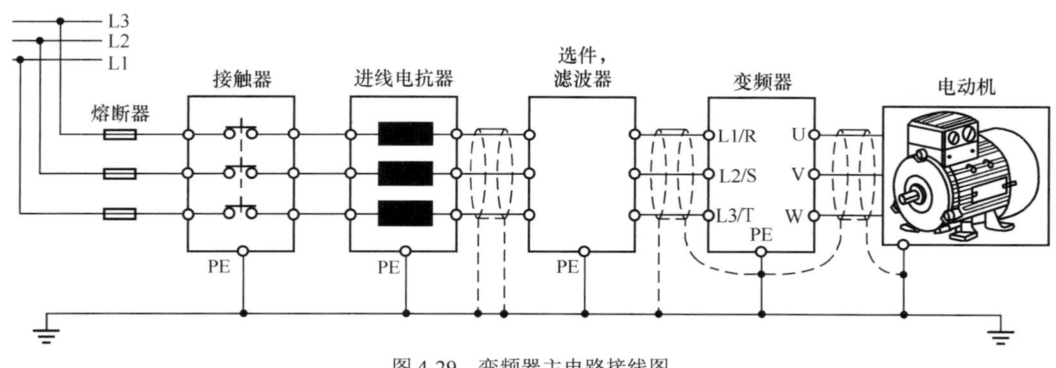

图4-29 变频器主电路接线图

（1）L1、L2、L3 是变频器的输入端，它必须通过线路保护用熔断器或断路器连接到三相交流电源。U、V、W是变频器的输出端，与电动机相接。FR-D740-0.4K～3.7K-CHT变频器的端子接线图如图4-30所示。

注 意

变频器的输入端和输出端是绝对不允许接错的。万一将电源线错误地接到了U、V、W端，则不管哪个逆变管接通，都将引起两相间的短路而迅速烧坏逆变管。

（2）在图4-30所示的主电路上，还必须在端子P/+、PR之间连接制动电阻。

（3）变频器会产生漏电流，其整机的漏电流大于3.5mA，为保证安全，变频器和电动机必须接地，接地电阻应小于10Ω。

当变频器和其他设备，或有多台变频器一起接地时，每台设备都必须分别和地线相接，如图4-31（a）所示，不允许将一台设备的接地端和另一台的接地端相接后再接地，如图4-31（b）所示。

（4）变频器的控制电缆、电源电缆和与电动机的连接电缆的走线必须相互隔离，不要把它们放在同一个电缆线槽中或电缆架上。

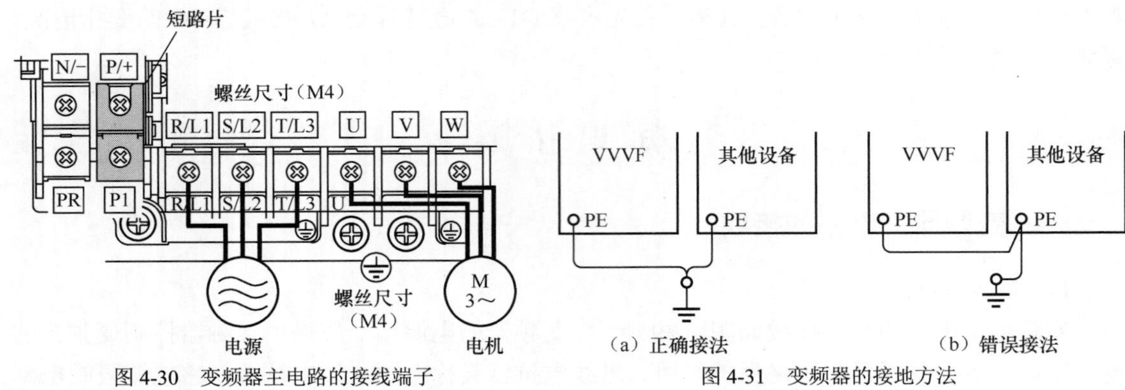

图 4-30　变频器主电路的接线端子　　　图 4-31　变频器的接地方法

警　告

（1）即使变频器不处于运行状态，其电源输入线、直流回路端子和电动机端子上仍然可能带有危险电压。因此，断开开关以后还必须等待5min，保证变频器放电完毕，再开始安装工作。

（2）变频器必须可靠接地。如果变频器没有可靠接地，装置内可能会有导致人身伤害的潜在危险。

（3）连接同步电动机或并联连接几台电动机时，变频器必须在 U/f 控制特性下运行。

学海领航

安全用电与接地保护

2．电源控制开关及导线线径选择

电源控制开关及导线线径的选择与同容量的普通电动机的选择方法相同，按变频器的容量选择即可。因输入侧功率因数较低，应本着宜大不宜小的原则选择线径。导线只能使用 1 级 60/75℃的铜线。

3．变频器输出线径选择

变频器工作时频率下降，输出电压也下降。在输出电流相等的条件下，若输出导线较长（$l>20$m），低压输出时线路的电压降 ΔU 在输出电压中所占比例将上升，加到电动机上的电压将减小，因此低速时可能引起电动机发热。所以决定输出导线线径主要是 ΔU 影响，一般要求为

$$\Delta U \leqslant (2\sim3)\%U_X \tag{4-7}$$

ΔU 的计算为

$$\Delta U = \frac{\sqrt{3}I_{MN}R_0 l}{1000} \tag{4-8}$$

上两式中，U_X 为电动机的最高工作电压，单位为 V；

I_{MN} 为电动机的额定电流，单位为 A；

R_0 为单位长度导线电阻，单位为 Ω/m；

l 为导线长度，单位为 m。

常用导线（铜）单位长度电阻可以查找相关数据表格。

【例 4-1】 已知电动机参数为 $P_N=30$kW，$U_N=380$V，$I_N=57.6$A，$f_N=50$Hz，$n_N=1\,460$r/min。

变频器与电动机之间距离 30m，最高工作频率为 40Hz。要求变频器在工作频段范围内线路电压降不超过 2%，请选择导线线径。

解：已知 U_N=380V，则 $U_X=U_N\dfrac{f_{max}}{f_N}$=380×(40/50)=304(V)

$$\Delta U \leqslant 304\times 2\%=6.08(\text{V})$$

又

$$\Delta U=\frac{\sqrt{3}\times 57.6\times R_0\times 30}{1000}\leqslant 6.08\text{（V）}$$

解得 $R_0\leqslant 2.03\Omega$。查相关电阻率表格知，应选截面积为 10.0mm² 的导线。

变频器与电动机之间的导线不是很长时，其线径可根据电动机的容量来选取。

二、变频器控制电路的接线

1．控制电路导线线径选择

小信号控制电路通过的电流很小，一般不计算线径。考虑到导线的强度和连接要求，一般选用 0.75mm² 及以下的屏蔽线或绞合在一起的聚乙烯线。

接触器、按钮开关等控制电路导线线径可取 1mm² 的独股或多股聚乙烯铜导线。

2．控制电路输入端的连接

（1）触点或集电极开路输入端（与变频器内部线路隔离）接线。例如，启动、点动、多段转速控制等的控制线，都是开关量控制线。一般说来，开关量的抗干扰能力较强，故在距离不是很远时，允许不使用屏蔽线，但同一信号的 2 根线必须互相绞在一起。每个功能端子与公共端 SD 相连，如图 4-32 所示。由于其流过的电流为低电流（DC 4～6mA），低电流的开关或继电器（双触点等）的使用可防止触点故障。

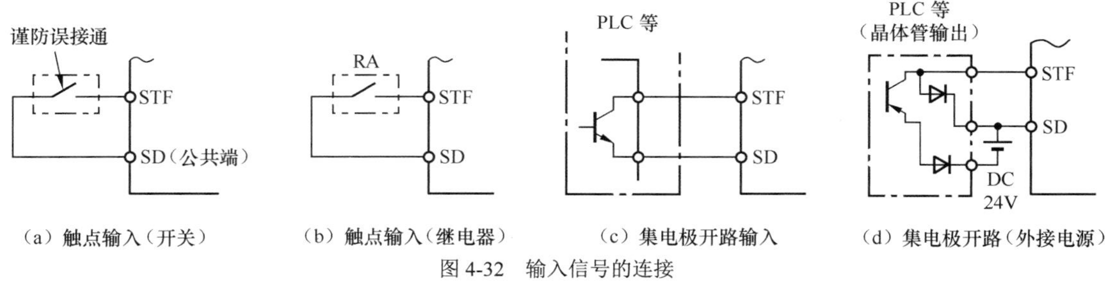

图 4-32　输入信号的连接

（2）模拟信号输入端（与变频器内部线路隔离）接线。模拟量信号的抗干扰能力较低，因此必须使用屏蔽线。屏蔽层靠近变频器的一端，应接控制电路的公共端，但不要接到变频器的地端（PE）或大地。屏蔽层的另一端应该悬空。布线时，尽量远离主电路 100mm 以上，尽量不和主电路交叉。必须交叉时，应采取垂直交叉的方式。该端电缆必须充分与 200V（400V）功率电路电缆分离，不要把它们捆扎在一起，如图 4-33 所示。连接屏蔽电缆，以防止从外部来的噪声。

（3）正确连接频率设定电位器。频率设定电位器必须根据其端子号正确连接，如图 4-34

所示，否则变频器将不能正确工作。电阻值也是很重要的选择项目。

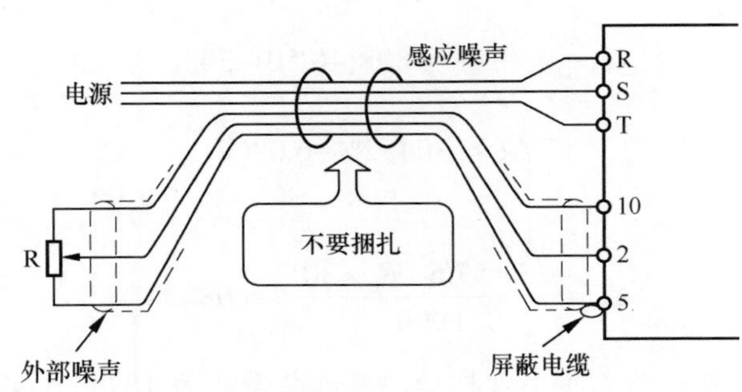

图 4-33　频率设定输入端连接示例

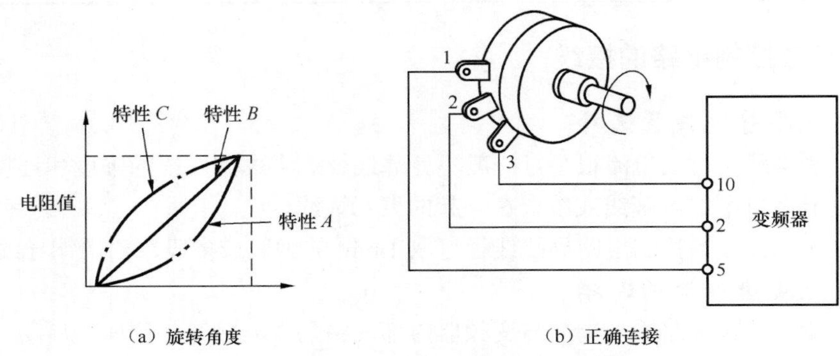

（a）旋转角度　　（b）正确连接

图 4-34　频率设定电位器的连接

3. 控制电路输出端的连接

（1）继电器输出端的接线如图 4-35 所示。

（2）模拟信号输出（DC0～20mA）端的接法如图 4-36 所示。

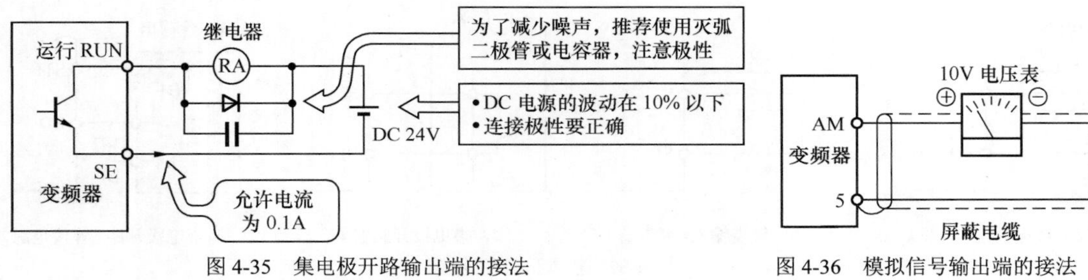

图 4-35　集电极开路输出端的接法

图 4-36　模拟信号输出端的接法

思考与练习

1．在触摸屏上输入 0～50Hz 的数值，通过 FX_{2N}-2DA 模拟量模块输出对应的 0～10V 电压控制变频器的输出频率，当按下增速按钮 SB1 时，变频器的速度每按一次增加 1Hz，当按下减速按钮 SB2 时，变频器的速度每按一次减少 1Hz。试画出控制系统的硬件电路图，设置变频器的参数，编写控制程序。

2．采用 FX_{2N}-2DA 模拟量模块实现任务 4.2 的控制要求。

任务 4.5　多泵恒压供水控制系统

任务导入

随着高层建筑、暖通、消防给水系统的不断发展，传统的供水系统已经越来越无法满足用户供水需求，变频恒压供水系统是目前采用较广泛的一种供水系统。变频恒压供水系统节能、安全、高质量的特性使其越来越广泛应用于工厂、住宅、高层建筑的生活及消防供水系统中。恒压供水是指用户端在任何时候，无论用水量的大小如何变化，总能保持管网中水压的基本恒定。变频恒压供水系统利用 PLC、变频器、传感器及水泵机组组成闭环控制系统，使管网压力保持恒定，代替了传统的水塔供水控制方案，具有自动化程度高，高效节能的优点，在小区供水和工厂供水控制中得到广泛应用，并取得了明显的经济效益。

用 PLC、变频器设计一个有 5 段速度的恒压供水系统。其控制要求如下。

（1）共有 3 台水泵，按设计要求 2 台运行，1 台备用，运行与备用 3 天轮换一次，切换的方法如图 4-37 所示。

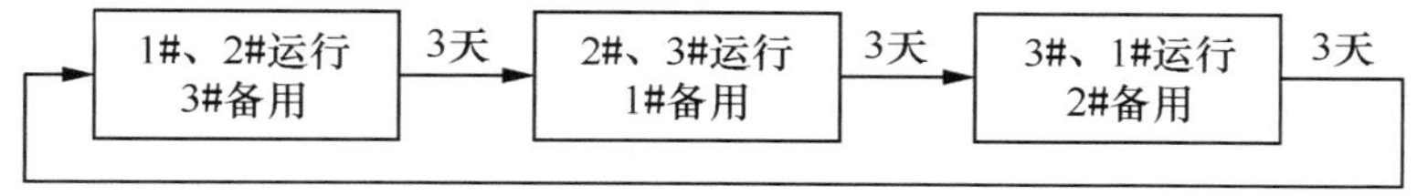

图 4-37　3 台泵的切换

（2）变频器用水高峰时，1 台工频全速运行，1 台变频运行，另一台处于待机状态，并每 3 天循环一次，既便于维护和检修作业，又不至于停止供水。用水低谷时，只需 1 台变频运行。

（3）3 台水泵分别由电动机 M1、M2、M3 拖动，而 3 台电动机又分别由变频接触器 KMl、KM3、KM5 和工频接触器 KM2、KM4、KM6 控制。

（4）电动机的转速由变频器的 5 段调速来控制，5 段速度与变频器的控制端子的对应关系如表 4-8 所示。

（5）变频器的 5 段速度及变频与工频的切换由管网压力继电器的压力上限接点与下限接点控制。

（6）水泵投入工频运行时，电动机的过载由热继电器保护，并有报警信号指示。

表 4-8　5 段速度与变频器控制端子的对应关系

RH	RM	RL	输出频率值（Hz）	参数
1	0	0	20	Pr4
0	1	0	25	Pr5
0	0	1	30	Pr6
0	1	1	40	Pr24
1	0	1	50	Pr25

相关知识——多泵恒压变频供水控制的实现方法

多泵恒压供水系统中，控制方案有两种。一种是一控一方案，即每台水泵都由一台变频器来控制。此方案的一次性投入费用较高，但节能效果十分显著，控制较简单。另一种是一控多方案，即采用一台变频器控制所有水泵，由于水泵在工频运行时，变频器不可能对电动机进行过载保护，所以每台电动机必须接入热继电器 FR，用于工频运行时的过载保护。此方案成本低，控制程序较复杂，节能效果虽然没有前一种好，但由于变频器的价格偏高，故许多用户常采用一控多方案。

图 4-38 所示为一控多恒压供水控制原理图。该系统为一台变频器依次控制每台水泵实现软启动及转速调节，它由 3 台泵（电动机泵组）、压力传感器、PLC 控制器、变频调速器等组成，其中 1 号和 2 号泵是主泵，3 号泵是附属小泵。压力传感器将随时检测管道中实际压力的变化，并将该压力值转变成电信号送到 PLC 或 PID 调节器的输入端，控制器与设定压力比较判断后，控制变频器自动调节变频泵的转速和多台水泵的投入和退出，使管网保持在恒定的设定压力值，满足用户的要求，使整个系统始终保持在高效节能的最佳状态。在用水量很小时，经控制器分析确认后自动停止主泵运行，启动夜间值班 3 号附属小泵，以维持管网压力和少量用水，当用水量达到值班 3 号小泵不能维持设定的压力时，主泵自动启动，3 号小泵停止运行，从而提高了系统运行的安全性，并获得明显的节电效果。

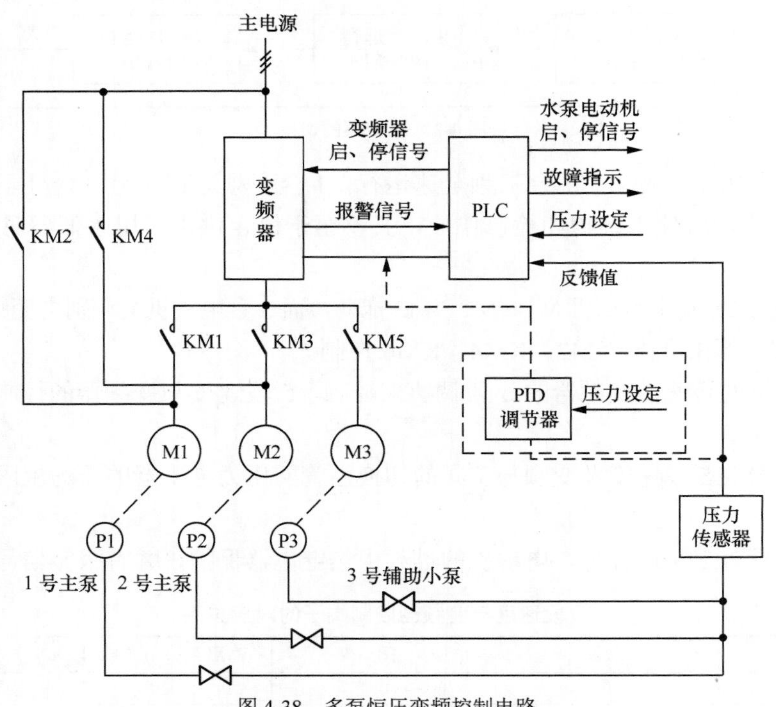

图 4-38　多泵恒压变频控制电路

如图 4-38 所示，接触器 KM1、KM3、KM5 分别控制 1 号泵、2 号泵、3 号泵变频工作，接触器 KM2、KM4 控制 1 号泵、2 号泵工频工作。由于 3 号泵为附属小泵，所以它只有变频工作状态。

（1）加泵过程。当系统上电工作时，先接通 KM1，启动 1 号泵变频工作。当用水量增加，1 号泵的变频器输出频率达到 50Hz 时，延时一定的时间（可根据实际情况任意设定），如果实测压力仍然达不到设定值，将 KM1 断开，接通 KM2，把 1 号泵由变频状态转换为工频工作状态，延时 3s，接通 KM3，启动 2 号泵进行变频工作。

（2）减泵过程。当用水量减少，2 号泵的变频器输出频率已经达到下限设定频率，而管网压力仍超过设定值时，延时一定的时间，压力值仍超过设定值时，将 KM2 断开，将 1 号泵退出工频运行，由 2 号泵进行变频调节，保持系统的压力稳定。

当系统只有一台变频主泵工作，且当变频器的工作频率低于设定的频率下限 5min 后，认为系统不缺水或用水量很小，关闭变频主泵，接通 3 号小泵变频接触器 KM5，启动 3 号小泵变频工作。当 3 号小泵工作频率达到 50 Hz 后，经过一定的延时（可任意设定），压力还达不到设定值，则关闭 3 号小泵，重新启动主泵。

在加泵投入时，变频泵的转速自动下降，然后慢慢上升，以满足恒压供水的要求。在减泵退出时，变频泵的转速应自动上升，然后慢慢下降，以满足恒压供水的要求。

多泵恒压供水循环软启动方式减少了泵切换时对管网压力的扰动和对泵的机械磨损，各泵的使用寿命均匀，但使用交流接触器数量较多，且对交流接触器质量要求较高，同时为避免泵切换时可能出现的电流冲击，造成接触器触点粘连，损坏变频器，交流接触器的容量应比工频方式大一个规格。

实现上述的控制过程，可以用以下 4 种方法。

（1）PLC（配 PID 控制程序）+模拟量输入/输出模块+变频器。该控制方法是将压力设定信号和压力反馈信号均送入 PLC，经 PLC 内部 PID 控制程序的运算，输出给变频器一个转速控制信号。在这种方法中，PID 运算和水泵的切换都由 PLC 完成，需要给 PLC 配置模拟量输入/输出模块，并且需要编写 PID 控制程序，初期投资大，编程复杂。

（2）PLC+PID 调节器+变频器。该控制方法是将压力设定信号和压力反馈信号送入 PID 回路调节器，由 PID 回路调节器在调节器内部进行运算后，输出给变频器一个转速控制信号，如图 4-38 所示的虚线。在这种方法中，PLC 只需要配置为开关量输入输出的 PLC 即可，目前，我国有一部分恒压供水系统就是采用这种方法。

（3）PLC+变频器（具有内置 PID 功能）。该控制方法是利用变频器的内置 PID 功能完成水泵的 PID 调节，PLC 只是根据压力信号的变化控制水泵的投放台数。这种方法是目前恒压变频供水中最为常用的方法。

（4）水泵专用变频器。该控制方法是将 PID 调节器及简易 PLC 的功能都集成到变频器内，可以控制多个水泵的接触器，实现了单台变频器的多泵控制恒压供水功能。近年来，国内外不少生产厂家纷纷推出了一系列水泵专用变频器，如西门子的 MM430 系列、三菱公司的 F700 系列、丹麦丹佛斯公司的 VLT7000 系列变频器等。采用这些供水专用的变频器，不需另外配置供水系统的控制器，就可完成由 2～6 台水泵组成的供水系统的控制，使用相当方便。

任务实施

【训练工具、材料和设备】

三菱 FR-D740-0.75K-CHT 变频器 1 台、三菱 FX_{2N}-32MR 的 PLC1 台、三相异步电动机 1

台、安装有 GX Developer 或 GX Work2（或 GX Work3）软件的计算机 1 台、USB-SC09-FX 编程电缆 1 根、接触器若干个、按钮和指示灯若干、《三菱 FR-D700 系列通用变频器使用手册》、通用电工工具 1 套。

1．硬件电路

根据系统的控制要求，采用 PLC+变频器的控制方式。该控制方法中 PLC 只是根据压力信号的变化控制水泵的投放台数，变频器对水泵进行调速控制。该控制系统需配置三菱继电器输出型 FX_{2N}-32MR 的 PLC，变频器采用三菱 FR-D740 变频器。

（1）主电路。采用 1 拖 3 的方式，每台电机水泵既可工频运行，又可变频运行。主电路如图 4-39 所示。图中，接触器 KM1、KM3、KM5 分别用于将各台水泵电动机接至变频器；接触器 KM2、KM4、KM6 分别用于将各台水泵电动机直接接至工频电源。

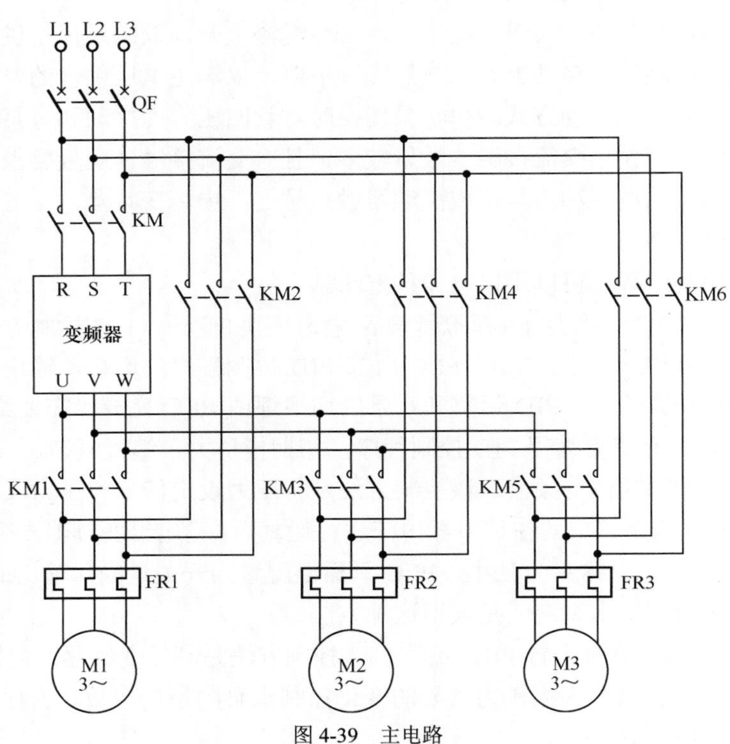

图 4-39 主电路

（2）控制电路。根据系统的控制要求确定 PLC 的输入输出如表 4-9 所示。变频器与 PLC 的硬件电路如图 4-40 所示。PLC 的输出 Y0～Y3 直接连接到变频器的 STF、RH、RM、RL 上，以控制变频器在 5 个速度段的运行。Y6～Y13 分别控制变频和工频接触器，注意对每一台电动机而言，变频和工频接触器必须在硬件电路中彼此互锁。将 3 台电动机的热继电器 FR1、FR2、FR3 并联后接在 PLC 的输入端子 X4 上，一旦任意一台电动机过载，就可以切断所有变频器的线圈电路，让电动机和变频器停止运行。PLC 输出 Y14 接变频器的输出禁止 MRS 端子，是为了在电动机进行工频和变频切换时，停止变频器的所有动作，保证正确切换。

表 4-9　恒压变频供水的 I/O 分配

输入			输出		
输入继电器	输入元件	作　用	输出继电器	输出元件	作　用
X0	SB1	启动按钮	Y0	STF	变频器启动
X1	SB2	停止按钮	Y1	RH	多段速选择
X2	K1	水压上限	Y2	RM	多段速选择
X3	K2	水压下限	Y3	RL	多段速选择
X4	FR1～FR3	过载保护	Y4	HL	FR 报警指示
			Y5	KM	接通变频器电源
			Y6	KM1	1#变频运行
			Y7	KM2	1#工频运行
			Y10	KM3	2#变频运行
			Y11	KM4	2#工频运行
			Y12	KM5	3#变频运行
			Y13	KM6	3#工频运行
			Y14	MRS	变频器输出禁止

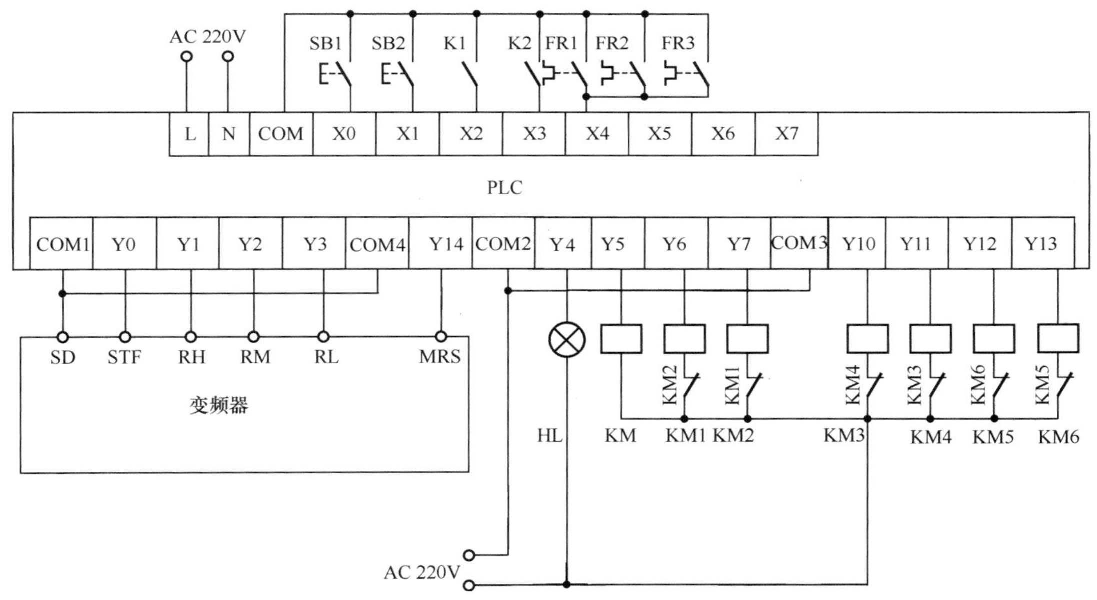

图 4-40　恒压供水控制系统的控制电路图

压力传感器的上下限信号分别连接到 PLC 的 X2、X3 上，作为 PLC 加泵和减泵的控制信号。系统减泵的关键是系统检测到 X2（上限）信号时，接通 PLC 的输入继电器 X2，从而控制接触器动作，实现减泵控制。系统加泵的关键是系统检测到 X3（下限）信号时，接通 PLC 的输入继电器 X3，从而控制接触器动作，实现加泵控制。

系统启动时，1#泵以 20Hz 变频方式运行。当用水量增加时，管道压力减小，PLC 检测到压力传感器的下限信号 X3 后，PLC 驱动变频器的多段速端子，使变频器运行在 25Hz 的频率上，当压力继续减小时，PLC 使变频器依次运行在 30Hz、40Hz、50Hz 的频率上。当 5 段速度均启动工作，但 PLC 仍检测到压力传感器的下限信号 X3 时，PLC 驱动相应的接触器动作，将启动 2#泵工频运行，同时启动 1#泵以 20Hz 的频率进入变频运行。若此时压力继续降低，就依次使 1#泵运行在 25Hz、30Hz、40Hz、50Hz 的频率上；当用水量减小时，管道压力增加，当 PLC 检测到压力传感器的上限信号 X2 时，控制变频器运行在低一级的频率上。若变频器已经运行在最低频率 20Hz 上，此时压力继续增加，PLC 就控制相关接触器动作，将 2#泵停止运行，将 1#泵切换到 50Hz 的变频运行状态，若压力继续增加，则 PLC 控制变频器依次运行在低一级的频率上。

2．参数设置

根据控制要求，首先设置变频器的基本参数。

Pr.l=50Hz，上限频率。

Pr.2=30Hz，下限频率。

Pr.3=50Hz，基本频率。

Pr.7=1s，加速时间。

Pr.8=1s，减速时间。

Pr.9=电动机的额定电流，电子过电流保护。

Pr.79=3，选择外部操作模式。

Pr.4=20Hz，多段速度设定。

Pr.5=25Hz，多段速度设定。

Pr.6=30Hz，多段速度设定。

Pr.24=40Hz，多段速度设定。

Pr.25=50Hz，多段速度设定。

3．程序设计

根据系统的控制要求，该控制是顺序控制，其中的一个顺序是 3 台泵的切换，另一个顺序是 5 段速度的切换，并且这两个顺序是同时进行的，因此可以用顺序功能图的并行流程来设计系统的程序，其顺序功能图如图 4-41 所示。

在图 4-41 中，S0 步对应系统的初始化程序及报警程序。当 PLC 上电时，初始化脉冲 M8002 对所有状态以及计时器、变频器的启动信号、变频器的电源进行复位，按停止按钮 X1 时，也可以做相同的操作。X4 是 3 台电动机的过载信号，系统正常运行时，输入继电器 X4 失电，其常开触点断开，一旦 3 台电动机中有任意一台过载，X4 就会闭合，Y4 得电，启动报警装置进行报警。

M8000 给 S0 步置 1，使 S0 变为活动步，此时若变频器没有运行（即 $\overline{\text{Y0}}$ =1），按下启动按钮 X0，则系统进入两个并行分支运行。其中一个分支是 S20～S22，另一个是 S23～S27。

S20～S22 分支是 3 台水泵轮流切换分支。该分支的每一步对应的动作状态都是相似的，以 S20 步为例，系统最初运行在 1#泵为变频状态下，同时用 M8014 这个 1min 脉冲对计数器 C0 计数，当计时满 3 天后，C0 的常开触点闭合，Y14 得电，禁止变频器的所有输出，同时启动定时器 T0 延时 1s，延时时间到，进入 S21 步，将 1#泵停止，启动 2#或 3#泵运行。若在 S20 步为活动步期间，启动工频信号 M10 有效，则将 2#泵变为工频运行，1#泵仍为变频运行，此时系统处于一工一变运行状态。

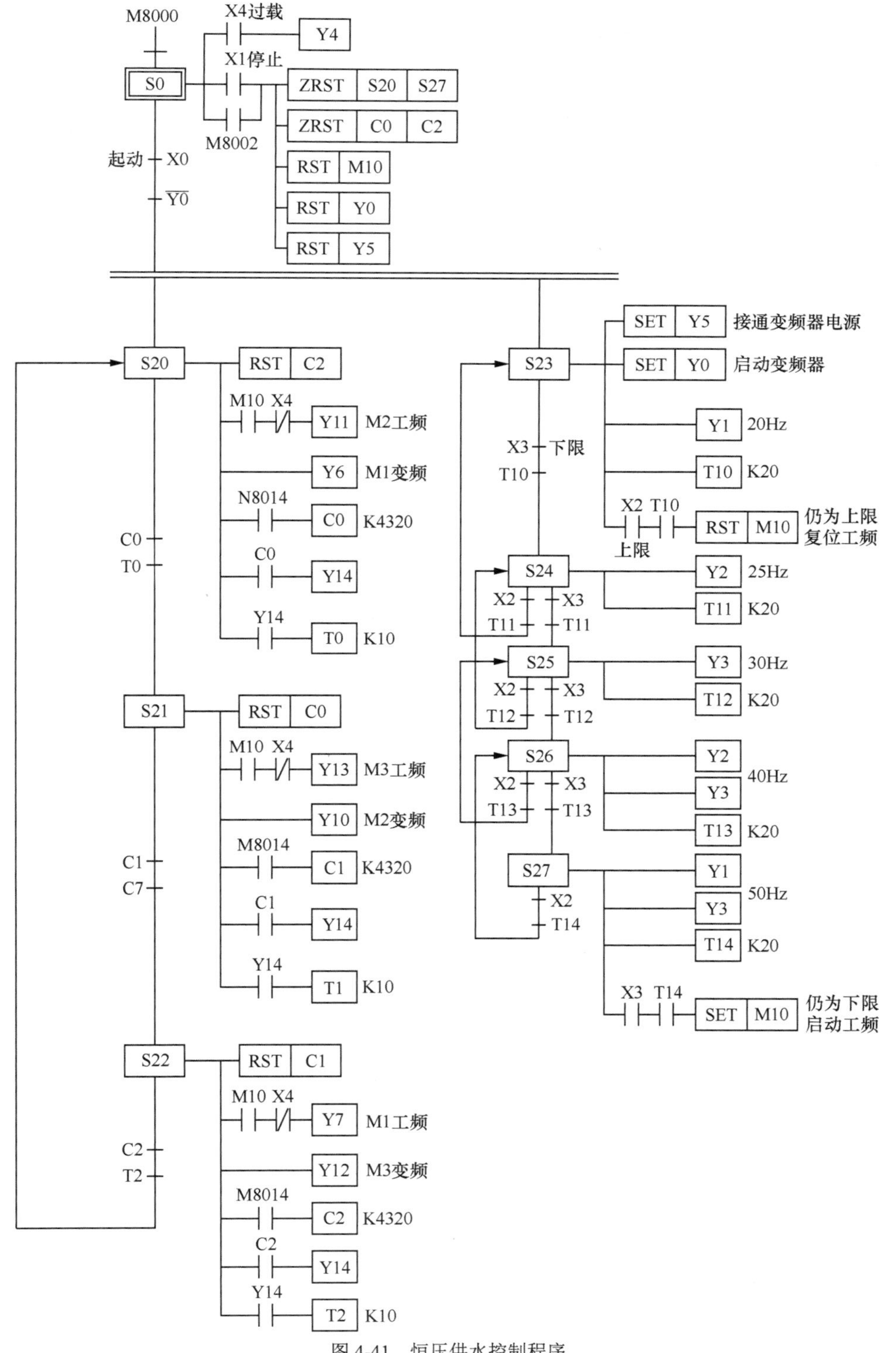

图 4-41 恒压供水控制程序

S23～S27 分支是变频器的多段速切换分支。每一步对应变频器的一个运行频率，以 S23 步为例，此时 Y1 得电，变频器以 20Hz 的频率运行，若此时 PLC 检测到下限信号 X3，则转移到 S24 步，变频器的运行频率上升，加大供水量；若继续检测到下限信号 X3，则继续升高变频器的运行频率；若在每一步中，PLC 检测到上限信号 X2，系统都会返回到上一步运行，降低变频器的运行频率，减小供水量；若在 S23 步时，PLC 检测到上限信号 X2，即用水量较小时，则复位工频信号 M10，泵切换分支中正在运行的工频电动机停止。在 S27 步，变频器的运行频率是 50Hz，若此时供水量仍满足不了要求，则下限信号 X3 闭合，将工频运行信号 M10 置为 1，启动泵切换分支中的水泵启动工频运行，此时系统处于一工一变运行状态。

4．运行操作

（1）给 PLC 上电，把图 4-41 所示的程序下载到 PLC 中，合上 QF，把参数设置中的参数写入变频器中。使 PLC 处于“RUN”状态，PLC 上的 RUN 指示灯点亮。

（2）升速及加泵过程。按下启动按钮 X0，变频器首先以 20Hz 运行，在运行过程中，如果 PLC 一直检测到下限信号 X3，则变频器的速度逐渐升高，当升高到 50Hz 时，仍然检测到下限信号 X3，此时 SET M10，进行加泵运行。

（3）减泵过程。在变频器运行过程中，如果减小用水量，则压力传感器测得的反馈值变大，给定值与反馈值的偏差变小，经过 PID 调节，输出一个控制信号使变频器的频率下降，当变频器的频率下降到 20Hz 时，PLC 检测到上限信号 X2，将当前运行的水泵切除，把另一个水泵变为变频运行。

（4）停止。按下停止按钮 X1，首先复位 S20～S27，系统停止运行。

知识拓展

一、变频器的抗干扰措施

1．变频器的干扰

由于在变频器的整流电路和逆变电路中使用了半导体开关器件，故在其输入输出电路中除了基波之外，还含有一定的高次谐波成分，而这些高次谐波的存在将给变频器的周边设备带来不同程度的影响。

（1）引起电网电源波形的畸变，影响周围机器设备的正常工作，使它们因接收错误信号而产生误动作，或因影响传感器电路的检测而引起错误判断。

（2）产生电磁干扰波，影响无线电设备的正常接收。

2．变频器的干扰传播方式

干扰信号的传播方式主要有以下几种。

（1）空中辐射方式。频率很高的谐波分量向空中以电磁波的方式向外辐射，从而对其他设备形成干扰。

（2）电磁感应方式。这是电流干扰信号的主要传播方式，变频器的输入电流和输出电流中的高频成分会产生高频磁场，该磁场的高频磁力线穿过其他设备的控制线路而产生感应干扰电流。

（3）静电感应方式。这是电压干扰信号的主要传播方式，是变频器输出的高频电压波通过线路的分布电容传播给主电路。

（4）线路传导方式。通过相关线路传播干扰信号，变频器输入电流干扰信号通过电源网络传播，变频器输出侧干扰信号通过漏电流的形式传播。

3. 变频器的抗干扰措施

针对上述的干扰信号的不同传播方式，可以采取各种相应的抗干扰措施，主要有以下几种。

（1）变频器侧。

① 对于通过感应方式（包括电磁感应和静电感应）传播的干扰信号，主要通过正确布线和采用屏蔽线来削弱。

② 对于通过线路传播的干扰信号，主要通过增大线路在干扰频率下的阻抗来削弱，实际上，可以串入一个小电感，它在基频下的阻抗是微不足道的，但对于频率较高的谐波电流，却呈现出很高的阻抗，起到了有效的抑制作用。

③ 对于通过辐射传播的干扰信号，主要通过吸收的方法来削弱。

变频器的输出侧除了和受控电动机相接外，和其他设备之间，极少有线路上的联系。因此，通过线路传播其干扰信号的情形可不予考虑。

在变频器的输出侧和电动机之间串入滤波电抗器，可以削弱输出电流中的谐波成分。这样既可以抗干扰，又减少了电动机的谐波电流引起的附加转矩，改善了电动机的运行特性。

必须注意，在变频器的输出侧，是绝对不允许用电容器来吸收谐波电流的，否则在逆变管导通瞬间，会出现峰值很大的充电电流或放电电流，使逆变管损坏。

（2）仪器侧。

① 电源隔离法。从变频器输入侧的谐波电流常常从电源侧进入各种仪器，成为许多仪器的干扰源。针对这种情况，应在受干扰仪器的电源侧采取有效的隔离措施。为了进一步滤去电源电压中的谐波成分，在隔离变压器的两侧，还可以接入各种滤波电路。

② 信号隔离法。在某些传感器传输线较长，并采用电流信号的场合，还可以考虑在信号侧用光耦合器进行隔离。但要注意：所用光耦合器应是传输比为 1 的线性光耦合器；光耦合器两侧的电容器对传输信号应无衰减作用，直流信号时，电容量可大一些；脉冲信号时，则应根据脉冲频率的大小适当选择。

二、变频器的测量

变频器主电路测量主要是测量整流桥、直流中间电路和逆变桥部分的大功率晶体管（功率模块），工具主要是万用表。

（1）拆下与变频器外部连接的电源线（L1、L2、L3）和电动机连接线（U、V、W）。

（2）确认直流母线电压为 0V。

（3）使用指针式万用表 $R\times100\Omega$ 电阻挡，在图 4-42 所示的变频器端子 L1、L2、L3、U、V、W、P 和 N 处，交换万用表的极性，测量它们的导通状态，便可判断其是否良好。变频器的端子状态如表 4-10 所示。如果用数字式万用表，测量结果与表 4-10 相反。

整流电路主要是测试整流二极管的正反向来判断整流电路的好坏，如图 4-42 所示，找到变频器直流输出端的“P”与“N”，然后使用万用表 $R\times100\Omega$ 电阻挡，将万用表的黑表笔接“P”，红表笔分别接变频器的输入端 L1、L2、L3 端，万用表应显示无穷大；调换红、黑表笔的位置，将红表笔接“P”，黑表笔分别接变频器的输入端 L1、L2、L3 端，则万用表显示几十欧的阻值，且基本平衡，说明整流桥的上半桥是完好的。下半桥的测量与此相同。如果有以下结果，可以判定电路已出现异常：阻值三相不平衡，可以说明整流桥故障；

红表笔接“P”端时，电阻无穷大，可以断定整流桥故障或启动电阻出现故障。直流中间回路主要是对滤波电容 C 的容量及耐压的测量，也可以观察电容上的安全阀是否爆开、是否有漏液现象等来判断它的好坏；还可以上电测量其直流输出端“P”和“N”之间是否有大约 530V 高压。注意有时万用表显示几十伏电压，它是变频器内部感应出来的，说明整流电路没有工作，它正常工作时会输出 530V 左右的高压。若没有 530V 左右高压，往往是电源板有问题。判断功率模块的好坏主要是判断功率模块内的续流二极管。将万用表调到 $R\times100\Omega$ 挡，将黑表笔接“P”，红表笔分别接变频器的输出端 U、V、W，此时应为无穷大，反向应该有几十 Ω 的阻值。反之将黑表笔接到“N”重复上述过程，应得到表 4-10 所示的结果。对于 IGBT 模块，还需判断在有触发电压的情况下能否导通和关断。导通时根据模块型号、万用表种类等的不同指示从几 Ω 到几十 Ω 不同，如果测量的数据几乎相同，此模块就没问题。

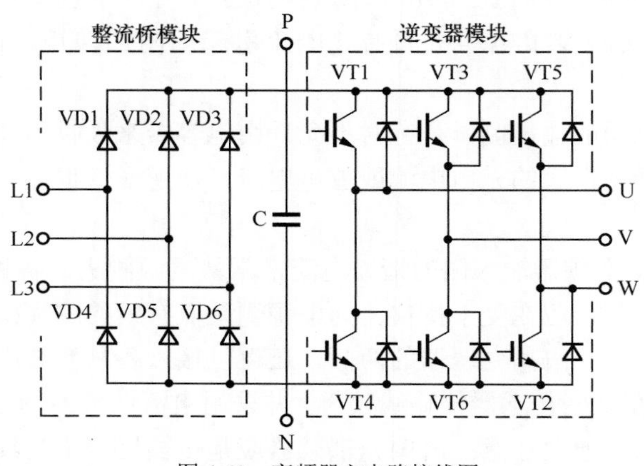

图 4-42　变频器主电路接线图

表 4-10　变频器端子导通状态

整流桥模块	万用表极性		测量值	逆变桥模块	万用表极性		测量值
	⊕	⊖			⊕	⊖	
VD1	L1	P	不导通	VT1	U	P	不导通
	P	L1	导通		P	U	导通
VD2	L2	P	不导通	VT2	W	N	导通
	P	L2	导通		N	W	不导通
VD3	L3	P	不导通	VT3	V	P	不导通
	P	L3	导通		P	V	导通
VD4	L1	N	导通	VT4	U	N	导通
	N	L1	不导通		N	U	不导通
VD5	L2	N	导通	VT5	W	P	不导通
	N	L2	不导通		P	W	导通
VD6	L3	N	导通	VT6	V	N	导通
	N	L3	不导通		N	V	不导通

三、变频器常见故障处理

高性能的变频器具有比较完善的自诊断功能、保护功能和报警功能，熟悉这些功能对正确使用和维修变频器是很重要的。当变频调速系统出现故障时，变频器大都能自动停车保护，并给出提示信息，如表 4-11 所示。检修时应以这些显示信息为线索，查找变频器的使用说明书中有关故障原因内容，分析出现故障的范围，采用合理的测试手段确认故障点并维修。

当变频器出现故障时，一般将检修的重点放在主电路和微处理器的接口电路，而变频器的控制核心，即微处理系统由于有与其他电路可靠的隔离措施，所以它的故障率很低，即使有故障，也难以用常规的方法检测出来。变频器部分常见的故障原因及处理方法如表 4-11 所示。更多的故障原因及处理方法参考三菱变频器使用手册。

表 4-11　　变频器常见故障原因及处理方法

故障/报警	故 障 原 因	故障诊断和应采取的措施
Er1 禁止写入错误	1．Pr.77 参数写入选择设定为禁止写入的情况下试图设定参数时； 2．频率跳变的设定范围重复时； 3．PU 和变频器不能正常通信时	1．请确认 Pr.77 参数写入选择的设定值。 2．请确认 Pr.31～Pr.36（频率跳变）的设定值。 3．请确认 PU 与变频器的连接
Er2 运行中写入错误	在 Pr.77 ≠2（任何运行模式下不管运行状态如何都可写入）时的运行中或在 STF（STR）为 ON 时的运行中写入参数	1．请设置为 Pr.77＝2。 2．请在停止运行后设定参数
TH 电子过电流保护预报警	电子过电流保护的累计值达到 Pr.9 电子过电流保护设定值的 85%以上时显示。达到 Pr.9 电子过电流保护设定值的 100%时，电机将因过载而切断（E.THM）。 在显示［TH］的同时可以输出 THP 信号。关于 THP 信号输出使用的端子，通过将 Pr.190、Pr.192（输出端子功能选择）中的任意一个设定为 8（正逻辑）或 108（负逻辑）来分配端子功能	1．减轻负载，降低运行频度。 2．正确设置 Pr.9 电子过电流保护的设定值
Uv 电压不足	若变频器的电源电压下降，控制电路将无法发挥正常功能。另外，还将导致电机的转矩不足或发热量增大。因此，当电源电压下降到约 AC230V 或以下时，停止变频器输出，显示Uv。当电压恢复正常后警报便可解除	检查电源电压是否正常
E.OC1 加速时过电流切断	加速运行中，当变频器输出电流超过额定电流的约 200%以上时，保护电路动作，停止变频器输出	1．延长加速时间。 2．在启动时“E.OC1”总是点亮的情况下，尝试脱开电机启动。 如果“E.OC1”仍点亮，请与经销商或本公司联系。 3．确认接线是否正常，确保无输出短路及接地发生。 4．将失速防止动作设定为适当的值。 5．请在 Pr.19 基准频率电压中设定基准电压（电机的额定电压等）
E.OC2 恒速时过电流切断	在恒速运行中，当变频器输出电流超过额定电流的 200%以上时，保护电路动作，停止变频器输出	1．消除负载急剧变化的情况。 2．确认接线是否正常，确保无输出短路及接地发生。 3．将失速防止动作设定为适当的值
E.OC3 减速、停止中过电流切断	在减速中（加速中、恒速中以外），当变频器输出电流超过额定电流的 200%时，保护电路动作，停止变频器输出。	1．延长减速时间。 2．确认接线是否正常，确保无输出短路及接地发生。 3．检查机械制动动作。 4．将失速防止动作设定为适当的值

续表

故障/报警	故 障 原 因	故障诊断和应采取的措施
E.OV1 加速时再生过电压切断	因再生能量使变频器内部的主电路直流电压超过规定值时，保护电路动作，停止变频器输出。电源系统中发生的浪涌电压也可能引起该动作	1．缩短加速时间。 使用再生回避功能（Pr.882、Pr.883、Pr.885、Pr.886）。 2．将 Pr.22 失速防止动作水平设定得高于无负载电流
E.OV2 恒速时再生过电压切断	因再生能量使变频器内部的主电路直流电压超过规定值时，保护电路动作，停止变频器输出。电源系统中发生的浪涌电压也可能引起该动作	1．消除负载急剧变化的情况。 使用再生回避功能（Pr.882、Pr.883、Pr.885、Pr.886）。 必要时请使用制动电阻器、制动单元或共直流母线变流器（FR-CV）。 2．将 Pr.22 失速防止动作水平设定得高于无负载电流
E.OV3 减速、停止时再生过电压切断	因再生能量使变频器内部的主电路直流电压超过规定值时，保护电路动作，停止变频器输出。电源系统中发生的浪涌电压也可能引起该动作	1．延长减速时间，使减速时间符合负载的转动惯量。 2．减少制动频度。 3．使用再生回避功能（Pr.882、Pr.883、Pr.885、Pr.886）。 4．必要时请使用制动电阻器、制动单元或共直流母线变流器（FR-CV）
E.THT 变频器过载切断（电子过电流保护）	电路中流过的电流强度超过了变频器额定电流，但又不至于造成过电流切断（200%以下）时，当输出晶体管元件的温度超过保护水平时就会停止变频器的输出（过载耐量 150% 60 秒、200% 0.5 秒）（150%60 秒指的是变频器的电流如果是额定电流的 150%时，电子过电流的保护时间是 60s，200%0.5 秒指的是变频器的电流如果是额定电流的 200%时，电子过电流的保护时间是 0.5s）	1．减轻负载。 2．将周围温度调节到规定范围内

思考与练习

1．“一控一”和“一控多”各有哪些优缺点？

2．在多泵恒压供水系统中，PLC 是根据什么信号加泵和减泵的？叙述加泵和减泵的控制过程。

项目 5 步进电机的应用

学习目标

1. 了解步进电机的工作原理。
2. 掌握步进驱动器的端子功能。
3. 学会设置步进驱动器的工作电流（动态电流）、细分精度和静态电流。
4. 掌握 PLC 与步进电机的接线图，会编写步进电机的控制程序。
5. 培养学生敬业、精益、专注、创新的工匠精神。

| 任务 5.1 步进电机的正反转控制 |

任务导入

工业常用控制电机有步进电机和伺服电机两种。控制电机的主要任务是转换和传递控制信号。步进电机是将电脉冲信号转变为角位移或线位移的开环控制元件，通过控制步进电机的电脉冲频率和脉冲数，可以很方便地控制其速度和角位移，而且步进电机的误差不积累，可以达到精确定位的目的，因此它广泛应用在经济型数控机床、雕刻机、贴标机和机械手等定位控制系统中。

现有一台三相步进电机，步距角是 1.5°，假设步进电机的运行速度为 3 000Hz，旋转一周需要 5 000 个脉冲，电机的额定电流是 2.1A。控制要求如下。

（1）利用 PLC 控制步进电机顺时针转 2 周，停 5s，逆时针转 1 周，停 2s，如此循环进行，按下停止按钮，电机马上停止。

（2）按下脱机开关，电机的轴松开。

相关知识

一、步进电机

步进电机是将电脉冲转化为角位移或线位移的开环控制元件，是一种专门用于精确控制速度和位置的特种电机。由于步进电机的转动是每输入一个脉冲，步进电机前进一步，所以叫作步进电机。一般电动机是连续旋转的，而步进电机的转动是一步一步进行的。在非超载的情况下，步进电机的转速、停止的位置只取决于控制脉冲信号的频率和脉冲数，而不受负载变化的影响，即给步进电机加一个脉冲信号，步进电机则转过一个角度。脉冲数越多，步进电机转动的角度越大。脉冲的频率越高，步进电机的转速越快，但不能超过最高频率，否则步进电机的力矩会迅速减小，电机不转。

在定位控制中，步进电机作为执行元件获得了广泛的应用。步进电机区别于其他电机最大的特点如下。

扩展视频：步进电机

（1）可以用脉冲信号直接进行开环控制，系统简单、经济。

（2）位移（角位移）量与输入脉冲个数严格成正比，且步距误差不会长期积累，精度较高。

（3）转速与输入脉冲频率成正比，而且可以在相当宽的范围内调节，多台步进电机同步性能较好。

（4）易于启动、停止和变速，而且停止时有自锁能力。

（5）无刷，电动机本体部件少，可靠性高，易维护。

步进电机的缺点是：带惯性负载能力较差，存在失步和共振，不能使用交直流驱动。

步进电机在办公设备（复印机、传真机、绘图仪等）、计算机外围设备（磁盘驱动器、打印机等）、材料输送机、数控机床、工业机器人等各种自动仪器仪表设备上获得了广泛应用。

1．步进电机的工作原理

下面以一台最简单的三相反应式步进电动机为例，介绍步进电机的工作原理。

图 5-1 是一台三相反应式步进电动机的原理图。定子铁心为凸极式，共有三对（6 个）磁极，每两个空间相对的磁极上绕有一相控制绕组。转子用软磁性材料制成，也是凸极结构，只有 4 个齿，齿宽等于定子的极宽。

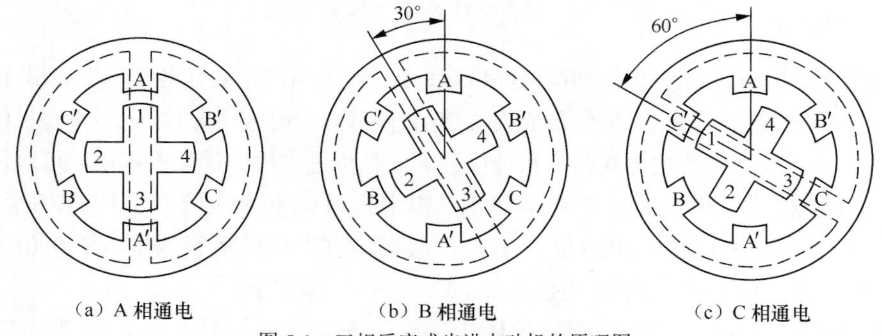

图 5-1　三相反应式步进电动机的原理图

当 A 相定子绕组通电，其余两相均不通电时，电机内建立以定子 A 相极为轴线的磁场。磁通具有力图走磁阻最小路径的特点，使转子齿 1、3 的轴线与定子 A 相极轴线对齐，如图 5-1（a）所示。A 相定子绕组断电、B 相定子绕组通电时，转子在反应转矩的作用下，逆时针转过 30°，使转子齿 2、4 的轴线与定子 B 相极轴线对齐，即转子走了一步，如图 5-1（b）所示。若断开 B 相，使 C 相定子绕组通电，则转子逆时针方向又转过 30°，使转子齿 1、3 的轴线与定子 C 相极轴线对齐，如图 5-1（c）所示。如此按 A→B→C→A 的顺序轮流通电，转子就会一步一步地按逆时针方向转动。

步进电机的转速取决于各相定子绕组通电与断电的频率，旋转方向取决于定子绕组轮流通电的顺序。若按 A→C→B→A 的顺序通电，则电动机按顺时针方向转动。

（1）三相单三拍工作方式。“三相”是指定子绕组有 3 组；“单”是指每次只能一相绕组通电；“三拍”指通电三次完成一个通电循环。把每一拍转子转过的角度称为步距角。三相单三拍运行时，步距角为 30°。

正转：A→B→C→A；

反转：A→C→B→A。

（2）三相单、双六拍工作方式。即一相通电接着二相通电间隔地轮流进行，完成一个循环需要经过 6 次改变通电状态，其步距角为 15°。

正转：A→AB→B→BC→C→CA→A；

反转：A→AC→C→CB→B→BA→A。

（3）三相双三拍工作方式。“双”是指每次有两相绕组通电，每通入一个电脉冲，转子也是转 30°，即步距角为 30°。

正转：AB→BC→CA→AB；

反转：AC→CB→BA→AC。

2．步进电机的结构

步进电机的外形如图 5-2（a）所示，步进电机由转子（转子铁心、永磁体、转轴、滚珠轴承）、定子（绕组、定子铁心）、前后端盖等组成，如图 5-2（c）所示。

（a）步进电机外形

（b）实际步进电机结构

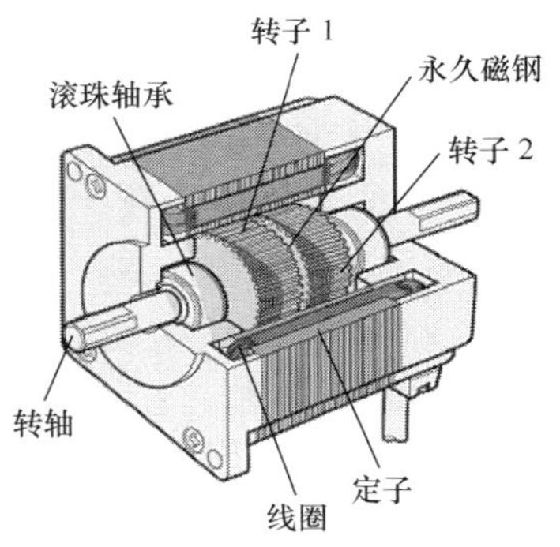

（c）步进电机结构剖面图

图 5-2　步进电机的结构示意图

不管是三相单三拍步进电机，还是三相单双六拍步进电机，它们的步距角都比较大，用它们作为传动设备的动力源时往往不能满足精度要求。为了减小步距角，实际的步进电机通常在定子凸极和转子上开很多小齿，如图 5-2（b）和图 5-2（c）所示，这样可以大大减小步距角，提高步进电机的控制精度。最典型两相混合式步进电机的定子有 8 个大齿，40 个小齿，转子有 50 个小齿；三相电机的定子有 9 个大齿，45 个小齿，转子有 50 个小齿。

步进电机的步距角一般为 1.8°、0.9°、0.72°、0.36°等。步距角越小，步进电机的控制精度越高，根据步距角可以控制步进电机行走的精确距离。例如，步距角为 0.72°的步进电机，每旋转一周需要的脉冲数为 360/0.72=500 脉冲，也就是对步进电机驱动器发出 500 个脉冲信号，步进电机才旋转一周。

步进电机的机座号主要有 35，39，42，57，86 和 110 等。

3．步进电机的分类

按励磁方式的不同，步进电动机可分为反应式（Variable Reluctance，VR）、永磁式（Permanent Magnet，PM）和混合式（Hybrid Stepping，HB）3类。

按定子上的绕组不同，分为二相、三相和五相等系列。最受欢迎的是两相混合式步进电机，约占97%以上的市场份额，其原因是性价比高，配上细分驱动器后效果良好。该种电机的基本步距角为 1.8°/步，配上半步驱动器后，步距角减少为 0.9°，配上细分驱动器后，其步距角可细分达256倍（0.007°/微步）。由于摩擦力和制造精度等原因，实际控制精度略低。同一步进电机可配不同细分的驱动器以改变精度和效果。

4．步进电机的重要参数

（1）步距角。步进电机每接收一个步进脉冲信号，电机就旋转一定的角度，该角度称为步距角。电机出厂时给出了一个步距角的值，如 57BYG46403 型电机给出的值为 0.9°/1.8°（表示半步工作时为 0.9°、整步工作时为 1.8°），这个步距角可以称为“电机固有步距角”，它不一定是电机实际工作时的真正步距角，真正的步距角和驱动器有关。步距角满足如下公式。

$$\theta = 360° / ZKm$$

式中，Z 为转子齿数；K 为通电系数，当前后通电相数一致时，K=1，否则，K=2；m 为相数。

（2）步进电机的速度。步进电机的转速取决于各相定子绕组通入电脉冲的频率，其速度为

$$n = 60f/KmZ = \theta f/6$$

式中，f 为电脉冲的频率，即每秒脉冲数（简称 PPS）；

Z 为转子齿数；

K 为通电系数。

（3）相数。步进电动机的相数是指电机内部的线圈组数，常用 m 表示。目前常用的有二相、三相、四相、五相、六相、八相步进电机。电机相数不同，其步距角也不同，一般二相电机的步距角为 0.9°/1.8°，三相的为 0.75°/1.5°，五相的为 0.36°/0.72°。在没有细分驱动器时，用户主要靠选择不同相数的步进电机来满足自己步距角的要求。如果使用细分驱动器，则“相数”将变得没有意义，用户只需在驱动器上改变细分数，就可以改变步距角。

（4）拍数。拍数是指完成一个磁场周期性变化所需的脉冲数或导电状态，用 n 表示，或指电机转过一个齿距角所需的脉冲数。以四相电机为例，有四相双四拍运行方式，即 AB→BC→CD→DA→AB，四相单双八拍运行方式，即 A→AB→B→BC→C→CD→D→DA→A。步距角对应一个脉冲信号，电动机转子转过的角位移用 θ 表示。θ = 360°/（转子齿数×运行拍数），以常规二、四相，转子齿数为 50 齿电动机为例，其四拍运行时，步距角为 θ = 360°/（50×4）=1.8°（俗称整步），八拍运行时步距角为 θ = 360°/（50×8）=0.9°（俗称半步）。

（5）保持转矩。保持转矩是指步进电机通电但没有转动时，定子锁住转子的力矩。它是步进电机最重要的参数之一，通常步进电机在低速时的力矩接近保持转矩。由于步进电机的输出力矩随速度的增大而不断衰减，输出功率也随速度的增大而变化，所以保持转矩就成为了衡量步进电机最重要的参数之一。比如，当人们说 2N•m 的步进电机，在没有特殊说明的

情况下是指保持转矩为 2N • m 的步进电机。

二、步进控制系统的组成

步进电机控制系统由控制器、步进驱动器和步进电机构成，如图 5-3 所示。控制器发出控制信号，步进电机驱动器在控制信号作用下输出较大电流（1.5～6A，不同型号有区别）驱动步进电机，按控制要求对机械装置准确实现位置控制或速度控制。

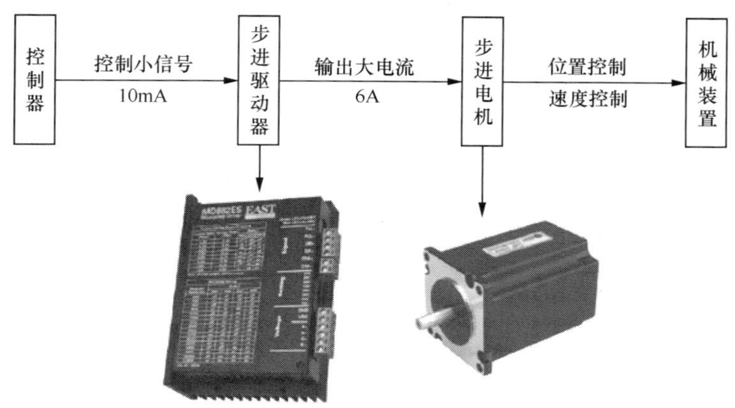

图 5-3　步进电机控制系统框图

步进电机的运动方向与其内部绕组的通电顺序有关，改变输入脉冲的相序就可以改变电机转向。转速则与输入脉冲信号的频率成正比，转动角度或位移与输入的脉冲数成正比。改变脉冲信号的频率就可以在很宽的范围内改变步进电机的转速，并能快速启动、制动和反转，因此，可用控制脉冲数量、频率及电动机各相绕组的通电顺序来控制步进电机的转动。

控制器可以是内置运动卡的计算机、单片机和 PLC。本教材主要讲述 PLC 控制步进电机的方式。

三、步进驱动器

步进电机的运行要有一个电子装置来驱动，这种装置就是步进电机驱动器，它是把控制系统发出的脉冲信号，加以放大来驱动步进电机。步进电机的转速与脉冲信号的频率成正比，控制步进电机脉冲信号的频率，可以对电机精确调速；控制步进脉冲的个数，可以对电机精确定位。

1．步进驱动器的外部端子

从步进电机的转动原理可以看出，要使步进电机正常运行，就必须按规律控制步进电机的每一相绕组得电。步进驱动器有 3 种输入信号，分别是脉冲信号（PUL）、方向信号（DIR）和使能信号（ENA）。因为步进电机在停止时，通常有一相得电，电机的转子被锁住，所以当需要转子松开时，可以使用使能信号。

3ND583 是雷赛公司最新推出的一款采用精密电流控制技术设计的高细分三相步进驱动器，适合驱动 57～86 机座号的各种品牌的三相步进电机，3ND583 步进驱动器的外形如图 5-4 所示，步进驱动器的外部接线端如图 5-5 所示。外部接线端的功能说明如表 5-1 所示。

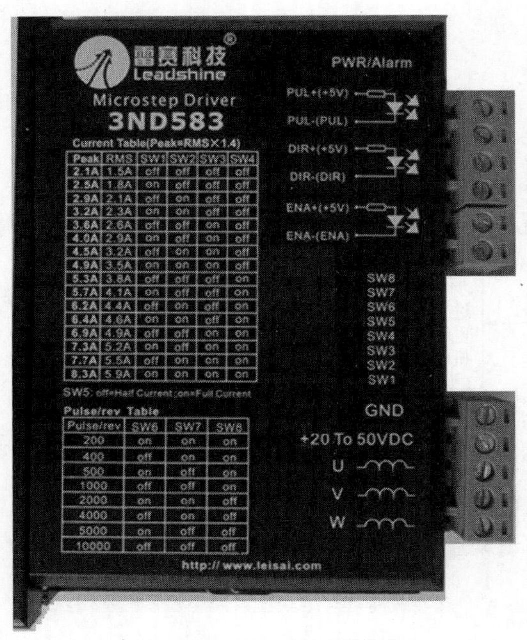

图 5-4　3ND583 驱动器外形

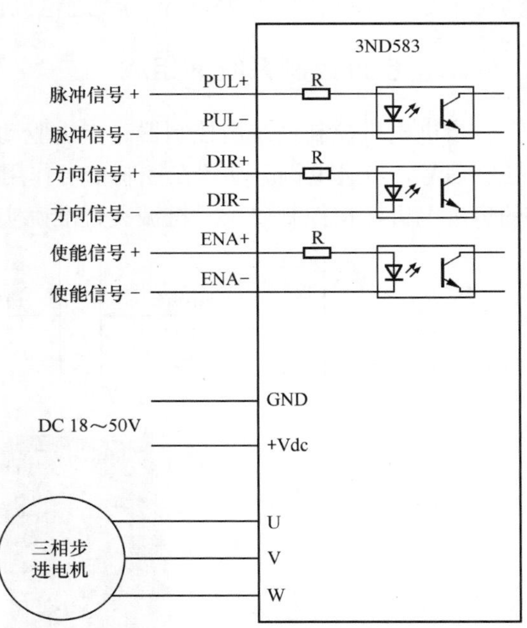

图 5-5　步进驱动器外部接线端

表 5-1　**步进驱动器外部接线端功能说明**

接 线 端	功 能 说 明
PUL+（+5V） PUL－	脉冲控制信号输入端：脉冲上升沿有效；PUL-高电平时 4～5V，低电平时 0～0.5V。为了可靠响应脉冲信号，脉冲宽度应大于 1.2μs。采用+12V 或+24V 时，需串电阻
DIR+（+5V） DIR－	方向信号输入端：高/低电平信号，为保证电机可靠换向，方向信号应先于脉冲信号至少 5μs 建立。电机的初始运行方向与电机的接线有关，互换三相绕组 U、V、W 的任何两根线可以改变电机初始运行的方向，DIR-高电平时 4～5V，低电平时 0～0.5V
ENA+（+5V） ENA－	使能信号输入端：此输入信号用于使能或禁止。ENA+接+5V，ENA-接低电平（或内部光耦导通）时，驱动器将切断电机各相的电流使电机处于自由状态，此时步进脉冲不被响应。当不需用此功能时，使能信号端悬空即可
U、V、W	三相步进电机的接线端
+V	驱动器直流电源输入端正极，+18V～+50V 间任何值均可，但推荐值为+36VDC 左右
GND	驱动器直流电源输入端负极

步进驱动器的指示灯有两种，即电源指示灯（绿色）和保护指示灯（红色）。当任一保护发生时，保护指示灯变亮。

步进驱动器的保护功能如下。

（1）过压保护。当直流电源电压为 50VDC 时，保护电路动作，电源指示灯变红，保护功能启动。

（2）过流保护。电机接线线圈绕组短路或电机自身损坏时，保护电路动作，电源指示灯变红，保护功能启动。

2．步进驱动器的外部典型接线

3ND583 步进驱动器采用差分式接口电路可适用差分信号、单端共阴极及共阳极等接口，内置高速光电耦合器，允许接收差分信号、NPN 三极管输出电路信号和 PNP 三极管输出电路信号。当步进驱动器与 PLC 相连时，首先要了解 PLC 的输出信号类型（是集电极开路 NPN 还是 PNP）、PLC 的脉冲输出控制类型（脉冲+方向还是正-反方向脉冲），然后才能决定连接方式。三菱

FX_{2N}-32MT 晶体管输出型 PLC 为 NPN 集电极开路输出，各个输出的发射极连接在一起组成 COM 端，PLC 的脉冲输出控制类型为脉冲+方向，高速脉冲输出口规定为 Y000 或 Y001，最多可连接两台步进驱动器控制两台步进电机。综上分析，FX 系列 PLC 与步进驱动器的连接如图 5-6（a）所示。西门子晶体管输出型 PLC 是 PNP 集电极开路输出，其接线图如图 5-6（b）所示。

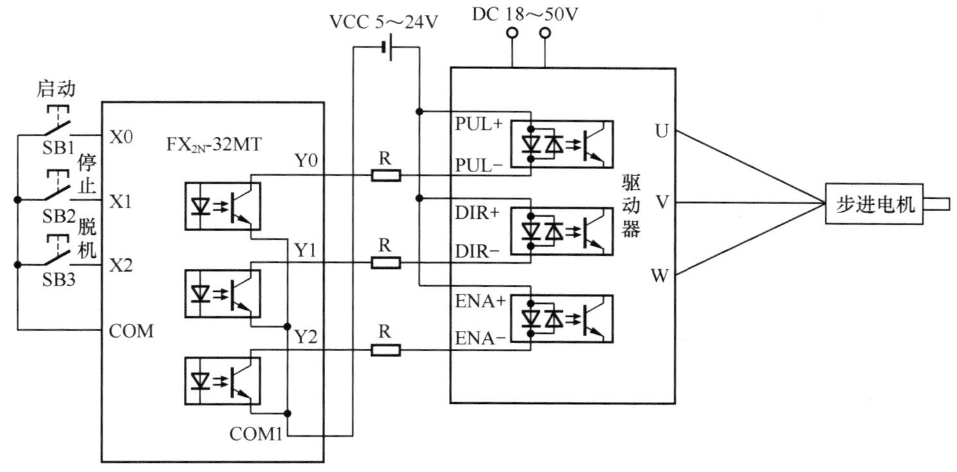

（a）3ND583 步进驱动器与三菱 PLC 的接线图

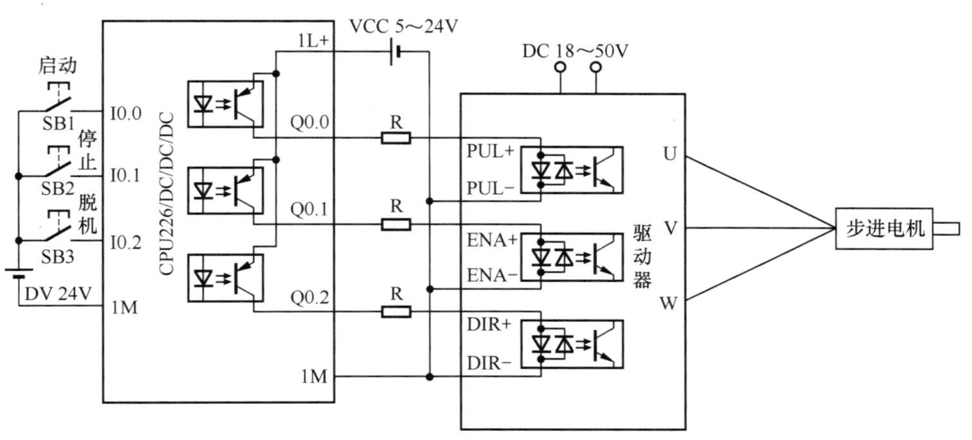

（b）3ND583 步进驱动器与西门子 PLC 的接线图

图 5-6　步进驱动器与 PLC 的典型接线

注　意

（1）在图 5-6 中，如果 VCC 是 5V，则不串电阻，VCC 是 12V 时，串联 R 为 1kΩ，大于 1/8W 电阻；VCC 是 24V 时，R 为 2kΩ，大于 1/8W 电阻；R 必须接在控制器信号端。

（2）步进驱动器的 PUL 端子需要接收脉冲信号，因此，PLC 必须采用晶体管输出型的 PLC。

步进电机的使能信号又称为脱机信号，即 ENA 信号。步进电机通电后如果没有脉冲信号输入，定子不运转，其转子处于锁定状态，用手不能转动，但在实际控制中常常希望能够用手转动进行一些调整、修正工作，这时，只要使脱机信号有效（低电平），就能关断定子线圈的电流，使转子处于自由转动状态（脱机）状态。当与 PLC 连接时，脱机信号 ENA 可以像方向信号 DIR 一样连接一个 PLC 的非脉冲输出端用程序进行控制。

3．步进驱动器的细分设置

细分是步进驱动器的一个重要性能。步进驱动器都存在一定程度的低频振荡特点，而细分能有效改善，甚至消除这种低频振荡现象。细分同时提高了电动机的运行分辨率，在定位控制中，细分数适当，实际上也提高了定位的精度。

步进电机驱动器除了给步进电机提供较大的驱动电流外，更重要的作用是“细分”。在没有步进驱动器时，由于步进电机的步距角在 1°左右，角位移较大，不能进行精细控制。使用步进驱动器，只需在驱动器上设置细分步数，就可以改变步距角的大小。例如，若设置细分步数为 10 000 步/转，则步距角只有 0.036°，可以实现高精度控制。

3ND583 步进驱动器的侧面连接端子中间有 8 个 SW 拨码开关，用来设置工作电流（动态电流）、静态电流、细分精度。图 5-7 所示为拨码开关。其中 SW1～SW4 用于设置步进驱动器输出电流（根据步进电机的工作电流，调节驱动器输出电流，电流越大，力矩越大）；SW6～SW8 用于设置细分；SW5 用于选择半流/全流工作模式。

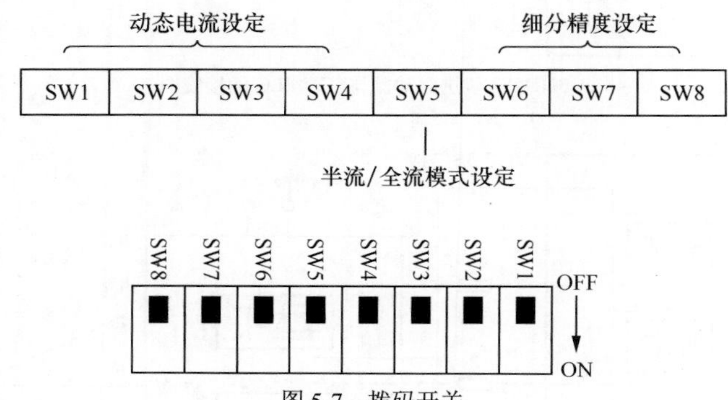

图 5-7　拨码开关

（1）工作电流设定。用 SW1～SW4 的 4 位拨码开关设置工作电流，一共可设置 16 个电流级别，如表 5-2 所示。1 表示 ON，0 表示 OFF。

表 5-2　工作电流设置表

输出峰值电流（A）	输出有效值电流（A）	SW1	SW2	SW3	SW4
2.1	1.5	0	0	0	0
2.5	1.8	1	0	0	0
2.9	2.1	0	1	0	0
3.2	2.3	1	1	0	0
3.6	2.6	0	0	1	0
4.0	2.9	1	0	1	0
4.5	3.2	0	1	1	0
4.9	3.5	1	1	1	0
5.3	3.8	0	0	0	1
5.7	4.1	1	0	0	1
6.2	4.4	0	1	0	1
6.4	4.6	1	1	0	1
6.9	4.9	0	0	1	1
7.3	5.2	1	0	1	1
7.7	5.5	0	1	1	1
8.3	5.9	1	1	1	1

（2）细分设定。细分精度由 SW6～SW8 三位拨码开关设定，如表 5-3 所示。1 表示 ON，0 表示 OFF。

表 5-3 细分设置表

步/转	SW6	SW7	SW8
200	1	1	1
400	0	1	1
500	1	0	1
1000	0	0	1
2000	1	1	0
4000	0	1	0
5000	1	0	0
10000	0	0	0

（3）静态电流设置。

静态电流可用 SW5 拨码开关设定，OFF 表示静态电流设为动态电流的一半，ON 表示静态电流与动态电流相同。如果电机停止时不需要很大的保持力矩，建议把 SW5 设成 OFF，使得电机和驱动器的发热减少，可靠性提高。脉冲串停止后约 0.4s，电流自动减至一半左右（实际值的 60%），发热量理论上减至 36%。

四、三菱 PLC 的高速脉冲输出指令 PLSY 和 PLSR

三菱 FX_{2N} 系列 PLC 提供两个高速脉冲输出点（Y0 和 Y1），用来驱动步进电机和伺服电机，实现速度和位置的开环控制。

1. 脉冲输出指令 PLSY

如图 5-8 所示，当驱动条件 X0=ON 时，执行 PLSY 指令，从输出口 Y000 输出一个频率为 3 000Hz，脉冲个数为 10 000，占空比为 50%的脉冲串。

视频 38. 脉冲输出指令 PLSY

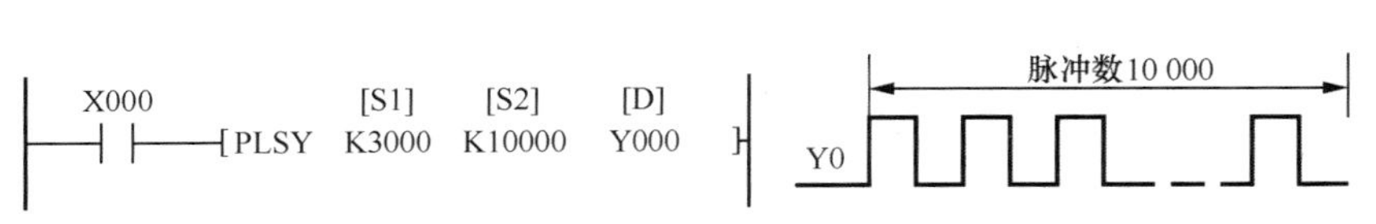

图 5-8 PLSY 指令格式

在定位控制中，不论是步进电机还是伺服电机，在通过输出高速脉冲进行定位控制时，电机的转速都是由脉冲频率决定的，电机的旋转角度由输出脉冲的个数决定。而 PLSY 指令是一个能发出指定脉冲频率下指定脉冲个数的脉冲输出指令，因此在步进和伺服中常用该指令进行定位控制。

[S1]：指定脉冲频率。FX_{2N} 为 2～20kHz，FX_{1N}、FX_{3U} 为 1～100kHz。

[S2]：指定脉冲个数。16 位指令可设 1～32 767 个脉冲，32 位指令可设 1～2 147 483 647 个脉冲。若指定脉冲数为 0，则持续产生脉冲。

[D]：指定脉冲输出元件。三菱 FX_{2N} 系列的 PLC 只能用晶体管输出型 PLC 的 Y0 或 Y1 口。

图 5-9 所示，X0 是正转按钮，X1 是反转按钮，当按下正转按钮 X0 时，通过 MOV 指令将 15 000 传送到 D0 中，伺服电机以 3 000Hz 的转速旋转 3 圈（每圈需要 5 000 个脉冲）；当按下 X1 时，通过 MOV 指令将 10 000 传送到 D0 中，伺服电机以 3 000Hz 的速度反向旋转 2 圈。

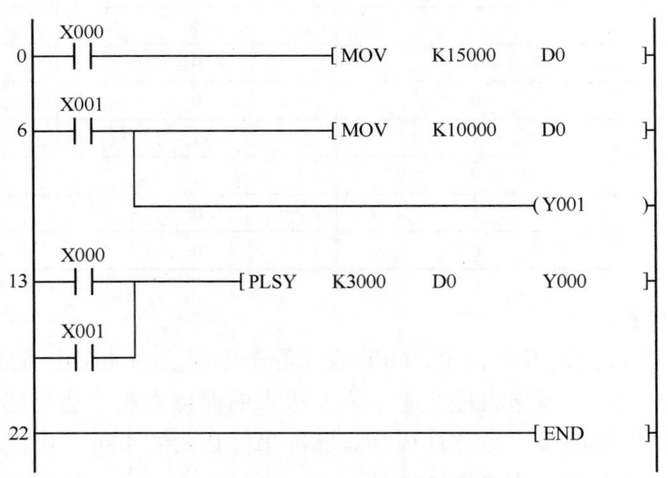

图 5-9 步进电机正反转控制程序

编程 PLSY 指令时，需要注意如下几点。

（1）脉冲的占空比为 50%，输出控制不受扫描周期的影响，采用中断方式处理。

（2）在指令执行过程中，若变更[S1]指定的字元件内容，输出频率也随之改变（调速很方便）；若变更[S2]指定的字元件内容后，其输出脉冲数并不改变，只有驱动断开再一次闭合后才按新的脉冲数输出。若 X000 变为 OFF，则脉冲输出停止，X000 再次置 ON 时，脉冲再次输出，但脉冲数从头开始计算。

（3）设定的脉冲数输出完成后，完成标志 M8029 置 1，当 X0 断开后，M8029 复位。

其他相关标志位与寄存器。

M8147：Y0 输出脉冲时闭合，发完脉冲后自动断开。

M8148：Y1 输出脉冲时闭合，发完脉冲后自动断开。

D8140（低位）、D8141（高位）：记录 Y0 输出的脉冲总数，32 位寄存器。

D8142（低位）、D8143（高位）：记录 Y1 输出的脉冲总数，32 位寄存器。

D8136（低位）、D8137（高位）：记录 Y0 和 Y1 输出的脉冲总数，32 位寄存器。

（4）连续脉冲串的输出。把指令中的脉冲个数设置为 K0，指令的功能变为输出无数个脉冲串，如图 5-10 所示。如要停止脉冲输出，则只要断开驱动条件即可。

X000　[S1]　[S2]　[D]
DPLSY　K1000　K0　Y000

图 5-10 输出连续脉冲的 PLSY 指令格式

这条指令在定位控制中常用来调试，按住图 5-10 的按钮 X000，指令输出脉冲，电动机运行；松开按钮 X000，输出停止，电动机停止。调节输出频率[S1]中的值可以调节电动机运行的快慢。

（5）PLSY 指令的使用限制。对于低于 V2.11 以下版本的 FX_{2N} 系列 PLC，对于同一个输出端口，PLSY 指令在编程中只能使用一次。而高于 V2.11 以上版本的 FX_{2N} 系列 PLC，在编程过程中，可同时使用 2 个 PLSY 指令或 PLSR 指令，在 Y000 和 Y001 输出端得到各自独立的脉冲输出；也可同时使用 1 个 PLSY 指令和 1 个 PLSR 指令，在 Y000 和 Y001 输出端得到各自独立的脉冲输出。

在 FX1N 系列的 PLC 中，PLSY 指令可以在程序中反复使用，但是在设计驱动指令时，要注意避免同时驱动产生双重线圈输出以及两次驱动之间的时间间隔。

PLSY 指令没有加/减速控制，X0 闭合后立即以[S1]指定的脉冲频率输出脉冲。

2．带加/减速的脉冲输出指令 PLSR

如图 5-11（a）所示，当 X0=ON 时，执行 PLSR 指令，从输出口 Y0 输出一个最高频率为 2 000Hz，脉冲个数为 1 000，加/减速时间为 500ms，占空比为 50%的脉冲串。明了各操作数的含义和取值范围如图 5-11（b）所示。

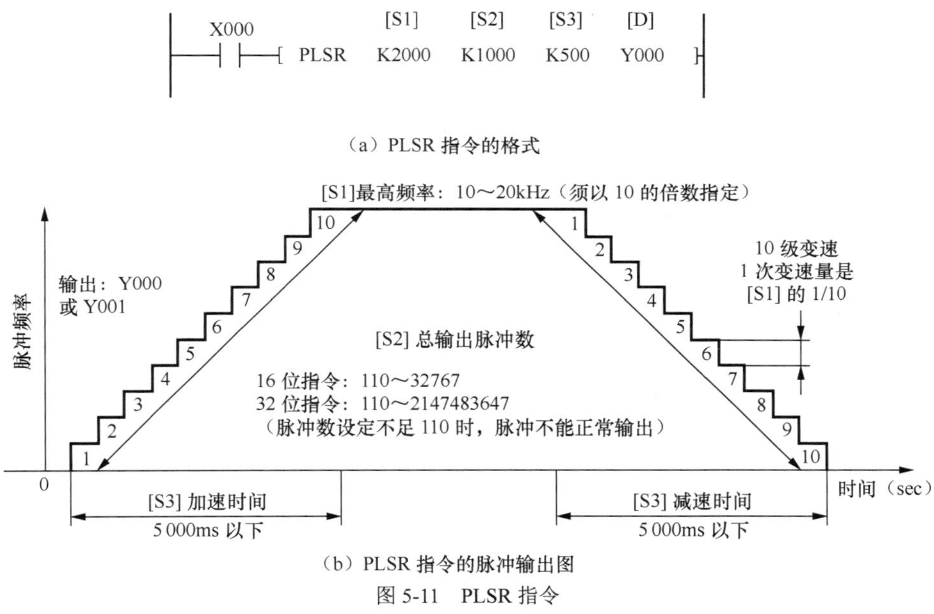

（a）PLSR 指令的格式

（b）PLSR 指令的脉冲输出图

图 5-11　PLSR 指令

PLSR 指令与 PLSY 指令的区别在于，PLSR 指令在脉冲输出的开始和结束阶段可以实现加速和减速过程，其加速时间和减速时间一样，由[S3]指定。

图 5-11 中的 X0 为 OFF 时，输出中断，又变为 ON 时，从初始值开始输出。输出频率范围为 2～20kHz，最高速度、加/减速时的变速速度超过此范围时，将自动调到允许值内。

编程 PLSR 指令时要注意的问题与编程 PLSY 指令类似，但在执行中修改任一个操作数，运转都不会反映，变更内容从下一个指令驱动才有效。

【例 5-1】现有一台三相步进电机（其驱动器的细分表如表 5-3 所示），步距角是 1.5°，假设步进电机的运行速度为 3 000Hz，旋转一周需要 5 000 个脉冲。它拖动机械手运动，如图 5-12（a）所示，其旋转一周行走 0.5cm。当闭合控制开关 SA 时，机械手从原点位置沿 X 轴右行 10cm 至 SQ1 停止；当断开控制开关 SA 时，步进电机回到原点位置，电动机的运行轨迹如图 5-12（b）所示。

视频 39. 机械手控制案例

解：（1）硬件电路图。根据控制要求，采用 FX_{2N}-32MT 为系统控制器，步进驱动器选用 3ND583，系统的 I/O 分配如表 5-4 所示。

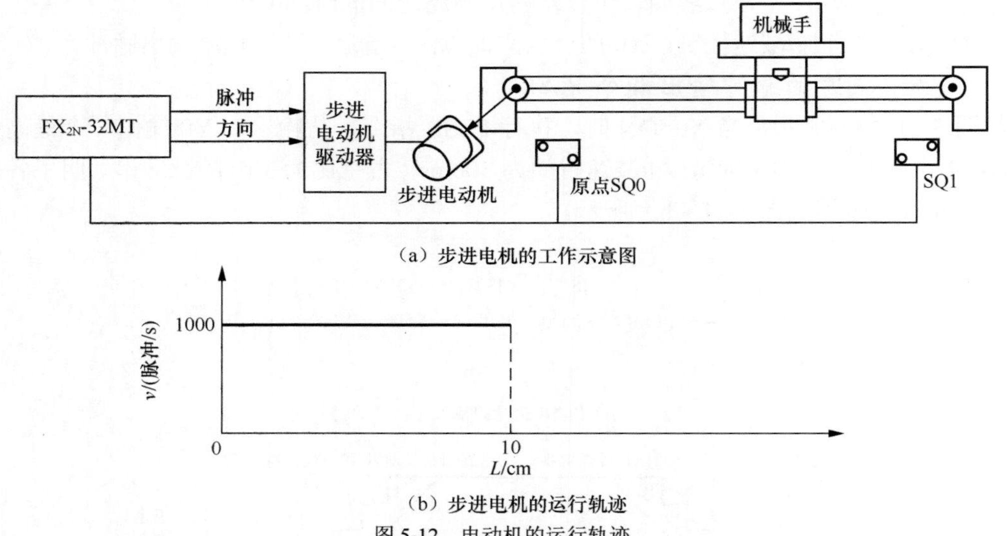

（a）步进电机的工作示意图

（b）步进电机的运行轨迹

图 5-12　电动机的运行轨迹

表 5-4　系统的 I/O 分配

输　入			输　出		
输入继电器	输入元件	作　用	输出继电器	输出元件	作　用
X0	SA	手动控制开关	Y0	PUL−	脉冲信号
X1	SQ0	原点位置	Y2	DIR−	方向控制 Y2=0，右行 Y2=1，左行
X2	SQ1	右限位	Y3	ENA−	脱机控制 Y3=0，步进电机轴抱死 Y3=1，步进电机轴松开
X3	SB	脱机按钮			

系统的接线图如图 5-13 所示。步进驱动器的控制信号是 5V，而三菱晶体管输出型 PLC 的输出信号接 24V，因此在 PLC 与步进驱动器之间串联一只 2kΩ 的电阻，起分压作用。PLC 的输出 Y0、Y2、Y3 分别接步进驱动器的 PUL−、DIR−、ENA−，将 PUL+、DIR+、ENA+ 连接在一起接 24 电源的正极、24V 电源的负极接 PLC 的 COM1。

步进电机旋转一周需要 5 000 个脉冲。因此按照表 5-3，将步进驱动器 3ND583 的细分选择开关 SW6、SW7、SW8 分别置为 1，0，0。

（2）程序设计。由于步进电机旋转一周需要 5 000 个脉冲，其旋转一周行走 0.5cm，那么机械手行走 10cm 需要 100 000 个脉冲，将其送入 PLSY 指令中的[S2]中，就可以控制步进电机的定位；步进电机的运行速度为 3 000Hz，将其送入 PLSY 指令中的[S1]中，从而控制步进电机的速度。系统控制程序如图 5-14 所示。

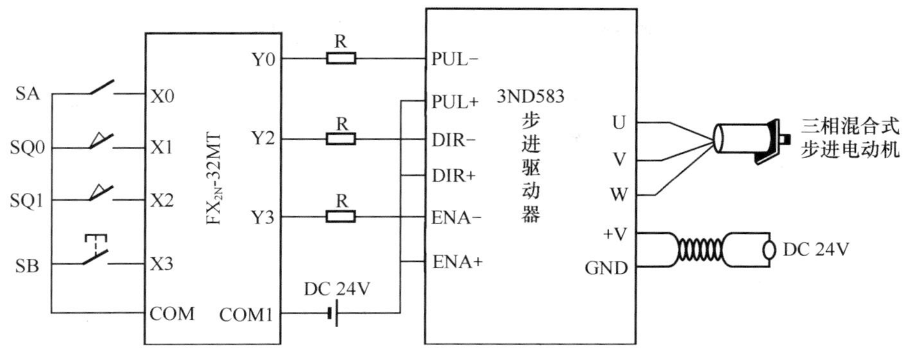

图 5-13　机械手接线图

```
0   X003 脱机按钮 ─┤├─────────────────( Y003 脱机控制 )
2   X000 手动开关 ─┤↓├─┬─ X001 原点位置 ─┤/├─┬─( M0 )
    M0 ─┤├────────┘                       └─( Y002 方向控制 )
8   X000 手动开关 ─┤├─┬─ X002 右限位 ─┤/├─┬─[ DPLSY  K3000  K100000  Y000 脉冲信号 ]
    M0 ─┤├──────────────────────────────┘
24  ─────────────────────────────────────[ END ]
```

图 5-14　机械手控制程序

步 0 是控制脱机信号 Y003，Y003 为 1 时，步进电机的轴松开。

注　意

注意 Y003=1 时，步进脉冲不被响应，此时即使 PLSY 指令开始发送脉冲，步进电机也不运行，因此当步进电机需要旋转时，Y003=0。

步 2 是控制步进电机方向信号 Y002，在手动开关断开的下降沿使 Y002 为 1，控制步进电机左行，返回原点。

步 9 是控制机械手右行或返回原点的程序，由于脉冲数为 100 000，所以采用 32 位指令 DPLSY，控制机械手右行 10cm 或返回原点。

任务实施

【训练工具、材料和设备】

三菱 FX_{2N}-32MT 的 PLC 1 台、雷塞科技 3ND583 步进驱动器 1 台、三相 573s15 步进电

机 1 台、安装有 GX Developer 或 GX Work2（或 GX Work3）软件的计算机 1 台、USB-SC09-FX 编程电缆 1 根、开关和按钮若干、2kΩ 电阻 3 个、通用电工工具 1 套。

视频 40. 步进电机正反转控制

1．硬件电路

（1）I/O 接线图。

根据系统的控制要求，采用三菱晶体管输出型 PLC 控制雷塞科技的步进驱动器完成步进电机的正反转循环控制。其 I/O 分配如表 5-5 所示。

表 5-5　　步进电机正反转控制的 I/O 分配

输入			输出		
输入继电器	输入元件	作　用	输出继电器	输出元件	作　用
X0	SB1	启动按钮	Y0	PUL−	脉冲信号
X1	SB2	停止按钮	Y2	DIR−	方向控制 Y2=0，正转 Y2=1，反转
X2	SA	脱机开关	Y3	ENA−	脱机控制 Y3=0，步进电机轴抱死 Y3=1，步进电机轴松开

根据表 5-5，画出其 I/O 接线图，如图 5-15 所示。

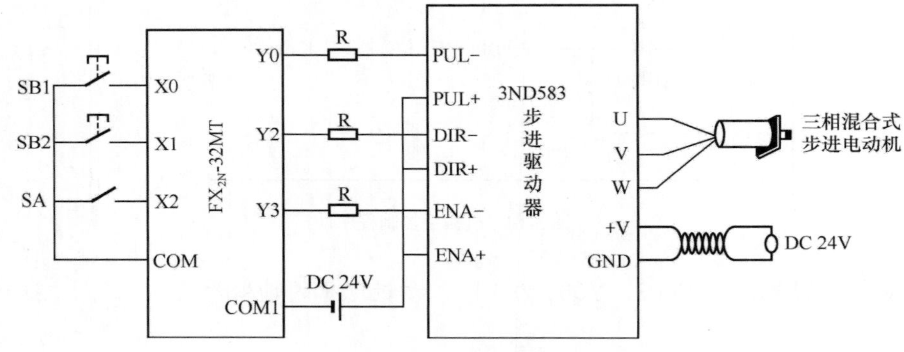

图 5-15　步进电机正反转控制电路图

（2）设置步进驱动器的细分和电流。参照表 5-3 所示的细分表，设置 5 000 步/转，需将控制细分的拨码开关 SW6～SW8 设置为 ON、OFF、OFF；设置工作电流为 2.1A 时，需将控制工作电流的拨码开关 SW1～SW4 设置为 OFF、ON、OFF、OFF；SW5 设置为 OFF，选择半流。8 个拨码开关的位置如图 5-16 所示。

（3）三相电机的接线。

三相电机有 6 根接线，应该按照图 5-17 接线。

2．程序设计

根据控制要求知，步进电机需要顺时针转 2 周，再逆时针转 1 周，每旋转一周需要 5 000 个脉冲，因此步进电机旋转 2 周需要 10 000 个脉冲，步进电机正转时需要把 10 000 送到 D0 中，反转时需要把 5 000 送到 D0 中。步进电机的速度为 3 000Hz。用 PLSY 指令产生脉冲，脉冲用 Y0 输出，Y2 控制方向。

由于 PLSY 指令在程序中只能使用一次，所以采用步进指令 SFC 设计，其顺序功能图如

图 5-18（a）所示，将图 5-18（a）所示的顺序功能图转换成图 5-18（b）所示的梯形图。

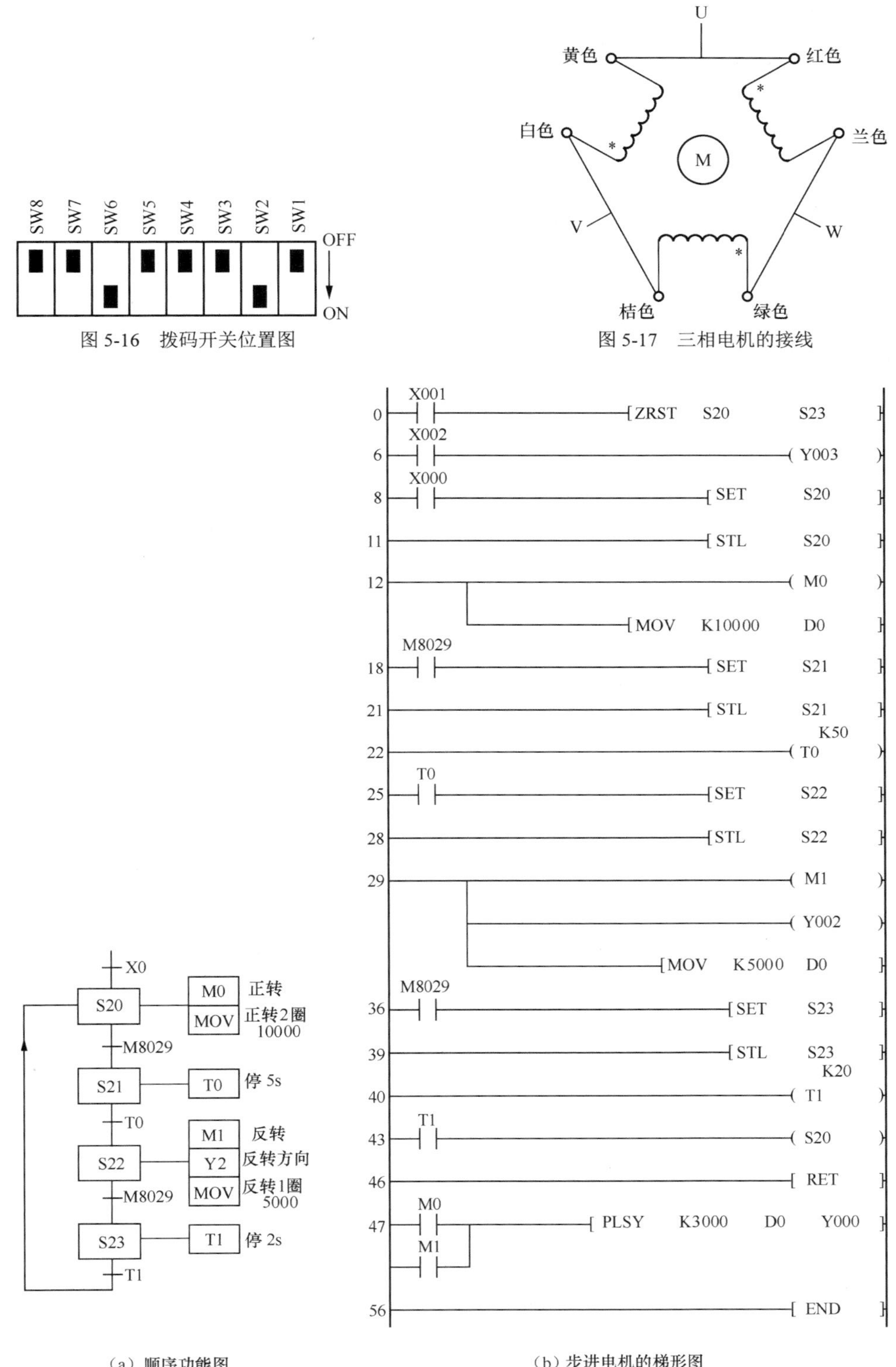

图 5-16　拨码开关位置图

图 5-17　三相电机的接线

（a）顺序功能图

（b）步进电机的梯形图

图 5-18　步进电机正反转控制程序

为了降低步进电机的失步和过冲，图 5-12 程序中的 PLSY 指令可以用 PLSR 指令取代，再加上一个加减速时间即可。

3．操作运行

（1）完成图 5-15 中 PLC 和步进驱动器的接线，然后按照图 5-16 设置步进电机的工作电流、细分设置等。

（2）给 PLC 和步进驱动器上电，将图 5-18 所示的程序下载到 PLC 中。

（3）按下启动按钮，观察步进电机的运行情况，是否达到正转 2 周，再反转 1 周，反复运行；按下停止按钮，步进电机停止。

（4）如果步进电机运行过程中，电机的旋转圈数不满足控制要求，检查步进电机驱动器的细分设置是否正确，检测 D0 中的数值是否为 10 000 或 5 000；如果步进电机不运行，首先检查程序是否输入有误，然后检查控制系统的接线是否正确。

知识拓展——步进电机的调速控制

在三菱 FX2N 系列 PLC 中，控制脉冲输出序列的脉冲输出频率存储于 PLSY 指令中的[S1]中，因此要改变步进电机的转速，就必须改变[S1]指定的字元件的脉冲输出频率。在指令执行过程中，变更[S1]指定的字元件内容，输出频率随之改变，因此调速很方便。下面用一个例子来说明如何对步进电机进行调速控制。

【例 5-2】某步进电机控制系统有两个运行速度，闭合速度开关 1，选择频率为 3 000Hz 的速度运行，闭合速度开关 2，选择频率为 5 000Hz 的速度运行，控制系统的 I/O 分配如表 5-6 所示，该系统不使用使能信号。试编写步进电机调速控制程序。

表 5-6　　步进电机调速控制的 I/O 分配

输　入			输　出		
输入继电器	输入元件	作　用	输出继电器	输出元件	作　用
X000	SB1	启动按钮	Y000	PUL−	脉冲信号
X001	SB2	停止按钮	Y002	DIR−	方向控制 Y002=0，正转 Y002=1，反转
X002	SA1	速度选择 1			
X003	SA2	速度选择 2			
X004	SA3	方向选择			

解：根据控制要求，可参考图 5-15 的接线方法连接 PLC 和步进驱动器，编写的步进电机调速控制程序如图 5-19 所示。在图 5-19 中，步 6 和步 13 分别通过速度选择开关将相应的频率 3 000 和 5 000 送到 D0 中。步 20 通过 PLSY 指令中的 D0 更改脉冲串的频率值，从而改变步进电机的速度。

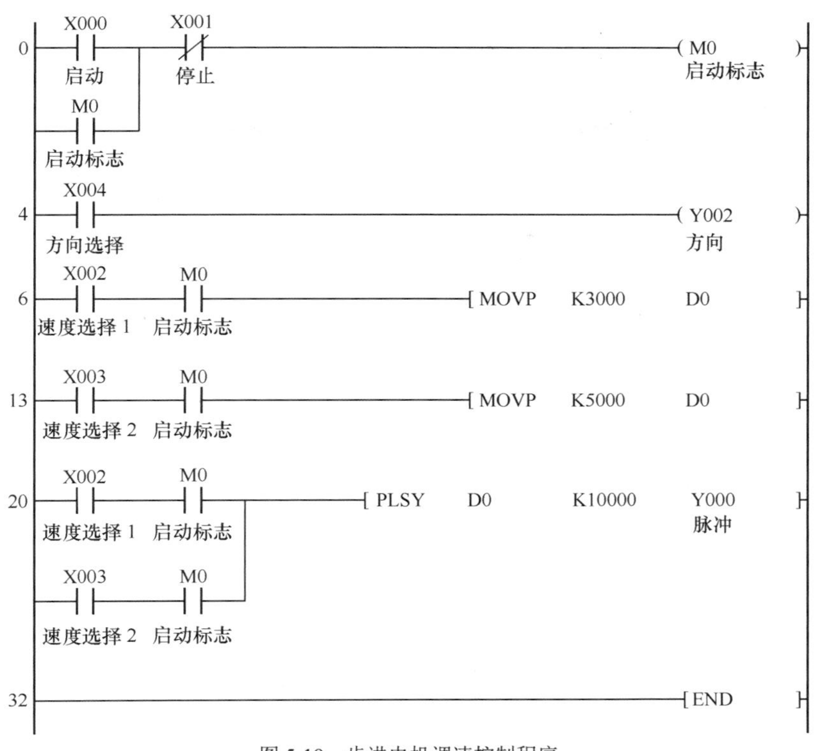

图 5-19　步进电机调速控制程序

思考与练习

一、填空题

1．步进电机是将________信号转变为角位移或线位移的开环控制元件。

2．步进电机每接收一个步进脉冲信号，电机就旋转一定的角度，该角度称为________。

3．步进电动机的输出角位移与其输入的________成正比，步进电动机的速度与脉冲的________成正比。

4．有一个三相六极转子上有 40 齿的步进电动机，采用单三拍供电，则电动机步矩角为________。

5．步进驱动器有 3 种输入信号，分别是________信号、________信号和________信号。

6．三菱 PLC 中，采用高速脉冲输出指令控制步进电机时，脉冲串的频率值存入指令的________，脉冲数存入指令的________，当脉冲输出完成后，特殊寄存器________为 1。

二、分析题

1．图 5-18 的步进电机正反转控制程序中，如果按下停止按钮后，步进电机必须运行完该周期才能停止，应如何修改程序？

2．有一台步进电机，其步距角为 3°，运行速度为 5 000Hz，旋转 10 圈，若用三菱 PLC

控制，请画出接线图，并编写控制程序。

任务 5.2 剪切机的定长控制

任务导入

图 5-20 所示的剪切机，可以对某种成卷的板料按固定长度裁开。该系统由步进电机拖动放卷辊放出一定长度的板料，然后用剪切刀剪断。切刀的剪切时间是 1s，剪切的长度可以通过数字开关设置（0～99mm），步进电机滚轴的周长是 50mm。试设计这一系统。

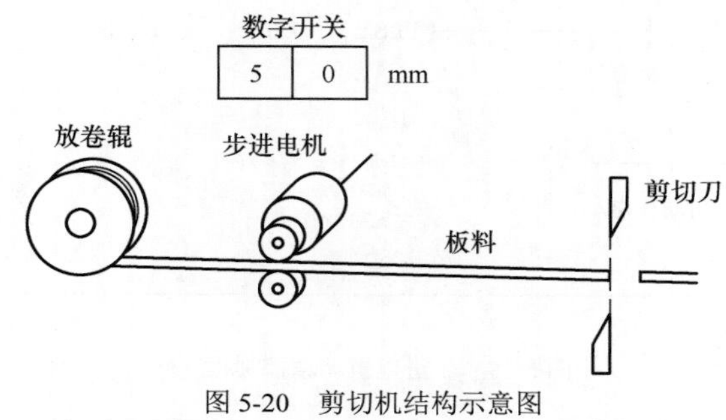

图 5-20 剪切机结构示意图

任务实施

【训练工具、材料和设备】

三菱 FX_{2N}-32MT 的 PLC1 台、雷塞科技 3ND583 步进驱动器 1 台、三相 573s15 步进电机 1 台、安装有 GX Developer 或 GX Work2（或 GX Work3）软件的计算机 1 台、USB-SC09-FX 编程电缆 1 根、拨码开关和按钮若干、2kΩ 电阻 3 个、通用电工工具 1 套。

1. 硬件电路

I/O 接线图：根据系统的控制要求，采用三菱晶体管输出型 PLC 控制雷塞科技的步进驱动器完成工作台的位置控制。其 I/O 分配如表 5-7 所示。

表 5-7 剪切机定长控制的 I/O 分配

输入		输出		其他软元件	
输入继电器	作用	输出继电器	作用	名称	作用
X0～X7	拨码开关	Y0	脉冲输出	D0	拨码开关设定长度
X10	启动按钮	Y1	方向控制	D2	剪切次数
X11	停止按钮	Y2	脱机控制	D4	总的加工数量
X12	脱机按钮	Y4	切刀	D10	脉冲数

根据表 5-7，画出其 I/O 接线图，如图 5-21 所示。

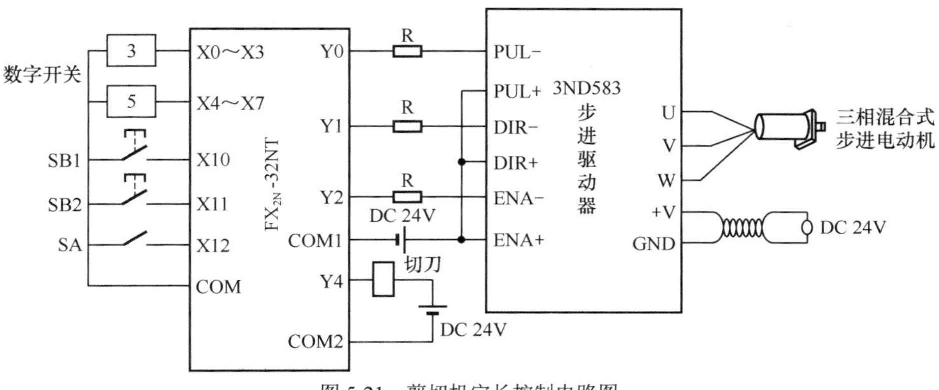

图 5-21　剪切机定长控制电路图

由表 5-7 可知，该系统需要 11 个输入，4 个输出，由于 Y0 端口输出高速脉冲信号，所以选择晶体管输出型的 FX_{2N}-32MT 的 PLC。

2．步进电机的选择

步进电机的选择主要考虑电机的功率和步距角。电机的功率要求能拖动负载，在本系统中，拖动成圈板材的功率决定于电机的工作电流，工作电流越大，功率就越大。本系统中选择两相步进电机，步距角是 1.8°，设置为 5 细分，因此电机旋转一周需要 1 000 个脉冲。步进电机的滚轴周长是 50mm，因此每个脉冲行走 0.05mm。假定通过数字拨码开关设定的剪切长度为 D0，则步进电机将板材拖动设定长度需要的脉冲数 D10 为

$$(D0/50)\times 1\ 000=20\times D0$$

3．程序设计

该程序的设计思路为：数字开关设置长度（D0）→转化成脉冲数（20×D0）→通过 PLSY 指令产生脉冲，送给驱动器，驱使步进电机将板材拖动设定的长度→完成移动距离，M8029 接通，切刀动作，将板材剪断→1s 后，步进电机又转动继续进行剪切→完成加工的数量或按停止按钮，步进电机停止。

剪切机的控制程序如图 5-22 所示。步 21 中，PLSY 用 32 位指令，主要是因为步 8 中有乘法指令，这样 D10 的数有可能超过 16 位；定时器 T1 是控制切刀剪切过板材 1s 后，PLSY 指令继续输出脉冲，让步进电机继续进行下一次的拖动；步 57 中的 D4 可以通过上位机触摸屏设定完成的点数量，如果剪切数和总数量相等，则 M2 得电，步 0 中 M2 的常闭触点断开，步进电机停止运行。

4．运行操作

（1）按图 5-21 将 PLC 与输入/输出设备连接起来。

（2）用 GX 软件编制如图 5-22 的梯形图程序，将编译无误的程序分别下载到 PLC 中，并将模式选择开关拨至 RUN 状态。

（3）调试运行。该系统步进电机只能单向运转，接好线后，按启动按钮，如果电机的转动方向与拖动板材的方向一致，则保留程序中的 Y1；步 36 中的定时器 T0 用于控制切刀的剪切时间，只有 0.5s，在调试时，如果这个时间不合适，可以调整。

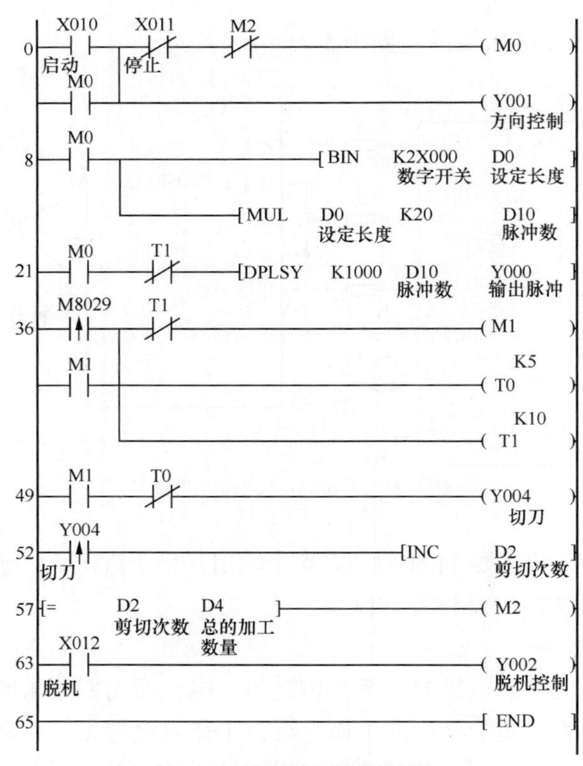

图 5-22　剪切机定长控制程序

知识拓展——双轴步进电机的定位控制

【例 5-3】某行走机械手可以沿 x 轴和 y 轴方向行走，分别由 2 台步进电机拖动。按下启动按钮，行走机械手从 x 轴原点位置 A 沿 x 轴方向以 1 500 脉冲/秒的速度向右行走 10 000 个脉冲，行走到 B 位置后停止，接着机械手从 B 位置开始沿 y 轴方向以 1 500 脉冲/秒的速度向上行走 15 000 个脉冲，行走至 C 位置后停止，行走机械手运动曲线如图 5-23 所示。试编写双轴步进电机的定位控制程序。

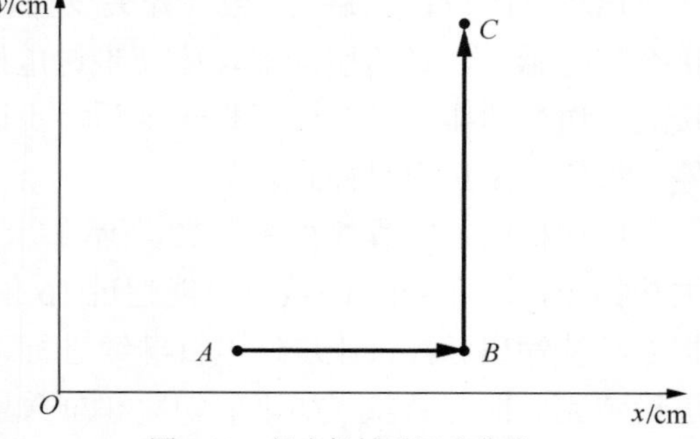

图 5-23　行走机械手运动曲线

解：（1）系统 I/O 分配。根据系统控制要求，系统的 I/O 分配表如表 5-8 所示。

表 5-8　　行走机械手的 I/O 分配表

输　入			输　出		
输入继电器	输入元件	作　用	输出继电器	输出元件	作　用
X0	SA	启动开关	Y0	x 轴 PUL−	x 轴脉冲信号
X1	SQ1	x 轴原点	Y2	x 轴 DIR−	x 轴方向控制
X2	SQ2	x 轴限位	Y1	y 轴 PUL−	y 轴脉冲信号
X3	SQ3	y 轴原点	Y3	y 轴 DIR−	y 轴方向控制
X4	SQ4	y 轴限位			

（2）系统的接线。系统的接线如图 5-24 所示。其中脱机信号 ENA 悬空。

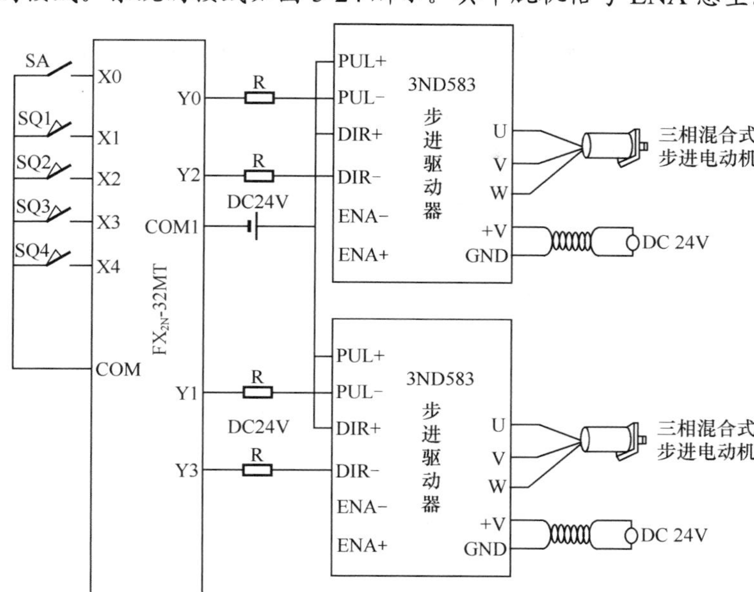

图 5-24　行走机械手的接线图

（3）程序设计。

① 通过 PLSY 指令给 x 轴和 y 轴的步进电机驱动器分配脉冲，用 Y0 控制 x 轴的步进电机，用 Y1 控制 y 轴的步进电机。

② 编写程序。行走机械手的控制程序如图 5-25 所示。步 6 控制行走机械手沿 x 轴右行 10 000 个脉冲，右行完成后，即其设定的脉冲数输出完成后，完成标志 M8029 置 1 为 1，用 M8029 启动 M1，步 20 控制行走机械手沿 y 轴上行，上行完成后停止运行。

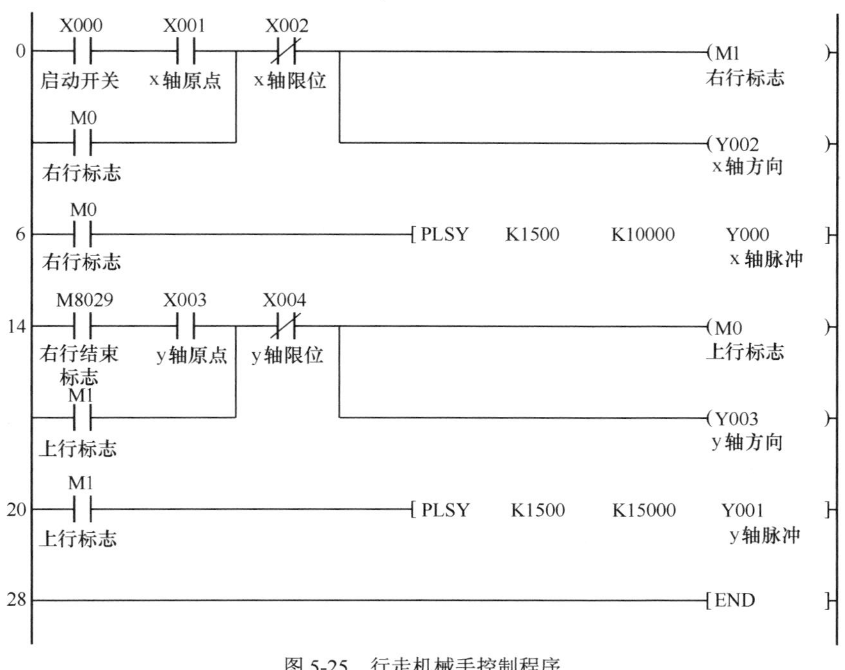

图 5-25　行走机械手控制程序

思考与练习

步进电机拖动工作台的位置控制示意图如图 5-26 所示，当工作台位于原点位置时，按下启动按钮，工作台以 20 000 脉冲/s 的速度向右运行，运行到右限位时（需要 500 000 个脉冲），工作台停止。如果工作台不在原点位置，闭合寻零模式开关，工作台将以 8 000 脉冲/s 的速度向原点位置移动，碰到原点开关后立即停止。试编写程序。

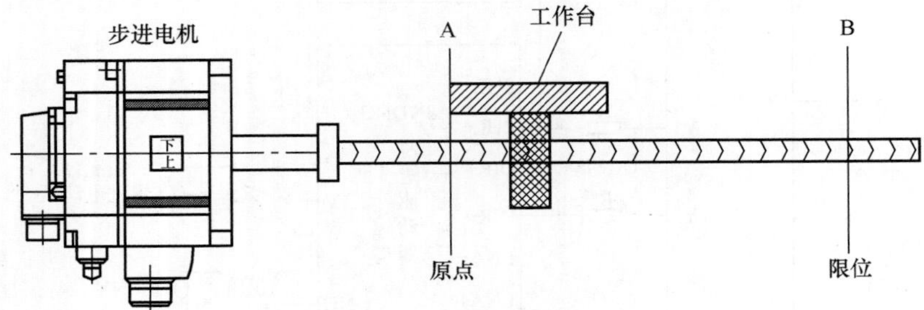

图 5-26　工作台位置控制示意图

项目 6
伺服电机的应用

学习目标

1. 了解伺服电机的工作原理。
2. 掌握伺服驱动器的端子功能。
3. 会使用伺服电机及其驱动器，能够根据要求设定伺服驱动器参数。
4. 掌握 PLC 控制伺服电机的硬件接线图。
5. 学会编写伺服电机的简单控制程序。

| 任务 6.1　伺服驱动器的认识及试运行 |

任务导入

伺服控制系统（Servo-Control System），也称为随动系统，是一种能够跟踪输入的指令信号进行动作，从而获得精确的位置、速度及转矩输出的自动控制系统，它用来控制被控对象的转角或位移，使其自动、连续、精确地复现输入指令的变化。

伺服控制系统的最大特点是“比较给定信号与当前信号（反馈值），为了缩小误差”进行反馈控制，如图 6-1 所示。在反馈控制中，确认机械（控制对象）是否忠实地按照给定信号进行跟踪，有误差（偏差）时改变控制内容，并将这一过程反复控制，以到达目标。注意该流程是：误差→当前值→误差，形成一个闭合的环，因此也称为闭环；反之，无反馈的方式，则称为开环。如何通过控制缩小给定信号和反馈信号之差对于伺服控制系统至关重要。

实际的伺服控制系统虽然也有液压式和气压式伺服控制系统，但最近广泛使用的维护性能优良的是电气式伺服控制系统，其主要组成部分为控制器、伺服驱动器、伺服电机和位置检测反馈元件，如图 6-1 所示。伺服驱动器通过执行控制器的指令来控制伺服电机，进而驱动机械装备的运动部件，实现对机械装备运动的速度、载荷和位置的快速、精确和稳定的控制，反馈元件是伺服电机上的光电编码器或旋转编码器，能够将实际机械运动速度、位置等信息反馈至电气控制装置，从而实现闭环控制。

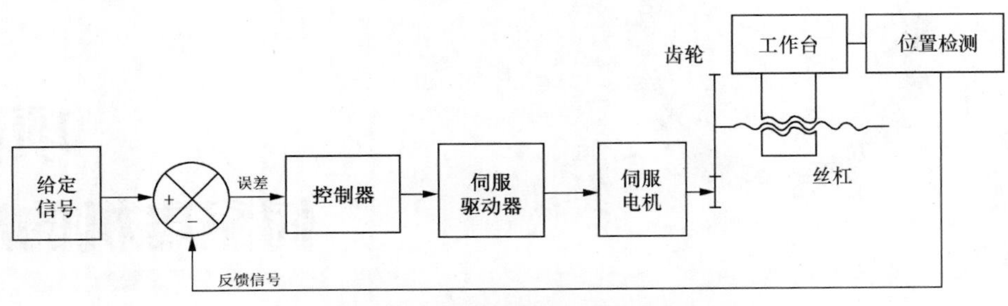

图 6-1　伺服控制系统组成原理图

控制器按照系统的给定值和通过反馈装置检测的实际运行值的偏差，调节控制量，使步进电机或伺服电机按照要求完成位移或定位。控制器可以是单片机、工业控制计算机、PLC 和定位模块等。使用 PLC 作为位置控制系统的控制器已成为当前应用的趋势。目前晶体管输出型的 PLC 都能提供一轴或多轴的高速脉冲输出及高速硬件计数器，许多 PLC 还设计有多种脉冲输出指令和定位指令，使定位控制的编程十分简单、方便，与驱动器硬件连接也十分简单。特别是 PLC 用户程序的可编程性，使 PLC 在位置控制中应用十分广泛。

学海领航

我国大功率机电伺服系统助力航天发展

伺服驱动器又称伺服功率放大器，其作用是把控制器送来的信号进行功率放大，用于驱动电动机运转，根据控制命令和反馈信号对电动机进行连续速度控制。

伺服电机是系统的执行元件，它将控制电压转换成角位移或角速度拖动生产机械运转，它可以是步进电机、直流伺服电机和交流伺服电机。

伺服控制系统最初用于船舶的自动驾驶、火炮控制和指挥仪中，后来逐渐推广到很多领域，特别是高精度数控机床、机器人和其他广义的数控机械，如纺织机械、印刷机械、包装机械、自动化流水线、各种专用设备等。

相 关 知 识

一、伺服电机

扩展视频：伺服电机

伺服电机在伺服控制系统中作为执行元件得到广泛应用。和步进电机不同的是，伺服电机是将输入的电压信号变换成转轴的角位移或角速度输出，以驱动控制对象，改变控制电压可以改变伺服电机的转向和转速，其主要特点是，当信号电压为零时无自转现象，转速随着转矩的增加而匀速下降。其控制速度、位置精度非常准确。

伺服电机按其使用的电源性质不同分为直流伺服电机和交流伺服电机两大类。直流伺服电机分为有刷电机和无刷电机两种。直流伺服电机具有良好的调速性能、较大的启动转矩及快速响应等优点，在 20 世纪 60～70 年代得到迅猛发展，使定位控制由步进电机的开环控制发展成闭环控制，控制精度得到很大提高。但是，直流伺服电机存在结构复杂、难以维护等严重缺陷，使其进一步发展受到限制。目前在定位控制中已逐步被交流伺服电机替代。

交流伺服电机是基于计算机技术、电力电子技术和控制理论的突破性发展而出现的。尤其是 20 世纪 80 年代以来，矢量控制技术的不断成熟极大地推动了交流伺服技术的发展，使交流伺服电机得到越来越广泛的应用。与直流电机相比，交流伺服电机结构简单，完全克服了直流伺服电机存在的电刷、换向器等机械部件带来的各种缺陷，加之其过载能力强和转动惯量低等优点，使交流伺服电机成为定位控制中的主流产品。

交流伺服电机按其工作原理可分为同步永磁型 AC（交流）伺服电机和异步感应型 AC（交流）伺服电机，目前运动控制中一般都用同步型 AC 伺服电机，它的功率范围大，可以做到很大的功率。大惯量，最高转动速度低，且随着功率增大而快速降低，因而适合应用于低速平稳运行中。

1．伺服电机的铭牌和外部结构

以 HC-SFS202 为例，伺服电动机铭牌主要包括如图 6-2（a）所示的参数。其中，型号 HC 表示中小功率系列电动机，SFS 表示中等容量、中等惯性时间常数、高转速，20 代表额定输出功率为 2 000W，2 表示输出转速为 2 000r/min。图 6-2（b）为三菱伺服电动机外部的基本结构，该伺服电机主要包括 3 部分。

（a）伺服电机的铭牌

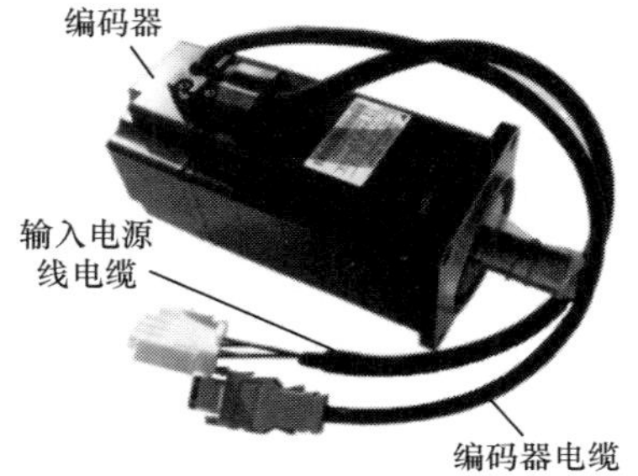

（b）伺服电机的外形

图 6-2　伺服电机

（1）编码器：位于伺服电动机的背面，主要测量电动机的实际速度，并将转速信号转化为脉冲信号。

（2）编码器电缆：从伺服电动机背面的编码器引出一组电缆，主要传输测得的转速信号，并反馈给控制器进行比较。

（3）输入电源线电缆：与电动机内部绕组 U、V、W 连接，还包括一根接地线。

2．伺服电机的内部结构及工作原理

到目前为止，高性能的电伺服系统大多采用永磁同步型交流伺服电动机，因此下面主要介绍永磁交流伺服电机的结构和工作原理。同步永磁型交流伺服电机由定子、转子和检测元件（编码器）三部分组成，如图 6-3 所示。定子主要包括定子铁芯和三相对称定子绕组；转子主要由永磁体、导磁轭和转轴组成，永磁体贴在导磁轭上，导磁轭套在转轴上，转子同轴连接有编码器。

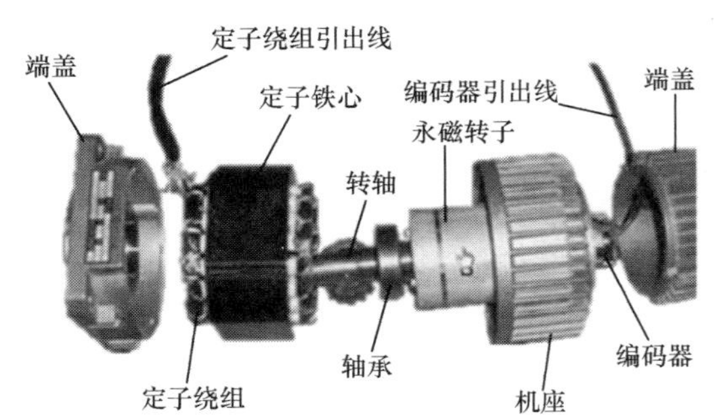

（a）伺服电机的组成

编码器
转子
定子

（b）伺服电机的剖面图

图 6-3　伺服电机的结构

当永磁交流伺服电机的定子绕组中通过对称的三相电流时，定子将产生一个转速为n（称为同步转速）的旋转磁场，在稳定状态下，转子的转速与旋转磁场的转速相同（同步电机），于是定子的旋转磁场与转子的永磁体产生的主极磁场保持静止，它们之间相互作用，产生电磁转矩，拖动转子旋转。转子沿旋转磁场的方向旋转，在负载恒定的情况下，电动机的转速随控制电压的大小而变化，当控制电压的相位相反时，伺服电动机将反转。交流伺服电动机在没有控制电压时，定子内只有脉动磁场，转子静止不动。当有控制电压时，定子便产生旋转磁场，拖动转子转动。

交流伺服电动机的转子通常做成鼠笼式，但为了使伺服电动机具有较宽的调速范围、线性的机械特性，无“自转”现象和快速响应的性能，它与普通电动机相比，应具有转子电阻大和转动惯量小这两个特点。目前应用较多的转子结构有两种形式：一种是采用高电阻率的导电材料做成的高电阻率导条的鼠笼转子，为了减小转子的转动惯量，转子做得细长；另一种是采用铝合金制成的空心杯形转子，杯壁很薄，仅0.2～0.3mm，为了减小磁路的磁阻，要在空心杯形转子内放置固定的内定子。空心杯形转子的转动惯量很小，反应迅速，而且运转平稳，因此被广泛采用。

交流伺服系统是一个闭环控制系统，控制系统要求必须随时把电机的当前运动状态反馈到控制器中，这个任务是由位置、速度测量传感器完成的。当负载发生变化时，转子的转速也会发生变化，这时通过传感器检测转子的位置和速度。根据反馈的位置、转速等，控制器调节定子绕组中的电流大小、相位和频率，分别产生连续的磁场和转矩调节并作用到转子上，直到完成控制任务（参考图6-1）。在交流伺服控制系统中，位置和速度检测传感器是必不可少的，而伺服电机同轴所带的编码器就是一个位置速度传感器。通过它把伺服电机的当前状态反馈到控制器中。因此，在实际应用中，所有的交流伺服电机都是一台机组，由定子、转子和编码器组成。

二、伺服驱动器的控制模式

扩展视频：伺服驱动器的控制模式

在交流伺服控制系统中，控制器发出的脉冲信号并不能直接控制伺服电机的运转，需要通过一个装置来控制电机的运转，这个装置就是交流伺服驱动器。

伺服驱动器又叫伺服放大器，其作用是将工频交流电源转换成幅度和频率均可变的交流电源提供给伺服电机。伺服驱动器主要有3种控制模式，分别是位置控制模式、速度控制模式和转矩控制模式。其控制模式可以通过设置伺服驱动器的参数来改变。

1．位置控制模式

（1）位置控制的目标

位置控制是指工件或工具（钻头、铣刀）等以合适的速度向目标位置移动，并高精度地停止在目标位置，如图6-4所示。这样的控制又称为定位控制。伺服系统主要用来实现这种定位控制。位置精度可以达到μm以内，还能进行频繁的启动、停止。

定位控制的要求是始终正确监视电机的旋转状态，为了达到目的而用检测旋转状态的编码器，而且为了使其具有迅速跟踪指令的能力，伺服电机选用体现电机动力性能的启动转矩大而电机自身惯量小的专用电机。

（2）位置控制的基本特点

位置控制模式是伺服系统中最常用的控制方式，它一般是通过外部输入脉冲的频率来确定伺服电机转动的速度，通过脉冲数来确定伺服电机转动的角度。伺服系统的定位控制基本特点如下。

- 机械的位移量与指令脉冲数成正比。
- 机械的速度与指令脉冲串的速度（脉冲频率）成正比。
- 最终在±1 个脉冲范围内定位即完成，此后只要不改变位置指令，就始终保持在该位置（伺服锁定功能）。

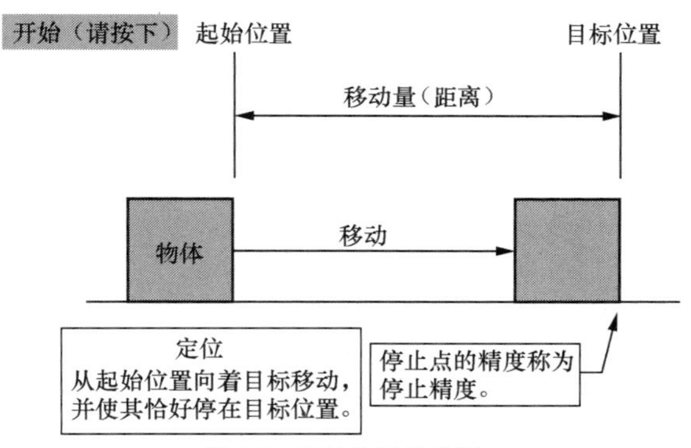

图 6-4　定位控制示意图

位置控制模式的组成结构如图 6-5 所示。伺服控制器发出控制信号和脉冲信号给伺服驱动器，伺服驱动器输出 U、V、W 三相电源电压给伺服电动机，驱动伺服电动机工作，与伺服电动机同轴旋转的编码器会将电动机的旋转信息反馈给伺服驱动器。伺服控制器输出的脉冲信号用来确定伺服电动机的转数，在驱动器中，该脉冲信号与编码器送来的脉冲信号进行比较，若两者相等，就表明电动机旋转的转数已达到要求，电动机驱动的执行部件已移动到指定的位置。控制器发出的脉冲个数越多，电动机就旋转更多的转数。

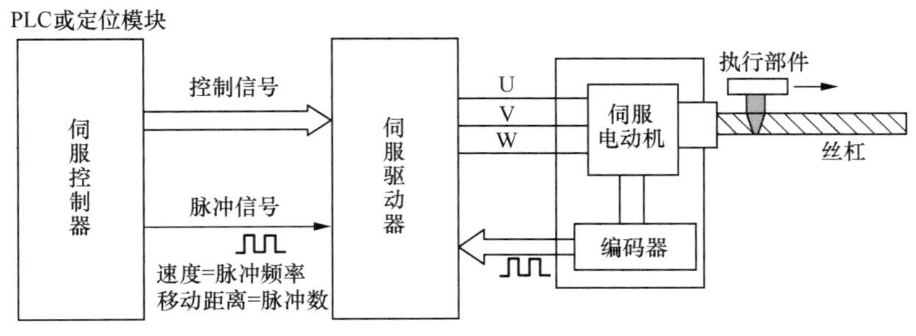

图 6-5　位置控制模式的组成结构图

伺服控制器既可以是 PLC，也可以是定位模块，如西门子的 EM253、三菱的 FX_{2N}-10GM 和 FX_{2N}-20GM。

2．速度控制模式

当伺服驱动器工作在速度控制模式时，通过控制输出电源的频率来对电动机进行调速。伺服驱动器无需输入脉冲信号也可以正常工作，故可取消伺服控制器，此时的伺服驱动器类似于变频器。但由于驱动器能接收伺服电动机的编码器送来的转速信息，所以不但能调节电动机的速度，还能让电动机转速保持稳定。

速度控制模式的组成结构如图 6-6 所示。伺服驱动器输出 U、V、W 三相电源电压给伺服电动机，驱动电动机工作，编码器会将伺服电动机的旋转信息反馈给伺服驱动器。电动机旋转速度越快，编码器反馈给伺服驱动器的脉冲频率越高。操作伺服驱动器的有关输入开关，可以控制伺服电动机的启动、停止和旋转方向等。调节伺服驱动器的有关输入电位器，可以调节电动机的转速。

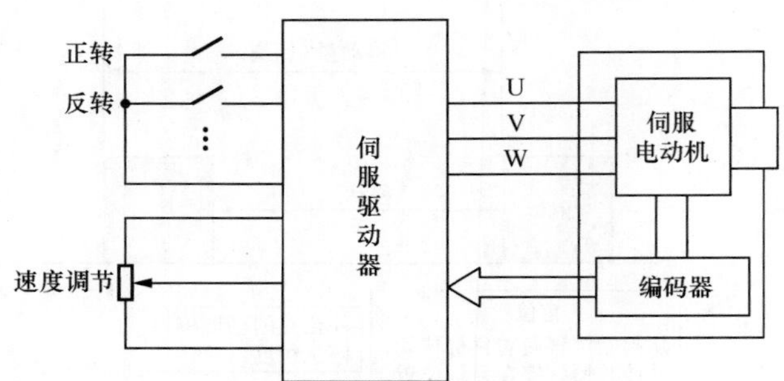

图 6-6　速度控制模式的组成结构图

伺服驱动器的输入信号可以是开关、电位器等输入的控制信号，也可以用 PLC 等控制设备来产生。

3. 转矩控制模式

当伺服驱动器工作在转矩控制模式时，通过外部模拟量输入控制伺服电动机的输出转矩大小。伺服驱动器无需输入脉冲信号也可以正常工作，故可取消伺服控制器，操作伺服驱动器的输入电位器，可以调节伺服电动机的输出转矩。

转矩控制模式的组成结构如图 6-7 所示。

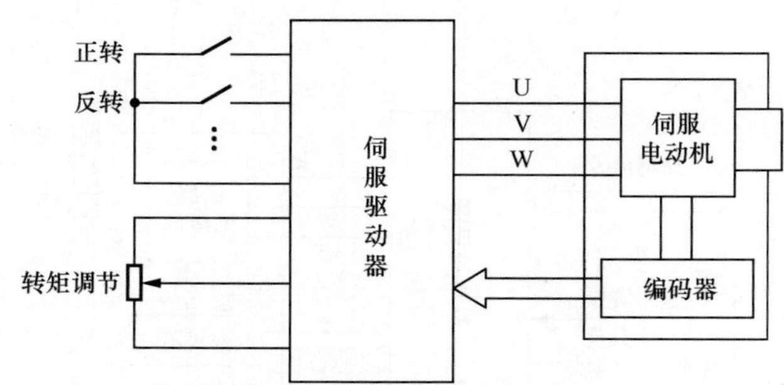

图 6-7　转矩控制模式的组成结构图

三、三菱伺服驱动器的内部结构

三菱通用 AC 伺服 MELSERVO-JE 系列是以 MELSERVO-J4 系列为基础，在保持高性能的前提下对功能进行限制的 AC 伺服。控制模式有位置控制、速度控制和转矩控制三种。在位置控制模式下，最高可以支持 4 Mp/s 的高速脉冲列，还可以选择位置/速度切换控制、速度/转矩切换控制和转矩/位置切换控制。所以本伺服不但可以用于机床和普通工业机械的高精度定位和平滑的速度控制，还可以用于线控制和张力控制等，应用范围十分广泛。

MELSERVO-JE 系列的伺服电机采用拥有 131 072 pulses/rev 分辨率的增量式编码器，能够进行高精度的定位。

1. 铭牌说明

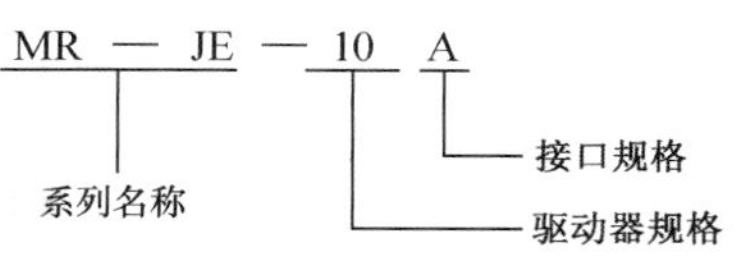

图 6-8　三菱 MR-JE 系列伺服驱动器的型号

（1）型号名称。三菱伺服驱动器的型号说明如图 6-8 所示。

伺服驱动器规格数字代表最大可控制的伺服电机的功率，单位为 0.01kW。例如，数字 10 表示 10×0.01kW=0.1kW，即最大可控制伺服电机功率为 0.1kW。MR-JE 系列驱动器的规格有 10、20、40、70、100、200、300 等系列产品。

接口规格是指 MR-JE 系列伺服驱动器接收控制器的控制信号方式，有 A、B 两种规格。A 表示此驱动器是通用接口，在位置控制模式时，通过外部脉冲、方向等信号进行控制，对应上位机可以是 PLC、运动控制卡等能发出脉冲的控制器，品牌也不局限于三菱的控制器，只要是有能发出脉冲功能并且控制器的输出与驱动器的输入接口匹配即可。B 表示此伺服驱动器为通信接口，支持伺服系统网络 SSCNETIII/H，此型号的伺服要求上位机的控制器也拥有对应的通信接口，所以此型号的伺服要用带有此接口功能的控制器。

（2）铭牌。三菱伺服驱动器的铭牌如图 6-9 所示。MR-JE-10A 为中小功率伺服驱动器，10 表示其功率为 100W，A 表示其为通用接口。输入参数包括额定输入电流 0.9A/1.5A、可通入三相或单相电源，输入电压在 200～240V，频率为 50/60Hz，输出参数包括输出电压 170V、输出频率 0～360Hz、额定输出电流 1.1A。

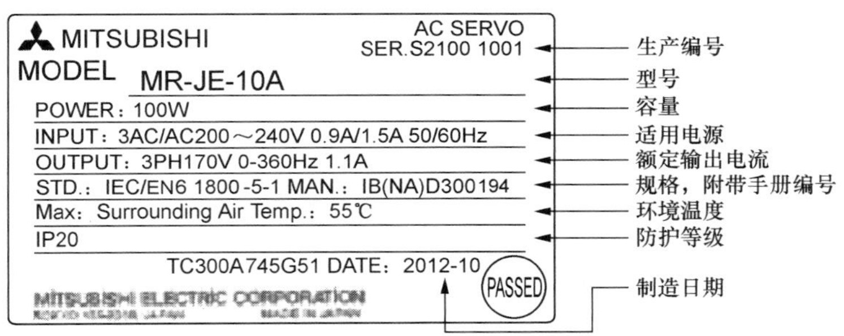

图 6-9　三菱 MR-JE 系列伺服驱动器铭牌

2. 内部结构认识

三菱伺服驱动器主要由主电路和控制电路组成，如图 6-10 所示。伺服驱动器的主电路包括整流电路、开机浪涌保护电路、滤波电路、再生制动电路、逆变电路和动态制动电路。伺服驱动器的主电路和变频器的主电路基本相同，唯一的区别是伺服驱动器的主电路配有动态制动电路，它具有在基极断路时，在伺服电机和端子间加上适当的电阻器进行短路消耗旋转能，使之迅速停转的功能。电流检测器用于检测伺服驱动器输出电流大小，并通过电流检测电路反馈给控制系统，以便控制系统随时了解输出电流情况而做出相应控制。有些伺服电动机除了带有编码器外，还带有电磁制动器，在制动线圈未通电时，伺服电动机被抱闸，线圈通电后抱闸松开，电动机可正常运行。

控制电路有单独的电源电路，它除了为控制系统供电外，对于大功率型号的驱动器，它还要为内置的散热风扇供电。电压检测电路用于检测主电路中的电压，电流检测电路用于检测逆变电路的电流，它们都反馈给控制系统，控制系统根据设定的程序做出相应的控制（如过电压或过电流时，驱动器停止工作）。

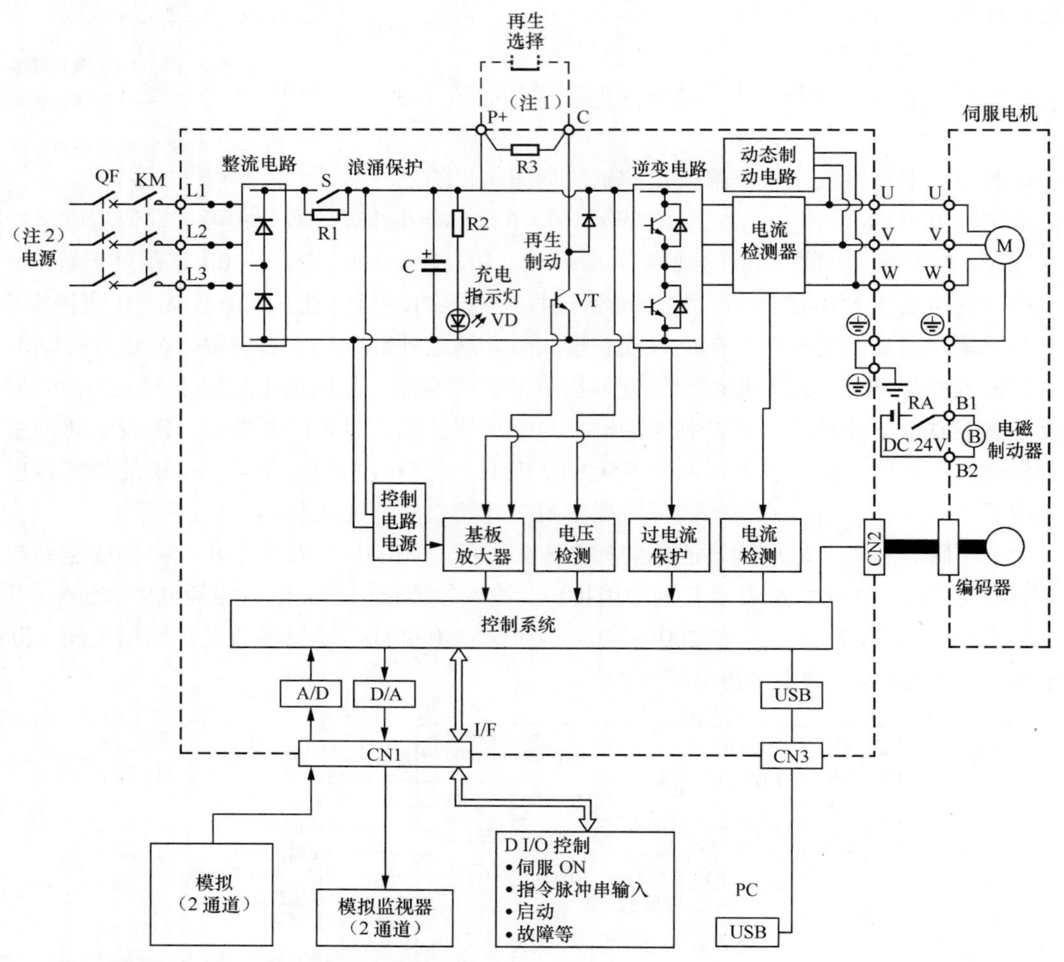

注：1.MR-JE-10A 以及 MR-JE-20A 中没有内置再生电阻器。
2. 使用单相 AC 200V～240V 电源时，请将电源连接到 L1 及 L3 上，L2 不接线。

图 6-10 伺服驱动器的功能结构图

控制电路通过一些接口电路与驱动器的外接端口（如 CN1、CN2 和 CN3）连接，以便接收外部设备送来的指令，也能将驱动器的有关信息输出给外部设备。

四、三菱伺服驱动器的外部结构

视频 41. 三菱伺服驱动器的外部结构

MR-JE-100A 以下的三菱伺服驱动器的外部结构如图 6-11 所示，它有 CNP1、CN1、CN2 和 CN3 共 4 个接头与外部设备连接，其中 CNP1 是主电路接头，该接头用来连接伺服驱动器的工作电源以及伺服电动机；CN1 是伺服驱动器输入输出信号用连接器，连接数字输入输出信号、模拟输入信号及模拟监视器输出信号；CN2 是编码器连接器；CN3 是 USB 通信用连接器，主要用来和个人计算机连接。

五、三菱伺服驱动器的外围接线

伺服驱动器工作时需要连接伺服电动机、编码器、伺服控制器和电源等设备。三菱 MR-JE

系列的伺服驱动器有大功率和小功率之分，它们的接线端子略有不同，100A 以下的伺服驱动器与外围设备的连接如图 6-12 所示。电源可采用三相电压（L1、L2、L3 端子接 AC200～240V 三相电源），也可采用单相电压 AC 200～240V，使用单相电源时，电源连接 L1、L3，不要连接 L2。

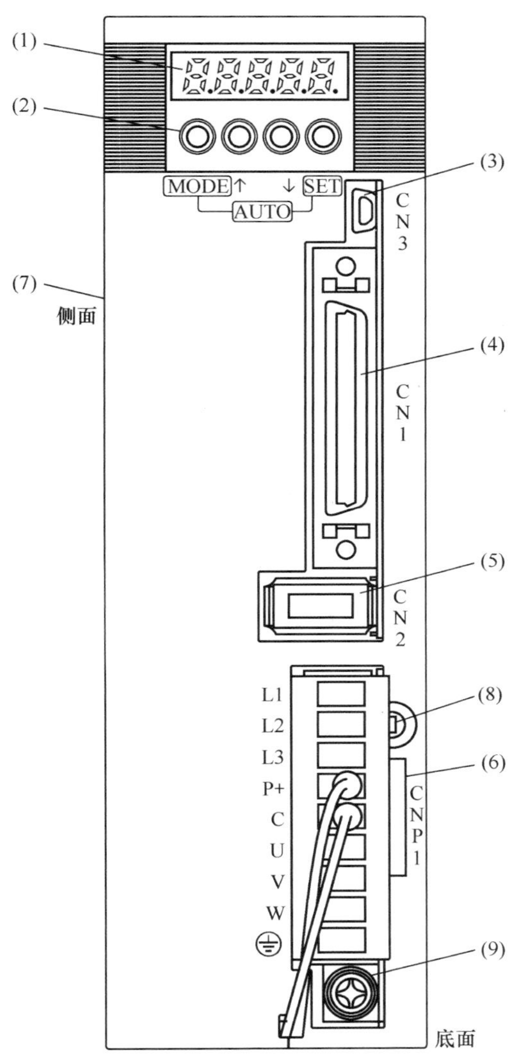

编号	名称·用途
(1)	显示部 在5位7段的LED中显示伺服的状态以及警报编号
(2)	操作部位 对状态显示、诊断、报警及参数进行操作，同时按下“MODE”与“SET”3s 以上后，将会进入单键调整模式 变更模式 变更各模式下的显示数据 设置数据 MODE ↑ ↓ SET AUTO 进入单键调整模式
(3)	USB 通信用连接器（CN3） 与个人计算机连接
(4)	输入输出信号用连接器（CN1） 连接数字输入输出信号、模拟输入信号以及模拟监视器输出信号
(5)	编码器连接器（CN2） 连接伺服电机编码器
(6)	电源连接器（CNP1） 连接输入电源，内置再生电阻器、再生选件以及伺服电机
(7)	铭牌
(8)	充电指示灯 主电路存在电荷时亮灯。亮灯时请勿连接和更换电线等
(9)	保护接地（PE）端子 接地端子

图 6-11　三菱 MR-JE-100A 以下的伺服驱动器的外部结构

断路器用于保护电源线。在电源和伺服放大器的电源（L1、L2、L3）之间，务必连接电磁接触器，使伺服放大器在发生报警时能够切断电源。若未连接电磁接触器，在伺服放大器发生故障，持续通过大电流时，可能会造成火灾。电抗器用于改善功率因数。线噪声滤波器对伺服放大器的电源或输出侧辐射出的噪声有抑制效果，对高频率的泄漏电流（零相电流）也有抑制效果。U、V、W 端子接伺服电机的三相绕组，伺服电机的编码器电缆接口插到伺服驱动器 CN2 接口上。CN3 接口连接安装有 MR Configurator 2 伺服软件的计算机。因为装备了 USB 通信接口，与安装 MR Configurator 2 的个人计算机连接后，能够设定数据和试运行，以及调整增益等。CN1 接口是输入、输出连接器接口。

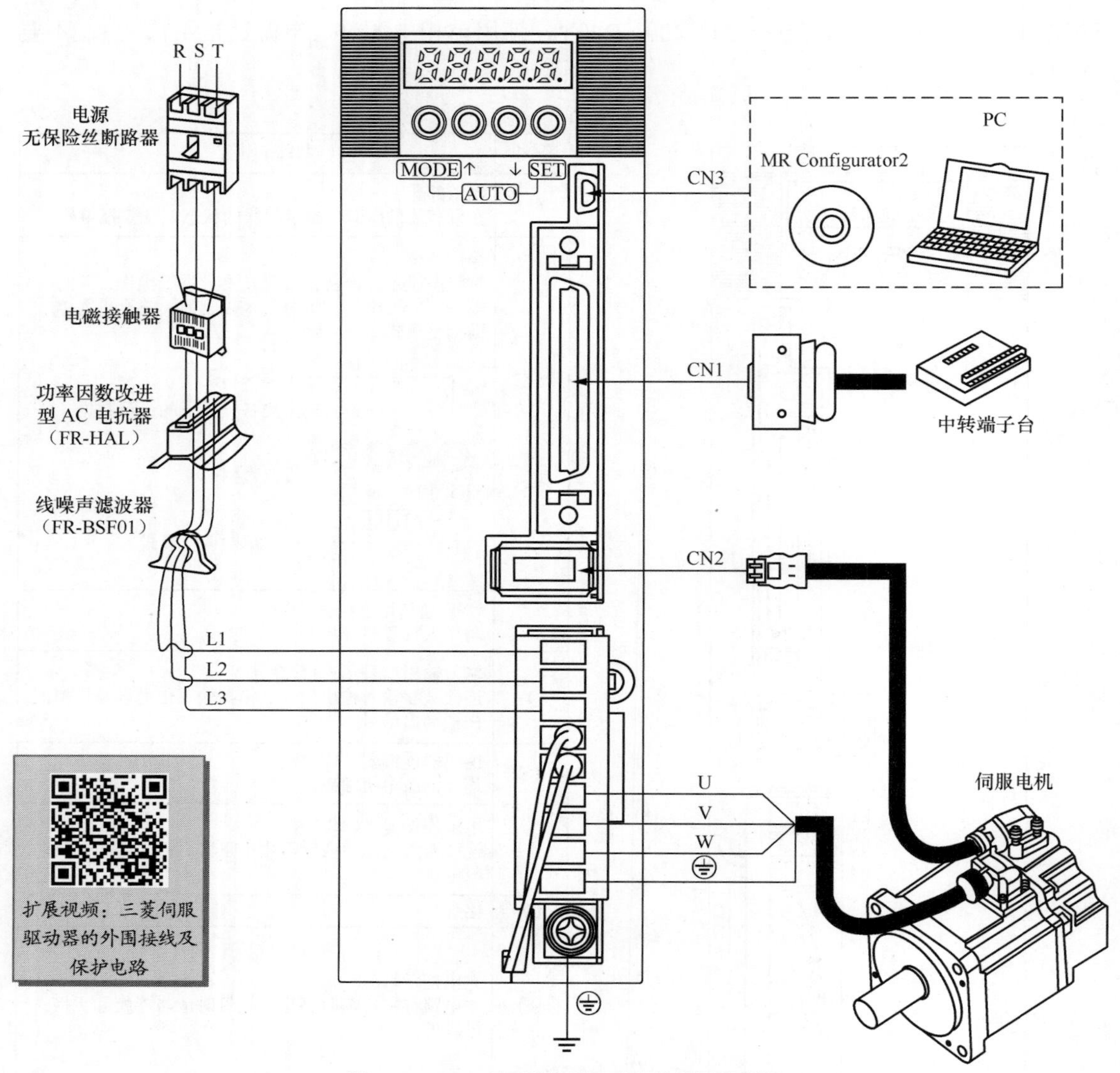

图 6-12　100A 以下的伺服驱动器的外围接线图

六、三菱伺服驱动器的电源及启停保护电路

MR-JE-100A 以下伺服驱动器的电源及启停保护电路的接线如图 6-13 所示，它是使用漏型输入输出接口时的接线方式。

在伺服驱动器的主电路中，采用接触器控制伺服驱动器上电或失电。其启动过程为：合上断路器 QF，按下启动按钮 SB1，接触器线圈 KM 得电，其主触点闭合，伺服驱动器上电，为主电路供电。在没有故障的情况下，伺服驱动器的输出端子 ALM 闭合，中间继电器 KA 得电，KA 的常开触点闭合，与 KM 的常开触点一起组成自锁电路，继续给接触器 KM 线圈供电。此时，KA 的常开触点闭合，电磁制动器线圈得电，将伺服电机的轴松开，当 SON 端的伺服开启开关 SA 闭合时，伺服驱动器开始工作。

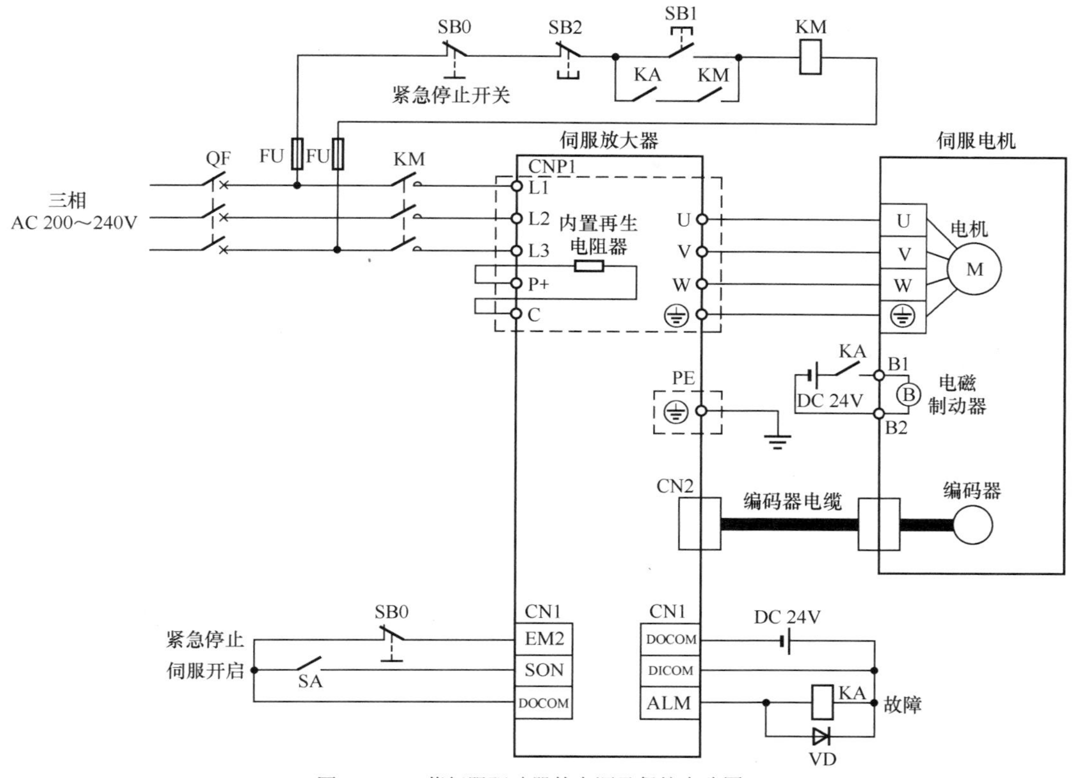

图 6-13 三菱伺服驱动器的电源及保护电路图

为防止伺服驱动器意外重启，将电路设置成断开电源后 EM2 也跟着断开的结构，因此紧急停止按钮在接触器电路和 EM2 输入端子上采用同一个按钮。

紧急停止控制过程为：按下紧急停止按钮，接触器 KM 线圈失电，KM 的自锁点断开，KM 的主触点断开，切断 L1、L2、L3 主电路的电源，使伺服驱动器停止输出，中间继电器 KA 失电，其常开触点断开，电磁制动器线圈失电，对伺服电动机进行电磁抱闸。

故障保护控制过程为：如果伺服驱动器内部出现故障，ALM 断开，KA 继电器失电，KA 的常开触点断开，自锁点断开，接触器 KM 失电，切除伺服驱动器的主电路电源，主电路停止输出，同时，电磁制动器的线圈失电，抱闸对伺服电动机进行制动。

注 意

在图 6-13 中，不要弄错安装在控制输出用中间继电器 KA 上的浪涌吸收二极管 VD 的方向，否则会产生故障，导致信号无法输出，保护电路无法运行。

任 务 实 施

【训练工具、材料和设备】

三菱 MR-JE-10A 伺服驱动器 1 台、伺服电机 1 台、《三菱 MR-JE 系列伺服驱动器手册》、开关和按钮若干、通用电工工具 1 套。

一、三菱伺服驱动器输入输出引脚功能认识

1. 三菱伺服驱动器的引脚排列及功能

三菱伺服驱动器输入输出信号连接器 CN1 是 50 针连接器，主要用于驱动器的控制引脚，引脚组成见表 6-1，针脚排列如图 6-14 所示。由表 6-1 可以看出，控制引脚分为输入和输出两部分，其中一部分引脚的功能已经定义好，称为专用引脚；另一部分称为通用引脚，这部分引脚的功能与控制模式和功能设置有关，类似于变频器的多功能输入输出端。

表 6-1　　CN1 连接器引脚结构组成表

<table>
<tr><th colspan="2">引　脚</th><th>引脚数</th><th>引 脚 编 号</th><th>相 关 参 数</th></tr>
<tr><td rowspan="8">输入</td><td rowspan="5">数字量通用输入</td><td rowspan="5">5</td><td>CN1-15</td><td>PD03・PD04</td></tr>
<tr><td>CN1-19</td><td>PD11・PD12</td></tr>
<tr><td>CN1-41</td><td>PD13・PD14</td></tr>
<tr><td>CN1-43</td><td>PD17・PD18</td></tr>
<tr><td>CN1-44</td><td>PD19・PD20</td></tr>
<tr><td>数字量专用输入</td><td>1</td><td>CN1-42</td><td></td></tr>
<tr><td>定位脉冲输入</td><td>4</td><td>CN1-10、CN1-11、CN1-35、CN1-36</td><td></td></tr>
<tr><td>模拟量控制输入</td><td>2</td><td>CN1-2、CN1-27</td><td></td></tr>
<tr><td rowspan="4">输出</td><td>数字量通用输出</td><td>3</td><td>CN1-23、CN1-24、CN1-49</td><td>PD24、PD25、PD28</td></tr>
<tr><td>数字量专用输出</td><td>1</td><td>CN1-48</td><td></td></tr>
<tr><td>编码器输出</td><td>7</td><td>CN1-4 ~ CN1-9、CN1-33（集电极开路输出）</td><td></td></tr>
<tr><td>模拟量输出</td><td>2</td><td>CN1-26、CN1-29</td><td></td></tr>
<tr><td rowspan="5">电源</td><td>+15V 电源输出 P15R</td><td>1</td><td>CN1-1</td><td></td></tr>
<tr><td>控制公共端 LG</td><td>4</td><td>CN1-3、CN1-28、CN1-30、CN1-34</td><td></td></tr>
<tr><td>数字接口电源输入 DICOM</td><td>2</td><td>CN1-20、CN1-21</td><td></td></tr>
<tr><td>数字接口公共端 DOCOM</td><td>2</td><td>CN1-46、CN1-47</td><td></td></tr>
<tr><td>集电极开路电源输入</td><td>1</td><td>CN1-12</td><td></td></tr>
<tr><td colspan="2">未使用</td><td>15</td><td>CN1-13、CN1-14、CN1-16～CN1-18、CN1-22、CN1-25、CN1-31、CN1-32、CN1-37～CN1-40、CN1-45、CN1-50</td><td></td></tr>
</table>

通用引脚功能的定义过程如下。

（1）每一个引脚都有一个参数 PD 与之对应，见表 6-1。

（2）通过设定参数 PD 的数值，决定其相应引脚定义在不同控制模式下的功能。

三菱 MR-JE-A 系列伺服驱动器有位置控制、速度控制和转矩控制 3 种模式。在这 3 种模式下，各引脚功能如图 6-15 所示，其中 CN1 连接器中有些引脚在不同模式时的功能有所不同，在图 6-15 中，P 为位置控制模式，S 为速度控制模式，T 为转矩控制模式。在图 6-15 中，左边是输入引脚，右边是输出引脚。

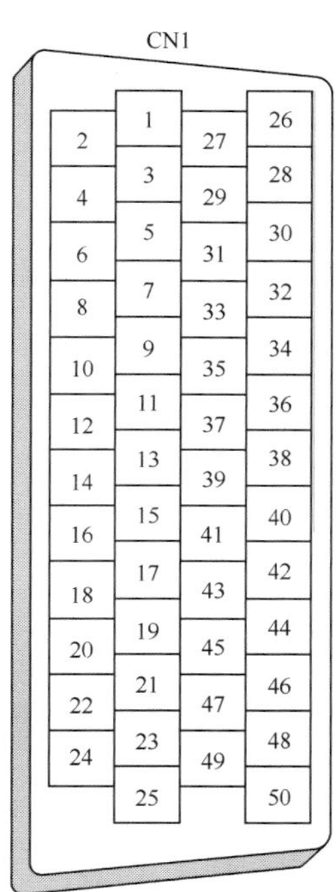

图 6-14　CN1 连接器的引脚位置图

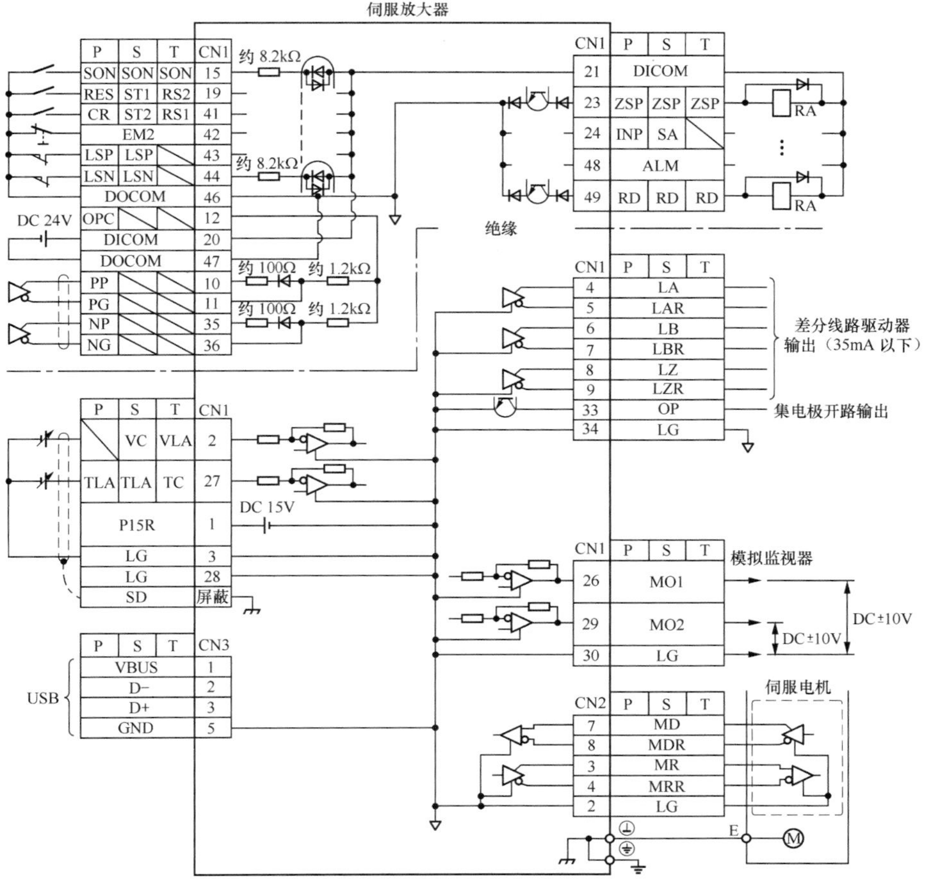

图 6-15　三菱 MR-JE-100A 以下伺服驱动器的引脚布置图

CN1 连接器部分引脚功能如表 6-2 所示。表中控制模式的符号内容如下。

P 为位置控制模式；S 为速度控制模式；T 为转矩控制模式；

○为可在出厂状态下直接使用的信号；△为通过设置 PA04、PD03～PD28 能够使用的信号，连接器引脚编号栏的编号为初始状态时的值。

在图 6-15 中，相同名称的信号在伺服放大器的内部是联通的。

表 6-2　　CN1 部分引脚功能分配

<table>
<tr><th rowspan="2">信号脉冲</th><th rowspan="2">符号</th><th rowspan="2">连接器引脚编号</th><th rowspan="2">功能/应用</th><th rowspan="2">I/O 分配</th><th colspan="3">控制模式</th></tr>
<tr><th>P</th><th>S</th><th>T</th></tr>
<tr><td>强制停止 2</td><td>EM2</td><td>CN1-42</td><td>当 EM2 与公共端开路时，将根据指令对伺服电机进行减速停止；
当从强制停止状态转到 EM2 开启（使公共端之间短路）时，能够解除强制停止状态。
PA04 的设置内容如下。
<table>
<tr><td rowspan="2">PA04 的设定值</td><td rowspan="2">EM2/EM1 的选择</td><td colspan="2">减速方法</td></tr>
<tr><td>EM2 或者 EM1 为关闭</td><td>发生警报</td></tr>
<tr><td>0 _ _ _</td><td>EM1</td><td>不进行强制停止减速直接关闭 MBR（电磁制动器联锁）</td><td>不进行强制停止减速直接关闭 MBR（电磁制动器联锁）</td></tr>
<tr><td>2 _ _ _</td><td>EM2</td><td>在强制停止减速后关闭 MBR（电磁制动器联锁）</td><td>在强制停止减速后关闭 MBR（电磁制动器联锁）</td></tr>
</table></td><td>DI-1</td><td>○</td><td>○</td><td>○</td></tr>
<tr><td>伺服开启</td><td>SON</td><td>CN1-15</td><td>SON=ON 时，主电路通电，伺服电机进入运行准备状态。
SON=OFF 时，主电路将被切断，伺服电机进入自由运行状态。
将参数 PD01 设置为“_ _ _ 4”时，可以在内部变更为自动接通状态。这时，可不需要外接信号开关</td><td>DI-1</td><td>○</td><td>○</td><td>○</td></tr>
<tr><td>复位</td><td>RES</td><td>CN1-19</td><td>发生报警时，用该信号（接通 50 ms 以上）清除报警信号。有些报警无法通过 RES（复位）解除。在没有发生报警的状态下，开启 RES 时会切断主电路。
在将 PD30 设置为“_ _ 1 _”时，主电路不会断开。该功能不用于停止。在运行中请勿开启</td><td>DI-1</td><td>○</td><td>○</td><td>○</td></tr>
<tr><td>正转行程末端</td><td>LSP</td><td>CN1-43</td><td rowspan="2">这是一对定位控制时置于行程极限处限位开关的触点输入，为常闭触点输入。当输入为 OFF（开关断开）时，对应方向上的运动停止，伺服处于锁定状态。
运行时，请开启 LSP 以及 LSN。关闭时则紧急停止并保持锁定状态。在将 PD30 设置为“_ _ _ 1”时，将会变为减速停止
<table>
<tr><td colspan="2">输入设备</td><td colspan="2">运转</td></tr>
<tr><td>LSP</td><td>LSN</td><td>CCW 方向</td><td>CW 方向</td></tr>
<tr><td>1</td><td>1</td><td>O</td><td>O</td></tr>
<tr><td>0</td><td>1</td><td></td><td>O</td></tr>
<tr><td>1</td><td>0</td><td>O</td><td></td></tr>
<tr><td>0</td><td>0</td><td></td><td></td></tr>
</table>
注：O 表示伺服电机旋转。
在按照下述方式设置 PD01 时，可以在内部变更为自动 ON（常闭）
<table>
<tr><td rowspan="2">PD01</td><td colspan="2">状态</td></tr>
<tr><td>LSP</td><td>LSN</td></tr>
<tr><td>_ 4 _ _</td><td>自动 ON</td><td></td></tr>
<tr><td>_ 8 _ _</td><td></td><td>自动 ON</td></tr>
<tr><td>_ C _ _</td><td>自动 ON</td><td>自动 ON</td></tr>
</table>
当 LSP 或 LSN 变为关闭时，发生 AL.99 行程限制警告，WNG（警告）变为开启。在使用 WNG 时，设置 PD24、PD25 及 PD28 使其变为能够使用</td><td rowspan="2">DI-1</td><td rowspan="2">○</td><td rowspan="2">○</td><td rowspan="2"></td></tr>
<tr><td>反转行程末端</td><td>LSN</td><td>CN1-44</td></tr>
</table>

续表

<table>
<tr><th rowspan="2">信号脉冲</th><th rowspan="2">符号</th><th rowspan="2">连接器引脚编号</th><th rowspan="2">功能/应用</th><th rowspan="2">I/O分配</th><th colspan="3">控制模式</th></tr>
<tr><th>P</th><th>S</th><th>T</th></tr>
<tr><td>外部转矩制限选择</td><td>TL</td><td></td><td>在关闭 TL 时，PA11 正转转矩限制以及 PA12 反转转矩限制变为有效，在开启 TL 时，TLA（模拟转矩限制）变为有效</td><td>DI-1</td><td>△</td><td>△</td><td></td></tr>
<tr><td>内部转矩制限选择</td><td>TL1</td><td></td><td>通过 PD03～PD20 使 TL1 能够使用时，可以选择 PC35 内部转矩限制 2</td><td>DI-1</td><td>△</td><td>△</td><td></td></tr>
<tr><td>正转启动</td><td>ST1</td><td></td><td rowspan="2">启动伺服电机，旋转方向如下。
<table>
<tr><th colspan="2">输入设备</th><th rowspan="2">伺服电机启动方向</th></tr>
<tr><th>ST2</th><th>ST1</th></tr>
<tr><td>0</td><td>0</td><td>停止（伺服锁定）</td></tr>
<tr><td>0</td><td>1</td><td>CCW</td></tr>
<tr><td>1</td><td>0</td><td>CW</td></tr>
<tr><td>1</td><td>1</td><td>停止（伺服锁定）</td></tr>
</table>
注. 0：OFF，1：ON
当在运行中同时开启或关闭 ST1 和 ST2 时，将通过 PC02 的设置值减速停止后进行伺服锁定。
将 PC23 设置为“_ _ _1”时，减速停止后不会进行伺服锁定</td><td rowspan="2">DI-1</td><td rowspan="2"></td><td rowspan="2">△</td><td rowspan="2"></td></tr>
<tr><td>反转启动</td><td>ST2</td><td></td></tr>
<tr><td>正转选择</td><td>RS1</td><td></td><td rowspan="2">选择伺服电机的转矩输出方向，转矩发生方向如下。
<table>
<tr><th colspan="2">输入设备</th><th rowspan="2">转矩输出方向</th></tr>
<tr><th>RS2</th><th>RS1</th></tr>
<tr><td>0</td><td>0</td><td>不　出转矩</td></tr>
<tr><td>0</td><td>1</td><td>正转驱动・反转再生</td></tr>
<tr><td>1</td><td>0</td><td>反转驱动・正转再生</td></tr>
<tr><td>1</td><td>1</td><td>不输出转矩</td></tr>
</table>
注：0：OFF；1：ON</td><td rowspan="2">DI-1</td><td rowspan="2"></td><td rowspan="2"></td><td rowspan="2">△</td></tr>
<tr><td>反转选择</td><td>RS2</td><td></td></tr>
<tr><td>速度选择 1</td><td>SP1</td><td></td><td rowspan="3">1．速度控制模式时
运行时的速度指令选择
<table>
<tr><th colspan="3">输入设备</th><th rowspan="2">速度指令</th></tr>
<tr><th>SP3</th><th>SP2</th><th>SP1</th></tr>
<tr><td>0</td><td>0</td><td>0</td><td>VC（模拟速度指令）</td></tr>
<tr><td>0</td><td>0</td><td>1</td><td>PC05 内部速度指令 1</td></tr>
<tr><td>0</td><td>1</td><td>0</td><td>PC06 内部速度指令 2</td></tr>
<tr><td>0</td><td>1</td><td>1</td><td>PC07 内部速度指令 3</td></tr>
<tr><td>1</td><td>0</td><td>0</td><td>PC08 内部速度指令 4</td></tr>
<tr><td>1</td><td>0</td><td>1</td><td>PC09 内部速度指令 5</td></tr>
<tr><td>1</td><td>1</td><td>0</td><td>PC010 内部速度指令 6</td></tr>
<tr><td>1</td><td>1</td><td>1</td><td>PC011 内部速度指令 7</td></tr>
</table>
注：0：OFF；1：ON
2．转矩控制模式时
运行时的转速限制选择
<table>
<tr><th colspan="3">输入设备</th><th rowspan="2">速度限制</th></tr>
<tr><th>SP3</th><th>SP2</th><th>SP1</th></tr>
<tr><td>0</td><td>0</td><td>0</td><td>VC（模拟速度限制）</td></tr>
<tr><td>0</td><td>0</td><td>1</td><td>PC05 内部速度限制 1</td></tr>
<tr><td>0</td><td>1</td><td>0</td><td>PC06 内部速度限制 2</td></tr>
<tr><td>0</td><td>1</td><td>1</td><td>PC07 内部速度限制 3</td></tr>
<tr><td>1</td><td>0</td><td>0</td><td>PC08 内部速度限制 4</td></tr>
<tr><td>1</td><td>0</td><td>1</td><td>PC09 内部速度限制 5</td></tr>
<tr><td>1</td><td>1</td><td>0</td><td>PC10 内部速度限制 6</td></tr>
<tr><td></td><td>1</td><td>1</td><td>PC11 内部速度限制 7</td></tr>
</table>
注：0：OFF；1：ON</td><td>DI-1</td><td></td><td>△</td><td>△</td></tr>
<tr><td>速度选择 2</td><td>SP2</td><td></td><td>DI-1</td><td></td><td>△</td><td>△</td></tr>
<tr><td>速度选择 3</td><td>SP3</td><td></td><td>DI-1</td><td></td><td>△</td><td>△</td></tr>
</table>

续表

<table>
<tr><th rowspan="2">信号脉冲</th><th rowspan="2">符号</th><th rowspan="2">连接器
引脚编号</th><th rowspan="2">功能/应用</th><th rowspan="2">I/O
分配</th><th colspan="3">控制模式</th></tr>
<tr><th>P</th><th>S</th><th>T</th></tr>
<tr><td>电子齿轮
选择 1</td><td>CM1</td><td></td><td rowspan="2">通过 CM1 和 CM2 的组合，能够选择 4 种电子齿轮的分子
<table><tr><th colspan="2">输入设备</th><th rowspan="2">电子齿轮分子</th></tr><tr><th>CM1</th><th>CM2</th></tr><tr><td>0</td><td>0</td><td>PA06</td></tr><tr><td>0</td><td>1</td><td>PC32</td></tr><tr><td>1</td><td>0</td><td>PC33</td></tr><tr><td>1</td><td>1</td><td>PC34</td></tr></table>注：0：OFF；1：ON</td><td>DI-1</td><td>△</td><td></td><td></td></tr>
<tr><td>电子齿轮
选择 2</td><td>CM2</td><td></td><td>DI-1</td><td>△</td><td></td><td></td></tr>
<tr><td>故障</td><td>ALM</td><td>CN1-48</td><td>发生警报时 ALM 关闭。
没有发生报警时，在开启电源 2.5～3.5 s 之后，ALM 开启。
将 PD34 设置为“_ _ 1 _”时，如果发生报警或警告，则 ALM 将会关闭</td><td>DO-1</td><td>○</td><td>○</td><td>○</td></tr>
<tr><td>准备完成</td><td>RD</td><td>CN1-49</td><td>伺服开启，进入可运行状态，RD 开启</td><td>DO-1</td><td>○</td><td>○</td><td>○</td></tr>
<tr><td>定位完成</td><td>INP</td><td rowspan="2">CN1-24</td><td>累计脉冲在设定到达范围内时，INP 开启。定位范围可以在 PA10 中变更。定位范围较大时，低速旋转时会常开。伺服 ON 后，INP 开启</td><td>DO-1</td><td>○</td><td></td><td></td></tr>
<tr><td>速度达到</td><td>SA</td><td>伺服电机转速接近设定速度时，SA 开启。设置速度在 20r/min 以下时，始终为开启。
即使当 SON（伺服 ON）关闭或者 ST1（正转启动）与 ST2（反转启动）同时关闭，并通过外力使伺服电机的转速达到设置速度，其也不会变为开启</td><td>DO-1</td><td></td><td>○</td><td></td></tr>
<tr><td>速度限制中</td><td>VLC</td><td rowspan="2"></td><td>在转矩控制模式下，当达到 PC05 内部速度限制 1 到 PC11 内部速度限制 7 或 VLA（模拟速度限制）中限制的速度时，VLC 开启。
SON（伺服 ON）关闭时会变为关闭</td><td>DO-1</td><td></td><td></td><td>△</td></tr>
<tr><td>转矩限制中</td><td>TLC</td><td>在发生转矩时达到 PA11 正转转矩限制、PA12 反转转矩限制或 TLA（模拟转矩限制）中设置的转矩时，TLC 开启</td><td>DO-1</td><td>△</td><td>△</td><td></td></tr>
<tr><td>零速度检测</td><td>ZSP</td><td>CN1-23</td><td>伺服电机转速在零速度以下时，ZSP 开启。零速度可以在 PC17 中变更</td><td>DO-1</td><td>○</td><td>○</td><td>○</td></tr>
<tr><td>模拟转矩
限制</td><td>TLA</td><td rowspan="2">CN1-27</td><td>在使用此信号时，在 PD03～PD20 中设置为可以使用 TL（外部转矩限制选择）。
TLA 有效时，在伺服电机输出转矩全范围内限制所有转矩。在 TLA 与 LG 之间加载 DC 0V～+10V 的电压。在 TLA 上连接+电源。在+10V 下输出最大转矩。
当在 TLA 中输入大于最大转矩的限制值时，将在最大转矩下被夹紧。
分辨率：10 位</td><td>模拟
输入</td><td>△</td><td>△</td><td></td></tr>
<tr><td>模拟转矩
指令</td><td>TC</td><td>控制伺服电机输出转矩全区域的转矩。在 TC 与 LG 之间加载 DC 0V～±8V 的电压。在±8V 下输出最大转矩。此外，输入±8V 时，对应的转矩可以在 PC13 中变更。当在 TC 中输入大于最大转矩的指令值时，将在最大转矩下被钳制</td><td>模拟
输入</td><td></td><td></td><td>○</td></tr>
<tr><td>模拟速度
指令</td><td>VC</td><td rowspan="2">CN1-2</td><td>在 VC 与 LG 之间加载 DC 0V～±10V 的电压。±10V 时对应通过 PC12 中设置的转速。
当在 VC 中输入大于容许转速的指令值时，将在容许转速下被钳制分辨率：14 位级别</td><td>模拟
输入</td><td></td><td>○</td><td></td></tr>
<tr><td>模拟速度
限制</td><td>VLA</td><td>在 VLA 与 LG 之间加载 DC 0V～±10V。±10V 时对应通过 PC12 中设置的转速。
当在 VLA 中输入大于容许转速的限制值时，将在容许转速下被钳制</td><td>模拟
输入</td><td></td><td></td><td>○</td></tr>
<tr><td>正转脉冲
列反
转脉冲列</td><td>PP
NP
PG
NG</td><td>CN1-10
CN1-35
CN1-11
CN1-36</td><td>输入指令脉冲列
• 使用集电极开路方式时（最大输入频率为 200 kp/s）
在 PP 和 DOCOM 之间输入正转脉冲列
在 NP 和 DOCOM 之间输入反转脉冲列
• 使用差动接收器方式时（最大输入频率为 4 Mp/s）
在 PG 和 PP 之间输入正转脉冲列
在 NG 和 NP 之间输入反转脉冲列
指令输入脉冲列形式，脉冲列逻辑以及指令输入脉冲列滤波器可以在 PA13 中变更。
当指令脉冲列为 1 Mp/s～4 Mp/s 时，将 PA13 设置为“_ 0 _ _”</td><td>DI-2</td><td>○</td><td></td><td></td></tr>
</table>

续表

信号脉冲	符号	连接器引脚编号	功能/应用	I/O分配	控制模式		
					P	S	T
电源							
数字 I/F 用电源输入	DICOM	CN1-20 CN1-21	输入输出接口用 DC 24V（DC 24V ± 10% 300 mA）。电源容量根据使用的输入输出接口的点数不同而改变。 使用漏型接口时，连接 DC 24V 外部电源的正极； 使用源型接口时，连接 DC 24V 外部电源的负极		○	○	○
集电极开路电源输入	OPC	CN1-12	在通过集电极开路方式输入脉冲串时，向此端子提供 DC 24V 的正极电源		○		
数字 I/F 用公共端	DOCOM	CN1-46 CN1-47	是伺服放大器的 EM2 等输入信号的公共端子，和 LG 相隔离。 使用漏型接口时，连接 DC 24V 外部电源的负极； 使用源型接口时，连接 DC 24V 外部电源的正极		○	○	○
DC 15V 电源输出	P15R	CN1-1	向 P15R 与 LG 之间输出 DC 15V 的电源。向 TC、TLA、VC、VLA 提供电源。 容许电流：30 mA 电压变动：DC 13.5V～16.5V		○	○	○
控制共同	LG	CN1-3 CN1-28 CN1-30 CN1-34	是 TLA、TC、VC、VLA、OP、MO1、MO2、P15R 的公共端子。各引脚在内部连接		○	○	○
屏蔽	SD	屏蔽	连接屏蔽线的外部导体		○	○	○

2．通用输入引脚的参数设定

设置通用输入引脚的功能是通过设置与其对应的参数 PD03～PD20 来完成的，功能参数是以 4 位十六进制数来设定的。通用输入引脚在不同控制模式下的功能不同。每一个引脚在 3 种控制模式时的引脚功能设置如表 6-3 所示。每一个控制模式占用两位十六进制数。在表 6-3 中，xx 是设定值输入位。标“*”的参数必须断电之后才能生效。

表 6-3　　通用输入引脚参数设定

参数/缩写	设定位	功能	初始值	控制模式		
				P	S	T
PD03 *DI1L	可以将任意的输入设备分配到 CN1-15 针上					
	_ _xx	位置控制模式下的软元件选择，其设置值的内容，请参照表 6-4	02h	○		
	xx_ _	速度控制模式下的软元件选择，其设置值的内容，请参照表 6-4	02h	○	○	
PD04 *DI1H	CN1-15 引脚能够有任意输入信号					
	_ _xx	转矩控制模式下的软元件选择，其设置值的内容，请参照表 6-4	02h			○
	_x_ _	厂商设定用	00h			
PD11 *DI5L	CN1-19 引脚能够有任意输入信号					
	_ _xx	位置控制模式下的软元件选择，其设置值的内容，请参照表 6-4	03h	○		
	xx_ _	速度控制模式下的软元件选择，其设置值的内容，请参照表 6-4	07h		○	
PD12 *DI5H	CN1-19 引脚能够有任意输入信号					
	_ _xx	转矩控制模式下的软元件选择，其设置值的内容，请参照表 6-4	07h			○
	_x_ _	厂商设定用	00h			
PD13 *DI6L	CN1-41 引脚能够有任意输入信号					

续表

参数/缩写	设定位	功能	初始值	控制模式		
				P	S	T
PD13 *DI6L	_ _x x	位置控制模式下的软元件选择，其设置值的内容，请参照表 6-4	06h	○		
	x x_ _	速度控制模式下的软元件选择，其设置值的内容，请参照表 6-4	08h		○	
PD14 *DI6H	CN1-41 引脚能够有任意输入信号					
	_ _x x	转矩控制模式下的软元件选择，其设置值的内容，请参照表 6-4	08h			○
	_x_ _	厂商设定用	00h			
PD17 *DI8L	CN1-43 引脚能够有任意输入信号					
	_ _x x	位置控制模式下的软元件选择，其设置值的内容，请参照表 6-4	0Ah	○		
	x x_ _	速度控制模式下的软元件选择，其设置值的内容，请参照表 6-4	0Ah		○	
PD18 *DI8H	CN1-43 引脚能够有任意输入信号					
	_ _x x	转矩控制模式下的软元件选择，其设置值的内容，请参照表 6-4	00h			○
	_x_ _	厂商设定用	0h			
PD19 *DI9L	CN1-44 引脚能够有任意输入信号					
	_ _x x	位置控制模式下的软元件选择，其设置值的内容，请参照表 6-4	0Bh	○		
	x x_ _	速度控制模式下的软元件选择，其设置值的内容，请参照表 6-4	0Bh		○	
PD20 *DI9H	CN1-44 引脚能够有任意输入信号。					
	_ _x x	转矩控制模式下的软元件选择，其设置值的内容，请参照表 6-4	00h			○
	_x_ _	厂商设定用	0h			

表 6-4　输入设备参数设定值的含义

设定值	输入设备(注 1)		
	P	S	T
02	SON	SON	SON
03	RES	RES	RES
04	PC	PC	
05	TL	TL	
06	CR		
07		ST1	RS2
08		ST1	RS1
09	TL1	TL1	
0A	LSP	LSP	
0B	LSN	LSN	
0D	CDP	CDP	
20		SP1	SP1
21		SP2	SP2
22		SP3	SP3
23	LOP (注 2)	LOP (注 2)	LOP (注 2)
24	CM1		
25	CM2		
26		STAB2	STAB2

注：1．P 为位置控制模式，S 为速度控制模式，T 为转矩控制模式。斜线部分为生产商设置用，○表示可用。

2．在分配 LOP（控制切换）时，所有的控制模式都分配到同一个针上。

3．通用输出引脚的参数设定

设置通用输出引脚的功能是通过设置与其对应的参数 PD24 ~PD28 设置来完成的，功能参数是以 4 位十六进制数来设定的。通用输出引脚在不同控制模式下的功能不同。每一个引脚在 3 种控制模式时的引脚功能设置如表 6-4 所示。每一个控制模式占用两位十六进制数。表 6-5 中的 xx 是设定值输入位。

表 6-5　　通用输出引脚参数设置

参数	设定位	功　能	初始值	控制模式		
				P	S	T
PD24 *DO2	_ _x x	信号选择 CN1-23 引脚能够有任意输出信号。 有关设置值的内容，请参照表 6-6	0Ch	○	○	○
PD25 *DO3	_ _x x	信号选择 CN1-24 引脚能够有任意输出信号。 有关设置值的内容，请参照表 6-6	04h	○	○	○
PD28 *DO6	_ _x x	信号选择 CN1-49 引脚能够有任意输出信号。 有关设置值的内容，请参照表 6-6	02h	○	○	○

表 6-6　　输出设备参数设定值的含义

设置值	输出软元件		
	P	S	T
00	始终关闭	始终关闭	始终关闭
02	RD	RD	RD
03	ALM	ALM	ALM
04	INP	SA	始终关闭
05	MBR	MBR	MBR
07	TLC	TLC	VLC
08	WNG	WNG	WNG
0A	始终关闭	SA	始终关闭
0B	始终关闭	始终关闭	VLC
0C	ZSP	ZSP	ZSP
0D	MTTR	MTTR	MTTR
0F	CDPS	始终关闭	始终关闭

注：P 为位置控制模式，S 为速度控制模式，T 为转矩控制模式。○表示可用。

二、伺服驱动器输入输出的接线认识

1．数字量输入引脚的接线

伺服驱动器的数字量输入引脚用于输入开关信号，如启动、正转、反转和停止信号等。根据开关闭合时输入引脚的电流方向不同，可分为漏型输入方式和源型输入方式，不管采用哪种输入方式，三菱伺服驱动器都能接受，这是因为数字量引脚内部采用双向光电耦合器，如图 6-16 所示。

扩展视频：伺服驱动器输入输出的接线

漏型输入是指以电流从输入引脚流出的方式输入开关信号，其接线方式如图 6-16（a）所示，伺服驱动器的 EM2 等端子可以接收继电器开关及漏型（NPN 集电极开路）的晶体管输出信号。源型输入是指以电流从输入引脚流入的方式输入开关信号，其接线方式如图 6-16（b）所示，伺服驱动器的 EM2 等端子可以接收继电器开关及源型（PNP 集电极开路）的晶体管输出信号。

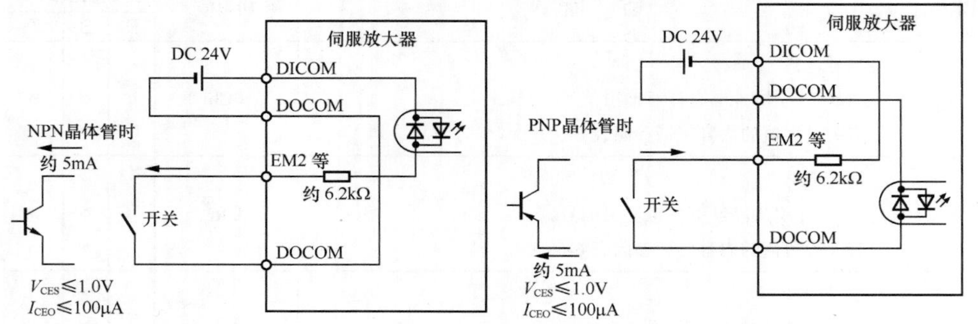

（a）漏型输入接线方式　　（b）源型输入接线方式

图 6-16　伺服驱动器数字量输入的接线方式

注　意

三菱源型和漏型输入方式的定义与西门子相反。

2．数字量输出引脚的接线

伺服驱动器的数字量输出引脚是通过内部三极管的导通与截止来输出 0、1 信号，能够驱动指示灯、继电器或者光耦合器。

其输出接线方式也分为漏型和源型两种情况。

数字量输出引脚内部电路如图 6-17 所示。输出光耦与负载之间接了一个全波桥式整流电路，其作用不是外接交流电源，而是根据外接直流电源的极性不同，形成源型和漏型输出电路。图 6-17（a）是漏型输出的接线情况，当输出晶体管导通时，集电极端子电流流入的输出类型。图 6-17（b）是源型输出的接线情况，当输出晶体管导通时，集电极端子电流流出的输出类型。从图中可以看出，如果数字量输出端接的是继电器线圈等感性负载，就需要在线圈两端并联一只二极管来吸收线圈产生的反峰电压。

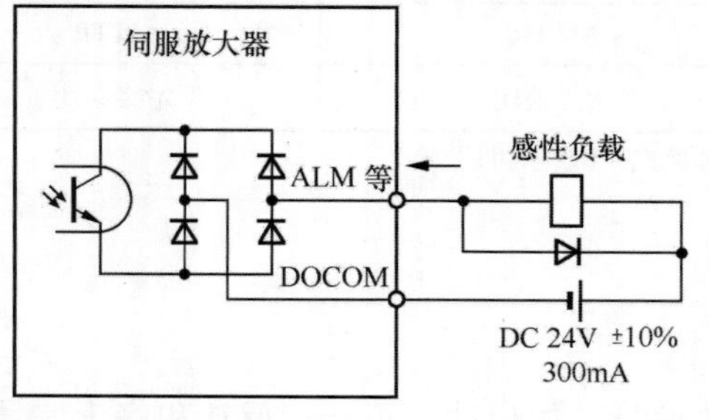

伺服放大器
ALM 等
感性负载
DOCOM
DC 24V ±10%
300mA

（a）漏型输出接线方式　　（b）源型输出接线方式

图 6-17　伺服驱动器数字量输出的接线方式

注　意

两种输出接线方式中，二极管的极性不要接反。如果接反，驱动器输出会因短路而发生故障。如果数字量输出端接指示灯，由于指示灯的冷电阻很小，为防止三极管刚导通时因流过的电流过大而损坏，通常需要给指示灯串接一个限流电阻，以便对浪涌电流进行抑制，如图 6-18 所示。

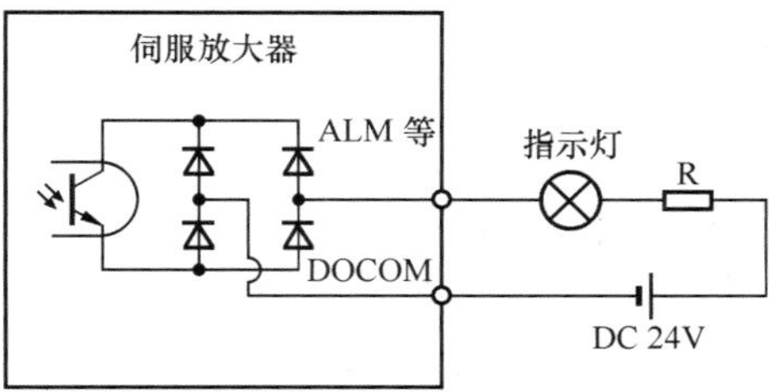

图 6-18　输出端接指示灯的接线图

3．模拟量输入/输出引脚的接线

（1）模拟量输入。三菱伺服驱动器中模拟量输入主要是完成速度调节、转矩调节或速度限制及转矩限制。

如图 6-19 所示，DC+15V 连接 P15R 流出经过电位器 RP1，并分为两路：一路信号再经过 RP2 直接回到电源负极 LG；另外一路从电位器 RP2 另一端经过 VC 端，最后流入电源负极，所以 VC 端与 LG 端便形成一定的压降。在速度控制模式中，其两端电压变化范围为 0～10V；在转矩控制模式中，其电压变化范围为 0～8V，但直流电源为 15V，大于二者电压最高值，所以需要电位器 RP1 分压，一般情况下 RP1 及 RP2 的阻值为 2kΩ。

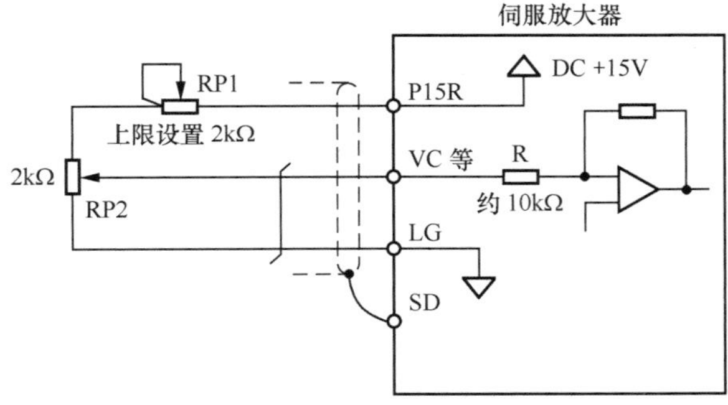

图 6-19　模拟量输入接线图

（2）模拟量输出。三菱伺服驱动器中模拟量输出的主要功能是反映伺服驱动器的状态，如电动机旋转速度、输入脉冲频率、输出转矩等。如图 6-20 所示，三菱伺服驱动器中模拟量输出有两个通道：MO1 和 MO2，由于两通道相似，所以只分析 MO1。伺服驱动器通过 D/A 转换将模拟量从 MO1 端口送出，在出厂状态下，MO1（模拟监视器 1）输出伺服电机转速，MO2（模拟监视器 2）输出转矩，但是设置参数 PC14 和 PC15 可以变更 MO1 和 MO2 的输出内容。

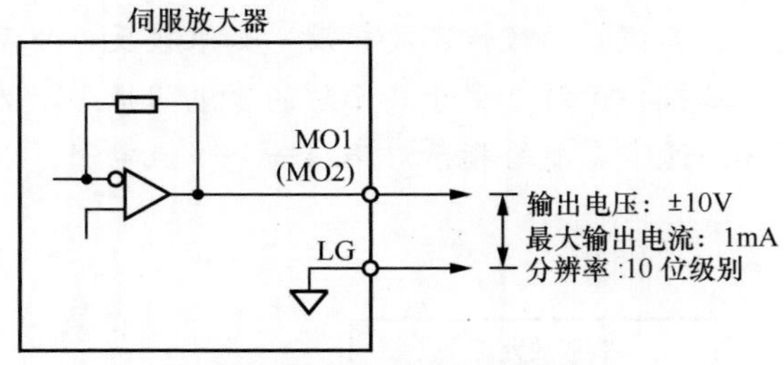

图 6-20　模拟量输出接线图

三、伺服驱动器的显示操作与参数设置

如图 6-21 所示，面板上有“MODE”“↑（UP）”“↓（DOWN）”“SET”4 个按键和一个 5 位 7 段 LED 显示器，利用它们可以设置伺服驱动器的状态、报警、参数等，此外，可以同时按下“MODE”键和“SET”键来进入单键增益自动调谐模式。

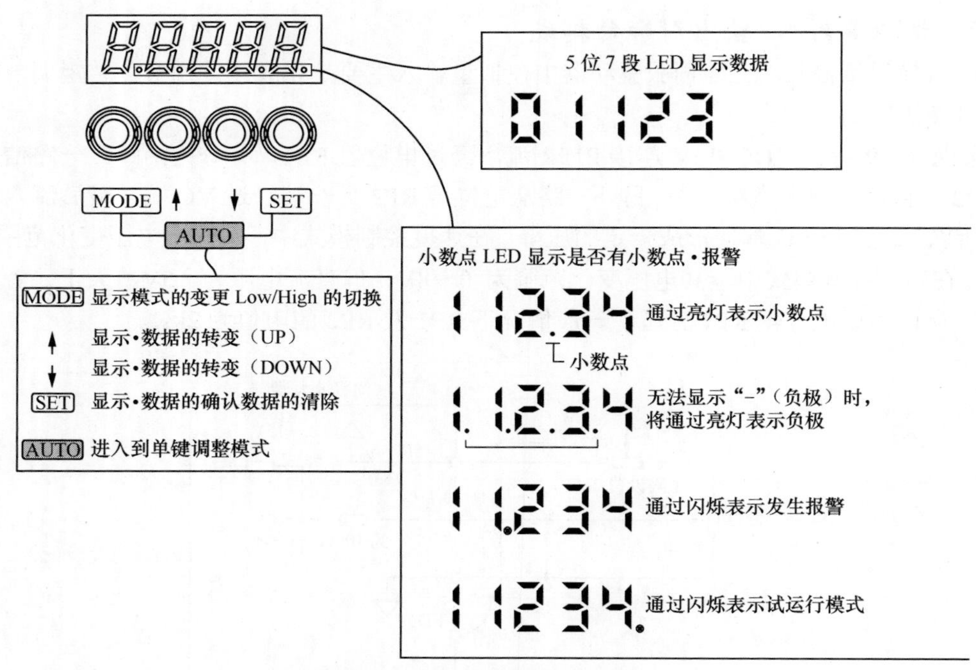

图 6-21　伺服驱动器的操作显示面板

1．各种模式的显示与切换

伺服驱动器通电后，LED 显示器处于状态显示模式，此时显示为 ，反复按压“MODE”键，可让伺服驱动器的显示模式在表 6-7 所示的状态之间切换。当显示器处于某种模式时，按压“UP”键和“DOWN”键，可以在该模式中选择不同的项详细设置。

视频 42. 伺服驱动器各种模式显示与切换

表 6-7　　各种显示模式及初始画面

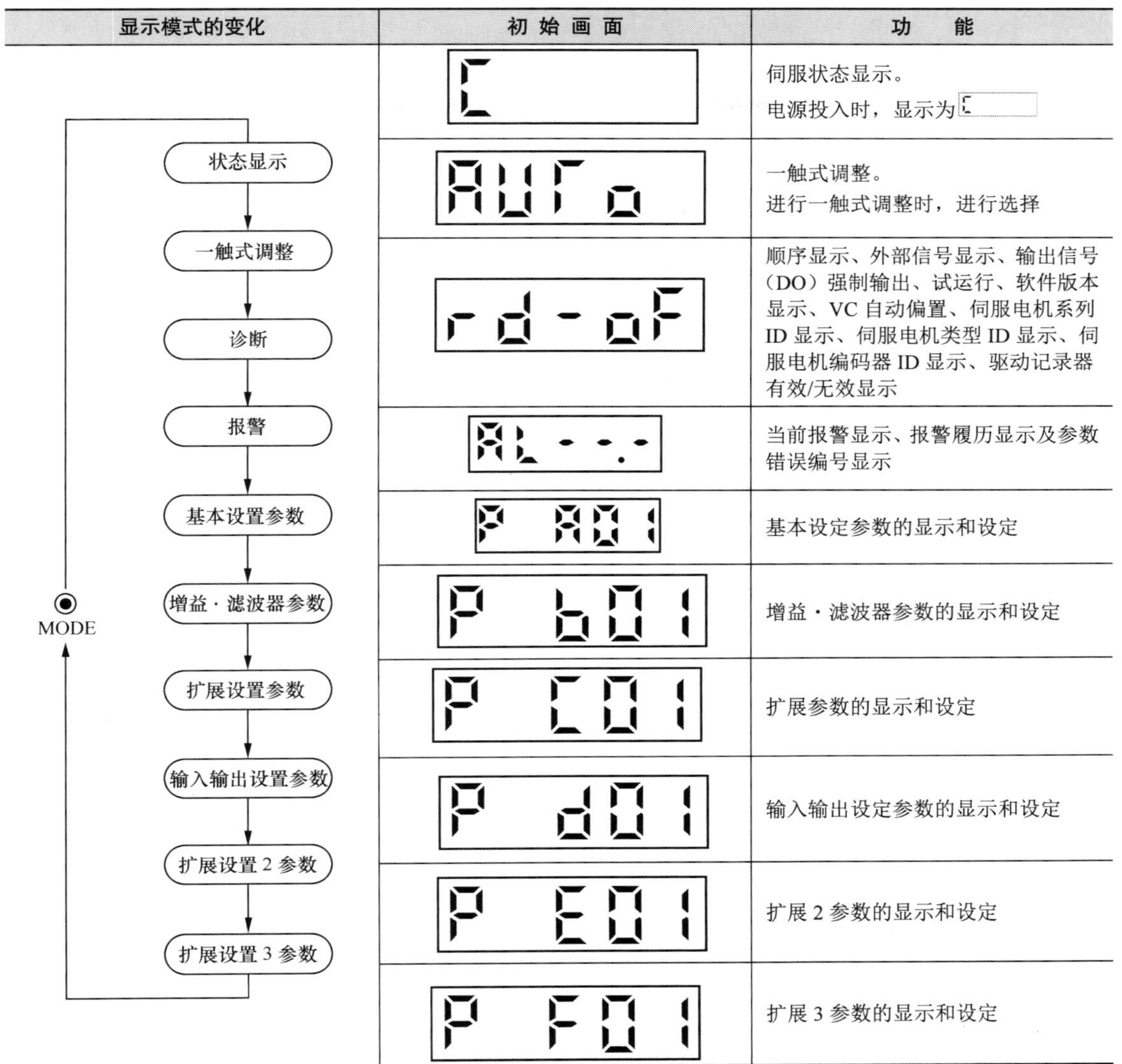

显示模式的变化	初 始 画 面	功　能
状态显示	C	伺服状态显示。 电源投入时，显示为 C
一触式调整	AUTo	一触式调整。 进行一触式调整时，进行选择
诊断	rd-oF	顺序显示、外部信号显示、输出信号（DO）强制输出、试运行、软件版本显示、VC 自动偏置、伺服电机系列 ID 显示、伺服电机类型 ID 显示、伺服电机编码器 ID 显示、驱动记录器有效/无效显示
报警	AL--.-	当前报警显示、报警履历显示及参数错误编号显示
基本设置参数	P A01	基本设定参数的显示和设定
增益 · 滤波器参数	P b01	增益 · 滤波器参数的显示和设定
扩展设置参数	P C01	扩展参数的显示和设定
输入输出设置参数	P d01	输入输出设定参数的显示和设定
扩展设置 2 参数	P E01	扩展 2 参数的显示和设定
扩展设置 3 参数	P F01	扩展 3 参数的显示和设定

2. 参数显示与设置

在使用伺服驱动器时，需要设置有关的参数。根据参数的安全性和设置频率，MR-JE-_A 伺服驱动器有 6 组参数：PA（基本设置参数）、PB（增益 · 过滤器设定参数）、PC（扩展设置参数）、PD（输入输出设置参数）、PE（厂商设定用参数）和 PF（扩展设置 3 参数）。用户可以修改 PA、PB、PC、PD 4 种参数的值，而 PE、PF 参数是厂商设定用参数，用户不能修改。驱动器对参数的设置通过“参数写入禁止”PA19 进行了限制。PA19 参数设定值不同，能够操作参数的权限也不同，要监控或修改全部参数，要先将 PA19 设定成 00AAh。

在设置参数时，既可以直接操作伺服驱动器面板上的按键来设置，也可以在计算机中使用专用的伺服参数设置软件来设置，再通过通信电缆将设置好的参数传送到伺服驱动器中。注意凡是参数缩写标“*”的参数，都只有在断电之后才能生效。

（1）参数组的切换。参数组是通过“MODE”按键进入各参数模式，选择好某组参数后，按“SET”键进入该组参数，利用“UP”或“DOWN”键改变参数号，如图 6-22 所示。

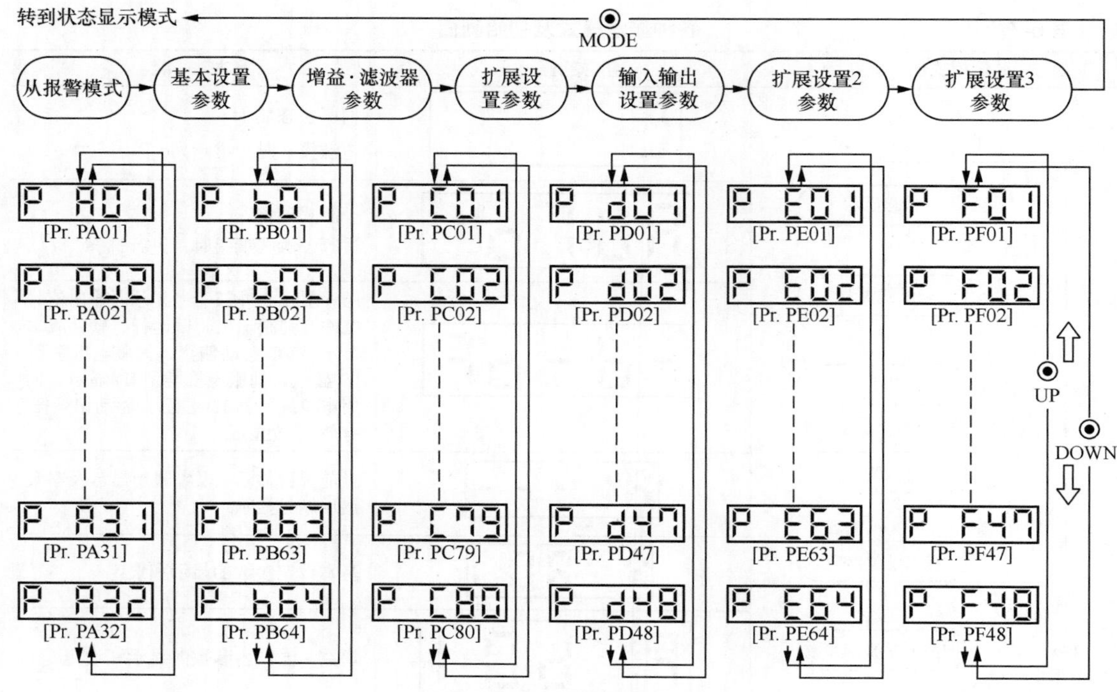

图 6-22　各种模式的显示与操作

（2）参数的修改。参数修改分为 5 位数及以下和 6 位数及以上两种修改操作。所有参数修改后，必须按“SET”键确认。

① 5 位数及以下数据的参数修改。多数参数的设定值均在 5 位数及以下。按下“MODE”键进入基本参数设置画面，接着按下“UP”或“DOWN”按键找到需要修改的参数。例如，将 PA01（运行模式参数）变更为速度控制模式时，接通电源后的操作方法如图 6-23（a）所示。修改完毕后，继续按“UP”或“DOWN”按键移动到下一个参数。

视频 43. 伺服驱动器的参数修改

② 6 位数及以上数据的参数修改。当参数超过 5 位数（6 位及以上）时，必须分两次修改设定值。这时，参数设定值分成低 4 位和高 4 位两个部分。通过规定操作分别设定。下面以参数电子齿轮分子（PA06）为例说明，将 PA06 电子齿轮分子变更为“123456”时的操作方法如图 6-23（b）所示。

注　意

更改 PA01 需要在修改设置值后关闭一次电源，再重新接通电源后，更改才会生效。在参数列表中缩写前附有“*”标记的参数，需在设置后先关闭电源 1 s 以上，然后再接通才会有效。

四、伺服驱动器外部 I/O 信号显示

在诊断模式下切换到“外部输入/输出信号显示”，可监控伺服的外部输入/输出信号。输入输出信号的内容可以通过输入输出设置参数[PD03]～[PD28]进行变更。

（1）显示操作方式。使用“MODE”按键进入诊断画面，如图 6-24 所示，按“UP”键 2 次切

换到外部输入/输出信号显示界面，此时驱动器上的LED会显示外部输入/输出信号ON/OFF的状态。

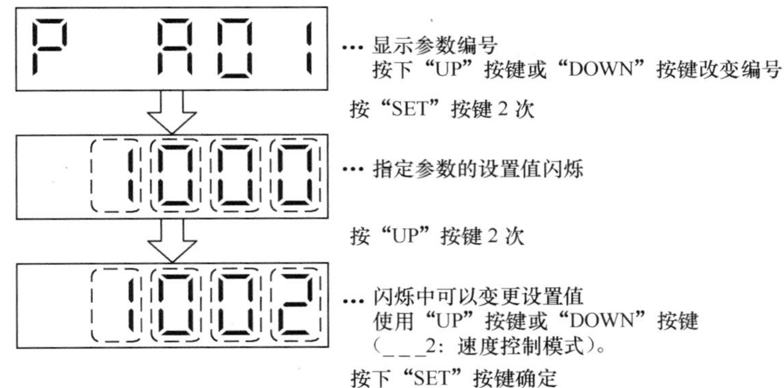

（a）5位数及以上参数的修改

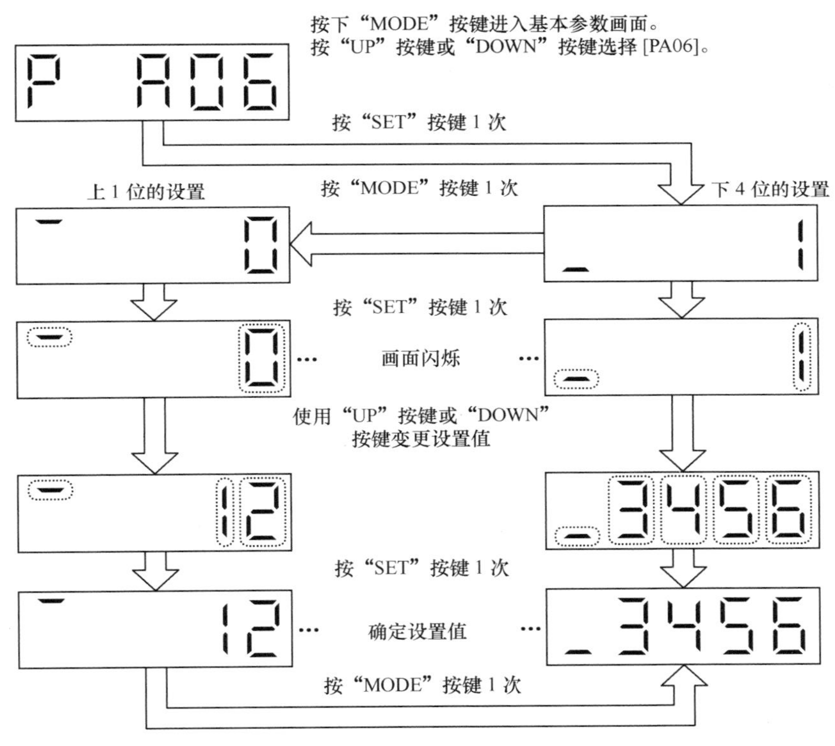

（b）6位数及以上参数的修改

图6-23　设置参数的操作方法

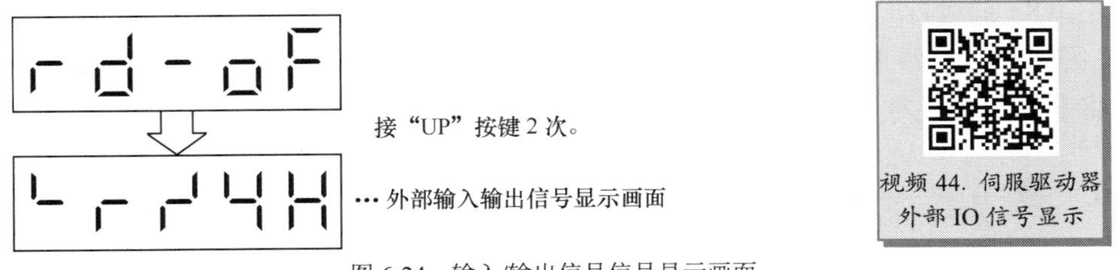

图6-24　输入/输出信号信号显示画面

（2）显示内容。外部输入/输出的状态监控是通过7段数码管各个段的亮灭来表示的。由

7 段数码管组成的 LED 的显示数字每段对应 CN1 接头的引脚，其对应关系如图 6-25 所示。图 6-25 所示数码管的中间横线为常亮，其上部表示输入引脚对应的信号，下部表示输出引脚对应的信号。对应引脚位置的 LED 指示灯亮表示对应信号 ON，灯灭表示对应信号 OFF。至于各个引脚表示何种信号，则由各引脚对应的 PD 参数定义。例如，输入引脚 CN1-15 固定为 SON 信号输入。图 6-25 中 SON 对应的段（中间数码管上部右段）灯亮，表示 SON 信号为 ON，伺服开启，而灯灭，表示 SON 信号为 OFF，伺服停止状态。

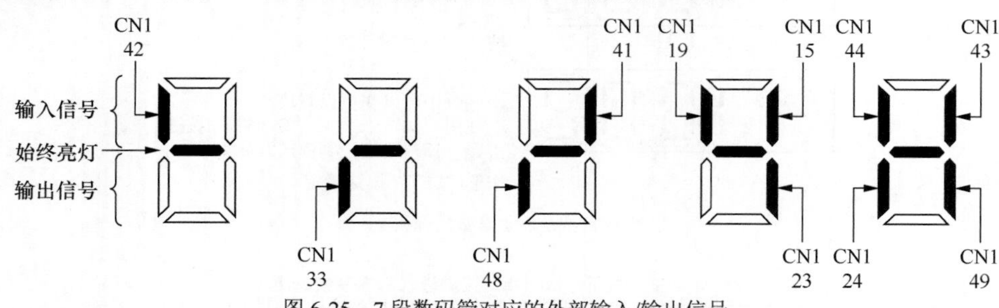

图 6-25　7 段数码管对应的外部输入/输出信号

五、伺服电机的试运行

操作显示面板的试运行操作是指伺服电机在驱动器并无实际输出指令（指令脉冲及指令信号输入）的情况下，可以对伺服电机进行一次定位操作试运行，用来测试伺服系统本身的运行情况确认，而不是对外部机械装置的运行情况进行确认。因此，在试运行时，不需要连接机械装置。

视频 45. 伺服电机的点动试运行操作

1．接线

如图 6-26 所示，首先将单相电源通过接触器的主触点接到伺服驱动器的 L1、L3 端子上，U、V、W 接伺服电机，将伺服编码器的接口插到 CN2 上，将 24V 电源的正极接到 DICOM 引脚上，24V 电源的负极接到 DOCOM 的引脚上。合上断路器的电源开关，按下上电按钮 SB1，接触器的主触点闭合，此时伺服驱动器显示报警信息 AL E6.1。用紧急停止按钮 SB0 或导线将 EM2 端与 DOCOM 端相连接，报警信息清除。

注　意

试运行只有使伺服开启信号（SON）为 OFF 后才能进行，因此图 6-26 中的 SON 不接开关。试运行在发生动作异常时，使用紧急停止信号 EM2 停止。

2．参数设置

使用 JOG 试运行时，需要将 EM2、正转行程终端 LSP 和反转行程终端 LSN 等信号设置成 ON。因此，紧急停止信号 EM2 在图 6-26 中必须通过常闭按钮实现 ON，而 LSP、LSN 信号通过将 PD01 设置为“_ C _ _”，可以自动闭合，不需要从外部输入引脚接行程开关。

注　意

此时不要开启 SON，否则图 6-27 中的第一行会显示 RD-ON，此时不能进行试运行的操作。

3．运行操作

（1）连续按 2 次“MODE”按键进入诊断画面，此时显示 RD-OF。按照图 6-27 所示的步骤选择点动运行或者无电机运行。

（2）JOG 试运行。按下“UP”按键时，伺服电机以 200r/min 正转，按下“DOWN”按键时，伺服电机以 200r/min 反转，正反转的加减速时间为 1 000ms。松开“UP”按键或“DOWN”按键时，伺服电机停止。试运行的速度以及加减速时间均为出厂设定值，且不能用操作显示面板修改。试运行正确的话，确认电机编码线和电机线连接无误。

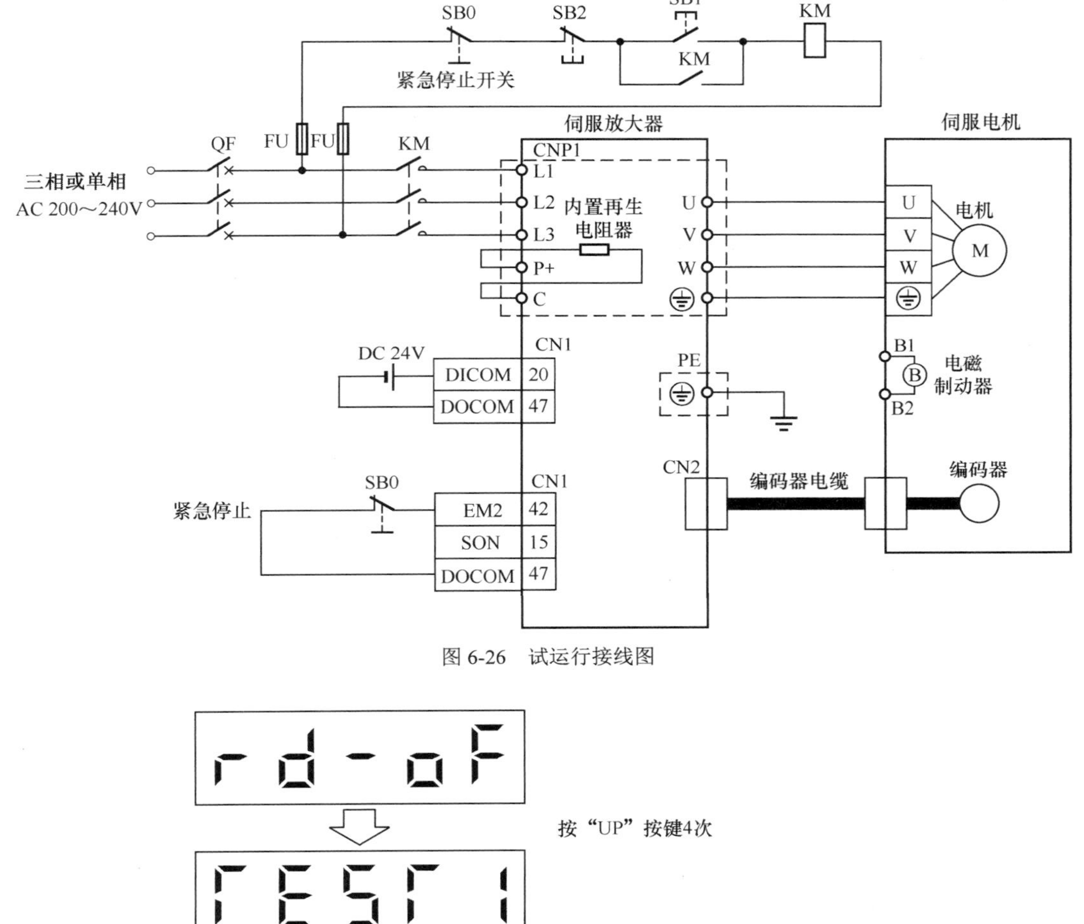

图 6-26　试运行接线图

rd-oF

按“UP”按键4次

rESr1

按“SET”按键2s以上

d-01

… 进入此画面后就可以进行JOG运行

进入试运行模式后开始闪烁

图 6-27　试运行选择画面

（3）JOG 运行结束。在结束 JOG 运行时，先关断一次电源或者按下“MODE”按键进入下一个画面，然后再按住“SET”按键 2 s 以上。

知识拓展——主流伺服驱动器介绍

德国MANNESMANN的Rexroth公司的Indramat分部在1978年汉诺威贸易博览会上正式推出MAC永磁交流伺服电动机及其驱动系统，这标志着新一代交流伺服技术已进入实用化阶段。到20世纪80年代中后期，各公司都已有完整的系列产品。整个伺服装置市场都转向交流伺服系统。早期的模拟控制系统在诸如零漂、抗干扰、可靠性、精度和柔性等方面存在不足，不能完全满足运动控制的要求，近年来随着微处理器、新型数字信号处理器（DSP）的应用，出现了数字控制系统，控制部分可完全由软件实现。

到目前为止，高性能的伺服系统大多采用永磁同步交流伺服电动机，控制驱动器多采用快速、准确定位的全数字位置伺服系统。伺服驱动技术作为数控机床、工业机器人及其他产业机械控制的关键技术之一，在国内外普遍受到关注。在我国伺服驱动器的市场上，主要以日系品牌为主，原因在于日系品牌较早进入中国，性价比相对较高，而且日系伺服系统比较符合中国人的一些使用习惯。欧美伺服产品占有量居第二位，且其占有率不断升高，特别是在一些高端应用场合更为常见，欧美伺服产品的性能较好，价格较高，在一定程度上减少了其应用范围。国产的伺服系统与国外品牌相比，性能差距较大，其风格大多与日系品牌类似，价格较低，在一些低端应用场合较常见，但最近几年国产伺服产品的进步很大。国内外一些常用的伺服品牌如下。

1．日本品牌

日系品牌主要有安川YASKAWA、三菱MITSUBSHI、欧姆龙OMRON、富士FUJI、法那科FANUC等。

安川公司是国际上最早研发、生产交流伺服的厂家之一，其产品主要分Σ-Ⅰ、Σ-Ⅱ、Σ-Ⅲ、Σ-Ⅴ四大系列，目前Σ-Ⅰ和Σ-Ⅱ（除大容量以外）已停产。Σ-Ⅴ系列在国内受众最为广泛。

三菱伺服放大器应用比较广泛，不但可以用于工作机械和一般工业机械等需要高精度位置控制和平稳速度控制的应用，也可用于速度控制和张力控制的领域。三菱公司的伺服驱动器主要有MR-J2S系列、MR-E系列、MR-J3系列、MR-ES系列，2013年推出了全新的MR-JE系列。

2．欧美品牌

欧美品牌主要有德国的西门子SIEMENS、伦茨Lenze、力士乐REXROTH、博世BOSCH、百格BERGER LAHR；美国的AB、GE、Rockwell；瑞士的ABB等。

西门子公司SINAMICS V60和V80是通过脉冲实现位置控制和简单参数设定的小型伺服驱动系统；SINAMICS V90是具有位置控制、速度控制、转矩控制等多种控制方式的基本伺服驱动器；SINAMICS S110、S120、S150系列为高性能复杂驱动系统。

3．国产品牌

国产品牌主要有台达、东元、和利时、华中数控、广州数控等。

国产全数字式伺服驱动器基本自主开发成功，但产业化方面比较滞后，尚未形成商品化和批量生产能力。近几年，随着国内电机制造能力的空前提升，交流伺服技术也逐渐被越来越多的厂家所掌握，加上交流伺服系统上游芯片和各类功率模块的不断推陈出新和智能化，国内伺服驱动器厂家在短短的不足10年时间里实现了从起步到全面扩展的发展态势。比如数控系统企业中的广州数控，电机和驱动企业中的南京埃斯顿、桂林星辰、东元、珠海运控、和利时电机，运动控制相关企业中的深圳步科、杭州中达，乃至以变频器为龙头产品的台达、汇川等都已纷纷投身伺服产业并实现了批量化生产。

思考与练习

一、填空题

1．伺服系统主要由________、________、________和________4 部分组成。

2．伺服电机可以将电压信号转化为________和________输出，以驱动控制对象。

3.三菱伺服驱动器的控制模式主要有________模式、________模式和________模式三种。

4．伺服系统常用________来检测转速和位置。

5.伺服驱动器的功能是将工频交流电源转换成________和________均可变的交流电源提供给伺服电动机。

6．伺服驱动器的数字量输入端可分为________输入方式和________输入方式。

7.伺服驱动器工作在速度控制模式时，通过控制输出电源的________来对电动机进行调速；当工作在位置控制模式时，根据________________来确定伺服电机转动的速度，通过来确定伺服电机转动的角度。

二、选择题（将正确答案的序号填入括号内）

1．伺服电动机将输入的电压信号变换成（　　），以驱动控制对象。

A．动力　　B．转矩　　C．电流　　D．角速度和角位移

2．当伺服系统工作在位置控制模式时，需要使用（　　）输入信号，用来控制伺服电机运动的位移和方向。

A．电流　　B．电压　　C．脉冲　　D．角速度

3.伺服电机内部通常引出两组电缆，一组与电动机内部绕组连接，另一组电缆与（　　）连接。

A．编码器　　B．伺服驱动器　　C．步进驱动器　　D．三相电源

4．三菱的 PLC 与三菱 MR-JE-10A 的伺服驱动器的数字输入端相连接时，伺服驱动器应该采用（　　）输入方式。

A．源型　　B．漏型　　C．差动　　D．集电极开路

三、简答题

1．交流伺服电动机的转子与普通电机相比，有什么特点？

2．三菱伺服驱动器 MR-JE-20A 的端子见图 6-15，指出哪些是控制电路的端子，并写出各端子的功能。

任务 6.2　伺服电机的多段速控制

任 务 导 入

利用 PLC 控制伺服电机，按下启动按钮后，先以 1 000r/min 的速度运行 10s，接着以 800r/min 的速度运行 20s，再以 1 500r/min 的速度运行 25s，然后反向以 900r/min 的速度运行 30s，85s 后重复上述运行过程。在运行过程中，按下停止按钮，伺服电机停止运行。

相关知识

一、速度控制模式的接线图

使用漏型输入、输出接口时，速度控制模式的接线图如图6-28所示，ST1和ST2控制伺服电机正反转。从图中可以看出，速度的控制方式有两种，一种是通过P15R、VC和LG管脚上接的电位器按照模拟量设定的速度运行，另外一种方式是通过速度选择端 SP1、SP2、SP3按照内部速度指令设定的速度运行。TLA和LG引脚之间加载DC 0V～±8V的电压，在±8V下输出最大转矩。当在TLA中输入大于最大转矩的限制值时，将在最大转矩下被夹紧。

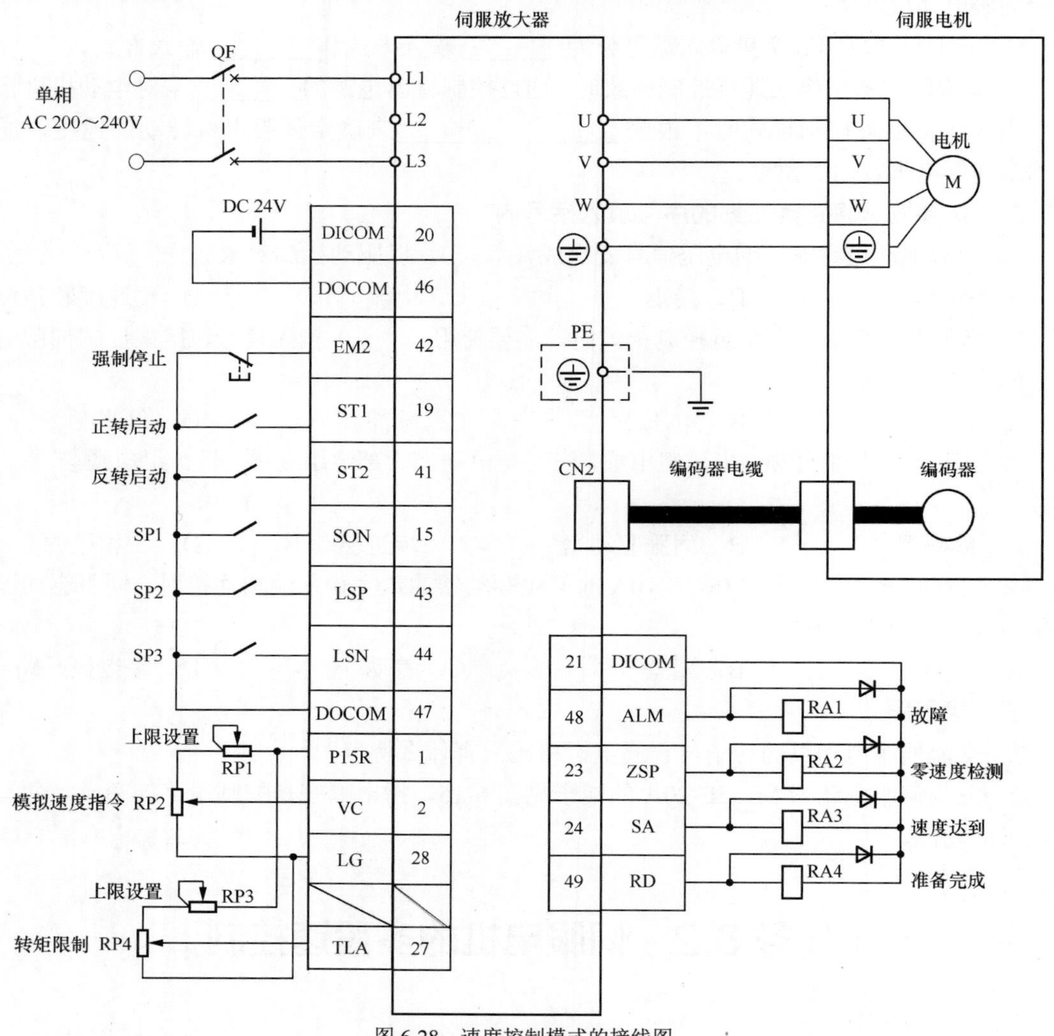

图6-28　速度控制模式的接线图

① 伺服系统运行时，务必将EM2（强制停止2）设为ON。

② 速度控制模式运行时，务必将SON（伺服开启）、LSP（正转行程末端）以及LSN（反转行程末端）设为ON，由于伺服驱动器的数字量输入信号有限，所以在图6-28中设置PD01=0C04（其设定请参考表6-9），SON、LSP、LSN内部自动置ON。

③ ALM（故障）在没有发生报警时为ON。④在输入负电压时，请使用外部电源。

图 6-28 的输出有 4 个信号，分别表示 ALM 故障、ZSP 零速度检测、SA 速度达到、RD 准备完成等。

（1）ALM 故障引脚：接中间继电器 RA1 的线圈或指示灯，发生警报时 ALM 断开。将 PD34 设置为“_ _ 1 _”时，在没有发生报警时，开启电源 2.5～3.5 s 之后，ALM 将会闭合，如果发生报警或警告，则 ALM 将会断开。

（2）ZSP 零速度检测引脚：伺服电机转速在零速度以下时，ZSP 闭合。零速度可以在 PC17（对零速度检测的输出范围内设置）中变更。

（3）SA 速度到达：伺服电机的转速达到按照内部速度指令或者模拟速度指令设定的转速附近时，SA 闭合。设置速度在 20 r/min 以下时将始终为闭合。

（4）RD 准备完成：伺服开启，进入可运行状态，RD 闭合。

速度控制模式的源型输入输出的接线方法请参考《MR-JE-_A 伺服放大器使用说明书》。

二、速度控制方式

1. 模拟速度指令控制方式

伺服驱动器通过 VC（模拟速度指令）的加载电压设置的速度运行，此种方法需要将电位器接在 P15R、VC 和 LG 引脚上，将正反转启动开关接在 ST1 和 ST2 引脚上，如图 6-29 所示。

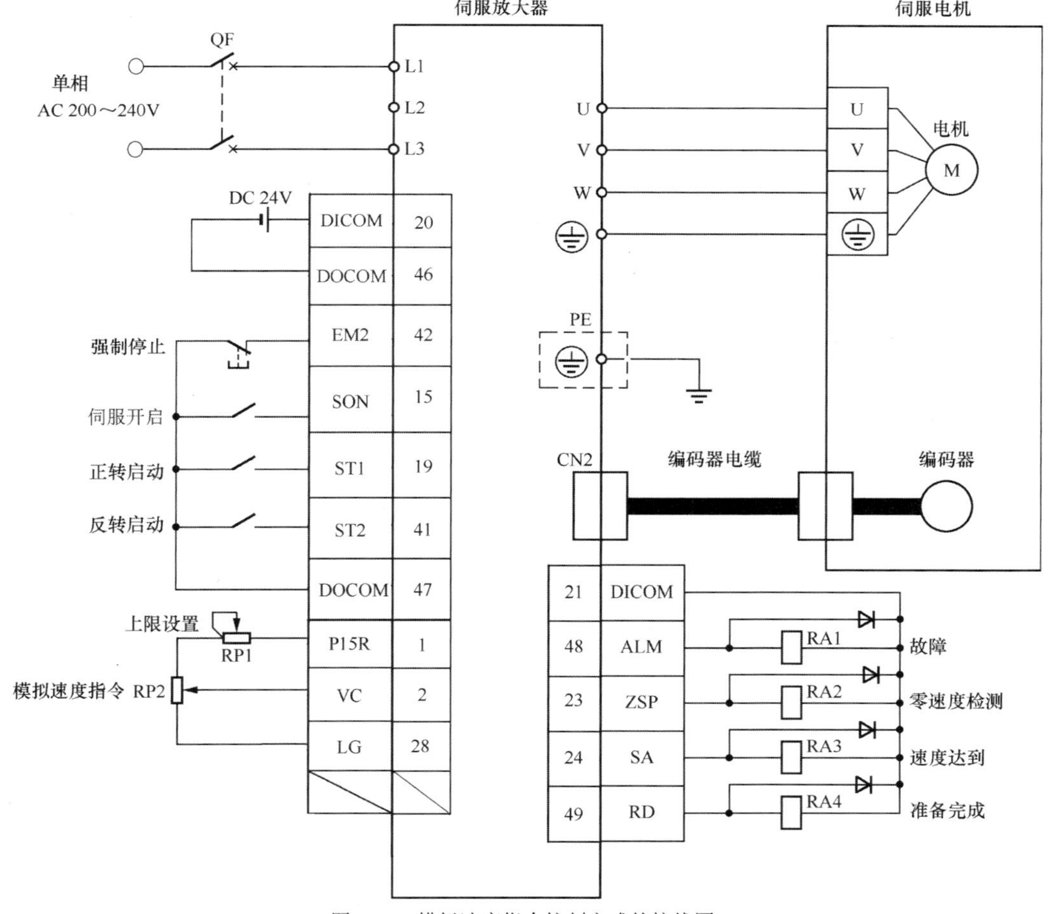

图 6-29　模拟速度指令控制方式的接线图

首先闭合 SON，接着闭合正转启动开关 ST1 或反转启动开关 ST2，伺服电机开始运行，此时调节电位器的大小，就可以调节加在 VC 和 LG 之间的电压，从而调节伺服电机的速度。P15R 对外提供一个 15V 的电压，而 VC 和 LG 之间的模拟量给定电压为 0~±10V，即 VC 上最高电压为 10V，为了不使 VC 上所加电压超过 10V，在图 6-29 中接了 RP1 和 RP2 两个电位器，RP1 在这里起分压作用。在输入负电压时，必须使用外部电源。

VC（模拟速度指令）的加载电压与伺服电机转速的关系如图 6-30 所示。伺服电机旋转分为顺时针和逆时针，则对应的输入电压应分为+10V 和−10V。在初始设置下，±10V 对应额定转速，±10V 时的转速可以在 PC12 中变更。

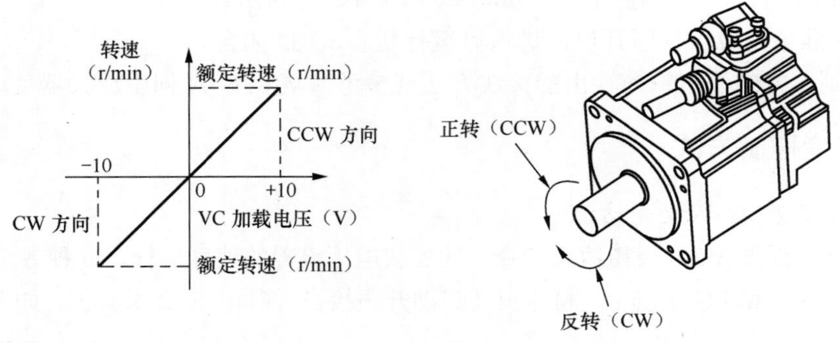

（a）给定电压与转速的关系　　（b）电机旋转方向示意图

图 6-30　给定电压与转速关系示意图

用正转启动信号 ST1 和反转启动信号 ST2 决定旋转方向，其旋转方向如表 6-8 所示，其中 0 表示 OFF，1 表示 ON，CCW 表示正转，CW 表示反转。

表 6-8　　速度控制模式下的电机旋转方向

输入设备		旋转方向			
ST2	ST1	VC（模拟速度指令）			
		+极性	0V	−极性	内部速度指令
0	0	停止（伺服锁定）	停止（伺服锁定）	停止（伺服锁定）	停止（伺服锁定）
0	1	CCW	停止（伺服锁定）	CW	CCW
1	0	CW	停止（伺服锁定）	CCW	CW
1	1	停止（伺服锁定）	停止（伺服锁定）	停止（伺服锁定）	停止（伺服锁定）

要实现模拟速度指令的调速控制，连续按“MODE”键直到出现 PA01 的参数设置画面，然后按照表 6-9 所示的数据设置参数，表 6-9 中在“设定位”的 “x”处输入数值，标“*”的参数必须断电之后才能生效。

表 6-9　　模拟速度指令实现速度控制的参数设置

参数/缩写	名称	出厂值	设定值	说　明
PA01 *STY	控制模式选择	1000	1 002	PA01 是控制模式选择参数，其设定位为_ _ _x，在 x 处可以输入以下数值。 0：位置控制模式 1：位置控制模式与速度控制模式 2：速度控制模式 3：速度控制模式与转矩控制模式 4：转矩控制模式 5：转矩控制模式与位置控制模式

续表

参数/缩写	名称	出厂值	设定值	说　明
PC01 STA	加速时间常数	0（ms）	1 000（ms）	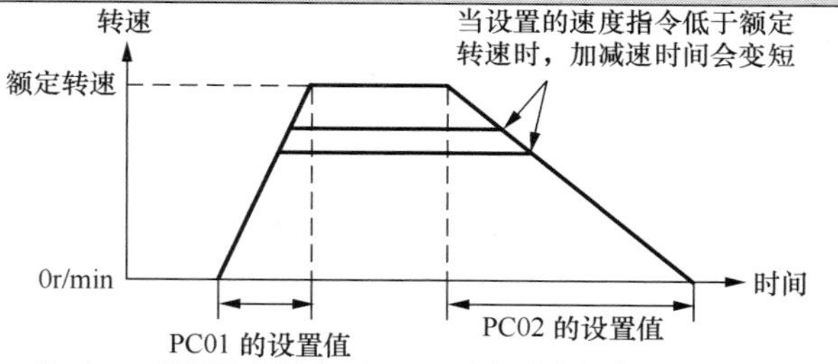 转速 当设置的速度指令低于额定转速时，加减速时间会变短 额定转速 0r/min 时间 PC01 的设置值 PC02 的设置值 针对 VC(模拟速度指令)及 PC05 内部速度指令 1 到 PC11 内部速度指令 7，对从 0 r/min 开始到达到额定转速的加速时间进行设置，设置范围为 0～50 000ms
PC02 STB	减速时间常数	0（ms）	1 000（ms）	针对 VC (模拟速度指令) 及 PC05 内部速度指令，1 到 PC11 内部速度指令 7，对从额定转速到 0 r/min 的减速时间进行设置，设置范围为 0～50 000ms。
PC12 VCM	模拟速度指令最大转速	0（r/min）	0（r/min）	对 VC（模拟速度指令）的输入最大电压（10V）下的转速进行设置。当设置为 0 时，其将设定为所连接伺服电机的额定转速。 当在 VC 中输入大于容许转速的指令值时，则将在容许转速下被夹紧
PD01 *DIA1	选择自动开启的输入信号	0h	0C00	LSP、LSN 内部自动置 ON，根据下面的说明，在_ x _ _的设定位 x 处应该输入二进制数 1100，转换为十六进制就是在 x 处输入十六进制数 C 设定位_ _ _ x（HEX）： _ _ _ x （BIN）：厂商设定用 _ _ x _（BIN）：厂商设定用 _ x _ _（BIN）：SON (伺服开启) 0：无效 (在外部输入信号中使用) 1：有效 (自动开启) x _ _ _（BIN）：厂商设定用 设定位_ x _ _（HEX）： _ _ _ x（BIN）：厂商设定用 _ _ x _（BIN）：厂商设定用 _ x _ _ （BIN）：LSP（正转冲程结束） 0：无效（在外部输入信号中使用） 1：有效（自动开启） x _ _ _ （BIN）：LSN（反转冲程结束） 0：无效（在外部输入信号中使用） 1：有效（自动开启）
PD03 *DI1L	输入信号选择	02_ _	02_ _	可以将任意的输入设备分配到 CN1-15 针上。其设定位为 x x _ _，根据表 6-3 和表 6-4，在 x 处输入 02，将 15 针的功能设定为 SON 伺服开启功能
PD11 *DI5L	输入信号选择	07_ _	07_ _	CN1-19 引脚能够有任意输入信号。速度控制模式时，其设定位为 x x _ _，根据表 6-3 和表 6-4，在 x 处输入 07，将 15 针的功能设定为 ST1 正转启动功能
PD13 *DI6L	输入信号选择	08_ _	08_ _	CN1-41 引脚能够有任意输入信号。速度控制模式时，其设定位为 x x _ _，根据表 6-3 和表 6-4，在 x 处输入 08，将 41 针的功能设定为 ST2 反转启动功能
PD24	输出信号选择	0Ch	_ _0C	CN1-23 引脚能够有任意输出信号。其设定位为_ _ x x，根据表 6-5 和表 6-6，在 x 处输入 0C，将 23 针的功能设定为 ZSP 零速度检测功能
PD25	输出信号选择	04h	_ _04	CN1-24 引脚能够有任意输出信号。其设定位为_ _ x x，根据表 6-5 和表 6-6，在 x 处输入 04，将 24 针的功能设定为 SA 速度到达功能
PD28	输出信号选择	02h	_ _02	CN1-49 引脚能够有任意输出信号。其设定位为_ _ x x，根据表 6-5 和表 6-6，在 x 处输入 02，将 49 针的功能设定为 RD 准备完成功能

2. 内部速度指令的控制方式

内部速度指令控制方式的接线如图 6-31 所示，将伺服驱动器的数字量输入引脚设置为

SP1（速度选择 1）、SP2（速度选择 2）及 SP3（速度选择 3）的功能，即在 PD03～PD20 参数中将其值设置为 20（SP1）、21（SP2）、22（SP3），通过这 3 个输入引脚的不同组合，就可以控制伺服电机实现 7 段速（7 个速度设置在 PC05～PC11 中）控制，其控制状态如表 6-10 所示。当 SP1、SP2、SP3 全部为 0 时，伺服电机的速度通过模拟量速度指令 VC 给定。

表 6-10　　7 段速控制状态

输入信号			速度指令
SP3	SP2	SP1	
0	0	0	VC（模拟速度指令）
0	0	1	PC05（内部速度指令 1）
0	1	0	PC06（内部速度指令 2）
0	1	1	PC07（内部速度指令 3）
1	0	0	PC08（内部速度指令 4）
1	0	1	PC09（内部速度指令 5）
1	1	0	PC10（内部速度指令 6）
1	1	1	PC11（内部速度指令 7）

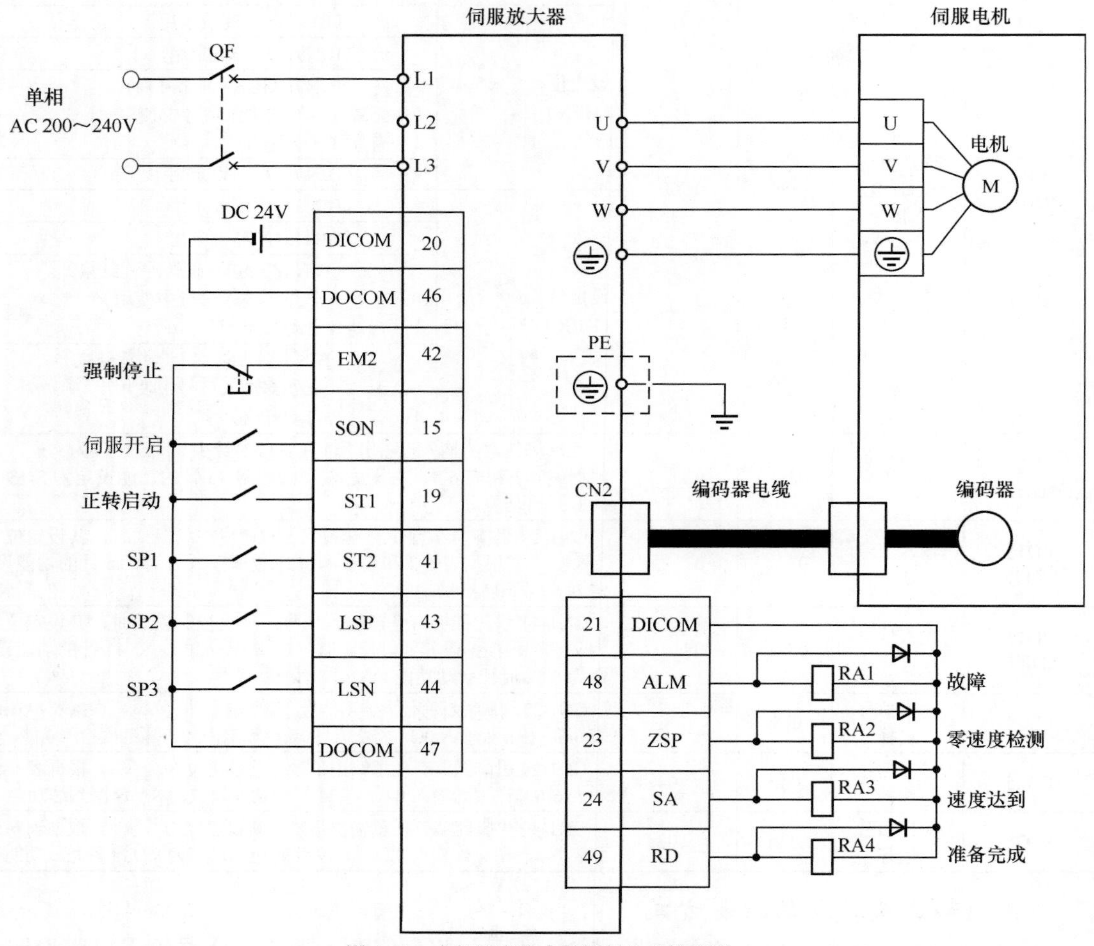

图 6-31　内部速度指令的控制方式接线图

【例 6-1】用按钮和开关控制伺服电机实现 7 段速运行，运行速度分别为：500r/min、600 r/min、700 r/min、800 r/min、900 r/min、1 000 r/min、1 100 r/min。

视频 46. 用按钮和开关实现伺服电机的 7 段速运行

解：（1）首先按照图 6-31 接线。

（2）参数设置。7 段速控制的参数设置如表 6-11 所示。表 6-11 中标“*”的参数必须断电之后才能生效。

表 6-11 7 段速控制的参数设置

参数/缩写	名　称	出厂值	设定值	说　明
PA01 *STY	控制模式选择	1000	1002	设置成速度控制模式
PC01 STA	加速时间常数	0000	1000	从 0 r/min 开始到达到额定转速的加速时间，设置范围为 0～50 000ms
PC02 STB	减速时间常数	0000	1000	从额定转速到 0 r/min 的减速时间，设置范围为 0～50 000ms
PC05 SC1	内部速度指令 1	100	500	设定内部速度指令的第 1 速度
PC06 SC2	内部速度指令 2	500	600	设定内部速度指令的第 2 速度
PC07 SC3	内部速度指令 3	1000	700	设定内部速度指令的第 3 速度
PC08 SC4	内部速度指令 4	200	800	设定内部速度指令的第 4 速度
PC09 SC5	内部速度指令 5	300	900	设定内部速度指令的第 5 速度
PC10 SC6	内部速度指令 6	500	1000	设定内部速度指令的第 6 速度
PC11 SC7	内部指令速度 7	800	1100	设定内部速度指令的第 7 速度
PD01 *DIA1	输入信号自动 ON 选择	0000	0C00	LSP、LSN 内部自动置 ON
PD03 *DI1L	输入信号选择	02_ _	02_ _	在速度模式把 CN1-15 脚改成 SON
PD11 *DI5L	输入信号选择	07H	07_ _	在速度模式把 CN1-19 脚改成 ST1
PD13 *DI6L	输入信号选择	08H	20_ _	在速度模式把 CN1-41 脚改成 SP1
PD17 *DI8L	输入信号选择	0AH	21_ _	在速度模式把 CN1-43 脚改成 SP2
PD19 *DI9L	输入信号选择	0BH	22_ _	在速度模式把 CN1-44 脚改成 SP3

（3）运行操作。

① EM2 一直闭合，把表 6-11 中的参数设置到伺服驱动器中，关闭电源，重新开启电源，设置的参数才能生效。

闭合 SON 开关，伺服开启，由于 LSP 和 LSN 内部自动置 ON，此时闭合 ST1 开关，选择正转，接通伺服驱动器电源时，其显示部分先显示 r（r，伺服电机转速）之后，将会在 2 s 后显示数据 0。按照表 6-10 操作 SP1、SP2、SP3 开关，伺服驱动器显示部分会显示不同的速度，从而实现伺服电机的 7 段速运行。

注 意

- EM2（强制停止）、SON（伺服开启）、LSP（正转行程末端）、LSN（反转行程末端）必须闭合。
- 由于采用漏型输入接口，DICOM 接直流 24V 电源的正极，DOCOM 接 24V 电源的负极。如果采用源型输入接口，DICOM 接直流 24V 电源的负极，DOCOM 接 24V 电源的正极。
- 在设置参数时，按表 6-11 的步骤依次设置各值，之后，再显示为 r 时，关闭电源，重新上电。

② 将 ST1 和 SON 都断开，伺服电机停止运行。

任务实施

【训练工具、材料和设备】

三菱 FX_{2N}-32MT 的 PLC1 台、三菱 MR-JE-10A 伺服驱动器 1 台、三菱交流伺服电机（输入三相交流：111V、1.4A，输出 200W，3000/min）1 台、《三菱 MR-JE 系列伺服驱动器手册》、开关和按钮若干、通用电工工具 1 套。

视频 47. 用 PLC 实现伺服电机的多段速运行

1. 硬件电路

由于三菱 PLC 的输出是 NPN 型，因此伺服驱动器采用漏型输入接线方式，伺服电机多段速控制的电路如图 6-32 所示。

注 意

必须把 PLC 输出端的 COM1 和 COM2 与伺服驱动器的 DOCOM 连接在一起，以组成一个回路。

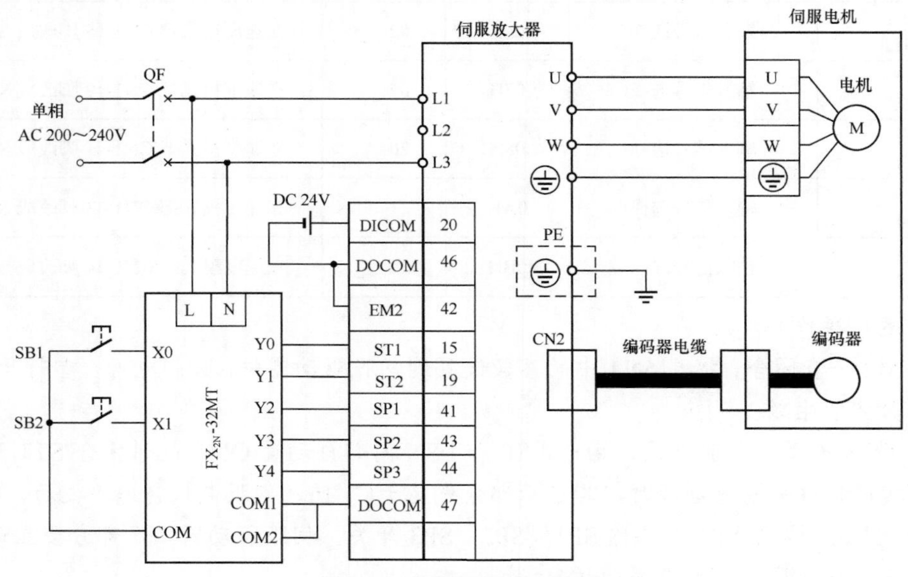

图 6-32 多段速控制的电路图

2. 参数设置

多段速控制的参数设置如表 6-12 所示。速度控制模式中 SON、LSP 和 LSN 必须处于闭合状态，伺服电机才能运行，因此在表 6-12 中，设置 PD01=0C04，使 SON、LSP 和 LSN 在内部自动为 ON。

表 6-12 伺服电机的多段速控制参数设置表

参数/缩写	名 称	出厂值	设定值	说 明
PA01 *STY	控制模式选择	1000	1002	设置成速度控制模式
PC01 STA	加速时间常数	0000	1000	设置加速时间为 1 000ms
PC02 STB	减速时间常数	0000	1000	设置减速时间为 1 000ms
PC05 SC1	内部速度指令 1	100	1000	设定内部速度指令的第 1 速度
PC06 SC2	内部速度指令 2	500	800	设定内部速度指令的第 2 速度
PC07 SC3	内部速度指令 3	1000	1500	设定内部速度指令的第 3 速度
PC08 SC4	内部速度指令 4	200	900	设定内部速度指令的第 4 速度
PD01 *DIA1	输入信号自动 ON 选择	0000	0C04	SON、LSP、LSN 内部自动置 ON
PD03 *DI1L	输入信号选择	02H	07_ _	在速度模式把 CN1-15 脚改成 ST1
PD11 *DI5L	输入信号选择	07H	08 _ _	在速度模式把 CN1-19 脚改成 ST2
PD13 *DI6L	输入信号选择	08H	20 _ _	在速度模式把 CN1-41 脚改成 SP1
PD17 *DI8L	输入信号选择	0AH	21 _ _	在速度模式把 CN1-43 脚改成 SP2
PD19 *DI9L	输入信号选择	0BH	22 _ _	在速度模式把 CN1-44 脚改成 SP3

注 意

对于速度控制模式，在表 6-12 中，PD03~PD19 参数的前两位是设定位。

3. 程序设计

因为该控制要求是典型的顺序控制，所以采用顺序功能图编写程序更加简单、易懂，由顺序功能图转换成的程序如图 6-33 所示。

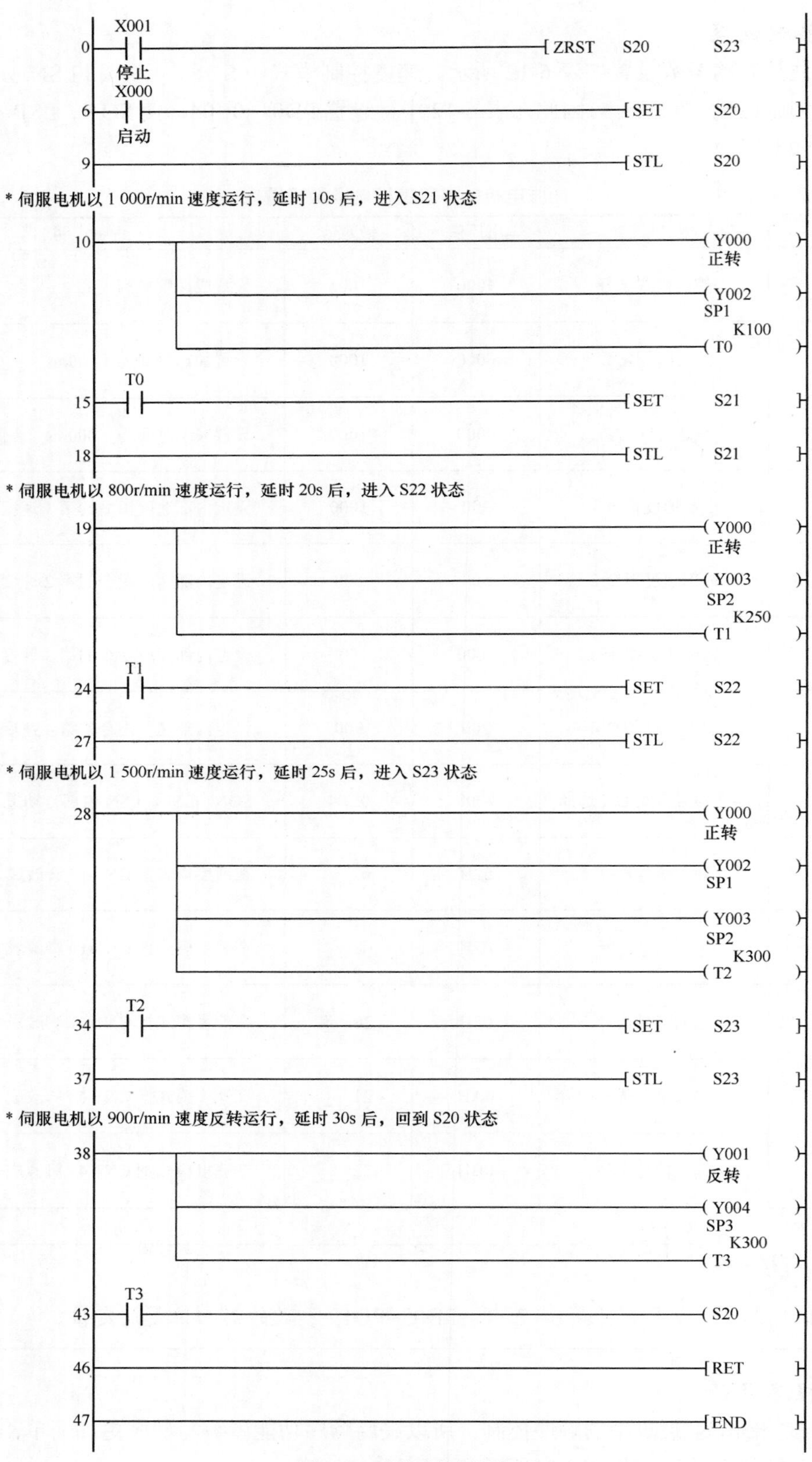

图 6-33　多段速控制程序

4．运行操作

（1）按照图 6-32 将 PLC 与伺服驱动器连接起来。

（2）将图 6-32 中的断路器合上，PLC 和伺服驱动器通电。

（3）将表 6-12 中的参数设置到伺服驱动器中，参数设置完毕后断开 QF，再重新合上 QF，刚才设置的参数才会生效。

（4）将图 6-33 中的程序下载到 PLC 中。

（5）按下启动按钮 SB1（X0=1），伺服电机开始以 1 000r/min 的速度正转运行，10s 后，以 800r/min 的速度继续正转运行 20s，接着以 1 500r/min 的速度运行 25s，然后以 900r/min 的速度反转运行 30s 后回到 S20 的状态，继续下一个周期的运行。

按下停止按钮 SB2（X1=1），伺服电机停止。

在运行过程中，可以通过编程软件上的“程序状态监控”功能，监控 PLC 的运行状态。

如果在运行过程中，伺服电机不运行或者运行的速度不正确，首先检查参数设置有没有问题，如果参数设置没有问题，就按照图 6-32 检查伺服驱动器的输入信号是否接线正确。

思考与练习

1．如果伺服电机需要进行正反转速度控制，如何接线和设置参数？

2．如果将 LSP 和 LSN 设置为 OFF，伺服电机会怎样运行？

3．按下启动按钮，伺服电机按图 6-34 所示的速度曲线循环运行，速度①为 0，速度②为 1 000r/min，速度③为 800r/min，速度④为 1 500r/min，速度⑤为 0，速度⑥为−300r/min，速度⑦为 1 200r/min。按下停止按钮，电机马上停止。当出现故障报警信号时，系统停止运行，报警灯闪烁。试画出 PLC 控制伺服驱动器的接线图，设置相关参数并编写控制程序。

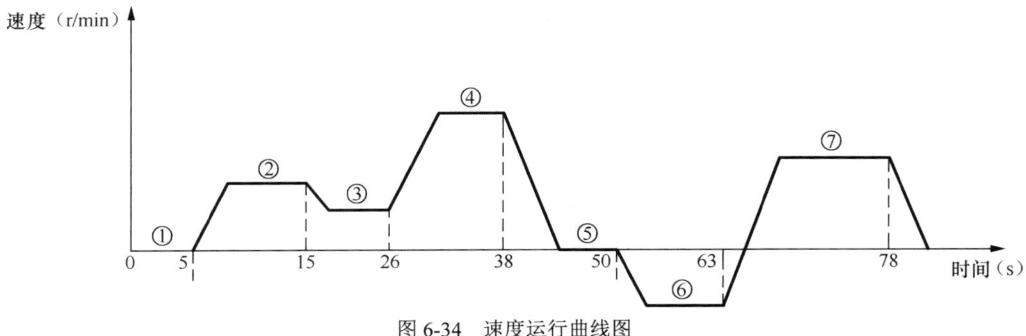

图 6-34　速度运行曲线图

任务 6.3　伺服电机的转矩控制

任务导入

图 6-35 所示为卷纸机结构示意图。在卷纸时，压纸辊将纸压在托纸辊上，卷纸辊在伺服电机的驱动下卷纸，托纸辊和压纸辊也随之旋转，当收卷的纸达到一定长度时切刀动作，将纸

切断，然后开始下一个卷纸过程。卷纸的长度由与托纸辊同轴旋转的编码器来测量。

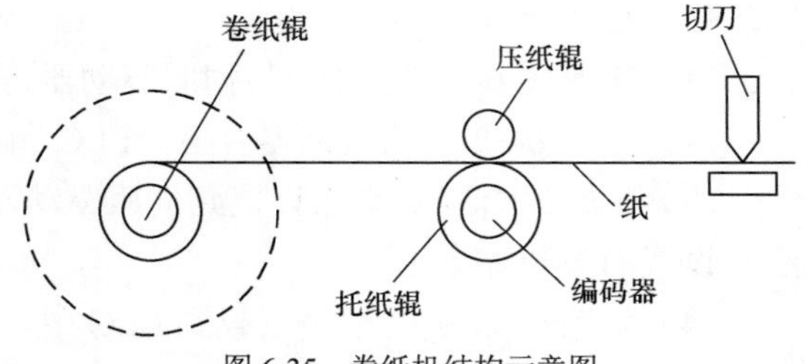

图 6-35　卷纸机结构示意图

卷纸系统由 PLC、伺服驱动器、伺服电机和卷纸机构成，其控制要求如下。

（1）按下启动按钮后，伺服电机驱动卷纸辊开始卷纸，在卷纸过程中，要求卷纸张力保持恒定，即卷纸开始时要求卷纸辊快速旋转，随着卷纸直径不断增大，要求卷纸辊转速逐渐变慢，当卷纸长度达到 100m 时切刀动作，将纸切断。

（2）按下暂停按钮时，卷纸机停止工作，编码器记录的纸长度保持，按下启动按钮后，卷纸机开始工作，在暂停的卷纸长度上继续卷纸，直到 100m 为止。

（3）按下停止按钮时，卷纸机停止工作，不记录停止前的卷纸长度，按下启动按钮后，卷纸机从 0 开始卷纸。

相 关 知 识

扩展视频：伺服电机的转矩控制模式

伺服驱动器转矩控制模式的漏型输入接线方式如图 6-36 所示，图中 TC 和 LG 引脚通过所接电位器加载 0～±8V 的电压，调节电位器就可以改变加在 TC 和 LG 之间的电压，从而调节伺服电机的输出转矩。

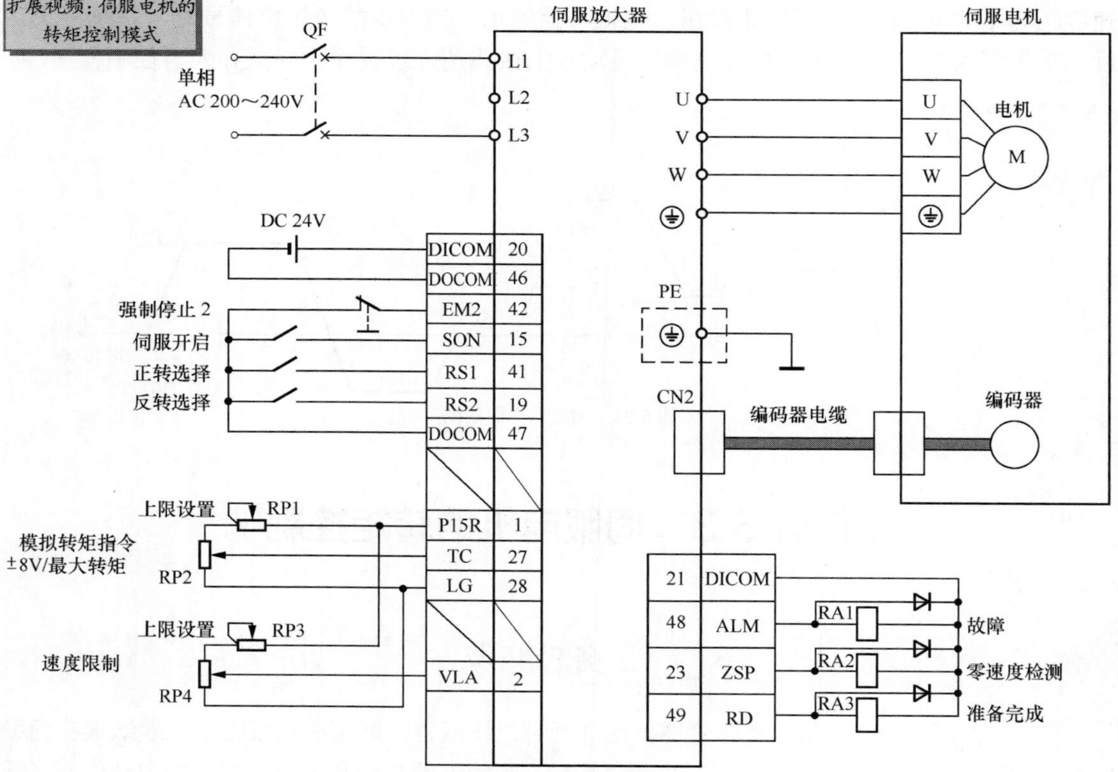

图 6-36　转矩控制模式的接线图

VLA 和 LG 引脚之间的电位器加载 DC 0V～±10V 之间的电压，±10V 时对应通过 PC12 中设置的转速。当在 VLA 中输入大于容许转速的限制值时，将在容许转速下被钳制。

图 6-36 中的 RS1 和 RS2 引脚用来选择伺服电机的输出转矩方向。

1. 转矩控制

（1）转矩指令与输出转矩。

图 6-36 中，通过调节 RP1 和 RP2 电位器，可以使伺服驱动器的 TC 端的加载电压在 0～8V 范围内变化，从而调节伺服电机的转矩。模拟量转矩指令（TC）的输出电压与伺服电机转矩的关系如图 6-37 所示。如果电压较低（−0.05～0.05V）的实际速度接近限制值，则转矩有可能会发生变动，此时需要提高速度限制值。TC 输入电压为正时，输出转矩也为正，驱动伺服电机按逆时针旋转；TC 输出电压为负时，输出转矩也为负，驱动伺服电机按顺时针旋转。

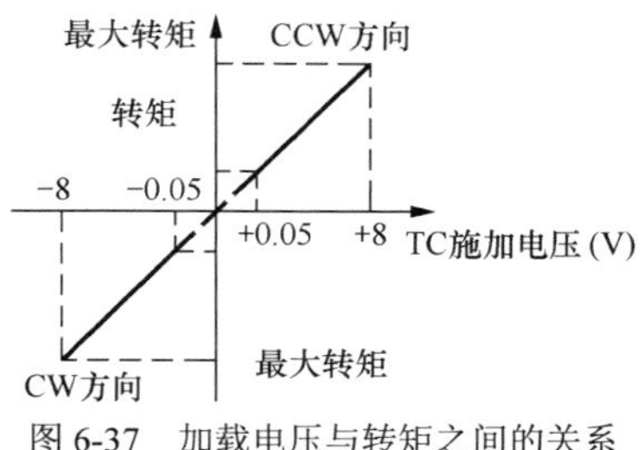

图 6-37　加载电压与转矩之间的关系

在±8V 下产生最大转矩。另外，±8V 输入时对应的输出转矩可以在 PC13 中变更。

使用 TC（模拟转矩指令）时，RS1（正转选择）和 RS2（反转选择）决定转矩的输出发生方向如表 6-13 所示。

表 6-13　转矩控制模式下的电机旋转方向

输入设备		旋转方向		
		TC（模拟转矩指令）		
RS2	RS1	+极性	0V	−极性
0	0	不输出转矩	不发生转矩	不输出转矩
0	1	CCW（正转驱动・反转再生）		CW（反转驱动・正转再生）
1	0	CW（反转驱动・正转再生）		CCW（正转驱动・反转再生）
1	1	不输出转矩		不输出转矩

注：1：ON；0：OFF。

（2）模拟转矩指令偏置。

在 PC38 中针对 TC 模拟电压可以进行图 6-38 所示的−9 999～9 999 mV 的偏置电压的相加。

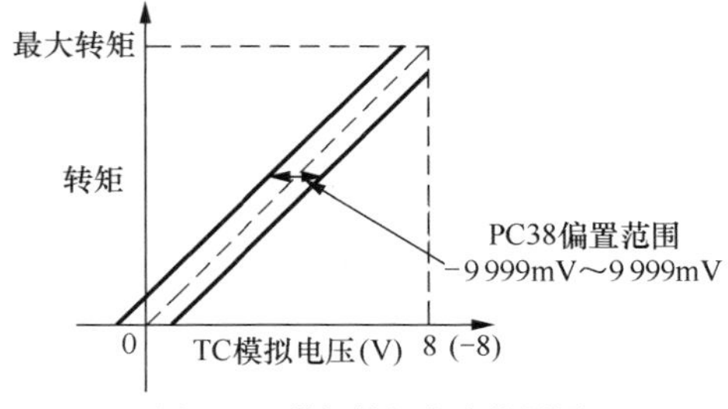

图 6-38　模拟转矩指令偏置图

2. 转矩限制

如果设置 PA11（正转转矩限制）和 PA12（反转转矩限制），则在运行中将会始终限制最大转矩。

3. 速度限制

受到在 PC05（内部速度限制 1）～PC11（内部速度限制 7）中设置的转速或通过 VLA（模拟速度限制）的加载电压设置的转速的限制，当在 PD03～PD20 的设置中，将 SP1（速度选择 1）、SP2（速度选择 2）以及 SP3（速度选择 3）设置为可用时，可以选择 VLA（模拟速度限制）以及内部速度限制 1～7 的速度限制值，见表 6-14。

表 6-14　　转矩控制模式时速度限制值的选择

输入信号			速 度 限 制
SP3	SP2	SP1	
0	0	0	VC（模拟速度限制）
0	0	1	PC05（内部速度限制 1）
0	1	0	PC06（内部速度限制 2）
0	1	1	PC07（内部速度限制 3）
1	0	0	PC08（内部速度限制 4）
1	0	1	PC09（内部速度限制 5）
1	1	0	PC10（内部速度限制 6）
1	1	1	PC11（内部速度限制 7）

VLA（模拟速度限制）的加载电压与伺服电机转速的关系如图 6-39 所示。

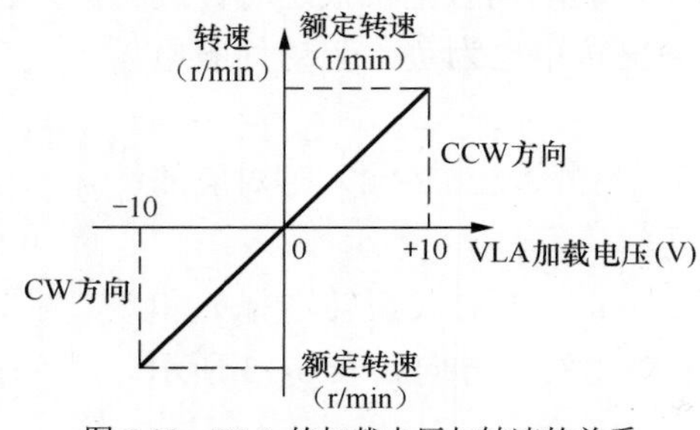

图 6-39　VLA 的加载电压与转速的关系

伺服电机转速达到速度限制值时，转矩控制可能变得不稳定。请将设置值设为大于想要进行速度限制的值 100 r/min 以上。

任务实施

【训练工具、材料和设备】

三菱 FX_{2N}-32MT 的 PLC1 台、三菱 MR-JE-10A 伺服驱动器 1 台、三菱交流伺服电机（输入三相交流：111V、1.4A，输出 200W、3000/min）1 台、《三菱 MR-JE 系列伺服驱动器手册》、开关和按钮若干、通用电工工具 1 套。

1．硬件电路

这是一个收卷系统，要求在收卷过程中受到的张力不变，开始时，收卷直径小，要求伺服电机旋转速度快。当收卷直径逐渐变大时，伺服电机的速度变慢，因此采用转矩控制模式，其接线图如图 6-40 所示。按下启动按钮 SB1（X1），当 Y0 和 Y1 均为 1 时，SON、RS1 端子闭合，通过电位器 RP2 在 TC 和 LG 之间加 0~8V 的电压给定转矩，伺服电机开始运行。在卷纸开始时，伺服驱动器输出的电压信号频率较高，伺服电机的转速较快，随着卷纸辊上的卷纸直径不断增大，伺服驱动器输出的电压信号的频率不断降低，伺服电机速度逐渐下降，卷纸辊的转速变慢，这样可保证卷纸时，卷纸辊对纸的张力保持恒定。当 Y2 为 1 时，SP1 端子闭合，选择速度限制 1，将卷纸辊的速度限定在 PC05（内部速度指令 1）设定值上。在卷纸过程中，PLC 的输入端 X0 不断输入测量卷纸长度编码器送来的脉冲信号，脉冲数越多，表明已收卷的纸张越长，当输入脉冲总数达到一定值时，说明卷纸已经达到指定的长度，此时，PLC 的输出 Y4 为 1，KA 线圈得电，控制切刀动作，将纸张切断，同时，Y0 和 Y1 均变为 0，伺服电机停转，停止卷纸。

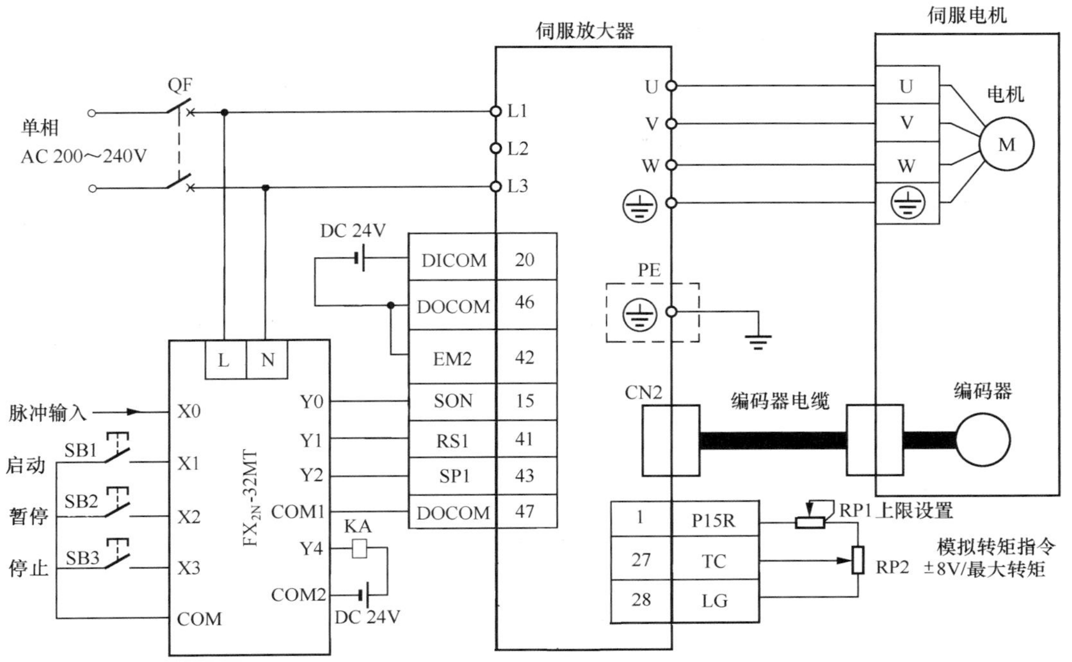

图 6-40　恒张力转矩控制接线图

2．参数设置

参数设置如表 6-15 所示。

表 6-15　　卷纸辊恒张力控制参数设置表

参数/缩写	名　称	出厂值	设定值	说　明
PA01 *STY	控制模式选择	1000	1004	设置成转矩控制模式
PC01 STA	加速时间常数	0000	1000	设置加速时间为 1 000ms
PC02 STB	减速时间常数	0000	1000	设置减速时间为 1 000ms
PC05 SC1	内部速度限制 1	100	1100	设定内部速度限制的第 1 速度
PC13 TLC	模拟转矩指令最大输出	100.0	100.0	将模拟转矩指令电压（TC＝ ±8V）为+8V 时的输出转矩按照最大转矩 ＝100.0%进行设置。 例如，设置值为 50.0 时，按照最大转矩 × 50.0/100.0 进行输出。 当在 TC 中输入大于最大转矩的指令值时，将在最大转矩下被夹紧
PD01 *DIA1	输入信号自动 ON 选择	0000	0C00	LSP、LSN 内部自动置 ON
PD04 *DI1H	输入信号选择	02H	_ _02	在转矩模式把 CN1-15 脚改成 SON
PD14 *DI6H	输入信号选择	08h	_ _08	在转矩模式把 CN1-41 脚改成 RS1
PD18 *DI8H	输入信号选择	00h	_ _20	在转矩模式把 CN1-43 脚改成 SP1

3．程序设计

由于要测量纸张的长度，所以在图 6-35 中安装了一个测量纸张长度的编码器，假设编码器旋转一周会产生 1 000 个脉冲，同时会传送与托纸辊周长 0.05m 相同长度的纸张，传送纸张的长度为 100m 时，编码器产生的总脉冲数 D 为

$$D=100\times（1\ 000/0.05）=100\times 20\ 000=2\ 000\ 000\text{ 个}$$

PLC 采用高速计数器 C235 对 X0 输入端子的脉冲进行计数，其程序如图 6-41 所示。

```
    X001     X002     X003     C235
0 ──┤ ├──┬──┤/├──────┤/├──────┤/├─────────────────( M0        )
    启动  │   暂停     停止
    M0   │
  ──┤ ├──┘
    M0
6 ──┤ ├──┬───────────────────[MUL    K100    K20000    D0    ]
         ├────────────────────────────────────────( Y000      )
         │                                          SON
         └────────────────────────────────────────( Y001      )
                                                    RS1
    X003
16──┤ ├──┬──────────────────────────────[RST           C235  ]
    停止  │
    C235 │
  ──┤ ├──┘
    M0                                                D0
20──┤ ├───────────────────────────────────────────( C235      )
    C235     T0
26──┤ ├──┬──┤/├───────────────────────────────────( Y004      )
         │                                          切刀 KA
    X003 │                                              K20
  ──┤ ├──┤────────────────────────────────────────( T0        )
    停止  │
    Y004 │
  ──┤ ├──┘
    切刀 KA
36────────────────────────────────────────────────[END        ]
```

图 6-41　卷纸辊恒张力控制程序

当按下启动按钮 X1 时，步 0 中的 M0 为 1，步 6 中，由于 M0 为 1，因此 Y0 和 Y1 为 1，伺服电机启动运行，同时通过乘法运算将 100m 长度的纸张所需的脉冲数送到数据寄存器 D0 中。步 20 通过高速计数器 C235 在卷纸过程中对 X0 端子进行计数，步 26 中，当 C235 的当前值等于设定值 D0（即卷取 100m）时，Y4 为 1，切刀动作，将纸张切断，切刀的动作时间由 T0 设定。

在卷取过程中，当按下暂停按钮 X2 时，M0 为 0，步 6 的 Y0 和 Y1 也变为 0，伺服电机停止运行，卷纸辊停止卷纸，但步 16 的计数器 C235 并不复位（保持停止前的纸张长度），切刀也不会动作。当重新按下启动按钮 X1 时，步 6 中的 Y0 和 Y1 又变为 1，卷取辊会在先前卷纸长度的基础上继续卷纸，直到纸张长度达到 100m。

按下停止按钮 X3 时，M0 为 0，步 6 中的 Y0 和 Y1 也变为 0，伺服电机停止运行，卷纸辊停止卷纸，步 20 的计数器不再计数，同时，步 16 的计数器复位，步 26 中的 X3 的常开触点闭合，Y4 为 1，切刀动作将纸切断。

4. 运行操作

按下启动按钮 X1，SON 和 RS1 端子闭合，当显示部分显示 U（模拟转矩指令）之后，会在 2s 后显示转矩数据，此时伺服电机运行，卷取辊开始卷取纸张，随着卷取辊卷取直径的增大，观察伺服电机的速度是不是逐渐变慢。当卷取辊将纸张卷取到 100m 时，Y4 切刀动作，将纸切断。

按下停止按钮，SON 和 RS1 端子断开，伺服电机停止运行，卷取辊停止卷纸。

思考与练习

1. 在转矩控制模式中，TC 和 LG 之间给定的转矩电压范围是多少？
2. 在转矩控制模式中，如果 RS1 和 RS2 端子同时闭合，伺服电机将会怎样运行？

任务 6.4 伺服电机的位置控制

任 务 导 入

某伺服电机位置控制示意图如图 6-42 所示，采用三菱 PLC 控制伺服电机运行，伺服电机通过与电机同轴的丝杠带动工作台移动。按下启动按钮 SB1，伺服电动机带动丝杠机构以 10 000 脉冲/秒的速度沿 x 轴方向右行，碰到正向限位开关 SQ1 停止 2s，然后伺服电动机带动丝杠机械机构沿 x 轴反向运行，碰到反向限位开关 SQ2 停止 5s，接着又向右运动，如此反复运行，直到按下停止按钮 SB2，伺服电机停止运行。按下手动按钮 SB3，伺服电机以 6 000 脉冲/秒的速度手动运行。

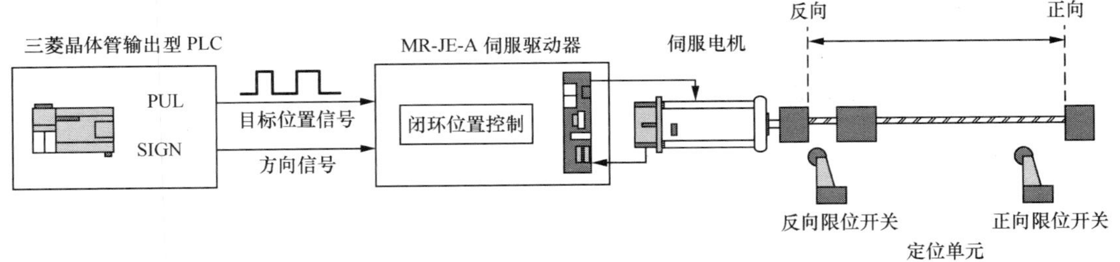

图 6-42 伺服电机位置控制示意图

要想实现上述控制要求，必须采用伺服电机的位置控制模式。

相 关 知 识

一、伺服驱动器位置控制接线图

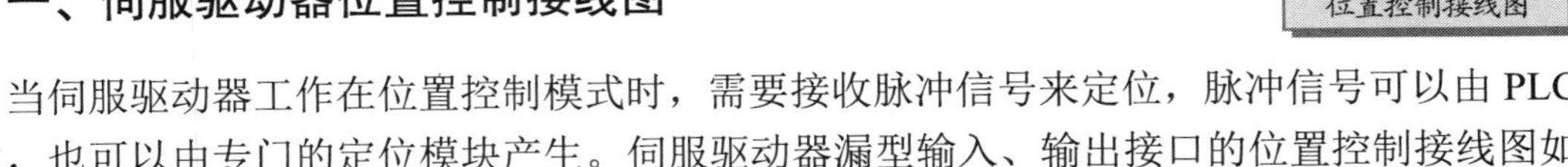

当伺服驱动器工作在位置控制模式时，需要接收脉冲信号来定位，脉冲信号可以由 PLC 产生，也可以由专门的定位模块产生。伺服驱动器漏型输入、输出接口的位置控制接线图如

图 6-43 所示，输入指令脉冲串可以采用集电极开路输入方式和差动输入方式两种。如果采用集电极开路输入方式，需要将脉冲信号接到 PP、NP 引脚，然后把 PG 和 NG 引脚接在一起，再接到 DOCOM 引脚上，如图 6-44 所示。采用差动输入方式需要将脉冲信号接到 PP、PG、NP、NP 4 个引脚上，如图 6-45 所示。

注 意

输入脉冲串采用集电极开路输入方式时，需要将 OPC 端子接入 DC 24V 的正极。

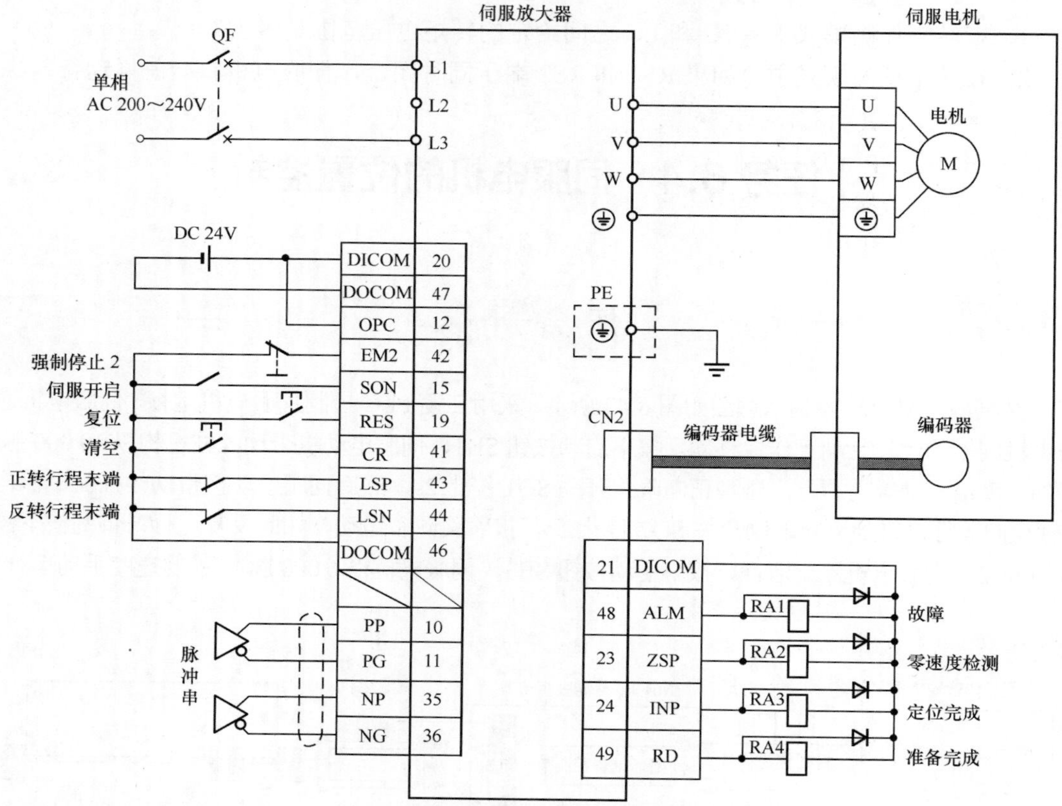

图 6-43　伺服驱动器位置控制接线图

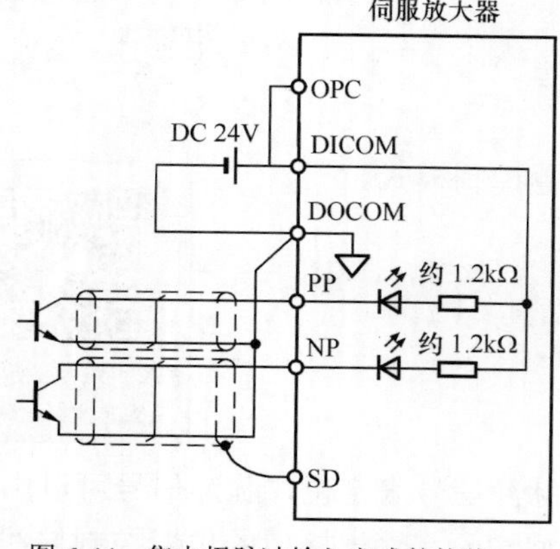

图 6-44　集电极脉冲输入方式的接线

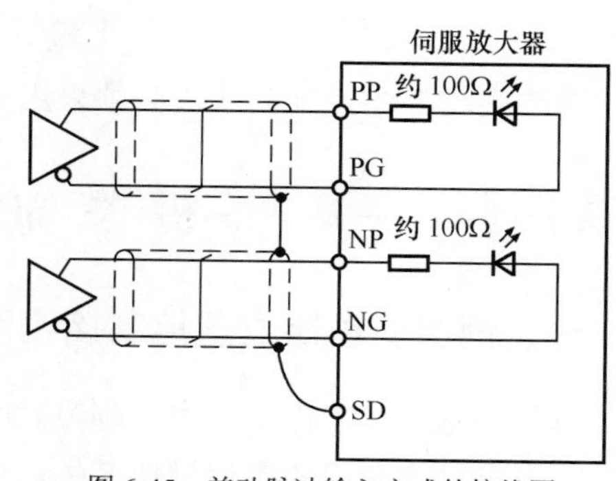

图 6-45　差动脉冲输入方式的接线图

在图 6-43 中，EM2、LSP、LSN 必须接入常闭触点，不可以接入常开触点，否则伺服驱动器停止运行。

二、脉冲列输入引脚的接线

当伺服驱动器工作在位置控制模式时，需要使用脉冲输入引脚来输入脉冲信号，如图 6-43 所示，用来控制伺服电动机运动的位移和旋转方向。三菱伺服驱动器的脉冲输入有两种方式：集电极脉冲输入方式和差动脉冲输入方式。

1．集电极脉冲输入方式的接线

如果控制器提供的是集电极开路脉冲信号，则按图 6-44 所示方式接入。这时，参数 PA13 的设置必须与输入脉冲形式一致。集电极开路脉冲信号有正/反转脉冲，A、B 相脉冲和脉冲+方向三种形式。其中正转脉冲、A 相脉冲或脉冲信号应接 PP 输入引脚，而反转脉冲、B 相脉冲或方向应接 NP 引脚，见图 6-44。在接线时，将伺服驱动器的 OPC 接到 24V 电源的正极，24V 电源的负极接到 DOCOM 引脚上，DOCOM 为公共端，SD 为屏蔽端。

如果采用集电极脉冲输入方式，则允许输入的脉冲频率最大为 200kHz。

注　意

三菱 MR-JE-A 系列的伺服驱动器工作在位置控制模式时，只能接受 NPN 输入信号。脉冲列输入接口中使用了光耦合器，因此，在脉冲列信号线上不能连接电阻。

2．差动脉冲输入方式的接线

差动脉冲输入方式的接线如图 6-45 所示，当伺服驱动器采用差动输入方式时，可以利用接口芯片（如 Am26LS31）将单路脉冲信号转换成双路差动脉冲信号，这种输入方式需要 PP、PG 和 NP、NG 4 个引脚。脉冲列输入接口使用了光耦合器，因此，在脉冲列信号线上不能连接电阻。输入脉冲频率使用 4 MHz 时，需将 PA13 设置为“_ 0 _ _”。

差动脉冲输入方式输入脉冲的最高频率为 4MHz。

三、脉冲输入形式

伺服驱动器工作在位置控制模式时，是根据脉冲输入引脚送入的脉冲串来控制伺服电机的位移和方向，它可以接受 3 种脉冲输入形式，能够选择正逻辑或者负逻辑，正逻辑脉冲是以高电平作为脉冲，负逻辑脉冲是以低电平作为脉冲。指令脉冲串的方式可以在 PA13 中设置，具体设置如表 6-16 所示。

表 6-16　　脉冲串输入形式设置

参数名称	设定位	功能	初始值（单位）
PA13 指令脉冲输入形态	_ _ _x	指令输入脉冲列形态选择 0：正转，反转脉冲列 1：带符号脉冲列 2：A 相、B 相脉冲列 设定值请参考附表	0h

续表

参数名称	设定位	功能	初始值（单位）
PA13 指令脉冲输入形态	__x_	脉冲列逻辑选择 0：正逻辑 1：负逻辑 设定值请参考附表	0h
	_x__	指令输入脉冲列过滤器选择 通过选择和指令脉冲频率匹配的过滤器，能够提高耐干扰能力 0：指令输入脉冲列在 4 Mp/s 以下时 1：指令输入脉冲列在 1 Mp/s 以下时 2：指令输入脉冲列在 500 kp/s 以下时 1 对应 1 Mp/s 以内的指令。在输入 1 Mp/s～4 Mp/s 的指令时，请设置为 0	1h
	x___	厂商设定用	0h

附表指令输入脉冲形式选择

设置值	脉冲列形态		正转指令时反转指令时
0010h	负逻辑	正转脉冲列 反转脉冲列	PP NP
0011h		脉冲列+方向信号	PP NP L H
0012h		A 相脉冲列 B 相脉冲列	PP NP
0000h	正逻辑	正转脉冲列 反转脉冲列	PP NP
0001h		脉冲列+方向信号	PP NP H L
0002h		A 相脉冲列 B 相脉冲列	PP NP
附表中的箭头表示进行脉冲的时间。A 相和 B 相脉冲列乘以 4 后进行			

脉冲输入形式选择“正转脉冲列、反转脉冲列”的形式，是指 PP 引脚输入正转脉冲，NP 引脚输入反转脉冲。脉冲输入形式选择“脉冲列+方向信号”的形式，是指 PP 引脚输入脉冲，NP 引脚输入方向。脉冲输入形式选择“A 相脉冲列、B 相脉冲列”的形式，是指 PP 引脚和 NP 引脚输入的脉冲串相位相差 90°，一个脉冲控制正转，另一个脉冲控制反转。

当 PA13 设置为 0000h～0002h 时，允许输入 3 种形式的正逻辑脉冲来确定伺服电机运动的位移和方向；当 PA13 设置为 0010h～0012h 时，允许输入 3 种形式的负逻辑脉冲来确定伺服电机运动的位移和方向。各种形式的脉冲都可以采用集电极开路输入或差动输入方式输入，请参考图 6-44 和图 6-45 这两种输入方式的说明。

四、定位完成（INP）

图 6-43 所示，伺服电动机工作在位置控制模式时，伺服驱动器有 4 个数字量输出：ALM、ZSP、RD、INP，前 3 个输出的功能参看任务 6.2 中的讲述。INP 是定位完成，当偏差计数器的滞留脉冲在设置的定位范围（PA10）以下时，INP 将会开启。将负载范围设定为很大的值，低速运行时，会进入常通状态，INP 开启的时序图如图 6-46 所示。

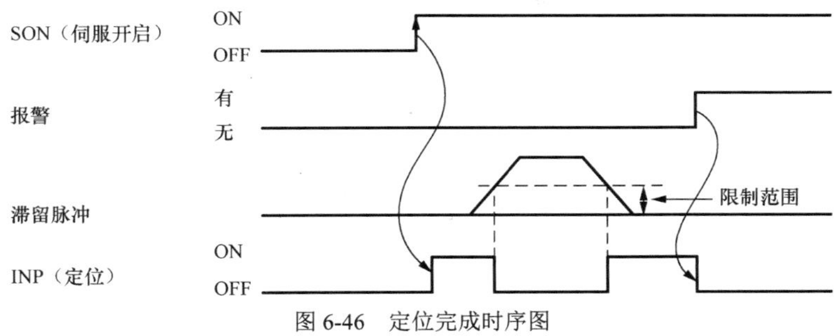

图 6-46　定位完成时序图

任务实施

【训练工具、材料和设备】

三菱 FX_{2N}-32MR 的 PLC 1 台、三菱交流伺服驱动器 1 台、三菱交流伺服电机（输入三相交流：111V、1.4A，输出 200W、3 000r/min）1 台、《三菱 MR-JE 系列伺服驱动器手册》、通用电工工具 1 套。

视频 48. 伺服电机的工作台位置控制

1. 硬件电路

根据控制要求可知，该伺服系统需要采用位置控制模式才能实现定位控制。要想实现位置控制，就必须通过 PLC 的高速脉冲输出端给伺服驱动器的 PP 和 NP 引脚提供脉冲。三菱 MR-JE-A 系列伺服驱动器的脉冲输入引脚 PP 和 NP 只能接受 NPN 型的信号，而三菱 FX_{2N}-32MT 晶体管输出型的 PLC 是 NPN 输出型，很显然，二者接口匹配，这样三菱的伺服驱动器就可以从 PP 或 NP 引脚接收脉冲信号了。其 I/O 分配表如表 6-17 所示，控制系统的电路图如图 6-47 所示。

表 6-17　I/O 分配表

输　入			输　出		
输入继电器	输入元件	作　用	输出继电器	伺服引脚	作　用
X0	SB1	启动按钮	Y0	PP	脉冲信号
X1	SB2	停止按钮	Y2	NP	方向控制 Y2=0，正向 Y2=1，反向
X2	SA	手动	Y3	SON	伺服开启
X3	SQ1	正向限位	Y4	LSP	正向限位
X4	SQ2	反向限位	Y5	LSN	反向限位
元件名称		作用			
EM2		急停			
RES	SB3	复位			

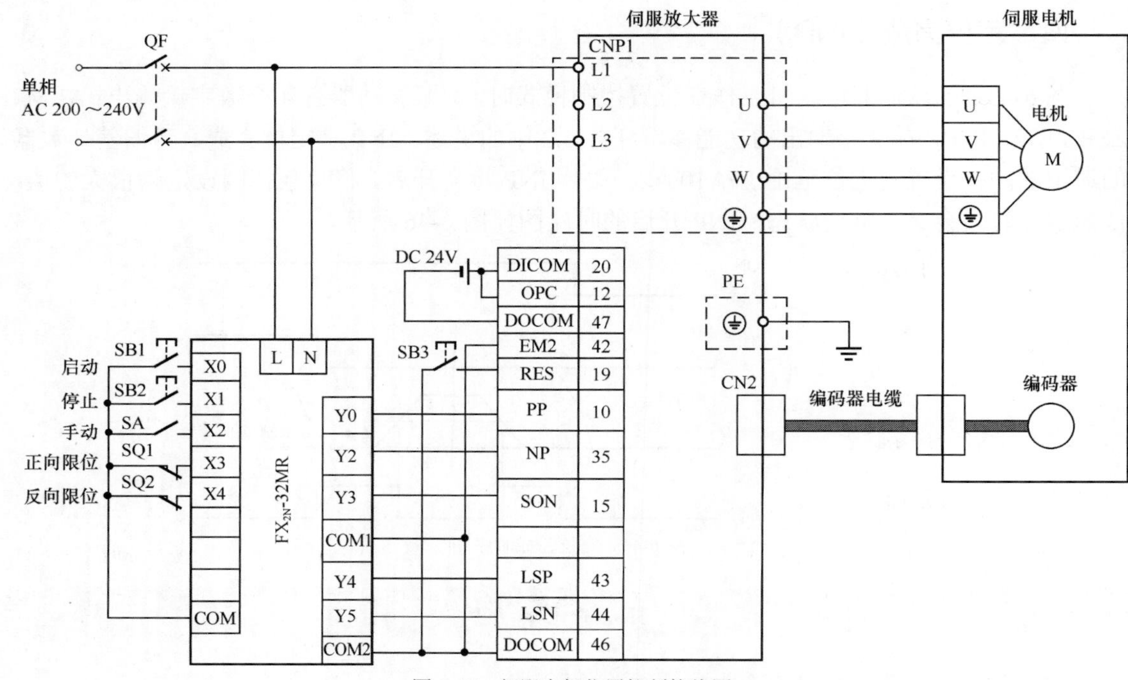

图 6-47　伺服电机位置控制接线图

在图 6-47 中，位置控制模式下需要把 24V 电源的正极和 OPC（集电极开路电源输入）连接在一起。为了节约 PLC 的输入点数，将 RES 复位引脚通过按钮 SB3 直接与 DOCOM 连接在一起，为了保证伺服电机能够正常工作，急停 EM2 引脚必须连接至 DOCOM（0V），PP（脉冲输入）和 NP（方向控制）分别接在 PLC 的 Y0 和 Y2 上。

为了使图 6-47 所示的伺服系统能够正常工作，还需要做 4 点说明。

（1）PLC 输出的公共端 COM1 和 COM2 必须与伺服驱动器的公共端 DOCOM 连接在一起，不然 PLC 发送的输出信号和脉冲串无法被伺服放大器识别。

（2）PLC 输出 Y3 控制伺服驱动器的 SON 接通，则主电路通电，进入可运行状态（伺服 ON 状态）；SON 断开，则主电路断路，伺服电机呈空转状态（伺服 OFF 状态）。

（3）伺服放大器的脉冲串的输入形式有三种可选，并可以选择正负逻辑，可以通过 PA13 参数选择脉冲串输入的形式，该控制方式选择正逻辑的“脉冲列+方向信号”，参照表 6-16 设置 PA13=0001h。

（4）PLC 的输出 Y4 和 Y5 控制伺服驱动器的 LSP（正转行程末端）和 LSN（反转行程末端），通过限位开关 SQ1 和 SQ2 配合使用，完成限位要求。运行时应将 LSP、LSN 接通，如果断开，则急停并锁定伺服电机，具体情况见表 6-2 中 LSP 和 LSN 引脚说明中的第一个表格。

2．参数设置

在位置控制模式中，需要设置电子齿轮比。如图 6-48 所示，假设伺服放大器的电子齿轮比设定为 *N*，PLC（或者上位机）发送 1 个脉冲给伺服放大器，伺服放大器就会发送 *N* 个脉冲给伺服电机。假如电子齿轮比设为 30，PLC 发出 100 个脉冲，经过伺服放大器后，实际发送给伺服电机的脉冲数应该为 100×30=3 000。

电子齿轮比的具体功能是指可将相当于指令控制器输出 1 个脉冲的工件移动量设定为任意值的功能。在实际运用中，连接不同的机械结构，如滚珠丝杠、蜗轮蜗杆，由于它们的螺距、齿数等参数不同，移动最小单位量所需的电机转动量也不同。

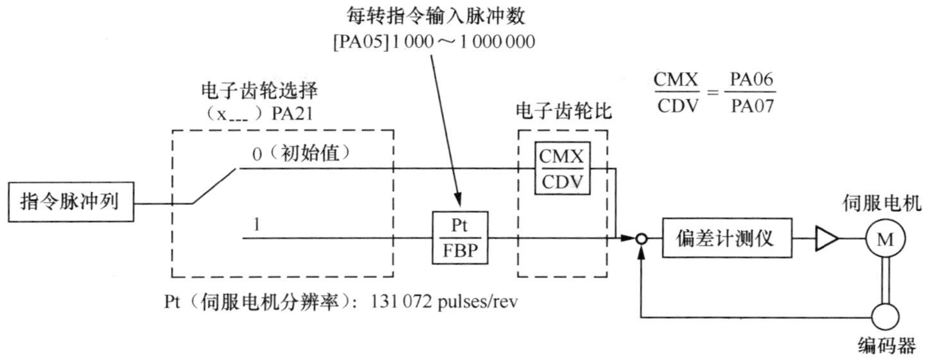

图 6-48　电子齿轮比的定义

下面通过一个例子来讲解电子齿轮比的应用。假设一个伺服电机带动一个辊子转动，伺服电机每转动 5 圈，辊子转动 1 圈，辊子的直径为 120mm，使用的伺服放大器的编码器分辨率为 131 072pulses/rev，要求 PLC 每发送 1 个脉冲辊子转动 0.01mm，这时的电子齿轮比应该按如下公式设定。

$$\frac{CMX}{CDV}=\frac{0.01}{\dfrac{\pi\times120}{131\,072\times5}}=\frac{131\,072\times5}{\pi\times120\times100}=\frac{131\,072}{7\,536}=\frac{8\,192}{471}$$

工作台位置控制的参数设置如表 6-18 所示。

表 6-18　　位置控制的参数设置

参数/缩写	名称	出厂值	设定值	说　明
PA01 *STY	控制模式选择	1 000	1 000	选择位置控制模式
PA06 CMX	电子齿轮分子	1	16 384	设置为上位机发出 5 000 个脉冲伺服电机旋转一周，则 $\frac{CMX}{CDV}=\frac{131\,072}{5\,000}=\frac{16\,384}{625}$
PA07 CDV	电子齿轮分母	1	625	
PA13 *PLSS	指令脉冲输入形态	0100h	0001h	用于选择脉冲串输入信号波形，设定如下。 正逻辑 脉冲列+方向信号
PA21 *AOP3	功能选择 A-3	0000h	0000h	电子齿轮选择，输入位 x _ _ _中的 x 为 0 时，选择电子齿轮比
PD03 *DI1L	输入信号选择	02h	_ _02	在位置模式把 CN1-15 脚改成 SON
PD11 *DI5L	输入信号选择	03h	_ _03	在位置模式把 CN1-19 脚改成 RES
PD17 *DI8L	输入信号选择	0Ah	_ _0A	在位置模式把 CN1-43 脚改成 LSP
PD19 *DI9L	输入信号选择	0Bh	_ _0B	在位置模式把 CN1-44 脚改成 LSN

注　意

对于位置控制模式，在表 6-18 中，PD03～PD19 参数的后两位是设定位。

3. 程序设计

工作台位置控制程序由自动程序和手动程序两部分组成，如图 6-49 所示。手动开关 X2 没有闭合，执行步 4～步 61 的自动程序，步 61 中 X2 的常闭触点闭合，通过 CJ 指令跳转到 END 结束指令；手动开关 X2 闭合，执行 CJ 指令，跳转到 P0 指针的手动程序，执行步 65～步 85 的手动程序。

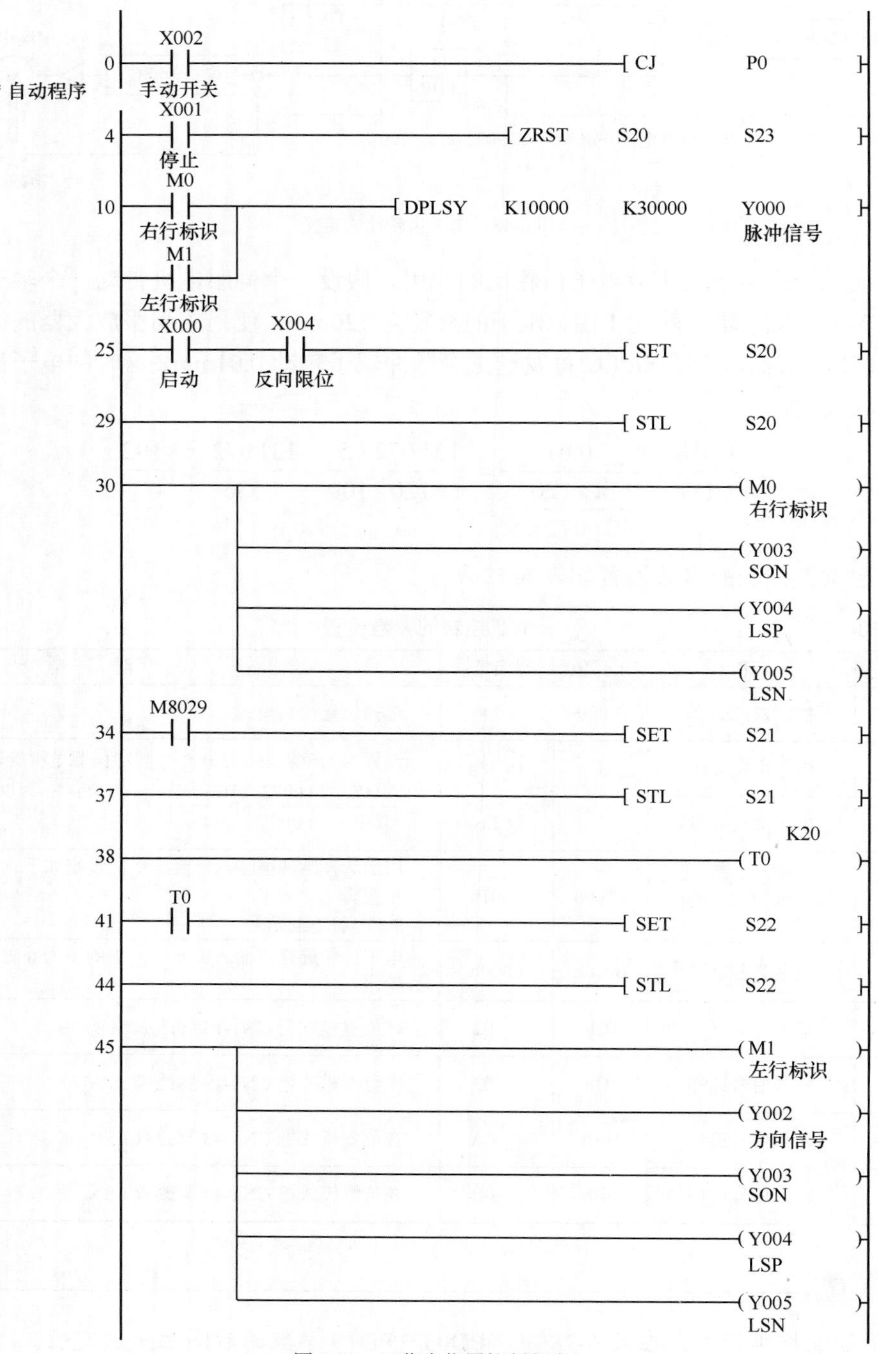

图 6-49　工作台位置控制程序

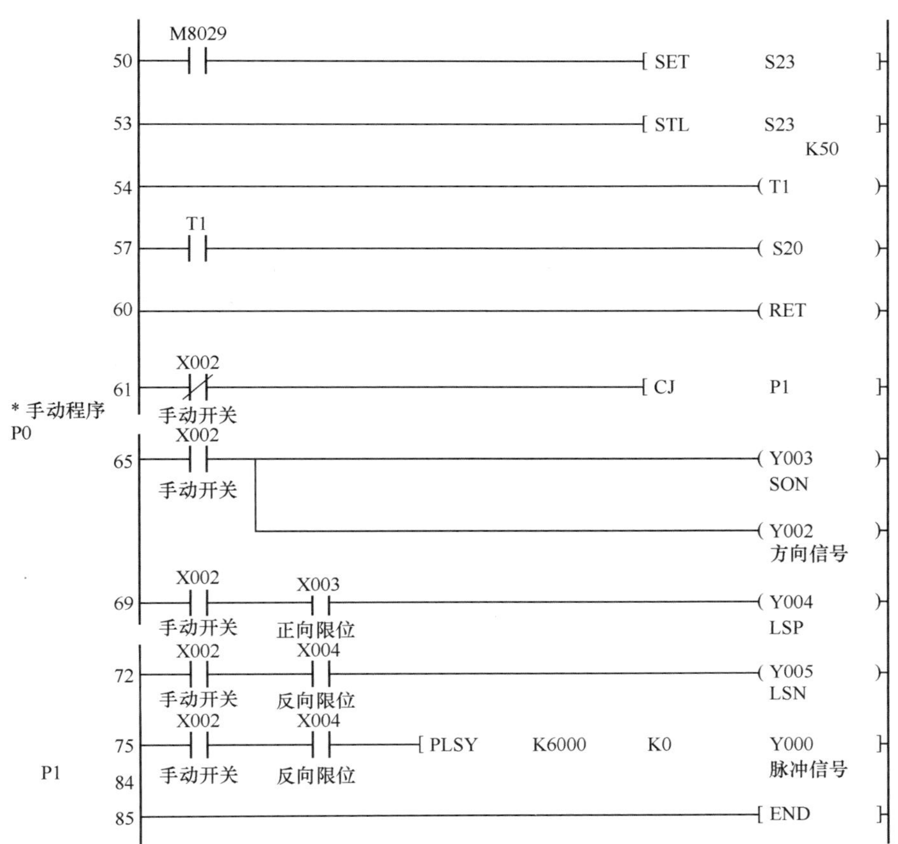

图 6-49 工作台位置控制程序（续）

工作台自动程序采用顺序功能图进行编程。工作台右行和左行的位置控制通过脉冲输出指令 PLSY 指令实现，如图 6-49 的步 10 所示。伺服电机旋转一周需要 5 000 个脉冲，而丝杆的螺距为 5mm，右行和左行都需要工作台移动 30mm，则右行和左行需要的脉冲总数为（30/5）×5 000=30 000 个脉冲；自动运行时的速度是 10mm/s，右行和左行 30mm 需要 3s，3s 时间内需要的脉冲数是 30 000，则 PLSY 指令输出的脉冲频率为 30 000/3=10 000Hz，即 1s 会输出 10 000 个脉冲进入伺服驱动器，步 10 用右行标识 M0 和左行标识 M1 作为 PLSY 脉冲输出指令的驱动条件，让 PLC 从 Y0 口输出频率为 10 000Hz，脉冲数为 30 000 的脉冲串，控制工作台右行或左行移动 30mm。当工作台右行的 30 000 个脉冲发完之后，工作台到达正向限位 SQ1 处，此时 M8029 为 1，步 34 控制程序转移到 S21 步，工作台停止 2s，2s 之后工作台左行，当左行的 30 000 个脉冲发完之后，工作台到达反向限位 SQ2 处，此时 M8029 为 1，步 50 控制程序转移到 S23 步，工作台停止 5s 后，步 57 中 T1 的常开触点闭合，控制程序返回到初始步 S20，开始下一个周期的自动运行。在程序运行过程中，步 4 中按下停止按钮 X1，伺服电机停止。

在手动程序中，通过闭合手动开关 X2，使 Y2（方向信号）、Y3（伺服开启信号）、Y4、Y5 均为 1，伺服电机开始运行。步 75 中由于工作台的停止位置不确定，所以采用连续脉冲输出 K0，手动运行时的速度是 6mm/s，PLSY 输出脉冲的频率为 30 000/（30/6）=6 000Hz，即 1s 会输出 6 000 个脉冲进入伺服驱动器。当工作台左行碰到反向限位 X4，X4 断开，其常开触点复位，PLSY 指令的执行条件断开，伺服电机停止运行。

4．运行操作

（1）按照图 6-47 将 PLC 与伺服驱动器连接起来。

（2）将图 6-47 中的断路器合上，则 PLC 和伺服驱动器通电。

（3）将表 6-18 中的参数设置到伺服驱动器中，参数设置完毕后断开 QF，再重新合上 QF，刚才设置的参数才会生效。

（4）将图 6-49 中的程序下载到 PLC 中。

（5）按下启动按钮 SB1（X0=1），工作台开始以 10mm/s 的速度右行，碰到 SQ1 后，停 2s，然后再反向运行至 SQ2，停 5s 后，继续下一个周期的运行。

按下停止按钮 SB2（X1=1），伺服电机停止。

在运行过程中，可以通过编程软件上的“程序状态监控”功能，监控 PLC 的运行状态。

知识拓展

一、西门子 SINAMICS V60/V80 伺服驱动器

西门子经济型伺服驱动器包括 SINAMICS V60、V80 两个系列，V60 的工作电源是三相 AC220V～240V，功率范围为 0.8～2kW，V80 的工作电源是单相 AC 200V～230V，功率范围是 0.1kW～0.75kW，它们分别驱动不同的电机，并与 S7-200/S7-1200 一起构成简易、经济型伺服控制系统。

SINAMICS V80 伺服驱动系统包括伺服驱动器和伺服电机两部分，伺服驱动器总是与其对应的同等功率的伺服电机一起配套使用。SINAMICS V80 伺服驱动器通过脉冲输入接口来接收从上位控制器发来的脉冲序列，控制速度和位置，通过数字量接口信号来输出驱动器运行的控制和实时状态。V80 伺服驱动器的外部结构如图 6-50 所示。X1 连接插头是指令脉冲及 DI/DO 接口，主要用来接收上位机发出的脉冲信号和输入输出控制信号；X2 连接插头是接收来自伺服电机的编码器信号的接口；X10 是伺服驱动器的电源输入接口；X20 是连接伺服电机电源的接口。V80 上还有指令脉冲设置旋转开关，用来设置指令脉冲的分辨率、指令脉冲的连接方式及指令脉冲类型、滤波时间常数等；指令脉冲指示灯用来显示伺服电机通电状态及脉冲输入状态；报警指示灯用来显示各种报警信息。

V80 伺服驱动器可以接收两种脉冲输入形式：“正转脉冲列+反转脉冲列”和“脉冲列+方向”。伺服驱动器通过脉冲的频率控制伺服电机的转速，通过脉冲的数量控制伺服电机的角位移。

二、西门子 SINAMICS V90 伺服驱动器

SINAMICS V90 作为 SINAMICS 驱动系列家族的新成员，与 SIMOTICS S-1FL6 完美结合，组成最佳的伺服驱动系统，实现位置控制、速度控制和扭矩控制。

V90 的进线电压为 380V～480V（−15%～10%），功率范围为 0.4～7kW，其外部结构如图 6-51 所示。

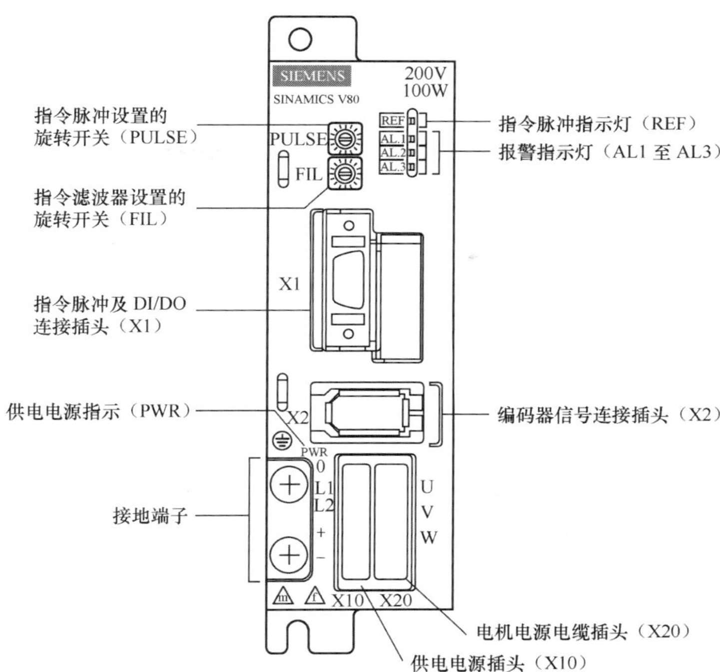

图 6-50　西门子 V80 伺服驱动器外形

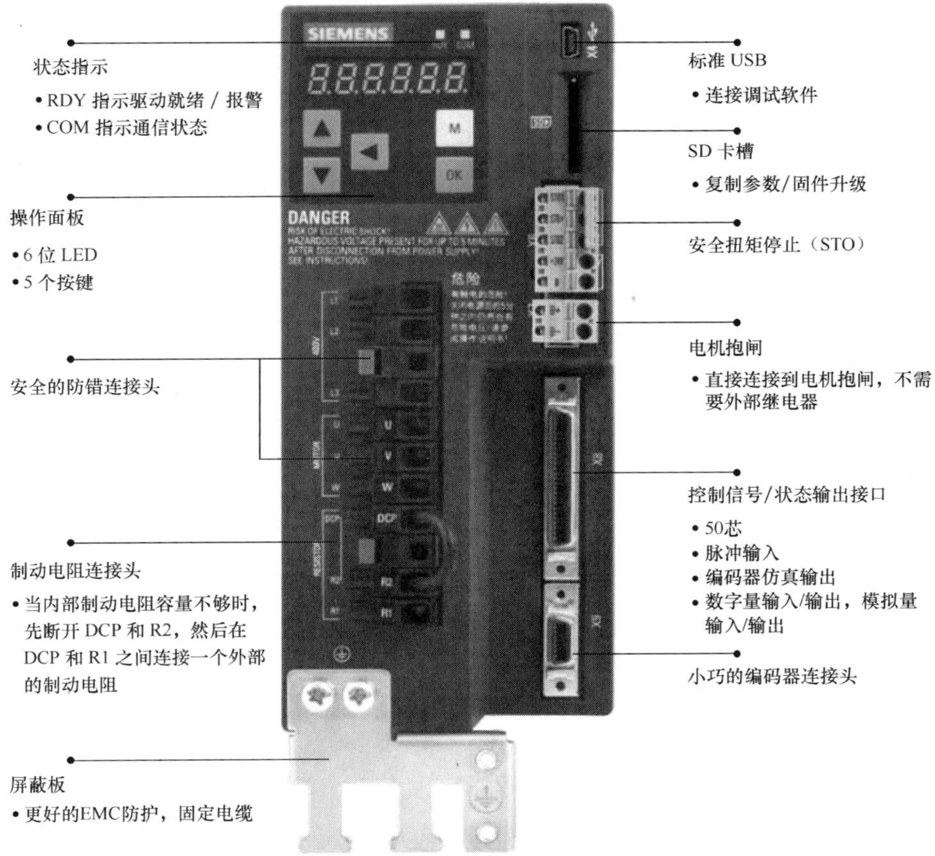

图 6-51　V90 的外部结构示意图

1．控制模式

V90 伺服驱动器支持 9 种控制模式，包括 4 种基本控制模式和 5 种复合控制模式，如表 6-19 所示。基本控制模式只能支持单一的控制功能，复合控制模式包含两种基本控制功能，可以通过 DI 信号在两种基本控制功能间切换。

表 6-19　V90 控制模式

控制模式		缩写
基本控制模式	外部脉冲位置控制模式	PTI
	内部设定值位置控制模式	IPos
	速度控制模式	S
	转矩控制模式	T
复合控制模式	外部脉冲位置控制与速度控制切换	PTI/S
	内部设定值位置控制与速度控制切换	IPos/S
	外部脉冲位置控制与转矩控制切换	PTI/T
	内部设定值位置控制与转矩控制切换	IPos/T
	速度控制与转矩控制切换	S/T

通过参数 P29003 选择控制模式，参数值如表 6-20 和表 6-21 所示。

表 6-20　基本控制模式选择

参数	参数值	说明
P29003	0（默认值）	外部脉冲位置控制模式（PTI）
	1	内部设定值位置控制模式（IPos）
	2	速度控制模式（S）
	3	转矩控制模式（T）

数字量输入 D10 的功能被固定为控制模式选择（C-MODE）。

表 6-21　复合控制模式选择

参数	参数值	DI10 控制模式选择信号状态	
		0（第 1 种控制模式）	1（第 2 种控制模式）
P29003	4	外部脉冲位置控制模式（PTI）	速度控制模式（S）
	5	内部设定值位置控制模式（IPos）	速度控制模式（S）
	6	外部脉冲位置控制模式（PTI）	转矩控制模式（T）
	7	内部设定值位置控制模式（IPos）	转矩控制模式（T）
	8	速度控制模式（S）	转矩控制模式（T）

2．数字量输入输出功能

V90 集成了 10 个数字量输入（DI1～DI10）和 6 个数字量输出（DO1～DO6）端口，其中 DI9 的功能固定为急停，DI10 的功能固定为控制模式切换，其他的 DI 和 DO 功能可通过参数设置。SINAMICS V90 可以将信号自由分配给数字量输入端口，使其具有 SON 伺服开启、RESET 复位、CWL 正向行程限位、CCWL 反向行程限位、CLR 清除、转矩限制、速度选择等功能，DI1～DI8 的功能可通过参数 P29301[X]～P29308[X]设置，不同控制模式下的功能在不同的下标中区分。数字量输出端口 DO1～DO6 具有伺服准备就绪 RDY、ALM 报警、INP 就位、ZSP 零速检测、SPDR 速度到达等功能，DO1～DO6 功能通过参数 P29330～P29335 设置，不区分控制模式。

3．脉冲输入通道

V90 支持两个脉冲信号输入通道，通过 P29014 参数选择脉冲输入通道。

（1）24 V 单端脉冲输入通道，最高输入频率为 200kHz。

（2）5 V 高速差分脉冲输入（RS-485/RS-422 标准）通道，最高输入频率为 1MHz。

注 意

两个通道不能同时使用，只能有一个通道被激活。

4．脉冲输入形式

V90 支持两种脉冲输入形式，两种形式都支持正逻辑和负逻辑，通过 P29010 参数选择脉冲输入形式。

（1）AB 相脉冲，通过 A 相和 B 相脉冲的相位控制旋转方向。

（2）脉冲+方向，通过方向信号高低电平控制旋转方向。

思考与练习

1．三菱 MR-JE-A 系列伺服驱动器的接线端子 EMG、LSP 和 LSN 在正常情况下应接常开还是常闭开关？

2．三菱 MR-JE-A 系列伺服驱动器的输入指令脉冲串有哪几种输入方式？如何接线？

3．三菱 MR-JE-A 系列伺服驱动器的脉冲输入形式有几种？由哪个参数设置？

4．比较三菱 MR-JE-A 系列伺服驱动器和西门子 V90 伺服驱动器的异同。

参考文献

［1］向晓汉，宋昕．变频器与步进/伺服驱动技术完全精通教程［M］．北京：化学工业出版社，2015.

［2］李全利．PLC 运动控制技术应用设计与实践［M］．北京：机械工业出版社，2014.

［3］郭艳萍．变频器应用技术[M].北京：北京师范大学出版集团，2015.

［4］陈相志．交直流调速系统（第 2 版）［M］．北京：人民邮电出版社，2015.

［5］蔡杏山．步进与伺服应用技术［M］．北京：人民邮电出版社，2012.

［6］李华德．电力拖动控制系统［M］．北京：电子工业出版社，2006.

［7］张燕宾．SPWM 变频调速应用技术［M］．北京：机械工业出版社，2002.

［8］李金城，付明忠．三菱 FX 系列 PLC 定位控制应用技术[M]．北京：电子工业出版社，2013.

［9］李方园．零起点学西门子变频器应用［M］．北京：机械工业出版社，2013.

［10］王建、杨秀双．西门子变频器入门与典型应用［M］．北京：中国电力出版社，2013.

［11］龚仲华．交流伺服与变频技术及应用（第二版）［M］．北京：人民邮电出版社，2014.

［12］蔡行健、黄文钰、李娟．深入浅出西门子 S7-200PLC（第 3 版）［M］．北京：北京航空航天大学出版社，2007.

［13］宋爽，周乐挺．变频技术及应用［M］．北京：高等教育出版社，2008.

［14］西门子电气传动有限公司．MICROMASTER 440 通用型变频器使用大全［M］．2004.

［15］西门子电气传动有限公司．MICROMASTER 440 使用说明书．2004.

［16］西门子（中国）有限公司．S7-200 可编程序控制器系统手册．2008.

［17］MITSUBISHI ELECTRIC CORPORATION．三菱通用变频器 FR-D700 使用手册（应用篇）．2008.

［18］三菱电机自动化（中国）有限公司．三菱通用 AC 伺服 MR-JE-A 伺服放大器技术资料集．北京：机械工业出版社，2015.